Evolutionäre Algorithmen

Karsten Weicker

Evolutionäre Algorithmen

3., überarbeitete und erweiterte Auflage

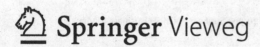

Karsten Weicker
HTWK Leipzig IMN
Leipzig, Deutschland

ISBN 978-3-658-09957-2   ISBN 978-3-658-09958-9 (eBook)
DOI 10.1007/978-3-658-09958-9

Die Deutsche Nationalbibliothek verzeichnet diese Publikation in der Deutschen Nationalbibliografie; detaillierte bibliografische Daten sind im Internet über http://dnb.d-nb.de abrufbar.

Springer Vieweg
© Springer Fachmedien Wiesbaden 2002, 2007, 2015

Gedruckt auf säurefreiem und chlorfrei gebleichtem Papier

Springer Fachmedien Wiesbaden ist Teil der Fachverlagsgruppe Springer Science+Business Media
(www.springer.com)

Vorwort zur dritten Auflage

Unter dem Begriff der evolutionären Algorithmen verstehen wir eine beständig weiter anwachsende Sammlung an Methoden und Techniken für die näherungsweise Lösung von Optimierungsproblemen. Ihr Name trägt der Inspiration aus der Biologie Rechnung – sie imitieren das von Darwin erkannte Wechselspiel zwischen Variation von Individuen und Selektion, welches zu einem Evolutionsprozess führt. Bei der Übertragung der Evolution in einen konkreten Algorithmus wird mit vereinfachenden Modellvorstellungen gearbeitet. Dennoch lehnt sich die Terminologie stark an das biologische Vorbild an.

Als die erste Auflage dieses Buchs Anfang 2002 erschien, sollte damit zunächst eine Lücke auf dem deutschsprachigen Lehrbuchmarkt zu studentenfreundlichen Preisen geschlossen werden – die Bücher von Volker Nissen bzw. Jochen Heistermann waren vergriffen oder in die Jahre gekommen. Damals war kaum abzusehen, dass das Interesse daran so groß sein könnte, dass 2015 die dritte überarbeitete Auflage erscheint.

Nachdem bereits für die zweite Auflage 2007 das Lehrbuch in größerem Umfang neu strukturiert und umgeschrieben wurde, haben wir es für die jetzt vorliegende Auflage nochmals grundrenoviert: Formulierungen wurden überarbeitet, an vielen Stellen neue Beispiele eingefügt und die Fallstudien um zwei aktuelle Beispiele ergänzt.

Dieses Buch vermittelt einen umfassenden Überblick über evolutionäre Algorithmen. Das Kernstück ist dabei ein allgemeines Grundgerüst für evolutionäre Algorithmen, anhand dessen sowohl die Prinzipien und Funktionsweisen der Algorithmen als auch alle gängigen Standardverfahren erläutert werden. Mit den speziellen Techniken im vorletzten Kapitel und den Fallstudien als Vorlage sowie Hinweisen zur Anwendung im letzten Kapitel kann der Leser neue evolutionäre Algorithmen zur Bewältigung eigener spezieller Probleme entwerfen. Jedes Kapitel schließt mit einem historischen Überblick mit zahlreichen Literaturhinweisen und Übungs- und Programmieraufgaben zur weiteren Festigung und Vertiefung des Stoffs.

Für die dritte Auflage gilt mein besonderer Dank meiner Frau Dr. Nicole Weicker, die auch diese Auflage wieder Korrektur gelesen und den Buchsatz verbessert hat. Auch meinen beiden ehemaligen Studenten Philipp Nebel und Martin Waßmann danke ich, die mir erlaubt haben, hier Teile ihrer Graduierungsarbeiten zu benutzen. Fortgeschrieben seien hier die Danksagungen aus den früheren Auflagen: Prof. Dr. Claus für die Inspiration und die Ermutigung, das Buch überhaupt zu schreiben, Wolfgang Schmid für zahlreiche Diskussionen, Rüdiger Vaas und Klaus Kammerer, Christoph Ruffner und Marc Bufé für Kommentare sowie Tim Fischer für den ersten Ansatz zum Thema »Entwurf evolutionärer Algorithmen«.

Ich freue mich darüber, dass ein weiter anhaltendes Interesse am Thema und auch an diesem Lehrbuch besteht. Und ich hoffe, dass es vielen Lesern als Begleitbuch bei Lehrveranstaltungen wie auch beim Selbststudium von Studenten und Praktikern aus Industrie und Wirtschaft hilfreiche Dienste leistet.

Leipzig,
März 2015

Karsten Weicker

Inhaltsverzeichnis

1. Natürliche Evolution

Einige Grundlagen der natürlichen Evolution werden präsentiert. Der Schwerpunkt liegt auf den zugrundeliegenden Konzepten.

Lernziele in diesem Kapitel

▷ Der Leser soll ein Grundverständnis für die Zusammenhänge und die Komplexität der natürlichen Evolution bekommen – mit dem Ziel deren Nachahmung durch die evolutionären Algorithmen zu verstehen.

▷ Die Evolutionsfaktoren werden in ihrer grundsätzlichen Arbeitsweise verstanden.

▷ In einem ersten Abstraktionsschritt können Vorgänge der natürlichen Evolution simuliert werden.

Gliederung

Seit den 1950er Jahren dient die natürliche Evolution als Vorbild für die Lösung von Optimierungsproblemen. Durch verschiedene Ansätze bei der Imitation der Natur sind unterschiedliche Modelle der evolutionären Algorithmen entstanden. Gemeinsam ist ihnen, dass sie Vorgänge und Begriffe aus der Biologie entlehnen, um in einer simulierten Evolution (als Wechselspiel zwischen Modifikation und Auswahl besserer Individuen) möglichst gute Näherungslösungen für eine gegebenes Problem zu entwickeln. Die wesentlichen Begriffe, die in den nächsten Kapiteln eine Rolle spielen werden, sind »Individuum«, »Population«, »Selektion«, »Mutation«, »Rekombination«, »Genotyp« und »Fitness«. Diese Begriffe sind im Kontext der evolutionären Algorithmen mit geringfügig anderen Bedeutungen belegt als bei der natürlichen Evolution, weshalb eine genaue Differenzierung notwendig ist.

Um evolutionäre Algorithmen besser einordnen und von den Vorgängen in der Natur abgrenzen zu können, ist es sinnvoll, sich das Vorbild, die natürliche Evolution, genauer anzusehen. Zu diesem Zweck wird in diesem Kapitel ein kurzer Überblick über die Prozesse der natürlichen Evolution gegeben. Dabei liegt der Fokus auf der Präsentation der evolutionären Konzepte, die mehr oder weniger von evolutionären Algorithmen imitiert werden. Aus diesem Grunde werden technische Details der biologischen Mechanismen ausgelassen, die nicht wesentlich für das Verständnis der generellen konzeptuellen Entwicklungen und der Entstehung von bestimmten Eigenschaften sind. Für eine umfassendere Darstellungen der vollständigen evolutionären Prozesse in der Natur sei auf die entsprechende Fachliteratur verwiesen.

Bei der natürlichen Evolution lassen sich die Evolution von lebenden und unbelebten Systemen unterscheiden. Evolutionäre Algorithmen orientieren sich in erster Linie an der Evolution lebender Organismen. Diese biologische Evolution ist definiert als der Prozess, der zur bestehenden Mannigfaltigkeit der Organismenwelt – der Einzeller, Pilze, Pflanzen und Tiere – geführt hat. Diese Mannigfaltigkeit wird durch die Anpassung unterschiedlicher Arten an unterschiedliche Umweltbedingungen gewährleistet. Die Grundlagen für die Evolutionsmechanismen wurden durch die sog. chemische Evolution geschaffen.

1.1.   Entwicklung der evolutionären Mechanismen

Der Ursprung für die komplexen Strategien zur Ausbildung, Bewahrung und weitere Anpassung von Arten liegt in der hier vorgestellten chemischen Evolution und der Genetik.

Eine charakteristische Eigenschaft eines Lebewesens ist der Stoffwechselprozess. Organismen sind offene Systeme, die mit ihrer Umwelt interagieren. Da sie weit von einem energetischen Gleichgewicht entfernt sind, ist die Versorgung mit energiereichen Nahrungsmitteln für die Selbsterhaltung des Systems notwendig. Enzymkatalytische Prozesse formen die Nahrungsmittel innerhalb des Systems um und machen sie für den Aufbau neuer körpereigener Substanzen nutzbar. Diese Umformung zielt auf die Bewahrung der Ordnung des Systems. Entstehende energiearme Substanzen werden ausgeschieden.

 Wem die folgenden Details zu tief in die Biochemie hineinreichen, der kann gerne bis zum Abschnitt 1.2 vorblättern. Dem grundsätzlichen Verständnis der evolutionären Algorithmen tut dies keinen Abbruch.

Wie erste Stoffwechselprozesse entstanden sind, ist letztlich ungeklärt. Die Hypothesen reichen vom Auftreten erster instabiler, organischer Substanzen in vulkanischen Umgebungen bis hin zu langsamen chemischen Reaktionen in Eiskapillaren. Wahrscheinlich wurden solche Stoffwechselvorgänge durch eine Membran bestehend aus größeren Makromolekülen wie Proteinoiden und Polynukleotiden umschlossen, womit eine frühe Form der Zelle entstanden ist. Im Stoffwechselprozess haben sich diejenigen Polynukleotide mit D-Ribose als einzigem Zucker als vorteilhaft herausgestellt, da sie nur unverzweigte Ketten ausbilden. Sie haben den Vorteil gegenüber anderen Formen, dass sie leicht vervielfältigbar sind. Diese Polynukleotide werden *RNA* (engl. *ribonucleic acid*) genannt. Damit war der Grundstein für die wichtigste Errungenschaft der chemischen Evolution gelegt: die Ausbildung von Molekülen, die sowohl »Baupläne« für komplexere Lebewesen speichern als auch sich selbst samt der enthaltenen Information duplizieren können.

Die im RNA-Molekül gespeicherte Information wird im Stoffwechselprozess als Blaupause für die Synthese von Polypeptiden bzw. Proteinen genutzt, die Struktur und Verhalten der jeweiligen Zelle bestimmen. Die RNA-Information ist in einer Kette bestehend aus den vier Grundbausteinen, den Ribonukleotiden mit den Basen Cytosin (C), Uracil (U), Adenin (A) und Guanin (G), abgelegt. Immer drei Nukleotide bestimmen gemäß des so genannten *genetischen Codes* eine

erstes Nukleotid	zweites Nukleotid				drittes Nukleotid
	U	C	A	G	
U	Phe	Ser	Tyr	Cys	U
	Phe	Ser	Tyr	Cys	C
	Leu	Ser	STOPP	STOPP	A
	Leu	Ser	STOPP	Trp	G
C	Leu	Pro	His	Arg	U
	Leu	Pro	His	Arg	C
	Leu	Pro	Gln	Arg	A
	Leu	Pro	Gln	Arg	G
A	Ile	Thr	Asn	Ser	U
	Ile	Thr	Asn	Ser	C
	Ile	Thr	Lys	Arg	A
	Met	Thr	Lys	Arg	G
G	Val	Ala	Asp	Gly	U
	Val	Ala	Asp	Gly	C
	Val	Ala	Glu	Gly	A
	Val	Ala	Glu	Gly	G

Tabelle 1.1. Genetischer Code: Abbildung der Nukleotid-Tripletts der sog. Messenger-RNA auf die Aminosäuren im Protein.

Aminosäure in der Aminosäuresequenz des Proteins. Vermutlich wurden in ersten Formen nur sieben oder acht Aminosäuren codiert, heute sind es 20 Aminosäuren. Der Code ist in Tabelle 1.1 dargestellt. Jede Aminosäuresequenz beginnt im RNA-Code mit der Kombination AUG, also der Aminosäure *Met*, und es gibt drei verschiedene Kombinationen, um die Sequenz zu beenden. Jeweils drei Nukleotidbasen der RNA bestimmen eine Aminosäure der Proteinkette. In der Zelle wird diese Übersetzung durch sog. Ribosomen realisiert. Untersuchungen haben gezeigt, dass der genetische Code sehr stabil gegen Fehler ist. Vermutlich war die Ausbildung des Codes sehr früh abgeschlossen, da er in nahezu allen Organismen identisch ist. Bis heute ist nicht geklärt, wie sich der genetische Code in der RNA entwickelt hat. Dennoch ist die Informationsspeicherung und die Fähigkeit zur Vervielfältigung die Basis für alle weiteren Entwicklungen in der Evolution. Der Abschnitt der RNA, der eine Aminosäuresequenz bestimmt, wird als *Gen* bezeichnet.

Die Proteine übernehmen nun die spezifischen Zellenfunktionen, wie z. B. die Produktion des Blutfarbstoffs Hämoglobin. Ebenso haben spezielle Proteine katalytische Wirkung auf die Vervielfältigung der RNA-Moleküle. Dadurch konnten sich in der frühen Evolution zyklische Prozesse, die sog. *Hyperzyklen*, zwischen den Polynukleotiden und den Polypeptiden ausbilden. Die Bildung von Polypeptiden wird durch die Information in den Polynukleotiden gesteuert. Und die Polypeptide bzw. Proteine verbessern wiederum katalytisch die Vervielfältigung der Polynukleotide. Dies ist schematisch in Bild 1.1 dargestellt.

Diese Vervielfältigung der RNA-Moleküle oder Polynukleotide arbeitet jedoch nicht fehlerfrei – die Ursache sind u.a. die natürliche Radioaktivität aber auch chemische Wechselwirkungen.

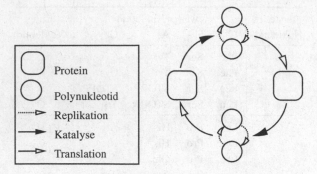

Bild 1.1. Vereinfachtes Beispiel eines Hyperzyklus

In der frühen Evolution wird mit einer Fehlerrate (Vervielfältigungsfehler oder Mutationsrate) von ungefähr 10^{-2} gerechnet, d. h. auf 100 Nukleotide kommt etwa ein fehlerhaft eingebautes Nukleotid. Je kleiner diese Fehlerrate ist, desto stabiler kann die Information weitergegeben werden. Indirekt beschränkt sie die Länge der Polynukleotidketten und die Menge an zuverlässig speicherbarer Information. Die Verringerung dieser Fehlerrate kann als ein Leitkriterium für die Entstehung der weiteren Mechanismen der Evolution verstanden werden.

Solche Fehler bei der Vervielfältigung (*Mutationen*) können Gene geringfügig ändern, was damit auch zu veränderten Proteinen und einer variierten katalytischen Wirkung in den Hyperzyklen führt. Dadurch bildet sich ein Wettbewerb zwischen unterschiedlichen Hyperzyklen und diejenigen, welche am effizientesten und schnellsten arbeiten und die meisten Molekularbausteine binden können, setzen sich durch. Dies führte zu besseren Katalysatoren und konnte so bereits die Fehlerrate auf weniger als 10^{-3} verringern.

So hat bereits die frühe chemische Evolution die drei *Eigenschaften des Lebens* geprägt, die üblicherweise für eine Definition von »Leben« herangezogen werden.

- Erhaltung des Lebens durch Stoffwechselprozesse und Selbstregulierung,
- Vermehrung des Lebens durch Wachstum und Zellteilung kombiniert mit der Vererbung durch die Übertragung von genetischem Material und
- Veränderung des Lebens durch Variation des genetischen Materials. Dieser Veränderungsprozess wird gewöhnlich als Evolution bezeichnet.

Zufallsereignisse und die Mitwirkung von Enzymen (Eiweißkörper, die als Biokatalysatoren für den Stoffwechselprozess unentbehrlich sind) haben höchstwahrscheinlich die DNA-RNA-Protein-Welt hervorgebracht, indem sich DNA-Moleküle (engl. *desoxyribonucleic acid*) zur Informationsspeicherung an RNA-Molekülen gebildet haben. Die *DNA* ist ein Molekül mit zwei Ketten, die sich aus den Nukleotiden mit den Basen Adenin (A), Guanin (G), Cytosin (C) und Thymin (T) zusammensetzen. Damit sind drei von vier Basen der RNA auch in der DNA enthalten. Lediglich das Uracil der RNA wird im Aufbau der DNA durch Thymin ersetzt. Diese Basen bilden durch molekulare Wechselwirkungen (Wasserstoffbrücken) Paare aus, die sich als Querverbindungen zwischen den beiden DNA-Einzelsträngen befinden. Es entsteht die Form einer gewundenen Strickleiter, wobei die Einzelstränge die Holme und die Querverbindungen die Sprossen sind. Es bilden sich als »Sprossen« die Paare A–T und C–G. Daher kann jeder einzelne Strang vom anderen abgeleitet werden, wie dies bei der Selbstreplikation der DNA in Bild 1.2 dargestellt ist. Die

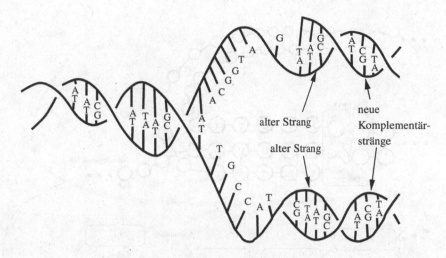

Bild 1.2. Struktur der DNA (gewundene Strickleiter). Die Abbildung zeigt, wie sich die DNA aufspaltet und sich so durch Ergänzung der einzelnen Stränge unter der Mitwirkung von Enzymen selbst replizieren kann.

langfristigen Vorteile der DNA gegenüber der RNA liegen darin, dass sie stabiler ist und aufgrund ihrer doppelten Codierung gegebenenfalls genetische Defekte reparieren kann. Durch den Doppelstrang kann die DNA jedoch nicht so gut mit den Enzymen interagieren wie die RNA – daher ist keine direkte Umsetzung der DNA in die Proteine möglich. Aus diesen unterschiedlichen Stärken von DNA und RNA hat sich eine Aufteilung in verschiedene Funktionalitäten ergeben. Die genetische Information der DNA wird zunächst auf eine sog. Messenger-RNA übertragen, welche dann gemeinsam mit Enzymen die Proteine ausbildet. Damit speichert die DNA Informationen und die Messenger-RNA übermittelt Informationen. Diese Mechanismen reduzieren die Fehlerrate auf etwa 10^{-6} und weitere Verbesserungen in der Fehlerkorrektur erreichen sogar eine Fehlerrate von 10^{-8}. Der Übersetzungsprozess ist schematisch in Bild 1.3 dargestellt.

Nun darf man sich einen DNA-Strang jedoch nicht als fest vorgeschriebene Sequenz von Anweisungen vorstellen, die einem klaren Bauplan z. B. für den Aufbau eines komplexeren Organismus enthält. Der Aufbau eines Lebewesens entsteht durch die Aktivität unterschiedlicher Gene während der Wachstumsphase. Dies wird über Proteine gesteuert, die bestimmte Teile einer DNA-Sequenz aktivieren können (vgl. Bild 1.4). Nur dann werden die Informationen über die Messenger-RNA in neue Proteine übersetzt. D. h. es handelt sich um einen selbstorganisierten zyklischen Prozess, wann welche Teile der DNA aktiv werden. Man spricht auch von *genregulierenden Netzwerken*. In einem mehrzelligen Organismus kann in verschiedenen Bereichen eine unterschiedliche »Protein«-Umwelt herrschen – verursacht durch Asymmetrien, die z. T. bis auf die ersten Zellen zurückgehen. Dies führt dazu, dass unterschiedliche Gene aktiv sind und andere Entwicklungsschritte veranlasst werden, wodurch sich einzelne Zellen spezialisieren und ein komplexes Lebewesen entsteht.

Ein anderes einschneidendes Ereignis zur Ausbildung der heutigen tierischen und pflanzlichen Zellen und damit der komplexen, mehrzelligen Organismen war die Entstehung der Zellatmung durch *endosymbiotische Vorgänge*. Endosymbiose heißt hierbei, dass andere selbstständige Le-

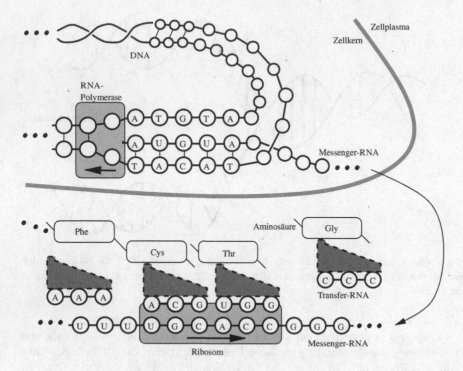

Bild 1.3. Schematische Darstellung der Proteinbiosynthese mit Hilfe der in der Erbsubstanz DNA gespeicherten Information. Die Doppelhelix der DNA im Zellkern wird von der RNA-Polymerase aufgespalten. Dabei wird entlang des kodierten DNA-Strangs eine Messenger-RNA gebildet. Sie wandert aus dem Zellkern heraus ins Zellplasma. Dort lagern sich Ribosomen an die Messenger-RNA. An jedem Ribosom entsteht eine Peptidkette (Protein) aus der Verknüpfung einzelner Aminosäuren gemäß der Zuordnungsvorschrift des genetischen Codes. Die Aminosäuren werden von spezifischen Transfer-RNAs herangeschafft.

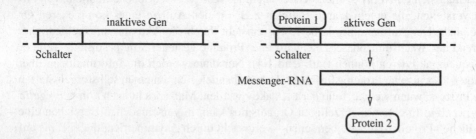

Bild 1.4. Der linke Teil der Abbildung zeigt ein inaktiviertes Gen. Durch Anlagerung eines Proteins an dem als »Schalter« bezeichneten Abschnitt der DNA wird rechts das Gen aktiviert und kann über die Messenger-RNA in ein anderes Protein übersetzt werden. So regulieren Proteine ihre Herstellung auf der Basis der vorliegenden DNA.

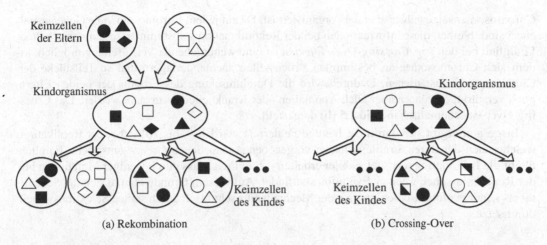

(a) Rekombination (b) Crossing-Over

Bild 1.5. Schematischer Vergleich der (a) Rekombination von Chromosomen bei diploiden Organismen und des (b) Crossing-Overs in einem Chromosom bei der Bildung der Keimzellen.

bewesen, in diesem Fall Bakterien mit einem effektiven Atmungssystem zur Bindung des Sauerstoffs, in eine Zelle eingeschlossen werden und dort symbiotisch mit der Zelle zusammenarbeiten. So haben sich die Mitochondrien in der heutigen Zelle gebildet, die für die Zellatmung verantwortlich sind. Ein weiteres Beispiel für Endosymbiose in der Evolution sind die Chloroplasten in den pflanzlichen Zellen. Sie entstanden vermutlich durch den Einschluss von Cyanobakterien und haben die Photosynthese der Pflanzen ermöglicht. Hierbei ist es wichtig festzuhalten, dass die symbiotische Zusammenarbeit einen Evolutionsschritt vollbracht hat, der nicht durch bloßen Wettbewerb zwischen unterschiedlichen Mutanten erreicht werden konnte.

Im Weiteren konnte die Evolution noch verschiedene Verbesserungen in den biologischen Mechanismen entwickeln, die eine Verringerung der Fehlerrate bei der Zellteilung mit sich gebracht haben. Einerseits wird durch die Ausbildung eines Zellkerns das genetische Material besser vor Schädigungen durch Sauerstoff geschützt. Andererseits kommt das genetische Material bei manchen Einzellern und den meisten Vielzellern doppelt in jeder Zelle vor. So besteht jedes *Chromosom* bei den höheren Lebewesen aus zwei identischen DNA-Ketten, den sog. Chromatiden, auf denen mehrere Gene gespeichert sind. Dies vereinfacht die Zellteilung während des Wachstums eines Lebewesens (die sog. Mitose).

Und schließlich wird die Sexualität ausgebildet, bei der das Erbgut zweier Organismen vermischt wird. Die entscheidende Technik, durch die dieser Mechanismus so effektiv wird, liegt in der Verdoppelung der Chromosomen. Für die Vermehrung wird dieser sog. *diploide Chromosomensatz* bei allen Tieren und damit auch beim Menschen in den Keimzellen auf einen einfachen reduziert (die sog. Meiose). Bei der Entstehung eines neuen Nachkommens, d. h. der Verschmelzung zweier Keimzellen verschiedener Eltern, geht so ein kompletter Satz der Chromosomen von jedem Elternteil ein. Da bei der Ausbildung der Keimzellen eines solchen Nachkommens nicht bekannt ist, welches Chromosom von welchem Elternteil stammt, werden hierbei die verschiedenen Chromosomen in jeder Keimzelle neu kombiniert. Dies erlaubt eine rasche fortgesetzte *Rekombination* des Erbguts der Eltern und ist beispielhaft in Bild 1.5 (a) dargestellt. Bei Pflanzen findet die Rekombination in derselben Art und Weise statt, auch wenn die Aufspaltung der

Chromosomensätze teilweise anders organisiert ist. Da auf jedem Chromosom viele Gene gespeichert sind, bleiben diese Informationen bei der Rekombination selbst immer zusammen erhalten. Lediglich bei den sog. *Crossing-Over-Effekten* ist eine weitergehende Vermischung möglich, indem sich Chromosomen an bestimmten Bruchstellen aneinanderlagern und so Teilstücke der Chromosomen austauschen. Dadurch wird die Durchmischung des Erbguts der beiden Eltern noch verstärkt, es können aber auch Anomalien oder Krankheiten verursacht werden. Das Crossing-Over ist schematisch in Bild 1.5 (b) dargestellt.

Insgesamt ergibt sich damit die heutige Fehlerrate von 10^{-10} bis 10^{-11} bei der Replikation, welche auch der durch Strahlenschäden vorgegebenen natürlichen Grenze entspricht. Folglich bleibt die Information sehr viel stabiler erhalten – zum Preis, dass durch weniger Mutationen bei der Replikation auch weniger Evolution stattfindet. Aus diesem Grunde konnte sich die Sexualität als neuer evolutionsbeschleunigender Mechanismus sehr rasch durch seinen Selektionsvorteil durchsetzen.

1.2.   Evolutionsfaktoren

Die Evolutionsfaktoren sind Vorgänge, die in einer Population die Häufigkeit von Merkmalen der Individuen verändern. Sie werden aus einer theoretischen Überlegung abgeleitet und eröffnen das Spektrum der Arbeitsweisen einer simulierten Evolution.

Während der Abschnitt 1.1 die Evolution aus der molekulargenetischen Sicht beleuchtet und die genetischen Mechanismen samt ihrer Entstehung darstellt, abstrahiert dieser Abschnitt nun vom einzelnen Organismus und betrachtet eine Population von Organismen in ihrer Gesamtheit. Dieses Teilgebiet wird auch als Populationsgenetik bezeichnet, bei dem insbesondere die statistische Verteilung von Eigenschaften in der Population, die so genannte *Genfrequenz*, von Interesse ist.

Um mit Hilfe der Populationsgenetik die Evolutionsfaktoren vorzustellen, werden zunächst die wichtigsten Begriffe der Evolutionstheorie eingeführt, an denen sich auch die Terminologie der evolutionären Algorithmen orientiert.

Aus dem vorherigen Abschnitt ist bekannt, dass ein Chromosom mehrere Gene enthält – die Grundlage für die Vererbung sowie für die Veränderung des Erbguts in der Form einer Mutation. Die Gesamtheit aller Gene eines Organismus wird Genom genannt und bestimmt im Wesentlichen das Erscheinungsbild dieses Organismus, die so genannte phänotypische Ausprägung. Das Genom wird gemeinsam mit dem Phänotyp auch als *Individuum* bezeichnet. Gerade sein Erscheinungsbild und die Interaktion mit der Umwelt bilden die Grundlage für eine Selektion, d. h. einen Auswahlprozess.

Ein einzelnes Gen im Genom kann meist verschiedene Werte annehmen. Jede dieser Ausprägungen wird als ein *Allel* bezeichnet. Ein Beispiel wäre bei einem Gen für die Haarfarbe ein Allel für blonde und ein Allel für schwarze Haare. Die Gesamtheit aller Allele in einer Population wird auch als Genpool bezeichnet.

Einen weiteren wichtigen Begriff der Evolution stellt der *Artbegriff* dar. Eine Art wird durch diejenigen Populationen definiert, deren Individuen zu einem gemeinsamen Genpool gehören und sich miteinander paaren können. Dabei können jedoch einzelne Populationen räumlich so weit voneinander getrennt sein, dass aus diesem Grund keine Fortpflanzung zwischen ihnen stattfindet. Da wir Evolution als den Entstehungsprozess der Mannigfaltigkeit im Tier- und Pflanzenreich definiert haben, stellt der Artbegriff die Grundlage für die Evolution dar.

1.2.1. Herleitung der Evolutionsfaktoren

Wir betrachten eine Population mit Individuen und nehmen an, dass für ein bestimmtes Gen in der Population zwei unterschiedliche Allele vorhanden sind. Dabei soll ein Allel mit der Häufigkeit p, das andere mit der Häufigkeit $1 - p$ auftreten. Ferner sei die Population stabil, d. h. bei fortschreitender Zeit bleibt das Verhältnis der beiden Allele konstant.

Evolution im Sinne einer »Änderung des Lebens« (vgl. S. 4) findet nun genau dann statt, wenn sich die Häufigkeit der beiden Allele, die sog. Genfrequenz verändert. Dies geschieht nur in den folgenden Fällen.

1. Durch Vervielfältigungsfehler bzw. Mutationen kann sich die Genfrequenz nachhaltig verschieben, indem z. B. neue Allele eingeführt werden.

2. Die Häufigkeit der Allele kann nur stabil sein, wenn sie eine gleiche Fortpflanzungsrate besitzen und die Nachkommen unabhängig von ihren Allelen gleiche Überlebenschancen haben. Ist eine von beiden Bedingungen nicht gegeben, tritt eine Veränderung der Genfrequenz ein. Der Evolutionsfaktor wird als Selektion bezeichnet.

3. In großen Populationen stört der zufällige Tod einzelner Individuen das Verhältnis der Allelen kaum. In sehr kleinen Populationen können die Auswirkungen jedoch groß sein: Man spricht vom Gendrift.

4. Die Genfrequenz ändert sich, indem Individuen aus einer eigentlich räumlich getrennten Populationen zuwandern. Dann spricht man von Genfluss.

Im vorherigen Abschnitt hatten wir auch die Rekombination als Mechanismus der Evolution eingeführt. In obiger Überlegung der Populationsgenetik wäre dies kein Evolutionsfaktor, da Allele nur anders verteilt, ihre Häufigkeit aber nicht verändert wird.

1.2.2. Mutation

Wie im Abschnitt 1.2.1 dargestellt entstehen Mutationen durch Fehler bei der Reproduktion der DNA, beispielsweise Austausch, Einfügung oder Verlust von Basen. Beim Menschen beträgt die Mutationsrate etwa 10^{-10}. Da der Mensch circa 10^5 Gene mit jeweils ungefähr 10^4 Bausteinen besitzt, findet im Durchschnitt bei jeder zehnten Zellteilung eine Veränderung statt.

Da nur sehr wenige Zellteilungen notwendig sind, um die Keimzellen für die Nachkommen zu bilden, bleibt die Anzahl der Veränderungen an der Geninformation verhältnismäßig gering. Zudem können Mutationen auch in Teilen der DNA auftreten, in denen keine Information gespeichert ist – z. B. in den Introns, den inaktiven (evtl. veralteten) Abschnitten innerhalb eines Gens, oder in den nicht offensichtlich funktionstragenden Abschnitten außerhalb der Gene, die englisch auch als *junk DNA* (DNA-Müll) bezeichnet werden. Solche Mutationen haben zunächst keine direkte Auswirkungen auf den Phänotyp und werden daher als *neutrale Mutationen* bezeichnet. Auch durch die Redundanz des genetischen Codes kann beispielsweise ein Basentausch ohne Auswirkungen, also neutral, bleiben (vgl. Tabelle 1.1). Andere Mutationen, die zunächst keine direkte Auswirkung haben, sind die sog. rezessiven Mutationen. Da in diploiden Organismen für jedes Gen zwei Allele (von jedem Elternpaar eines) vorhanden sind, kann es sein, dass eine Veränderung eines Allels nicht direkt Auswirkungen zeigt, sondern nur wenn beide Gene dieselbe Veränderung aufweisen. Man spricht dann von einem rezessiven Allel. Ist gleichzeitig ein entsprechendes dominantes Allel vorhanden ist, wirkt sich nur das dominante aus. So werden z. B. bei der Hausmaus rote Augen durch ein rezessives Allel erzeugt, während schwarze Augen dominant sind. Rezessive Mutationen verändern rezessive Allele und haben daher häufig keine direkte Auswirkung.

Mutationen sind die Grundlage für Veränderung in der Evolution. Große Veränderungen in einer Population finden in der Regel graduell durch Addition von vielen kleinen, z. T. rezessiven Mutationen statt. Große Veränderungen, die in einem Schritt durch eine Mutation entstanden sind, werden häufig wieder schnell aus der Population verdrängt, da durch die enge Verknüpfung und Wechselwirkung der Gene elementare negative Eigenschaften bei Großmutationen kaum vermeidbar sind.

1.2.3. Rekombination

Rekombination findet bei der sexuellen Paarung statt, wodurch das genetische Material der Eltern neu kombiniert wird. Aus der Sicht der klassischen Evolutionslehre handelt es sich dabei um keinen Evolutionsfaktor, da keine Neuerungen eingeführt werden, sondern nur Vorhandenes neu zusammengestellt wird. Dieser Argumentation liegt die Idee eines aus einzelnen, voneinander unabhängigen Genen zusammengesetzten Bauplans zugrunde. In der moderneren Vorstellung der genregulierenden Netzwerke sind die Gene allerdings hochgradig voneinander abhängig. Es wird angenommen, dass nur die starke Vernetzung und Verknüpfung in den genotypischen Strukturen viele phänotypische Merkmale hervorbringen kann. Damit verschiebt sich die Funktion der Rekombination von der Kombination unabhängiger Gene hin zur Erzeugung neuer Verknüpfungen im genregulierenden Netzwerk. Vor diesem Hintergrund kann man annehmen, dass wahrscheinlich durch Mutationen neu erzeugte Allele für den Evolutionsprozess weit weniger wichtig sind als die Veränderungen der Rekombination. Konsequenterweise zählt man heute die Rekombination auch zu den Evolutionsfaktoren.

 Schön, dass die Natur sich nicht nach der Populationsgenetik richtet. Dies zeigt lediglich die Problematik jeglicher Modellierung auf: Es können nur Teilaspekte vollständig korrekt wiedergegeben werden.

1.2.4. Selektion

Bei der Selektion innerhalb einer Population handelt es sich um eine Veränderung der Allelenhäufigkeit durch unterschiedlich viele Nachkommen der einzelnen Allele. Dies kann durch Unterschiede bei den Individuen bzgl. folgender Eigenschaften verursacht werden:

- Überlebenschancen, z. B. in der Lebensfähigkeit oder dem Durchsetzungsvermögen gegen Rivalen oder natürliche Feinde – hier spricht man auch von einer Umweltselektion,
- Fähigkeit, einen Geschlechtspartner zu finden – hier spricht man auch von der sexuellen Selektion,
- Fruchtbarkeit bzw. Fortpflanzungsraten oder
- Länge der Generationsdauer, z.B. in Form des Zeitpunkts der Geschlechtsreife.

Die Selektion kann durch den Selektionswert bzw. *Fitnesswert* gemessen werden. Die relative Fitness eines Genotyps G ist über die Anzahl der überlebenden Nachkommen in einer Population definiert als

$$Fitness(G) = \frac{\#\text{Nachkommen von } G}{\#\text{Nachkommen von } G'},$$

wobei G' der Genotyp mit den meisten Nachkommen in der Population ist.

Implizit wird bei dem Fitnesswert angenommen, dass ein Genotyp, der besser an seine Umwelt angepasst ist, mehr Nachkommen erzeugt. Damit ist der Fitnesswert ein abgeleitetes Maß für die Tauglichkeit eines Individuums.

Die Selektion ist der einzige gerichtete Vorgang in der Evolution. Statt eines übergeordneten Ziels wird jedoch die Angepasstheit im Moment angestrebt. Die Selektion arbeitet nicht auf einzelnen Eigenschaften oder Genen eines Organismus, sondern statistisch auf dem dadurch bestimmten Phänotyp, d. h. dem beobachtbaren Äußeren des Organismus. Alle Gene erbringen zusammen eine gewisse Leistung, die durch die Selektion bewertet wird.

Beim reinen Auswahlprozess der Selektion würde sich langfristig lediglich die vorteilhafteste Form einer Art durchsetzen. Dies ist jedoch nicht der Fall, da meist in einer Population viele verschiedene Formen beobachtet werden können, z. B. braun- und weißhaarige Kaninchen. Diesen Effekt nennt man *Polymorphismus*. Eine mögliche Ursache ist ein geringfügiger Selektionsunterschied zwischen den verschiedenen Phänotypen oder sogar wechselseitige Selektionsvorteile bei ungleichen Umweltbedingungen. Eine zweite Erklärung sind Seiteneffekte von rezessiven Allelen. Ist beispielsweise a ein rezessives Allel und A ein dominantes, dann stehen Aa und AA für denselben Phänotyp. Da Aa keinen Nachteil hat, wird das rezessive Allel a in der Population präsent bleiben und damit auch immer wieder die Kombination aa mit dem damit verbundenen Phänotypen entstehen. Ein letzter Grund für Polymorphie ist in Selektionsvorteilen von Minderheitsphänotypen zu sehen, indem z. B. die natürlichen Feinde sich auf den hauptsächlich auftretenden Phänotyp einstellen. Insgesamt hat eine Population mit Polymorphie durch die größere Vielfalt (*Diversität*) den Nutzen einer größeren Anpassungsfähigkeit und Überlebenschance als eine genetisch einheitliche Population.

Insgesamt bilden die Gene eines Genpools ein harmonisches System, bei dem die Allele der verschiedenen Gene sorgfältig aufeinander abgestimmt sind. Daher können Mutationen zumeist keine großen Veränderungen bewirken, da diese immer disharmonische Seiteneffekte mit sich bringen. Dies ist beispielsweise auch die Ursache dafür, dass viele Grundbaupläne der Organismen nach ihrer Festlegung nicht mehr geändert werden können. Je größer die Vernetzung des Systems ist, umso stabiler ist der Grundbauplan und umso schwieriger ist ein neuer harmonischer Zustand zu erreichen – insbesondere lässt sich die Evolution dann auch nicht umkehren. Anpassung findet immer im Kontext der Situation des Moments statt und ist auch bei einer Veränderung der Situation nicht mehr rückgängig zu machen. Daher erreicht die natürliche Evolution kein Optimum, sondern schleppt immer Ballast aus früheren Anpassungen mit sich mit.

Delphine sind ein Beispiel für diese Unumkehrbarkeit: Im Wasser könnte ihnen eine Kiemenatmung hilfreich sein und sie verfügen auch über Ansätze von Kiemenspalten. Bei der Anpassung ihrer Vorfahren an das Leben an Land wurden die Kiemen rückgebildet. Sie können nun nicht wieder auf einfache Art und Weise durch die Evolution aktiviert werden, sondern die Kiemenatmung müsste vermutlich wieder neu »erfunden« werden.

1.2.5.　　Genfluss

Bei der Evolution durch Genfluss werden die Genhäufigkeiten in der Population direkt durch Zu- oder Abwanderung von Individuen einer anderen Population derselben Art verändert. Sind Populationen so stark isoliert, dass kein regelmäßiger Austausch möglich ist, können sich Varianten derselben Art bilden. Gelingt einzelnen Individuen die Barriere zu überwinden, können sie die Evolution in der neuen Population maßgeblich beeinflussen. Ein Beispiel hierfür sind die Darwin-Finken.

1.2.6.　　Gendrift

Evolution durch Gendrift ist eine Erscheinung, die insbesondere bei kleinen Populationen beobachtet wird. Aufgrund von Zufallseffekten sterben Allele einzelner Gene aus. Gendrift bewirkt somit eine deutliche Reduktion der Vielfalt in einer Population. Gerade in sehr kleinen Populationen mit weniger als 100 Individuen ist Gendrift ein wesentlicher Evolutionsfaktor, wenn z. B. ein neu entstandener Lebensraum durch sehr wenige Individuen besiedelt wird. In sehr großen Populationen ist Gendrift vernachlässigbar.

Gendrift kann im Wechselspiel mit Selektion und Genfluss die Evolution beschleunigen. Kleine Populationen können durch Gendrift überraschende Wege einschlagen. Solche Individuen können nach dem Wechsel in eine andere Population die dortige Evolution unter veränderten Umweltbedingungen maßgeblich beeinflussen.

1.3.　　Anpassung als Resultat der Evolution

Die Anpassung einer Population an ihre Umwelt führt zu verschiedenen charakteristischen Phänomenen wie der Besetzung von ökologischen Nischen, Wechselbeziehung zwischen Arten und dem Baldwin-Effekt.

Durch die in Abschnitt 1.2 vorgestellten Evolutionsfaktoren ist eine Population in der Lage, sich Veränderungen in der Umwelt anzupassen und den Lebensraum zu behaupten. Ein Beispiel sind die Resistenzphänomene bei vielen Bakterien. Durch Mutationen sind einzelne Bakterien gegen bestimmte Antibiotika resistent und haben so einen Selektionsvorteil bei zunehmendem Einsatz des Antibiotikums. Innerhalb kurzer Zeit ist die gesamte Population gegen das neue Antibiotikum resistent. Diese Fähigkeit zur Anpassung hat zu interessanten Phänomenen in der Natur geführt, wovon drei im Folgenden knapp vorgestellt werden.

1.3.1.　　Nischenbildung

Meist wird in der Natur ein Lebensraum von sehr vielen verschiedenen Organismen geteilt. Dabei nutzt jeder die vorhandenen Ressourcen auf eigene Art und Weise für Wachstum und Ernährung. Diese Aufteilung der Umwelt wird als Einnischung bezeichnet.

Die ökologische Nische einer Art wird durch zwei verschiedene Klassen von Faktoren definiert: durch die abiotischen Faktoren wie Feuchtigkeit, Licht etc. und durch die biotischen Faktoren, die durch Konkurrenz oder Kooperation mit anderen Arten und Organismen im Lebensraum bestimmt werden.

Die Selektionsmechanismen werden aktiv, wenn sich die Nischen von mehreren Populationen überschneiden. Durch Anpassung wird die Überschneidung verringert und die zwischenartliche Konkurrenz nimmt ab.

Die Einnischung liefert auch eine wichtige Erklärung für die Bildung verschiedener Arten aus einer Spezies und damit für die Mannigfaltigkeit der Natur. Hierfür ist weniger die Konkurrenz zwischen den verschiedenen Arten sondern die innerartliche Konkurrenz verantwortlich. Mutationen, die einen explorativen oder innovativen Charakter haben und damit die Besetzung neuer ökologischer Nischen durch einzelne Individuen fördern, haben einen Vorteil durch den Selektionsdruck innerhalb der Population. Entsteht durch Veränderung der Umgebungsbedingungen eine neue Nische, kann ein Teil der Population diese durch Anpassung besetzen. Dies kann langfristig zur Entstehung von zwei getrennten Arten führen.

Unterschiedliche Einnischungen können räumlich wie bei Feld- und Schneehasen oder Eichel- und Tannenhähern, zeitlich wie bei Greifvögeln und Eulen oder durch unterschiedliche Nahrung wie bei Wölfen und Füchsen begründet sein.

Einnischung ist die Erklärung für die Koexistenz vieler Arten im gleichen Lebensraum und auch für die Ausprägung unterschiedlicher Merkmale innerhalb einer Art.

1.3.2.   Evolution ökologischer Beziehungen

Wie im vorherigen Abschnitt 1.3.1 bereits angesprochen, teilen sich meist mehrere Arten denselben Lebensraum oder leben in aneinandergrenzenden Lebensräumen. Es herrscht eine ökologische Beziehung zwischen den Populationen im selben Lebensraum, da sie dieselben Ressourcen nutzen. Konsequenterweise müssen sich dann auch die Evolutionsprozesse der unterschiedlichen Arten beeinflussen, da eine Art die Umwelt der anderen Art mitbestimmt: Eine Veränderung in einer Population hat auch einen Effekt auf die anderen Population. Diese gegenseitige Beeinflussung wird *Koevolution* genannt.

Man unterscheidet vier Kategorien:

1. Konkurrenz zwischen zwei Arten um dieselben Ressourcen – das Wachstum der einen Art stört die Umweltbedingungen der konkurrierenden Art,

2. Ausnutzung einer Art durch eine andere – hierzu zählen Wirt-Parasit- und Räuber-Beute-Verhältnisse,

3. Symbiose zwischen zwei Arten – die Anwesenheit einer Art stimuliert das Wachstum der anderen Art (Beispiel: Ameisen und Blattläuse) – und

4. Mimikry, die Nachahmung, – eine Art nutzt den Selektionsvorteil einer anderen Art aus, indem sie ihr äußeres Erscheinungsbild nachahmt (Beispiel: Schwebfliegen und Wespen).

Den koevolutionären Vorgängen wird heute eine sehr große Bedeutung in der Entwicklung komplexer Lebewesen eingeräumt.

1.3.3.   Baldwin-Effekt

Abschließend soll noch kurz auf die Wechselwirkungen zwischen Lernen und Evolution eingegangen werden. In der bisherigen Darstellung basiert die Evolution vollständig auf Veränderungen, die am Genotyp vorgenommen werden – sowohl durch Mutation als auch durch Rekombination bei der sexuellen Fortpflanzung. Dabei bleibt ein in der Biologie lange kontrovers disku-

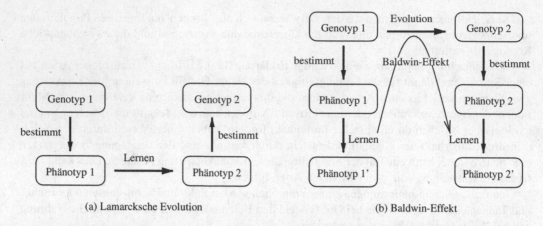

(a) Lamarcksche Evolution   (b) Baldwin-Effekt

Bild 1.6. Unterschied zwischen der (a) Lamarckschen Evolution, bei der durch Lernen der Genotyp verändert wird, und dem (b) Baldwin-Effekt, bei dem sich spezifische Lernfähigkeiten durch Selektionsvorteile vererben.

tierter Aspekt unberücksichtigt: nämlich die individuelle Weiterentwicklung durch Lernen und
ihr Einfluss auf die Evolution. Lernvorgänge finden immer auf der phänotypischen Ebene statt.
Die inzwischen widerlegte Theorie von Lamarck sah im individuellen Lernen die treibende Kraft
für die Evolution, indem die Veränderungen wieder auf den Genotyp zurückgeschrieben werden
(siehe Bild 1.6 (a)). Eine solche direkte Rückkopplung existiert jedoch bei der biologischen Evolution nicht.

Stattdessen hat die individuelle Entwicklung einen indirekten Einfluss auf die Evolution und
die dabei entstehenden neuen Genotypen. Die wesentliche Grundlage des Baldwin-Effekts (siehe
Bild 1.6 (b)) ist eine gemeinsame Umgebung, in der sowohl die Evolution als auch das Lernen
stattfindet. So beeinflussen dann auch Phänotypen, die sich durch Lernen verändert haben, die
gemeinsame Umgebung und damit auch das Fortschreiten der Evolution. Hierdurch können Selektionsvorteile bzw. -nachteile für einzelne Genotypen in der Population entstehen. Ebenso können sich evtl. Genotypen, die eine bessere Grundlage für das Erlernen bestimmter Eigenschaften
bieten, leichter in der Population durchsetzen als andere Individuen. Lernen ist ein integraler Teil
der Umwelt und damit auch ein wesentlicher Bestandteil der Anpassung einer Art an die Umwelt. Gemäß der Theorie des Baldwin-Effekts kann so erlerntes Verhalten über lange Zeiträume
zu instinktivem Verhalten werden, das dann quasi direkt vererbt wird.

1.4.   Biologische Konzepte in evolutionären Algorithmen

*Dieser Abschnitt gibt einen kleinen Ausblick, welche Begriffe wo im Weiteren wieder aufgegriffen
werden.*

Ab dem zweiten Kapitel wird mit den evolutionären Algorithmen eine Sammlung an Konzepten vorgestellt, die sich im weiteren Sinn an die biologische Evolution anlehnen. Naturgemäß
werden trotz ähnlicher oder gleicher Begriffe, große konzeptuelle Unterschiede zutage treten. Die
Tabelle 1.2 gibt allerdings bereits hier einen kleinen Einblick, welche Begriffe an welchen Stellen

Begriff	Verwendung in evolutionären Algorithmen
Population	wird als Sammlung mehrerer Individuen übernommen (ab S. 24), meist allerdings mit fester Größe
Individuum	Lösungskandidat für ein Optimierungsproblem (ab S. 24)
Genotyp	steht analog für die gesamte im Individuum gespeicherte und durch die Evolution manipulierbare Information (ab S. 34)
Phänotyp	steht für das Individuum aus der Sicht des Optimierungsproblems (ab S. 34)
Mutation	steht für eine kleine Änderung am Genotyp (ab S. 25)
Rekombination	ist eine Operation, die zwei oder mehr Individuen miteinander kombiniert (ab S. 25)
Crossing-Over	wird meist als *Crossover* synonym zur Rekombination bzw. als Bezeichnung für spezielle Rekombinationsoperatoren (ab S. 81) benutzt
Selektion	ist ebenfalls ein beschriebener Vorgang (ab S. 24), in evolutionären Algorithmen kann man zwei Arten der Selektion unterscheiden
Fitness	spezielle Berechnungsvorschrift als Hilfsmittel bei der Selektion (ab S. 72); besonders in anderer Literatur auch als Güte eines Individuums (siehe S. 24)
genetischer Code	meist direkte Abbildung (Dekodierungsfunktion) vom Genotyp auf den Phänotyp (ab S. 35)
Diploidität	spezielles Konzept, das z.B. bei zeitabhängigen Problemen benutzt wird (ab S. 220)
Gendrift	meist negativer Effekt, der in evolutionären Algorithmen zu vermeiden ist und Gegenmaßnahmen erfordert (ab S. 210)
Genfluss	Konzept, das als Migration bei parallelen evolutionären Algorithmen benutzt wird (ab S. 228)
Nischenbildung	spezielle Technik, die manchmal zur Vermeidung von Gendrift eingesetzt wird (ab S. 234)
Koevolution	spezielle Technik, die sporadisch aus unterschiedlichen Gründen eingesetzt wird (ab S. 229)
Lamarcksche Evolution	Technik, die z.B. bei den memetischen Algorithmen genutzt wird (ab S. 167)

Tabelle 1.2. Begriffe, die aus der natürlichen Evolution aufgegriffen werden und ihre Bedeutung bzw. Verwendung in den evolutionären Algorithmen.

wieder aufgegriffen werden und wie groß die Ähnlichkeit zwischen den jeweiligen Konzepten ist.

Insbesondere wird in den evolutionären Algorithmen der gesamte Prozess stark vereinfacht werden und die in der Biologie eher unscharfen Begriffe wie die Selektion werden durch einen eindeutig ausführbaren Ablauf ersetzt. Viele der spannenden Details in der Natur, wie die Ausbildung des Phänotyps aus dem Genotyp in einem selbstregulierenden Prozess, finden zunächst keinen Eingang in die Konzepte der evolutionären Algorithmen. Auch die genetische Ebene mit der DNA sowie einer diploiden Kodierung weicht einer stark vereinfachten Vorstellung und hängt stark vom jeweils zu lösenden Optimierungsproblem ab.

Übungsaufgaben

Übung 1.1   Mutationswahrscheinlichkeit

Betrachten Sie Chromosomen der Länge 100 und der Länge 1 000 sowie Mutationen mit der Mutationsrate 10^{-2} und 10^{-4}. Berechnen Sie, wie viele Veränderungen statistisch bei einer Mutation auftreten. Was bedeuten diese Ergebnisse für den Vorgang der Evolution?

Übung 1.2   Wirkung des Crossing-Overs

Betrachten Sie ein Genom bestehend aus 4 Genen, die jeweils die Werte a, b und c annehmen können. In einer Population sind die folgenden Genotypen enthalten: $aabc$, $baab$, $cabb$, $babc$, $cacc$ und $bacc$. Überprüfen Sie, inwieweit durch Crossing-Over beliebiger Genpaare alle möglichen Genome der Länge 4 erzeugt werden können.

Übung 1.3   Fitnessbegriff

Betrachten Sie eine Population bestehend aus den Individuen A, B und C. Berechnen Sie die relative Fitness für die Individuen, wobei sich A dreimal, B fünfmal und C zweimal erfolgreich fortpflanzt.

Übung 1.4   Simulation einer Evolution

Schreiben Sie ein Programm, welches eine Population mit Individuen bestehend aus Chromosomen mit jeweils 10 Bits simuliert. Kreuzen Sie zwei zufällig ausgewählte Individuen, indem jedes Bit zufällig von einem Elternteil ausgewählt wird. Mutieren Sie jedes Bit mit der Mutationsrate 10^{-2} und ersetzen Sie schließlich in der Population das schlechteste Individuum durch das neu entstandene – dabei ist ein Individuum umso besser je mehr Einsen enthalten sind. Simulieren Sie mehrere Evolutionsläufe mit verschiedenen Populationsgrößen für wenigstens 200 Generationen. Welche Beobachtungen machen Sie?

Übung 1.5   Koevolutionäres Verhalten

Schreiben Sie ein Programm, welches eine Räuber-Beute-Beziehung simuliert. Es werden lediglich die Populationsgrößen der Räuber- und Beutepopulation (N_R und N_B) betrachtet. Die Räuberpopulation vergrößert sich entsprechend des Nahrungsangebots durch die Größe der Beutepopulation:

$$N_R^{(t+1)} = \lfloor \alpha \cdot N_R^{(t)} + \beta \cdot N_R^{(t)} \cdot N_B^{(t)} \rfloor.$$

Entsprechend verringert sich die Größe der Beutepopulation:

$$N_B^{(t+1)} = \lfloor \gamma \cdot N_B^{(t)} - \varepsilon \cdot N_R^{(t)} \cdot N_B^{(t)} \rfloor.$$

Simulieren Sie dieses Verhalten für verschiedene Parametereinstellungen. Welche Phänomene können Sie beobachten?

Historische Anmerkungen

Im 18. Jahrhundert herrschte die Vorstellung der Artkonstanz, d. h. alle Organismen sind von Gott geschaffen und bleiben stets gleich. Fossile Funde wurden nicht als Überreste von Lebewesen sondern als Naturgebilde erachtet. In der damaligen Zeit wurde der Artbegriff ebenso wie das Dogma der Artkonstanz durch von Linné (1740) geprägt. Als erster zweifelte Lamarck (1809) an der Artkonstanz und proklamierte in seiner »Philosophie Zoologique« die Abstammung der Arten voneinander sowie den Wandel der Arten in verschiedenen kleinen Schritten. Er ist der Begründer der Deszendenztheorie. Neben diesem ersten Baustein in der Evolutionstheorie wurde auch die individuelle Erfahrung einzelner Individuen für diesen Wandel verantwortlich gemacht, was heute als widerlegt gilt. Ein weiteres Indiz für einen kontinuierlichen Wandel lieferte die Entdeckung gleicher Grundbaupläne für verschiedene Tiergruppen durch St. Hilaire (1822), welche die Theorie der gemeinsamen Abstammung der Arten stützt. Diese ersten Hypothesen wurden von dem Begründer der Paläantologie Cuvier (1812, 1825) stark angezweifelt: Er entwickelte eine Katastrophentheorie, die das Vorhandensein von Fossilien ausgestorbener Tiere durch Naturkatastrophen erklärt. Diese Theorie passte wesentlich besser in das damalige Weltbild und wurde daher favorisiert. Aufbauend auf die Arbeiten von Lamarck und anderen veröffentlichte Darwin (1859) schließlich sein Werk »On the Origin of Species«, welches den kontinuierlichen Wandel der Arten und die Deszendenztheorie untermauerte und das Prinzip der natürlichen Selektion (Selektionstheorie) eingeführt hat. Auch diese Theorie wurde Ende des 19. Jahrhunderts eher abgelehnt – allerdings konnte die Idee einer kontinuierlichen Evolution zur damaligen Zeit schon nicht mehr verneint werden, auch wenn die allumfassende wissenschaftliche Erklärung für die Evolution noch fehlte. Erst mit der aufkommenden Genetik erlebte der Darwinismus seinen Durchbruch: Die resultierende Kombination aus Genetik und Darwinismus wird als Neo-Darwinismus bezeichnet. Allerdings ist die Darwinistische Evolution auch in der heutigen Zeit nicht vollständig akzeptiert.

Die Beobachtungen von Mendel (1866) bei der Kreuzung von Gartenerbsen begründeten die Genetik, wurden allerdings 30 Jahre lang nicht beachtet bzw. gerieten in Vergessenheit. Nahezu zeitgleich mit ihrer Wiederentdeckung begründete de Vries (1901/03) die Mutationstheorie, die besagt, dass die Evolution auf zufälligen, spontanen und erblichen Veränderungen beruht. Erst später entdeckten Watson & Crick (1953) die so genannte Doppelhelix, die DNA, sowie den genetischen Code (Crick et al., 1961; Nirenberg & Leder, 1964). Damit wurde die exakte Erklärung für die Vorgänge in der Evolution auf der genetischen Ebene geliefert. Die Evolution des genetischen Codes ist ausführlich in dem Buch von Vaas (1994) beschrieben. Mehr Informationen zur Molekulargenetik sind in dem Buch von Lewin (1998) enthalten.

Der Biophysiker Eigen hat durch seine Arbeit an der Theorie der Selbstorganisation der Materie, den Hyperzyklen, die physikalisch-chemische Grundlage für die Evolutionstheorie geliefert (Eigen, 1971, 1980; Eigen & Schuster, 1982).

So wie die Evolutionsfaktoren hier präsentiert werden, lassen sie sich konkret aus dem so genannten Hardy-Weinberg-Gesetz für diploide Populationen folgern. Auf die genaue Herleitung durch den Mathematiker Hardy (1908) und den Arzt Weinberg (1908) wird hier verzichtet.

Der Begriff der »Koevolution« stammt aus der Arbeit von Ehrlich & Raven (1964) zur Interaktion zwischen Schmetterlingen und Pflanzen. Die Endosymbiontentheorie geht auf erste Hypothesen Ende des 19. Jahrhunderts zurück. Schwartz & Dayhoff (1978) haben durch einen Sequenzstammbaum der Lebenswelt die Hypothesen wissenschaftlich verifiziert (vergleiche auch die Arbeit von Margulis, 1971). In der Folgezeit wurde die Endosymbiontentheorie mehrfach bestätigt und gilt seit Ende der 1980er Jahre auch als allgemein akzeptiert.

Der Baldwin-Effekt wurde unabhängig voneinander von Baldwin (1896), Morgan (1896) und Osborn (1896) festgestellt und in der Folgezeit bis heute stark diskutiert und kritisiert. Interessanterweise kann er gerade bei simulierten Evolutionsvorgängen im Computer beobachtet werden (vgl. die Arbeit von Hinton & Nowlan, 1987).

Wesentlich detailliertere Erläuterungen zur biologischen Evolution und den Hintergründen können biologischen Lehrbüchern und der Fachliteratur (wie z. B. Grant, 1991; Kull, 1977; Smith, 1989; Wieser, 1994; Futuyma, 1998; Storch et al., 2001; Kutschera, 2001) entnommen werden.

2. Von der Evolution zur Optimierung

Die Prinzipien der biologischen Evolution werden auf die Optimierung übertragen. Am Beispiel wird ein erster evolutionärer Algorithmus zur Optimierung konstruiert und ein formaler Rahmen für die verschiedenen Algorithmenvarianten entwickelt.

Lernziele in diesem Kapitel

▷ Optimierungsprobleme können formal definiert werden.

▷ Das allgemeine Ablaufschema der einfachen evolutionären Algorithmen wird verstanden und als generisches Muster aufgefasst.

▷ Die Unterscheidung zwischen Genotyp und Phänotyp wird verinnerlicht und kann effektiv im konkreten Beispiel umgesetzt werden.

▷ Die Anpassung eines evolutionären Algorithmus an ein Optimierungsproblem kann zumindest am Beispiel nachvollzogen werden.

▷ Evolutionäre Algorithmen werden als eine Optimierungstechnik unter vielen verstanden und auch entsprechend differenziert eingesetzt.

Gliederung

Biologen studieren die Evolution als Mechanismus, der in der Natur spezielle Lösungen für spezielle Probleme erzeugt. Sie produziert etwa Antworten auf Fragen hinsichtlich der Aufnahme von Energie aus der Umwelt, der Produktion von genügend Nachkommen, um die Art zu erhalten, der Partnerfindung bei sexueller Fortpflanzung, des optimalen Energieaufwands zur Erzeugung von vielen oder wenigen Nachkommen, der optimale Tarnung etc. Diese Lösungen sind unter anderem das Resultat von Mutation, Rekombination und natürlicher Selektion – so gesehen ist der Evolutionsprozess die »natürliche Allzweckwaffe« für die Weiterentwicklung der Natur.

Computer hingegen dienen seit ihrer Erfindung als universeller Problemlöser für verschiedenste Aufgaben. Als ein Modell für Rechenmaschinen hat Turing in den 1930er Jahren die Turing-

Maschine eingeführt und die Behauptung aufgestellt, dass sich jedes algorithmisch lösbare Problem auf diesem Maschinenmodell lösen lässt. Gleichzeitig hat er bewiesen, dass Probleme existieren, die in allgemeiner Form algorithmisch nicht gelöst werden können. Ein Beispiel ist das so genannte Halteproblem, bei dem für ein beliebiges Programm zu entscheiden ist, ob es für eine gegebene Eingabe anhält.

Für algorithmisch lösbare Probleme gibt es kein allgemeines Rezept, wie der Algorithmus für ein spezielles Problem auszusehen hat. Dies bleibt der Kreativität des Informatikers oder Programmierers überlassen. Darüber hinaus kann für sehr viele Probleme nicht gewährleistet werden, dass es einen Algorithmus mit effizienter Laufzeit gibt. (In diese Kategorie fallen auch die sog. NP-harten Probleme.)

Evolutionäre Algorithmen kombinieren den Computer als universelle Rechenmaschine mit dem allgemeinen Problemlösungspotential der natürlichen Evolution. So wird im Computer ein Evolutionsprozess künstlich simuliert, um für ein nahezu beliebig wählbares Optimierungsproblem möglichst gute Näherungswerte an eine exakte Lösung zu erzeugen. Dabei wird ein beliebiges abstraktes Objekt, das eine mögliche Lösung für ein Problem darstellt, wie ein Organismus behandelt. Dieses wird durch Anwendung von so genannten evolutionären Operatoren variiert, reproduziert und bewertet. Diese Operatoren nutzen in der Regel Zufallszahlen für ihre Veränderungen an den Individuen. Folglich zählen evolutionäre Algorithmen zu den stochastischen Optimierungsverfahren, die häufig keine Garantie auf das Auffinden der exakten Lösung (in einem vorgegebenen Zeitrahmen) geben können.

Insbesondere bei Problemen, die nicht in akzeptabler Zeit exakt lösbar sind, gewinnen Algorithmen, die auf solchen biologischen Vorbildern beruhen, immer mehr an Bedeutung.

2.1.   Optimierungsprobleme

Optimierungsprobleme werden allgemein definiert und am Beispiel des Handlungsreisendenproblems erläutert.

Optimierungsprobleme treten in allen Bereichen von Industrie, Forschung und Wirtschaft auf. Den Anwendungsgebieten sind dabei keine Grenzen gesetzt. Beispiele reichen von der reinen Kalibrierung von Systemen, über Strategien zur besseren Ausnutzung vorhandener Ressourcen bis hin zu Prognosen von Zeitreihen oder der Verbesserung von Konstruktionen. Jedes dieser Probleme bringt andere Voraussetzungen für die Bewertung von Lösungskandidaten sowie unterschiedliche Anforderung an deren Optimalität mit. Daher werden wir Optimierungsprobleme zunächst in einer allgemeinen Grundform definieren. (Kapitel 5 behandelt verschiedene spezielle Anforderungen in Optimierungsproblemen.)

Für eine formale Definition werden die folgenden Forderungen an ein Problem gestellt: Die Menge aller möglichen Lösungskandidaten hat klar definiert zu sein und für jeden Lösungskandidaten muss auf irgendeine Art und Weise seine Güte oder Qualität als mögliche Lösung eindeutig berechenbar sein. Damit werden die verschiedenen Lösungskandidaten vergleichbar.

Definition 2.1 (Optimierungsproblem):
  Ein *Optimierungsproblem* $(\Omega, f, \succ)$ ist gegeben durch einen Suchraum Ω, eine *Bewertungsfunktion* $f : \Omega \to \mathbb{R}$, die jedem Lösungskandidaten einen Gütewert zuweist,

sowie eine Vergleichsrelation $\succ \in \{<, >\}$. Dann ist die *Menge der globalen Optima* $\mathscr{X} \subseteq \Omega$ definiert als

$$\mathscr{X} = \left\{ x \in \Omega \mid \forall x' \in \Omega : f(x) \succeq f(x') \right\}.$$

Ein Beispiel dafür ist das Handlungsreisendenproblem (TSP, engl. *travelling salesman problem*), bei dem eine kostenminimale Rundreise durch eine gegebene Menge von Städten gesucht wird, wobei jede Stadt nur einmal besucht werden darf.

Definition 2.2 (Handlungsreisendenproblem):

Die Grundlage für die Definition des Handlungsreisendenproblems ist ein Graph $G = (V, E, \gamma)$ zur Berechnung der Kosten. Die Knotenmenge $V = \{v_1, \ldots, v_n\}$ repräsentiert n verschiedene Städte, die paarweise durch Straßen in der Kantenmenge $E \subseteq V \times V$ verbunden sind. Jeder dieser Straßen ist eine Fahrtzeit $\gamma : E \to \mathbb{R}$ zugeordnet. Das *Handlungsreisendenproblem* ist dann definiert als Tupel $(\mathscr{S}_n, f_{\text{TSP}}, <)$, wobei der Raum aller Permutationen $\mathscr{S}_n$ die unterschiedlichen Besuchsreihenfolgen repräsentiert. Die zu minimierende Bewertungsfunktion f_{TSP} ist definiert für $(\pi_1, \ldots, \pi_n) \in \mathscr{S}_n$ als

$$f_{\text{TSP}} \left((\pi_1, \ldots, \pi_n) \right) - \gamma \left((v_{\pi_n}, v_{\pi_1}) \right) + \sum_{j=2}^{n} \gamma \left((v_{\pi_{j-1}}, v_{\pi_j}) \right).$$

Ein Handlungsreisendenproblem heißt ferner genau dann *symmetrisch*, wenn für alle $(v_i, v_j) \in E$ sowohl $(v_j, v_i) \in E$ als auch $\gamma((v_i, v_j)) = \gamma((v_j, v_i))$ erfüllt sind.

Beispiel 2.1:

Bild 2.1 zeigt ein kleines Handlungsreisendenproblem mit sechs Städten. Der dazugehörige Suchraum mit allen möglichen Rundreisen ist in Bild 2.2 dargestellt. Jede der dargestellten Rundreisen steht dabei für zwölf verschiedene Rundreisen, die an jeder der 6 Städten mit zwei unterschiedlichen Fahrtrichtungen beginnen kann. Wenn man die Rundtouren weglässt, die sich nur durch die Fahrtrichtung oder die Startstadt unterscheiden, gibt es im vorliegenden Beispiel genau 60 verschiedene Lösungen. Bei 101 Städten sind es bereits $4{,}663\,1 \cdot 10^{157}$, allgemein $\frac{1}{2} \cdot (n-1)!$ für n Städte.

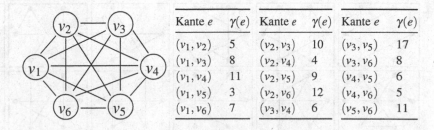

Kante e	$\gamma(e)$	Kante e	$\gamma(e)$	Kante e	$\gamma(e)$
(v_1, v_2)	5	(v_2, v_3)	10	(v_3, v_5)	17
(v_1, v_3)	8	(v_2, v_4)	4	(v_3, v_6)	8
(v_1, v_4)	11	(v_2, v_5)	9	(v_4, v_5)	6
(v_1, v_5)	3	(v_2, v_6)	12	(v_4, v_6)	5
(v_1, v_6)	7	(v_3, v_4)	6	(v_5, v_6)	11

Bild 2.1. Ungerichteter Graph eines beispielhaften symmetrischen Handlungsreisendenproblems, bei dem es zwischen allen Paaren von Städten eine Straße gibt. Die Tabelle gibt die Kosten bzw. Fahrtzeiten der einzelnen Straßen wieder.

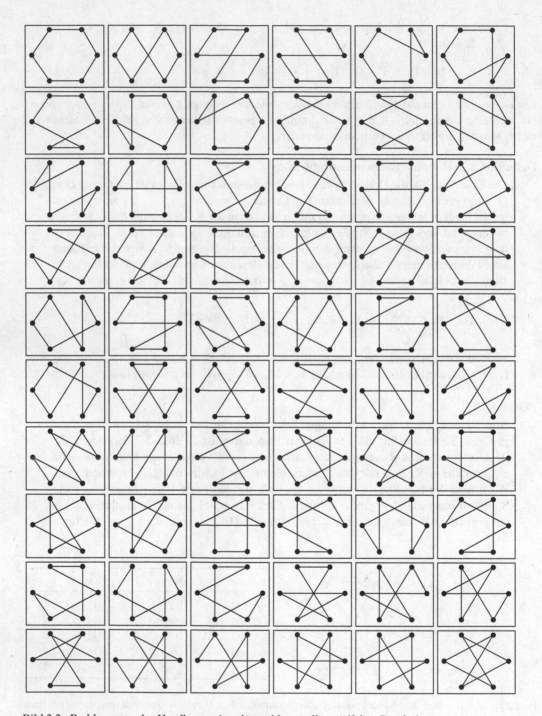

Bild 2.2. Problemraum des Handlungsreisendenproblems: alle möglichen Rundreisen

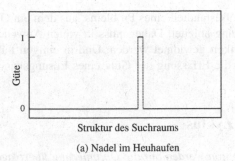
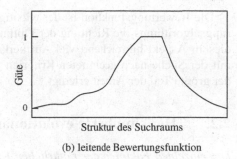

(a) Nadel im Heuhaufen   (b) leitende Bewertungsfunktion

Bild 2.3. Vergleich der (a) Bewertungsfunktion eines Entscheidungsproblems und einer (b) leitenden graduellen Bewertung

Das Handlungsreisendenproblem zeichnet sich durch eine strikt vorgegebene und damit offensichtliche Struktur der Lösungskandidaten aus: eine Permutation der Indizes der Städte. Dies ist beispielsweise nicht der Fall, wenn eine Brückenkonstruktion gewichtsminimal so optimiert werden soll, dass sie dennoch eine vorgegebene maximale Last tragen kann. Hier sind verschiedene Ansätze denkbar, wie ein Lösungskandidat die Struktur eines solchen Tragwerks beschreibt. Auch solche Probleme lassen sich mit Definition 2.1 erfassen, indem der Suchraum Ω entsprechend definiert wird.

 Vorsicht wiederum ist bei vielen »Optimierungsproblemen« aus der Wirtschaft geboten: Ohne die Möglichkeit oder die Bereitschaft, das Problem mathematisch zu modellieren, sind einmalige Managemententscheidungen oder Verbesserungen im Workflow nicht optimierbar. Eine klare Definition des Bewertungskriteriums ist die Voraussetzung für alle in diesem Buch vorgestellten Verfahren.

Das Optimierungsproblem muss nicht nur präzise definiert werden – eine gute Bewertungsfunktion zeichnet sich zusätzlich durch die folgenden Eigenschaften aus.

- Eine graduelle Bewertung ist besser als eine absolute. So könnte etwa in einem Handlungsreisendenproblem eine Rundtour gesucht werden, die eine vorgegebene Kostenschranke unterschreitet. Dies ließe sich leicht als Erfüllbarkeitsproblem formulieren, indem je nach Länge der Rundtour auf die Werte »1« (Erwartungen werden erfüllt) und »0« (Tour ist zu lang) abgebildet wird. Aus Anwendersicht spiegelt eine solche Definition zwar die Anforderungen genau wider – eine Optimierung wird jedoch zur Suche nach der Nadel im Heuhaufen, da wir keinen Anhaltspunkt dafür haben, welche von zwei zu langen Touren eventuell näher an der Kostenschranke liegt (Bild 2.3 (a)). Folglich sollten Erfüllbarkeitsprobleme wenn möglich als Optimierungsprobleme formuliert werden, welche eine Optimierung auch lenken und leiten kann (Bild 2.3 (b)).

- Die Anforderungen an eine Lösung des Problems spiegeln sich möglichst genau in der Bewertungsfunktion wider. Ist dies nicht der Fall, kann es einerseits passieren, dass bestimmte Aspekte gar nicht berücksichtigt werden und damit jede vom Optimierungsverfahren präsentierte Lösung beliebig weit von den Erwartungen entfernt ist. Andererseits können Lösungskandidaten aus einem breiten Qualitätsspektrum (aus Sicht des Anwenders) auf ähnliche Gütewerte abgebildet werden, sodass nur gelegentlich eine sinnvolle Lösung gefunden wird.

Die Bewertungsfunktion ist der wichtigste Bestandteil eines Problems, aus dem ein Optimierungsalgorithmus die Richtung der Optimierung ableitet. Daher muss in vielen Anwendungen diesem Aspekt hinreichend viel Aufmerksamkeit gewidmet werden. Und in einigen Fällen ist mit der Suche nach geeigneten Kriterien für die Erfassung der Güte eines Lösungskandidaten der größte Teil der Arbeit erledigt.

2.2.   Der simulierte evolutionäre Zyklus

Die einzelnen Faktoren der natürlichen Evolution werden auf die Optimierung übertragen und in einen klar definierten Ablauf eingeordnet.

Aus dem Blickwinkel einer natürlichen Population ist der Erhalt der eigenen Art das höchste Ziel der Evolution. Dabei stellt die Umwelt die Organismen vor vielfältige Herausforderungen, für die es keine Ideallösung gibt. Die natürliche Evolution hat kein übergeordnetes, klar überprüfbares Ziel. Daher wird der Nutzen eines Allels auch nicht direkt gemessen, sondern indirekt im Vergleich mit anderen Allelen durch die Anzahl der Nachkommen als Fitness angenähert.

Im Gegensatz dazu ist bei klassischen Optimierungsproblemen meist ein klares Bewertungskriterium für die Qualität eines Lösungskandidaten vorhanden, das insbesondere keinen Zufallseinflüssen unterworfen ist. Die Qualität eines Lösungskandidaten kann durch eine so genannte Ziel- oder Bewertungsfunktion berechnet werden und wird im Weiteren als »Wert« oder »Güte« bezeichnet. Wir ersetzen also unsere schwer fassbare Umwelt durch eine klar definierte Bewertungsfunktion. Synonym werden in der Literatur auch die Begriffe Objektfunktion und Fitnessfunktion benutzt. Ebenso wird die Güte eines Lösungskandidaten auch als Kosten oder Fitness bezeichnet – letzteres hat in diesem Buch allerdings eine andere Bedeutung.

Um die natürliche Evolution auf die Lösung von Optimierungsproblemen zu übertragen, orientieren wir uns an den Evolutionsfaktoren Mutation, Rekombination und Selektion. Das Wechselspiel von Variation und Selektion gemäß Darwin wird als sequentielles Abarbeiten einzelner Phasen auf einer Population interpretiert. Fügt man noch einen definierten Startpunkt zur Initialisierung der Population und einen Endpunkt in Form einer Terminierungsbedingung hinzu, resultiert der in Bild 2.4 dargestellte evolutionäre Zyklus.

In Anlehnung an die biologische Terminologie spricht man bei einem Lösungskandidaten vom *Individuum* und bei den aktuell betrachteten Individuen von der *Population*. Im Weiteren werden Individuen meist mit A, B, ... bezeichnet und Populationen mit $P = \langle A^{(i)} \rangle_{1 \leq i \leq s}$. Obwohl die Individuen einer Population grundsätzlich nicht sortiert sind, werden sie als Tupel repräsentiert, wodurch sich die Algorithmen einfacher formulieren lassen. Zudem können einzelne Individuen in der Population mehrfach vorkommen, sodass bei einer Darstellung als Menge die Notation von Multimengen mit der Angabe der Häufigkeit für jedes Individuum notwendig wäre.

Die Initialisierung legt eine Population mit ersten Lösungskandidaten an. Meist werden diese zufällig gewählt, allerdings können auch Startkandidaten wie beste bekannte Lösungskandidaten oder Ergebnisse anderer Optimierungsverfahren genutzt werden.

Die anschließende erste Bewertung ermittelt für jeden Lösungskandidaten der Population die Güte, indem die Bewertungsfunktion berechnet wird.

Die Paarungs- oder Elternselektion nutzt die Güte der Individuen, um für jedes Individuum festzulegen, wie viele Kindindividuen daraus erzeugt werden sollen. Die Generierung der neuen

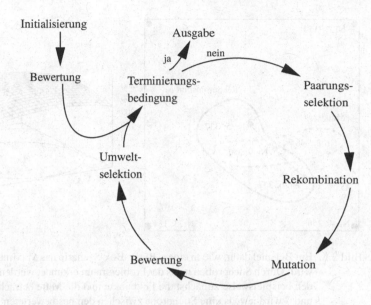

Bild 2.4. Schematische Darstellung des Zyklus bei evolutionären Algorithmen

Individuen geschieht allgemein durch eine Rekombination der Merkmale mehrerer Elternindividuen und eine anschließende Mutation der Kinder. Analog zur Biologie dient die Rekombination der Durchmischung in der Population und die Mutation nimmt in der Regel nur eine sehr kleine Veränderung am Individuum vor, um die Vererbung der elterlichen Eigenschaft auf das Kind nicht zu stark zu stören. Einzelne evolutionäre Algorithmen verzichten auf die Rekombination.

Nach einer Bewertung der neuen Individuen werden die Kinder durch die Umweltselektion in die Population der Eltern integriert. Da die Populationsgröße meist begrenzt ist, werden entweder einzelne Individuen aus der Elternpopulation oder die gesamte Elternpopulation durch die Kinder ersetzt.

Anschließend beginnt der Zyklus wieder mit der Paarungsselektion. Die Population jeder Iteration wird als neue *Generation* bezeichnet. Am Ende jeder Iteration prüft die Terminierungsbedingung, ob das Ziel bereits erreicht wurde. Dies kann mittels eines vorgegebenen Schwellwerts für die erwünschte Güte, eine Anzahl der Generationen ohne Verbesserung und/oder eine maximale Anzahl an Iterationen geschehen.

Um einen solchen Algorithmus anwenden zu können, wird lediglich eine im Rechner speicherbare Darstellung des Suchraums und eine Bewertungsfunktion benötigt. Beide Aspekte wurden im Rahmen der Definition der Optimierungsfunktion gefordert. Die Tatsache, dass keine weiteren Voraussetzungen für die Anwendbarkeit des Algorithmus erfüllt sein müssen, ist eine der attraktivsten Eigenschaften von evolutionären Algorithmen.

 Bisher wurden die evolutionären Algorithmen streng aus der Biologie heraus entwickelt – wie dies auch historisch geschehen ist. Interessanterweise gelangen wir jedoch auch intuitiv in einem Black-Box-Szenario zu nahezu identischen Konzepten. So lasse ich meine Studierenden in der Vorlesung an der Tafel ein zweidimensionales Problem durch Platzieren von Stichproben lösen, woraus dieselben Grundoperationen abgeleitet werden. Ein Beispiel ist in Bild 2.5 gezeigt. Was dennoch vom natürlichen Vorbild bleibt, ist der einzigartige Reichtum der Natur als Inspirationsquelle für neue Techniken.

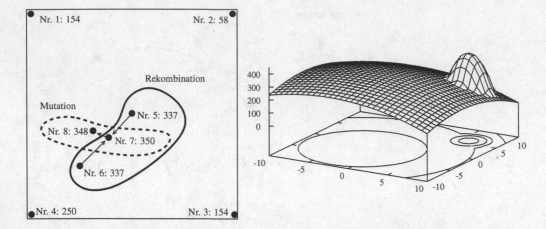

Bild 2.5. Ein Beispiel dafür, wie in einem Black-Box-Szenario das Maximum der rechten Funktion gesucht
wird. Durch Stichproben muss der Problemraum erkundet werden. Ohne Strukturinformation werden beispielsweise zunächst die Eckpunkte und die Mitte betrachtet (Initialisierung). In Schritt 6
und 7 wird jeweils eine Stichprobe zwischen den bestbewerteten Punkten betrachtet (Rekombination). Und um den besten Punkt wird durch leichte Variation (Mutation) geprüft, ob Verbesserungen möglich sind. Das globale Optimum wurde hier im Beispiel (noch) nicht gefunden.

2.3.   Ein beispielhafter evolutionärer Algorithmus

*Dieser Abschnitt entwickelt einen einfachen evolutionären Algorithmus am Beispiel des Hand-
lungsreisendenproblems.*

Für das Handlungsreisendenproblem (Definition 2.2 in Abschnitt 2.1) wird ein evolutionärer Algorithmus konstruiert, indem Schritt für Schritt die notwendigen Bestandteile zusammengestellt
werden. Das Ziel ist es, ein Handlungsreisendenproblem mit 101 Städten schnell und mit ausreichender Qualität zu lösen. Bild 2.6 zeigt die Koordinaten eines Beispielproblems. Wie wir bereits
in Abschnitt 2.2 erläutert haben, müssten wir für eine vollständige Suche $4{,}663\,1 \cdot 10^{157}$ Rundreisen untersuchen. In Anbetracht physikalischer Schätzungen, dass das Universum etwa 10^{78}
Atome enthält bzw. seit dem Urknall etwa 10^{19} Sekunden verstrichen sind, liegt diese Zahl jenseits der menschlichen Vorstellungskraft. Jeglicher Versuch, das Problem durch systematisches
Aufzählen aller Rundreisen zu lösen, ist unabhängig von der Schnelligkeit und der Anzahl an
Prozessoren zum Scheitern verurteilt.

 Es gibt sehr viele Möglichkeiten, einen evolutionären Algorithmus für das Handlungsreisendenproblem zu
formulieren. Der hier beschriebene Ansatz ist nur ein einfaches einführendes Beispiel und weit vom derzeit
besten bekannten Algorithmus entfernt.

Am Anfang ist zu entscheiden, wie der konkrete Raum der Individuen aussehen soll, auf dem der
Algorithmus arbeitet. Da das Problem mit seiner Gütefunktion bereits auf Permutationen defi-
niert wurde, liegt es nahe, diese direkt als Darstellung für die Individuen zu wählen: Also ist der
Raum aller Lösungskandidaten $\Omega = \mathscr{S}_n$. Auf diesem Raum können nun geeignete Operatoren

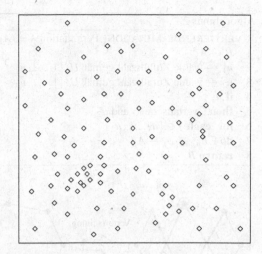

Bild 2.6.
Das Bild zeigt die Positionen der Städte für eine Beispielinstanz des Handlungsreisendenproblems mit 101 Städten.

zur Variation der Lösungskandidaten definiert werden. Dabei muss jeder Operator aus Permutationen wieder gültige Permutationen erzeugen (d. h. keine Zahl darf mehrfach in der Permutation vorkommen).

Zunächst entwerfen wir einen Mutationsoperator. Eine Möglichkeit für eine geringfügige Veränderung ist die VERTAUSCHENDE-MUTATION (Algorithmus 2.1), die zwei Zahlen in der Permutation miteinander vertauscht. Da sich lediglich die Position der Zahlen ändert, erzeugt der Operator für alle Permutationen und Zufallszahlen wieder eine gültige Permutation und stellt einen gültigen Mutationsoperator dar. So wird z. B. aus dem Individuum $(1, 2, 3, 4, 5, 6, 7, 8)$ durch Anwendung des Operators mit den Zufallszahlen $u_1 = 2$ und $u_2 = 6$ das Individuum $(1, \underline{6}, 3, 4, 5, \underline{2}, 7, 8)$. Wie in Bild 2.7 links deutlich wird, werden bei der Anwendung des Operators aus der bestehenden Rundtour vier Kanten gestrichen und vier neue Kanten eingefügt. Das bedeutet, dass bei der Bewertung des neuen Individuums vier Kantengewichte abgezogen und vier Kantengewichte zur Güte des Ausgangsindividuums hinzuaddiert werden.

Ausgehend von der natürlichen Evolution hatten wir im letzten Abschnitt die Mutation als eine kleine Veränderung charakterisiert. Daher kann man sich an dieser Stelle fragen, ob die Mutation durch Tausch zweier Zahlen die kleinstmögliche Veränderung hinsichtlich des Handlungsreisendenproblems ist. Durch Ausprobieren an einem kleinen Beispiel findet man bald die INVERTIERENDE-MUTATION (Algorithmus 2.2), die ein Teilstück der Permutation invertiert (umkehrt). Auch hierbei werden mit der selben Begründung wie oben nur gültige Individuen erzeugt. Bei diesem Operator wird mit den Zufallszahlen $u_1 = 2$ und $u_2 = 6$ aus dem Individuum

---

Algorithmus 2.1

VERTAUSCHENDE-MUTATION(Permutation $A = (A_1, \ldots, A_n)$)
1   $B \leftarrow A$
2   $u_1 \leftarrow$ wähle Zufallszahl gemäß $U(\{1, \ldots, n\})$
3   $u_2 \leftarrow$ wähle Zufallszahl gemäß $U(\{1, \ldots, n\})$
4   $B_{u_1} \leftarrow A_{u_2}$
5   $B_{u_2} \leftarrow A_{u_1}$
6   **return** B

Algorithmus 2.2

INVERTIERENDE-MUTATION(Permutation $A = (A_1, \ldots, A_n)$)
1   $B \leftarrow A$
2   $u_1 \leftarrow$ wähle Zufallszahl gemäß $U(\{1, \ldots, n\})$
3   $u_2 \leftarrow$ wähle Zufallszahl gemäß $U(\{1, \ldots, n\})$
4   **if** $u_1 > u_2$
5   **then** ⌐ vertausche u_1 und u_2
6   **for each** $j \in \{u_1, \ldots, u_2\}$
7   **do** ⌐ $B_{u_2 + u_1 - j} \leftarrow A_j$
8   **return** B

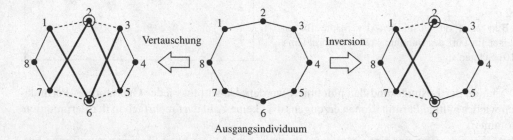

Ausgangsindividuum

Bild 2.7. Veränderung bei der Anwendung von Mutationsoperatoren auf das in der Mitte dargestellte
Individuum (1, 2, 3, 4, 5, 6, 7, 8). Die VERTAUSCHENDE-MUTATION resultiert in dem
Individuum (1, 6, 3, 4, 5, 2, 7, 8), die INVERTIERENDE-MUTATION in dem Individuum
(1, 6, 5, 4, 3, 2, 7, 8).

(1, 2, 3, 4, 5, 6, 7, 8) das Individuum (1, 6̲, 5̲, 4̲, 3̲, 2̲, 7, 8) erzeugt. Bild 2.7 zeigt rechts das
Resultat dieser Mutation: Es werden lediglich zwei Kanten durch zwei neue Kanten ersetzt. Bezüglich der Bewertungsfunktion nimmt dieser Operator offensichtlich eine kleinere Veränderung
an einer Rundreise vor.

Auf der Basis dieser Überlegung werden wir in unserem evolutionären Algorithmus für das
Handlungsreisendenproblem dem Operator INVERTIERENDE-MUTATION den Vorzug geben.

Der zweite Operator ist die Rekombination, welche die Eigenheiten der Eltern mischen und
auf das Kindindividuum übertragen soll. Diese Aufgabe erweist sich als nicht ganz so einfach,
wie man zunächst annehmen könnte. Die Frage ist: Wie kann man möglichst große Teile der in
den Elternindividuen vorliegenden Rundreisen in ein neues Individuum vererben, so dass keine
gänzlich neue Rundtour entsteht.

In einem ersten Versuch, der ORDNUNGSREKOMBINATION (Algorithmus 2.3), übernehmen wir
ein beliebig langes Präfix der einen Rundtour und fügen die restlichen Städte gemäß ihrer Reihenfolge in der anderen elterlichen Rundreise an. Durch die Abfrage in der zweiten for-Schleife
wird auch hier die ausschließliche Erzeugung von gültigen Permutationen garantiert. Ein Beispiel
für eine solche Berechnung ist in Bild 2.8 dargestellt. Wie man an diesem Beispiel sieht, kann
es durchaus vorkommen, dass das Ergebnis des Operators stark von den Eltern abweicht – hier
wurden zwei Kanten eingefügt, die in keinem der beiden Elternindividuen vorkamen. Der Name
ORDNUNGSREKOMBINATION rührt daher, dass die Ordnung bzw. Reihenfolge der Städte erhalten
bleibt.

Algorithmus 2.3

ORDNUNGSREKOMBINATION(Permutationen $A = (A_1, \ldots, A_n)$ und $B = (B_1, \ldots, B_n)$)
1 $j \leftarrow$ wähle zufällig gemäß $U(\{1, \ldots, n-1\})$
2 **for each** $i \in \{1, \ldots, j\}$
3 **do** $\lceil C_i \leftarrow A_i$
4 **for** $i \leftarrow 1, \ldots, n$
5 **do** $\lceil$ **if** $B_i \notin \{C_1, \ldots, C_j\}$
6   **then** $\lceil j \leftarrow j+1$
7    $\llcorner$ $\llcorner C_j \leftarrow B_i$
8 **return** C

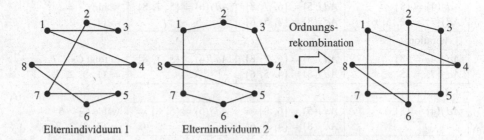

Elternindividuum 1   Elternindividuum 2

Bild 2.8. Die ORDNUNGSREKOMBINATION übernimmt vom Elternindividuum (1, 4, 8, 6, 5, 7, 2, 3) die ersten vier Städte. Die noch fehlenden Städte werden gemäß ihrer Reihenfolge im zweiten Elternindividuum (1, 2, 3, 4, 8, 5, 6, 7) aufgefüllt. So ergibt sich das Individuum (1, 4, 8, 6, 2, 3, 5, 7).

Algorithmus 2.4

KANTENREKOMBINATION(Permutationen $A = (A_1, \ldots, A_n)$ und $B = (B_1, \ldots, B_n)$)
1 **for each** Knoten $v \in \{1, \ldots, n\}$
2 **do** $\lceil Adj(v) \leftarrow \emptyset$
3 **for each** $i \in \{1, \ldots, n\}$
4 **do** $\lceil Adj(A_i) \leftarrow Adj(A_i) \cup \{A_{(i \bmod n)+1}\}$
5    $Adj(A_{(i \bmod n)+1}) \leftarrow Adj(A_{(i \bmod n)+1}) \cup \{A_i\}$
6    $Adj(B_i) \leftarrow Adj(B_i) \cup \{B_{(i \bmod n)+1}\}$
7    $\llcorner Adj(B_{(i \bmod n)+1}) \leftarrow Adj(B_{(i \bmod n)+1}) \cup \{B_i\}$
8 $C_1 \leftarrow$ wähle zufällig gemäß $U(\{A_1, B_1\})$
9 **for** $i \leftarrow 1, \ldots, n-1$
10 **do** $\lceil K \leftarrow \{m \in Adj(C_i) \mid \#(Adj(m) \setminus \{C_1, \ldots, C_i\})$ minimal $\}$
11   **if** $K \neq \emptyset$
12   **then** $\lceil C_{i+1} \leftarrow$ wähle gleichverteilt zufällig aus K
13    $\llcorner$ **else** $\lceil C_{i+1} \leftarrow$ wähle gleichverteilt zufällig aus $\{1, \ldots, n\} \setminus \{C_1, \ldots, C_i\}$
14 **return** C

Für das Handlungsreisendenproblem würde ein idealer Rekombinationsoperator ausschließlich Kanten der Eltern benutzen. Dieser Anforderung kommt ein zweiter Rekombinationsoperator, die KANTENREKOMBINATION (Algorithmus 2.4), sehr nahe, welche die gemeinsamen Adja-

Ausgangssituation:

$Adj(1) = \{2, 3, 4, 7\}$	$Adj(2) = \{1, 3, 7\}$	$Adj(3) = \{1, 2, 4\}$	
$Adj(4) = \{1, 3, 8\}$	$Adj(5) = \{6, 7, 8\}$	$Adj(6) = \{5, 7, 8\}$	wähle zufällig $C_1 = 1$
$Adj(7) = \{1, 2, 5, 6\}$	$Adj(8) = \{4, 5, 6\}$		$\Rightarrow (1, \ldots)$

1. Iteration:

	$Adj(2) = \{3, 7\} \Leftarrow$	$Adj(3) = \{2, 4\} \Leftarrow$	
$Adj(4) = \{3, 8\} \Leftarrow$	$Adj(5) = \{6, 7, 8\}$	$Adj(6) = \{5, 7, 8\}$	wähle $C_2 = 3$
$Adj(7) = \{2, 5, 6\} \leftarrow$	$Adj(8) = \{4, 5, 6\}$		$\Rightarrow (1, 3, \ldots)$

2. Iteration:

	$Adj(2) = \{7\} \Leftarrow$		
$Adj(4) = \{8\} \Leftarrow$	$Adj(5) = \{6, 7, 8\}$	$Adj(6) = \{5, 7, 8\}$	wähle $C_3 = 2$
$Adj(7) = \{2, 5, 6\}$	$Adj(8) = \{4, 5, 6\}$		$\Rightarrow (1, 3, 2, \ldots)$

3. Iteration:

$Adj(4) = \{8\}$	$Adj(5) = \{6, 7, 8\}$	$Adj(6) = \{5, 7, 8\}$	es folgt $C_4 = 7$
$Adj(7) = \{5, 6\} \Leftarrow$	$Adj(8) = \{4, 5, 6\}$		$\Rightarrow (1, 3, 2, 7, \ldots)$

4. Iteration:

$Adj(4) = \{8\}$	$Adj(5) = \{6, 8\} \Leftarrow$	$Adj(6) = \{5, 8\} \Leftarrow$	wähle $C_5 = 6$
	$Adj(8) = \{4, 5, 6\}$		$\Rightarrow (1, 3, 2, 7, 6, \ldots)$

5. Iteration:

$Adj(4) = \{8\}$	$Adj(5) = \{8\} \Leftarrow$		es folgt $C_6 = 5$
	$Adj(8) = \{4, 5\} \leftarrow$		$\Rightarrow (1, 3, 2, 7, 6, 5, \ldots)$

6. Iteration:

$Adj(4) = \{8\}$	$Adj(8) = \{4\} \Leftarrow$		es folgt $C_7 = 8$
			$\Rightarrow (1, 3, 2, 7, 6, 5, 8 \ldots)$

7. Iteration:

$Adj(4) = \{8\} \Leftarrow$			es folgt $C_8 = 4$
			$\Rightarrow (1, 3, 2, 7, 6, 5, 8, 4)$

Bild 2.9. Ein Ablaufprotokoll für eine Rekombination zwischen den Elternindividuen (1, 2, 3, 4, 8, 5, 6, 7) und (1, 4, 8, 6, 5, 7, 2, 3) veranschaulicht die Arbeitsweise der KANTENRE-KOMBINATION. Die Pfeile »$\Leftarrow$« markieren die Knoten, die an der jeweiligen Stelle auswählbar sind. Die Pfeile »$\leftarrow$« kennzeichnen die Knoten, die zwar durch eine Kante erreichbar wären, aber vom Algorithmus zugunsten der anderen Knoten verworfen werden.

zenzliste beider Eltern betrachtet, mit dem Startknoten eines der beiden Elternindividuen beginnt und iterativ gemäß der Adjazenzinformation den nächsten Knoten mit den wenigsten weiteren Wahlmöglichkeiten aussucht. Zur Veranschaulichung der Kantenrekombination ist in Bild 2.9 ein Ablaufprotokoll für ein Beispiel dargestellt und Bild 2.10 zeigt die Rundreisen der Eltern und des Kindindividuums. Allerdings ist auch bei diesem Ansatz nicht garantiert, dass tatsächlich nur Kanten der Elternindividuen genutzt werden. Falls keine passende Kante zur Verfügung steht, wird in Zeile 13 des Algorithmus zu einem beliebigen noch nicht besuchten Knoten gesprungen.

Da die KANTENREKOMBINATION wesentlich näher an unseren Anforderungen zu liegen scheint als die ORDNUNGSREKOMBINATION, werden wir sie in unserem Algorithmus benutzen.

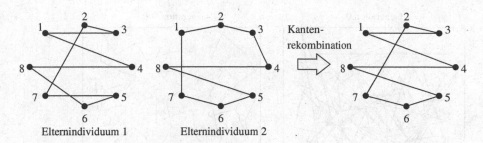

Bild 2.10. Für das ausführliche Beispiel aus Bild 2.9 werden hier die Elternindividuen und das durch die KANTENREKOMBINATION entstandene Kindindividuum gezeigt.

Nun fehlt noch die Selektion, um der Optimierung eine Richtung zu geben. Dies soll ohne größere weiterführende Überlegungen in einer Umweltselektion geschehen, die die besten Individuen aus den Eltern und den neu erzeugten Kindern übernimmt. Wir wählen eine Elternpopulation der Größe 10 und erzeugen pro Generation 40 neue Individuen. Damit besteht die nächste Elternpopulation nur aus den 10 besten Individuen. Die Auswahl der Eltern in der Elternselektion findet zufällig gleichverteilt statt.

Die Mutation nimmt eine sehr gezielte kleine Veränderung vor, die durch ihre hohe Anpassung an das Problem zusammen mit der Selektion bereits einen guten iterativen Optimierungsfortschritt verspricht. Die Rekombination bemüht sich zwar nach Möglichkeit einzelne Details der Elternindividuen zu benutzen, kann aber dennoch sehr starke Eingriffe in die Struktur eines Lösungskandidaten mit sich bringen. Da zusätzlich der Berechnungsaufwand für die Rekombination größer ist als für die Mutation, erzeugen wir nur 30% der neuen Individuen mit der Rekombination und einer anschließenden Mutation. Die restlichen Individuen werden nur mittels einer Mutation erzeugt. Somit ergibt sich Algorithmus 2.5 zur Lösung des Handlungsreisendenproblems. Als Abbruchkriterium wurde hier eine Grenze von maximal 2 000 Generationen gesetzt.

Algorithmus 2.5

EA-HANDLUNGSREISENDENPROBLEM(Zielfunktion F, Anzahl der Städte n)

1 $t \leftarrow 0$
2 $P(t) \leftarrow$ Liste mit 10 gleichverteilt zufälligen Permutationen aus $U(\mathscr{S}_n)$
3 bewerte alle $A \in P(t)$ mit Zielfunktion F
4 **while** $t \leq 2\,000$
5 **do** $\ulcorner P' \leftarrow \langle\rangle$
6   **for each** $i \in \{1, \ldots, 40\}$
7   **do** $\ulcorner A \leftarrow$ wähle gleichverteilt zufällig erstes Elter aus $P(t)$
8   **if** $u < 0{,}3$ für eine Zufallszahl u gewählt gleichverteilt gemäß $U([0,\ 1))$
9   **then** $\ulcorner B \leftarrow$ wähle gleichverteilt zufällig zweites Elter aus $P(t)$
10             $\llcorner A \leftarrow$ KANTENREKOMBINATION (A, B)
11         $A \leftarrow$ INVERTIERENDE-MUTATION (A)
12     $\llcorner P' \leftarrow P' \circ \langle A \rangle$
13   bewerte alle $A \in P'$ mit Zielfunktion F
14     $t \leftarrow t + 1$
15     $\llcorner P(t) \leftarrow$ 10 beste Individuen aus $P' \circ P(t-1)$
16 **return** bestes Individuum aus $P(t)$

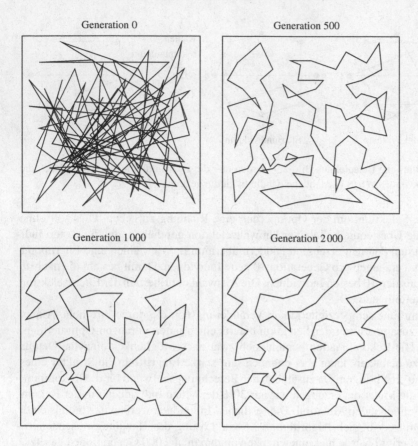

Bild 2.11. Für die Optimierung mit der Kantenrekombination und der invertierenden Mutation werden die besten gefundenen Rundreisen in den Generationen 0, 500, 1 000 und 2 000 dargestellt.

Für das Handlungsreisendenproblem mit 101 Städten wird das Ergebnis einer Optimierung in Bild 2.11 gezeigt: Die besten Rundreisen der Generationen 0, 500, 1 000 und 2 000 demonstrieren, wie die Länge der Tour durch Entfernung von Überkreuzungen verringert wird. Das Endergebnis hat die Länge 670 und ist damit bereits sehr nahe an dem bekannten Bestwert 629 – die Abweichung beträgt 6,1%. Tatsächlich haben durch diesen Algorithmus insgesamt 80 010 bewertete Individuen ausgereicht, um ein sehr gutes Ergebnis zu erlangen. Verglichen mit der Anzahl aller Rundreisen $4,663\,1 \cdot 10^{157}$ ist dies ein verschwindend geringer Teil des Suchraums, was auch den letzten Skeptiker von der Arbeitsweise der evolutionären Algorithmen überzeugen sollte.

Um tatsächlich sicher zu gehen, dass beim Entwurf des evolutionären Algorithmus und seiner Operatoren die richtigen Entscheidungen getroffen wurden, haben wir Vergleichsexperimente mit den drei anderen Varianten des Algorithmus durchgeführt:

- KANTENREKOMBINATION und VERTAUSCHENDE-MUTATION,
- ORDNUNGSREKOMBINATION und INVERTIERENDE-MUTATION sowie
- ORDNUNGSREKOMBINATION und VERTAUSCHENDE-MUTATION.

Die jeweils besten gefundenen Rundreisen werden in Bild 2.12 dargestellt. Während man das Ergebnis der invertierenden Mutation mit der Ordnungsrekombination noch akzeptieren kann, liefern die beiden anderen Algorithmen eindeutig suboptimale Resultate. Zusätzlich kann man sich nun den Verlauf der besten Gütewerte der vier Optimierungen in Bild 2.13 betrachten. Man sieht jeweils den typischen Verlauf mit raschen Verbesserungen zu Beginn einer Optimierung und einer langsamen Konvergenz gegen Ende. Zudem legen die Kurven den Schluss nahe, dass die Auswirkungen der Mutation in diesem Beispiel gewichtiger sind, als die der Rekombination. Bei den Operatoren »gewinnt« die invertierende Mutation im Experiment deutlich. Auch die

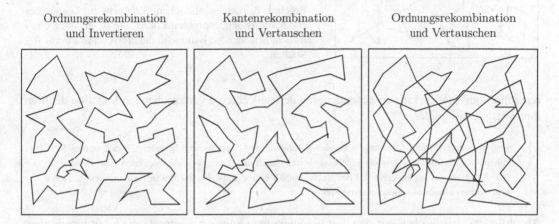

Bild 2.12. Für die drei schlechteren Algorithmen wird jeweils die beste gefundene Rundreise aus Generation 2 000 dargestellt.

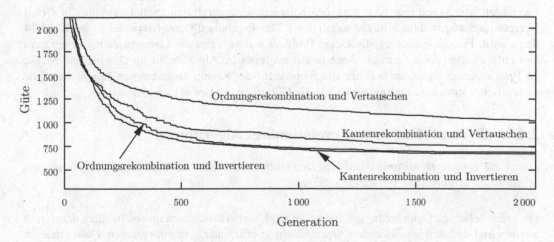

Bild 2.13. Der Ablauf der Optimierung des Handlungsreisendenproblems mit 101 Städten wird für die vier unterschiedlichen Algorithmen gezeigt, die man aus der Kombination der Mutations- und Rekombinationsoperatoren erhält. Es wird für jede Generation die beste gefundene Güte in der aktuellen Population angezeigt.

Bild 2.14.
Ergebnis des deterministischen Verfahrens zur Lösung des Handlungsreisendenproblems durch die Berechnung eines minimalspannenden Baums für die Probleminstanz mit 101 Städten.

Kantenrekombination kann insbesondere bei der schlechteren vertauschenden Mutation deutlich ihre Vorteile ausspielen.

 Sind die obigen Schlussfolgerungen aus den durchgeführten Experimenten berechtigt? Oder würden Sie mit mir übereinstimmen, dass die Ergebnisse reiner Zufall und damit auch die Deduktion reine Prosa ist? Der Abschnitt 6.1 im hinteren Teil des Buchs enthält einige Hinweise dazu, wann wir berechtigt einen Algorithmus als »besser« bezeichnen dürfen.

Abschließend vergleichen wir den hier hergeleiteten Optimierungsansatz noch mit einem alternativen Approximationsalgorithmus. Die Rundreise wird durch den Pre-Order-Durchlauf eines minimalspannenden Baums berechnet und ist unter der Voraussetzung der Dreiecksungleichung hinsichtlich der Kosten höchstens doppelt so lang wie die optimale Rundreise. Auf einen Beweis verzichten wir, halten aber fest, dass dies beispielsweise durch den Primalgorithmus in $\mathcal{O}(n^2)$ Berechnungsschritten für n Städte möglich ist. Das Ergebnis für unser Beispiel ist in Bild 2.14 dargestellt. Für diese noch relativ kleine Probleminstanz bleibt die Lösungsqualität hinter dem hier entwickelten Ansatz zurück. Auch ist der evolutionäre Algorithmus für eine breitere Klasse an Problemen geeignet, da wir nur die Symmetrie der Kosten angenommen haben, was eine wesentlich schwächere Bedingung ist, als die Gültigkeit der Dreiecksungleichung.

2.4.   Formale Einführung evolutionärer Algorithmen

Durch die genaue Definition der involvierten mathematischen Räume und Abbildungen werden evolutionäre Algorithmen formal eingeführt.

Für jedes beliebige Optimierungsproblem können Lösungskandidaten unterschiedlich dargestellt werden und dadurch jeweils andere Operationen in effizienter Zeit ermöglichen. Daher trennen wir die natürliche Struktur des Suchraums Ω, den so genannten *Phänotyp*, von der Darstellung des Lösungskandidaten in einem Individuum, den so genannten *Genotyp $\mathcal{G}$*. Die Bewertungsfunktion ist gemäß Definition 2.1 auf dem Phänotyp definiert, die Mutation und die Rekombination werden auf dem Genotyp formuliert. Um die Bewertung eines im Genotyp vorliegenden

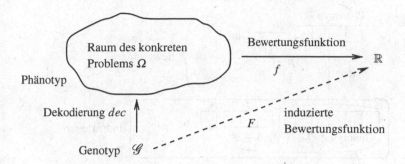

Bild 2.15. Kodierte Darstellung des Suchraums.

Individuums vornehmen zu können, ist es notwendig, das Individuum zunächst wieder in den phänotypischen Suchraum mittels einer *Dekodierungsfunktion* abzubilden.

Definition 2.3 (Dekodierungsfunktion):

Eine Dekodierungsfunktion $dec : \mathscr{G} \to \Omega$ ist eine Abbildung vom Genotyp $\mathscr{G}$ auf den Phänotyp Ω.

Das Zusammenspiel zwischen dem Genotyp, dem Phänotyp und der Dekodierungsfunktion ist in Bild 2.15 dargestellt. Wie im Beispielalgorithmus 2.5 kann auch $\mathscr{G} = \Omega$ und $dec \equiv \underline{id}$ gelten. Immer dann, wenn im Weiteren die Dekodierung nicht direkt thematisiert wird, werden wir statt der Bewertungsfunktion f die induzierte Bewertungsfunktion F benutzen, die bereits einen eventuellen Dekodierungsschritt umfasst.

   Um nun eine gemeinsame formale Basis für die Beschreibung der Algorithmen in den folgenden Kapiteln zu haben, führen wir die folgende Dreiteilung eines Individuums A ein. Der Genotyp wird mit $A.G \in \mathscr{G}$ bezeichnet. Außer der genotypischen Information, die sich direkt bei der Dekodierung im Phänotyp niederschlägt, kann bei einzelnen evolutionären Algorithmen das Individuum noch weitere Informationen $A.S \in \mathscr{S}$ beinhalten, wobei $\mathscr{S}$ der Raum aller möglichen Zusatzinformationen ist. Die Zusatzinformationen können beispielsweise individuelle Parametereinstellungen für Operatoren sein. Zusatzinformationen werden auch als Strategieparameter bezeichnet und sind ebenso wie der Genotyp $A.G$ durch die Operatoren modifizierbar. Als dritten Bestandteil eines Individuums speichern wir seine Güte im Attribut $A.F \in \mathbb{R}$ ab. Diese formale Sicht eines Individuums ist in Bild 2.16 skizziert.

Definition 2.4 (Individuum):

Ein *Individuum A* ist ein Tupel $(A.G, A.S, A.F)$ bestehend aus dem eigentlichen Lösungskandidaten, dem Genotyp $A.G \in \mathscr{G}$, den optionalen Zusatzinformationen $A.S \in \mathscr{S}$ und dem Gütewert $A.F = f(dec(A.G)) \in \mathbb{R}$.

Beispiel 2.2:

Für $\mathscr{G} = \mathbb{R}^3$ und $\mathscr{S} = \mathbb{R}^2$ ist beispielsweise

$$(A.G, A.S, A.F) = \big((1{,}3;\ 4{,}2;\ 1{,}5),\ (1{,}0;\ 7{,}9),\ 1{,}536\big)$$

ein gültiges Individuum.

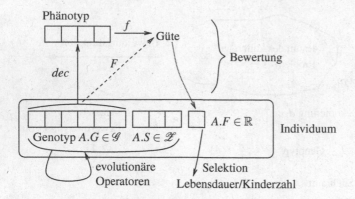

Bild 2.16. Unterschiedliche Aspekte eines Individuums: Genotyp $A.G$, Phänotyp $dec(A.G)$, Zusatzinformationen $A.S$ und Güte $A.F$.

 Ein Hinweis zur Notation: Zur Vermeidung von Missverständnissen werden die Kommata »;« speziell gekennzeichnet, wenn sie reellwertige Zahlen in Tupeln, Aufzählungen oder Mengen voneinander trennen.

Beispiel 2.3:

Zur Formalisierung des Algorithmus für das Handlungsreisendenproblem aus dem vorigen Abschnitt wählen wir $\mathscr{G} = \mathscr{S}_4$ (bei vier Städten) und $\mathscr{Z} = \{\bot\}$, da keine Zusatzinformationen benötigt werden. Ein gültiges Individuum wäre

$$(A.G, A.S, A.F) = \big((1,\ 3,\ 4,\ 2),\ \bot\ 3,1\big).$$

 Wie jeder Formalismus bringt auch der hier Gewählte Nachteile in der Darstellung mit sich. So sieht die Definition des $\mathscr{Z}$ im zweiten Beispiel etwas befremdlich aus. Sie ist allerdings notwendig, da mit $\mathscr{Z} = \emptyset$ die Definition 2.5 nicht funktionieren würde, denn dort wäre dann $\mathscr{G} \times \mathscr{Z} = \mathscr{G} \times \emptyset = \emptyset$.

 Spätestens an dieser Stelle drängt sich die Frage auf, warum hier ein Formalismus eingeführt wird. Erstens wird dadurch eine exakte, unmissverständliche Grundlage gelegt. Zweitens erlaubt der allgemeine Formalismus, die verschiedenen Standardalgorithmen in einen gemeinsamen Rahmen zu integrieren. Die Zusatzinformation $A.S$ kann zunächst ohne größere Verluste ignoriert werden. Sie wird dann in Abschnitt 3.4 ausführlich behandelt.

Bild 2.16 verdeutlicht ebenfalls die Wirkung der unterschiedlichen Operationen auf die Bestandteile eines Individuums: Die Bewertung benutzt lediglich den Genotyp $A.G$ und speichert den dabei erhaltenen Wert im Güteattribut $A.F$, die evolutionären Operatoren können den Genotyp $A.G$ und die zusätzlichen Informationen $A.S$ nutzen und ggf. verändern und die Selektion leitet ausschließlich aus dem Gütewert $A.F$ die Überlebenswahrscheinlichkeit oder die Reproduktionsrate eines Individuums ab.

Bedingt durch die mannigfaltigen Optimierungsprobleme, die mit evolutionären Algorithmen bearbeitet werden, sind auch die genotypischen Räume $\mathscr{G}$ sehr vielfältig. Da sich allerdings alle gängigen Genotypen in einer linearen Form speichern lassen, gehen wir im Weiteren bei der Beschreibung der Algorithmen von $\mathscr{G} = M^*$ aus – hier ist die Notation M^* dem Gebiet der formalen Sprachen entlehnt und steht für die Menge aller Sequenzen beliebiger Länge mit Elementen aus der Menge M. Die Menge M wird auch als Basiswertebereich der einzelnen Komponenten bezeichnet. Für viele Optimierungsprobleme ist eine feste, vorgegebene Dimension $\ell \in \mathbb{N}$ des Genotypraums $\mathcal{G} = M^\ell$ ausreichend. Bei Repräsentationen mit variabler Länge ($\mathcal{G} = M^*$) können zusätzlich noch bestimmte Strukturvorgaben gelten, sodass nicht jedes Element aus M^* einen gültigen Lösungskandidaten darstellt. Die einzelnen Komponenten eines Individuums mit dem Genotyp $A.G \in M^\ell$ werden mit $A.G_i$ ($1 \le i \le \ell$) bezeichnet. Wenn keine weiteren Informationen $A.S \in \mathcal{Z}$ vorhanden sind, kann auch $A \in \mathcal{G}$ geschrieben werden. Die Speicherung des Gütewerts in dem Attribut $A.F$ dient nicht nur der einfacheren Notation der Algorithmen, sondern ist auch bei der Implementation der gängigen evolutionären Algorithmen sinnvoll, insbesondere bei aufwändig zu berechnenden Bewertungsfunktionen und mehrfachen Zugriffen auf die Gütewerte.

Wie wir im vergangenen Abschnitt bei dem Algorithmus für das Handlungsreisendenproblem gesehen haben, besitzen die Operatoren der evolutionären Algorithmen meist einen probabilistischen Charakter. Da bei den heute gängigen Computern die Erzeugung von Zufallszahlen als Pseudo-Zufallszahlen die Regel ist, werden wir in der folgenden Beschreibung der Operatoren die ihnen zugeordneten Funktionen von einem Zustand ξ des Zufallszahlengenerators abhängig machen. Ξ bezeichnet die Menge aller möglichen Zustände.

Die evolutionären Operatoren Mutation und Rekombination werden auf dem Genotyp und eventuell vorhandenen Zusatzinformationen definiert – die Gütewerte der Individuen haben in der Regel keinen Einfluss auf die Funktionsweise der Operatoren.

Definition 2.5 (Operatoren):

Für ein durch den Genotyp $\mathcal{G}$ kodiertes Optimierungsproblem und die Zusatzinformationen $\mathcal{Z}$, wird ein Mutationsoperator durch die Abbildung

$$Mut^\xi : \mathcal{G} \times \mathcal{Z} \to \mathcal{G} \times \mathcal{Z}$$

definiert, wobei $\xi \in \Xi$ einen Zustand des Zufallszahlengenerators darstellt.

Analog wird ein Rekombinationsoperator mit $r \ge 2$ Eltern und $s \ge 1$ Kindern ($r, s \in \mathbb{N}$) durch die Abbildung

$$Rek^\xi : (\mathcal{G} \times \mathcal{Z})^r \to (\mathcal{G} \times \mathcal{Z})^s$$

definiert.

 Die obige Definition stellt hinsichtlich der Zufallszahlen eine gangbare Notlösung dar. Der Zustand des Zufallszahlengenerators $\xi \in \Xi$ hat nicht nur einen Einfluss auf das Ergebnis der Operation: Er verändert sich zusätzlich und realisiert so die pseudo-zufällige Zahlenfolge. Strenggenommen hätte man also die Mutation als Abbildung $Mut : \mathcal{G} \times \mathcal{Z} \times \Xi \to \mathcal{G} \times \mathcal{Z} \times \Xi$ definieren müssen. Dies lenkt jedoch zu stark von der eigentlichen Funktion der Operatoren ab, sodass dieser Hinweis auf die implizite Veränderung von ξ genügen muss.

Die Selektion ist ungleich schwieriger formal zu definieren. Sie erhält als Eingabe eine Population mit r Individuen und wählt daraus s Individuen aus. Dies bewerkstelligt die im Folgenden beschriebene Funktion Sel. Da jedoch die Selektion keine neuen Individuen erfindet, sondern lediglich bereits vorhandene Individuen aus der Population auswählt, führen wir die Selektion auf eine Indexselektion zurück, die ausschließlich auf der Basis der Gütewerte der Individuen die

Indizes der zu wählenden Individuen bestimmt. So werden im Weiteren auch alle Selektionsmechanismen algorithmisch beschrieben.

Definition 2.6 (Selektionsoperator):

Ein Selektionsoperator wird auf eine Population $P = \langle A^{(1)}, \ldots, A^{(r)} \rangle$ angewandt:

$$Sel^{\xi} : (\mathscr{G} \times \mathscr{Z} \times \mathbb{R})^r \to (\mathscr{G} \times \mathscr{Z} \times \mathbb{R})^s$$

$$\langle A^{(i)} \rangle_{1 \leq i \leq r} \mapsto \langle A^{(IS^{\xi}(c_1, \ldots, c_r)_k)} \rangle_{1 \leq k \leq s} \qquad \text{mit } A^{(i)} = (a_i, b_i, c_i).$$

Die dabei zugrunde gelegte Indexselektion hat die Form

$$IS^{\xi} : \mathbb{R}^r \to \{1, \ldots, r\}^s.$$

Beispiel 2.4:

Diese nicht ganz einfache Definition wird durch ein Beispiel in Bild 2.17 illustriert. Hier werden als Indexselektion die drei Indizes mit den größten Gütewerten in der fünfelementigen Population gewählt. Formal wird dies beschrieben durch die Funktion

$$IS^{\xi} : \mathbb{R}^5 \to \{1, \ldots, 5\}^3$$
$$\langle c_1, c_2, c_3, c_4, c_5 \rangle \mapsto \{i, j, k\} (=: I) \text{ mit } i \neq j \text{ und } i \neq k \text{ und } j \neq k \text{ und}$$
$$\min\{c_i, c_j, c_k\} \geq \max\{c_m | 1 \leq m \leq 5 \text{ und } m \notin I\}.$$

Wichtig ist, dass es keine Einschränkungen hinsichtlich der Abbildung *IS* gibt. So kann sowohl eine deterministische Auswahl der besten Individuen als auch eine probabilistische realisiert sein, die Individuen zufällig auswählt. Auch können Individuen mehrfach gewählt werden und sogar $s > r$ ist möglich.

Dies ermöglicht eine generische Definition der evolutionären Algorithmen, aus der sich alle wichtigen Standardalgorithmen ableiten lassen.

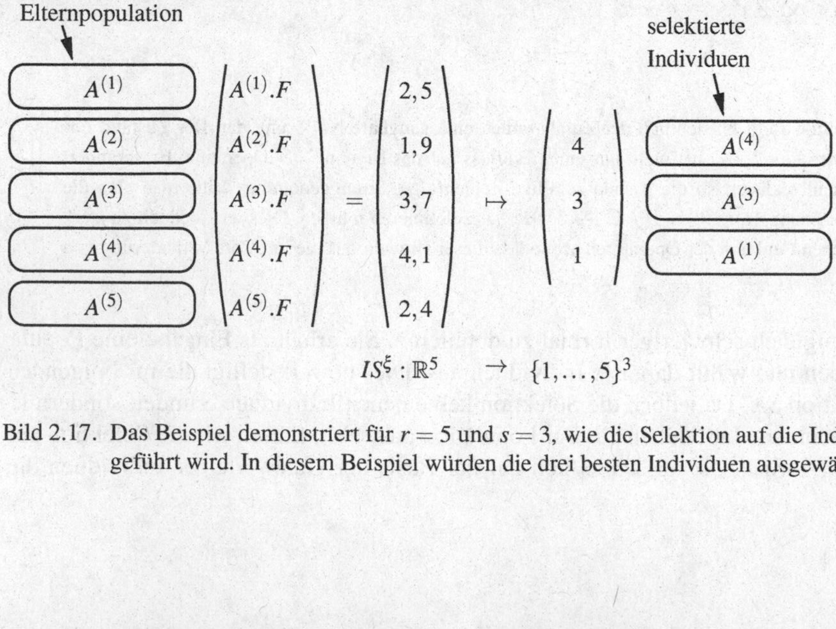

$$IS^{\xi} : \mathbb{R}^5 \quad \to \quad \{1, \ldots, 5\}^3$$

Bild 2.17. Das Beispiel demonstriert für $r = 5$ und $s = 3$, wie die Selektion auf die Indexselektion zurückgeführt wird. In diesem Beispiel würden die drei besten Individuen ausgewählt werden.

Definition 2.7 (Generischer evolutionärer Algorithmus):

Ein *generischer evolutionärer Algorithmus* zu einem Optimierungsproblem $(\Omega, f, \succ)$ ist ein 8-Tupel $(\mathscr{G}, dec, Mut, Rek, IS_{Eltern}, IS_{Umwelt}, \mu, \lambda)$. Dabei bezeichnet μ die Anzahl der Individuen in der Elternpopulation und λ die Anzahl der erzeugten Kinder pro Generation. Ferner gilt

$$Rek : (\mathscr{G} \times \mathscr{Z})^k \to (\mathscr{G} \times \mathscr{Z})^{k'}$$

$$IS_{Eltern} : \mathbb{R}^\mu \to \{1, \ldots, \mu\}^{\frac{k}{k'} \cdot \lambda} \qquad \text{mit } \frac{k}{k'} \cdot \lambda \in \mathbb{N}$$

$$IS_{Umwelt} : \mathbb{R}^{\mu+\lambda} \to \{1, \ldots, \mu + \lambda\}^\mu.$$

Algorithmus 2.6 (EA-SCHEMA) zeigt den Ablauf in Pseudo-Code-Notation.

Die Bedingung bzgl. $\frac{k}{k'} \cdot \lambda$ stellt sicher, dass bei der Erzeugung aller Individuen per Rekombination die richtige Anzahl an Elternindividuen für λ Kinder ausgewählt werden. Aspekte wie der Einsatz der Rekombination für nur 30% der Kinder wird im Rekombinationsoperator des formalen Algorithmus versteckt: Mit Wahrscheinlichkeit 0,7 würde er k' unveränderte Individuen zurückgeben.

Beispiel 2.5:

Algorithmus 2.5, EA-HANDLUNGSREISENDENPROBLEM, lässt sich in diesem Formalismus also als Tupel

$(\mathscr{S}_n, \underline{id}, \text{INVERTIERENDE-MUTATION} : \mathscr{S}_n \times \{\perp\} \to \mathscr{S}_n \times \{\perp\},$

$\quad \text{KANTENREKOMBINATION} : (\mathscr{S}_n \times \{\perp\})^2 \to \mathscr{S}_n \times \{\perp\},$

$\quad \text{gleichverteilt zufällig} : \mathbb{R}^{10} \to \{1, \ldots, 10\}^{80},$

$\quad \text{Wahl der Besten} : \mathbb{R}^{50} \to \{1, \ldots, 50\}^{10}, 10, 40\}$

darstellen. Die genauen Algorithmen für die beiden Selektionen werden im nächsten Kapitel nachgeliefert.

Algorithmus 2.6

EA-SCHEMA(Optimierungsproblem $(\Omega, f, \succ)$)

1    $t \leftarrow 0$
2    $P(t) \leftarrow$ erzeuge Population der Größe μ
3   bewerte $P(t)$
4   **while** Terminierungsbedingung nicht erfüllt
5   **do** $\ulcorner P' \leftarrow$ selektiere Eltern für λ Nachkommen aus $P(t)$
6        $P'' \leftarrow$ erzeuge Nachkommen durch Rekombination aus P'
7        $P''' \leftarrow$ mutiere die Individuen in P''
8   bewerte P'''
9        $t \leftarrow t + 1$
10       $\llcorner P(t) \leftarrow$ selektiere μ Individuen aus $P''' \circ P(t-1)$
11   **return** bestes Individuum aus $P(t)$

2.5.   Vergleich mit anderen Optimierungsverfahren

Die evolutionären Algorithmen werden anderen »klassischen« Optimierungsverfahren gegen-
übergestellt, um ein Gefühl dafür zu vermitteln, wann ihre Anwendung angemessen ist.

Die beispielhafte erfolgreiche Optimierung des Handlungsreisendenproblems in Abschnitt 2.3
könnte leicht den Eindruck vermitteln, dass evolutionäre Algorithmen ein adäquates Mittel für
alle Optimierungsprobleme sind. Um diesen Erfolg besser einzuordnen, werden hier sehr knapp
die Grundideen mehrerer »klassischer« Optimierungsverfahren samt ihren Anforderungen an das
Optimierungsproblem vorgestellt.

Das *Simplex-Verfahren* erwartet, dass ein Optimierungsproblem als lineares Programm beschrieben werden kann. Es wird ein Vektor $x \in \mathbb{R}^n$ mit $x_i \geq 0$ $(1 \leq i \leq n)$ gesucht, für den

$$f(x) = \sum_{i=1,\ldots,n} c_i \cdot x_i$$

minimal wird und gleichzeitig die m Randbedingungen

$$\sum_{i=1,\ldots,n} a_{1,i} \cdot x_i \leq b_1$$
$$\vdots$$
$$\sum_{i=1,\ldots,n} a_{m,i} \cdot x_i \leq b_m$$

erfüllt sind, wobei $a_{j,i} \in \mathbb{R}$ und $b_j \in \mathbb{R}^+$ für $1 \leq j \leq m$ und $1 \leq i \leq n$ sei. Die Randbedingungen
beschreiben ein konvexes Gebilde im Suchraum. Für die Lösung werden obige Ungleichungen
durch Einführen neuer Variablen in Gleichungen umgeformt. Anschließend wird ein Lösungskandidat gesucht, der die Randbedingungen erfüllt. Durch die so genannte Simplex-Iteration wird
der noch mögliche Suchraum immer weiter eingeschränkt, bis das Optimum gefunden ist. Die
Laufzeit kann im Grundalgorithmus schlechtestenfalls exponentiell werden. Es gibt jedoch auch
Varianten, die eine polynomielle Laufzeit garantieren können. In jedem Fall ist es wichtig, dass
ein Problem sowohl in den Randbedingungen als auch in der zu minimierenden Zielfunktion als
Linearkombination formuliert werden kann. Andernfalls kann der Simplex-Algorithmus nicht
angewandt werden.

Ein anderes Verfahren zur Suche des Minimums einer beliebigen, partiell differenzierbaren
Funktion

$$f : \mathbb{R}^n \to \mathbb{R} \qquad \text{mit } \nabla f = \left(\frac{\partial f}{\partial x_1}, \ldots, \frac{\partial f}{\partial x_n} \right) \text{ existent}$$

ist das *Gradientenabstiegsverfahren*. Dabei wird das Verfahren mit einem beliebigen Lösungskandidaten $x^{(0)} \in \mathbb{R}^n$ initialisiert und anschließend iterativ verbessert. Der Nabla-Operator
$\nabla f(x^{(i)})$ bezeichnet den Gradienten von f an der Stelle $x^{(i)}$, d. h. den steilsten Abstieg der Funktion, und wird zur Modifikation des Lösungskandidaten genutzt

$$x^{(i+1)} \leftarrow x^{(i)} - \alpha_i \cdot \nabla f(x^{(i)}).$$

Die Konstante α_i entspricht einem Schrittweitenfaktor. Unter geeigneten Voraussetzungen konvergiert das Gradientenabstiegsverfahren im gesuchten Minimum. Besitzt die Funktion f mehrere Minimalstellen, kann jedoch nicht garantiert werden, dass es sich um die kleinste Minimalstelle handelt. Auch ist die Effizienz des Algorithmus nicht zwingend gegeben – insbesondere bei sehr geringer Steigung oder Situationen, in denen das Minimum immer wieder übersprungen wird. Wesentlich schneller können in solchen Situationen Verfahren sein, die auch zweifache partielle Ableitungen der Funktion f berücksichtigen, wie etwa das Gauß-Newton-Verfahren oder der Levenberg-Marquardt-Algorithmus. In jedem Fall ist allen Varianten des Gradientenabstiegs gemein, dass die Zielfunktion mindestens einmal ableitbar sein muss. Damit sind beispielsweise unstetige Funktionen so nicht lösbar.

Eine weitere Klasse alternativer Optimierungsalgorithmen sind die *Backtracking-Verfahren* für kombinatorische Probleme, die im Vergleich zu den obigen Methoden weniger Voraussetzungen an das Optimierungsproblem stellen. Dabei wird der Suchraum geeignet strukturiert, so dass über einen Entscheidungsbaum alle Lösungskandidaten erzeugt werden können. Am Beispiel des Handlungsreisendenproblems würde das so aussehen, dass zunächst die erste besuchte Stadt festgelegt wird, dann die zweite etc. Die Lösungskandidaten befinden sich in den Blättern des Entscheidungsbaums; die inneren Knoten beschreiben eine Menge an Lösungskandidaten mit gleichen Eigenschaften. Traversiert man den Baum komplett, werden alle Lösungskandidaten aufgezählt. Ist man lediglich an einem durchführbaren Lösungskandidaten interessiert, würde man die Baumtraversion abbrechen, sobald ein solcher gefunden ist. Beim Handlungsreisendenproblem könnte man etwa nach einer Rundreise mit einer vorgegebenen Maximallänge suchen. Falls nun an einem inneren Knoten der bereits festgelegte Teil der Rundreise länger als die zugelassene Maximallänge ist, braucht der darunter liegende Teil des Entscheidungsbaums nicht weiter betrachtet zu werden. Er wird quasi abgeschnitten. Daher spricht man auch von *Branch-and-Bound*-Verfahren. Wird die minimale Rundreise gesucht, kann die kürzeste bisher gefundene Länge als Kriterium herangezogen werden. Da im ungünstigsten Fall der komplette Suchraum abgearbeitet wird, haben Backtracking-Algorithmen keine garantierte effiziente Laufzeit. Dies ist ein Nachteil der Verfahren. Gut anwendbar ist das Verfahren nur dann, wenn das Problem geeignet strukturiert werden kann, damit große Teile des Suchraums ausgelassen werden. Ein weiterer Vorteil ist die leichte Kombinierbarkeit mit anderen Verfahren. So kann etwa Branch-and-Bound mit dem Simplex-Algorithmus zur Lösung ganzzahliger linearer Optimierungsprobleme kombiniert werden.

Und schließlich gibt es noch die große Klasse der problemspezifischen Algorithmen und Heuristiken für die kombinatorische Optimierung. Darunter fallen exakte Algorithmen wie der Dijkstra-Algorithmus, um kürzeste Wege in einem Graphen zu suchen, aber auch Approximationen wie der in diesem Kapitel auf Seite 34 diskutierte Algorithmus für das Handlungsreisendenproblem. Ist für ein Problem ein solcher Algorithmus bekannt, der in akzeptabler Berechnungszeit eine hinreichende Lösungsqualität garantiert, erübrigt sich die Suche nach einem effektiven evolutionären Algorithmus.

Zusammenfassend lässt sich sagen, dass alle hier vorgestellten Algorithmen entweder nur für eine sehr beschränkte Menge von Problemen eingesetzt werden können oder eine hohe Laufzeit mit sich bringen. Evolutionäre Algorithmen sind potentiell genau dann geeignet, wenn kein anderes effizientes Verfahren zur Verfügung steht. Ihr großer Vorteil ist, dass sie grundsätzlich universell anwendbar sind. Allerdings kann auch hier weder eine Erfolgs- noch eine Laufzeitgarantie gegeben werden. Viele erfolgreiche Projekte belegen das Potential der evolutionären Algorithmen. Letztendlich sind jedoch Erfahrungen beim Entwurf und der Verbesserung der Algorithmen entscheiden für den Erfolg. Das nachfolgende Kapitel soll ein wenig von den Zusammenhängen und dem Fingerspitzengefühl vermitteln, das hierfür notwendig ist.

Übungsaufgaben

Übung 2.1   Definition eines Optimierungsproblems

Formulieren Sie entsprechend Definition 2.1 die folgende Variante des Handlungsreisendenproblems: Alle Städte sollen durch zwei Handlungsreisende besucht werden, wobei beide die gleiche Startstadt haben und sonst keine Stadt von beiden Handlungsreisenden besucht wird. Die Gesamtkosten sollen wieder minimal und die Rundreisen der beiden Akteure annähernd gleich lang sein.

Übung 2.2   Genotyp und Phänotyp

Formulieren Sie eine Dekodierungsfunktion, die einen reellwertigen Genotyp auf den Raum aller Permutationen $\mathscr{S}_n$ abbildet.

Übung 2.3   Grundalgorithmus als generisches Muster

Skizzieren Sie einen evolutionären Algorithmus gemäß des allgemeinen Ablaufschemas EA-SCHEMA (Algorithmus 2.6), der ebenfalls das Handlungsreisendenproblem löst, aber auf dem Genotyp aus Aufgabe 2.2 arbeitet.

Übung 2.4   Nachvollziehen eines Algorithmus

Betrachten Sie das in Bild 2.1 gegebene Handlungsreisendenproblem sowie die Elternpopulation mit den Individuen (1, 4, 2, 5, 6, 3) und (4, 5, 3, 2, 6, 1). Berechnen Sie zwei Generationen, indem Sie ein Individuum durch die KANTENREKOMBINATION auf beiden Eltern und ein Individuum durch die INVERTIERENDE-MUTATION auf einem der beiden Eltern erzeugen. Selektieren Sie aus den Eltern und den Kindern die beiden besten Individuen als neue Eltern.

Übung 2.5   Aufbau eines Individuums

Stellen Sie graphisch den Datenfluss für die Bestandteile der Individuen in ihren Beispiel aus Aufgabe 2.4 dar. Benutzen Sie dabei die Attribute eines Individuums in Bild 2.16.

Übung 2.6   Asymmetrisches Handlungsreisendenproblem

In diesem Kapitel wurde beim Handlungsreisendenproblem immer davon ausgegangen, dass das Problem symmetrisch ist, d. h. dass für die Kosten einer Kante zwischen i und j die Gleichung $\gamma((i, j)) = \gamma((j, i))$ gilt. Suchen Sie nun einen Mutationsoperator, der möglichst wenig Kantengewichte ändert falls $\gamma((i, j)) \neq \gamma((j, i))$.

Übung 2.7   Mehrere Populationen

Überlegen Sie, wie mehrere Populationen in einem evolutionären Algorithmus zusammenwirken können. Skizzieren Sie einen Algorithmus, der auch Genfluss als Evolutionsfaktor nutzt.

Übung 2.8   Eignung evolutionärer Algorithmen

Entscheiden Sie für die folgenden Probleme, ob sich der Einsatz eines evolutionären Algorithmus lohnt.

- Planungsproblem: Zwei Produkte A und B können auf drei Maschinen gefertigt werden, wobei sie jeweils unterschiedliche Laufzeiten benötigen. Ferner ist die Laufzeit der Maschinen pro Tag beschränkt und jedes Produkt erzielt einen gegebenen Preis. Gesucht ist ein Verfahren, das bestimmt, wieviele Exemplare der Produkte auf den jeweiligen Maschinen zu produzieren sind, damit die Firma einen maximalen Gewinn erzielt.

- Hamiltonkreis: In einem beliebigen Graphen mit $E \neq V \times V$ ist ein Weg gesucht, der jeden Knoten nur einmal besucht – im Gegensatz zum Handlungsreisendenproblem interessiert hier nur die reine Existenz eines Weges.

- In einem Graphen ist der zweitkürzeste Weg zwischen zwei gegebenen Knoten gesucht.

Übung 2.9   Implementation des Beispielalgorithmus

Implementieren Sie den beschriebenen Algorithmus EA-HANDLUNGSREISENDENPROBLEM und wenden Sie ihn auf ein Problem mit 100 zufällig im zweidimensionalen Raum verteilten Städten an. Die Kantengewichte sollen der euklidischen Distanz

$$\gamma((u, v)) = \sqrt{(x - x')^2 + (y - y')^2}$$

für $u = (x, y)$ und $v = (x', y')$ entsprechen.

Übung 2.10   Experimente mit dem asymmetrischen Problem

Testen Sie das Programm aus Aufgabe 2.9 ebenfalls auf einem zufälligen asymmetrischen Problem. Sie können beispielsweise dieselben zufällig verteilten Städte aus Aufgabe 2.9 benutzen und jeder Kante in einer Richtung die euklidische Distanz und in der Rückrichtung deren doppelten Wert als Gewicht zuweisen. Wie ändern sich die Ergebnisse, wenn Sie Ihre Erkenntnisse aus Aufgabe 2.6 berücksichtigen?

Historische Anmerkungen

Die ersten Ansätze einer Übertragung evolutionärer Prinzipien auf die Lösung von Optimierungsaufgaben reichen bereits bis in die 1950er Jahre zurück. Friedman (1956) hat die natürliche Selektion nachempfunden, um Schaltkreise zu evolvieren. Sein »Selective Feedback Computer« hat so Schaltkreise entwickelt, die beispielsweise aus Sensordaten Aktionen errechneten. Die »Evolutionary Operation« von Box (1957) versuchte die Produktivität von Fertigungsprozessen zu optimieren. Und die »Learning Machine« von Friedberg (1958) bzw. Friedberg et al. (1959) erzeugte tabellarische einfache Programme, die aus Eingaben bestimmte Ausgaben errechnen sollten. Diese Ansätze wurden meist nicht weiterverfolgt. In den 1960er Jahren wurden dann die Grundsteine für die Algorithmen gelegt, die bis heute das Forschungsfeld bestimmen. Bremermann (1962) stellt mit der Optimierung von numerischen Problemen einen Vorläufer dar, der

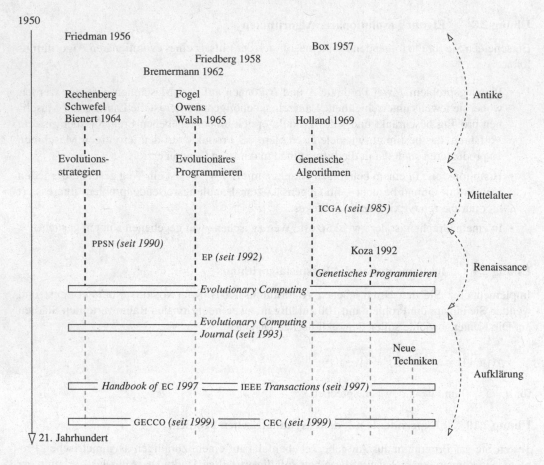

Bild 2.18. Zeittafel der evolutionären Algorithmen. Bei den wissenschaftlichen Konferenzen der Teilgebiete handelt es sich um die *International Conference on Genetic Algorithms* (ICGA), die Konferenz *Parallel Problem Solving from Nature* (PPSN) und die Konferenz *Evolutionary Programming* (EP). Die teilgebietübergreifenden Konferenzen sind die *Genetic and Evolutionary Computation Conference* (GECCO) und der *Congress on Evolutionary Computation* (CEC).

schon wesentliche Grundzüge heutiger evolutionärer Algorithmen aufweist und sich durch konkrete Analysen der Parametereinstellungen auszeichnet (Bremermann et al., 1966). Das Buch »Evolutionary Computation: The Fossil Record« von Fogel (1998a) enthält eine sehr schöne Übersicht dieser Pionierleistungen und ordnet sie aus heutiger Sicht ein.

Ein erster Grundpfeiler des Gebiets, die Evolutionsstrategien (ES, engl. *evolution strategies*), wurde von Bienert, Rechenberg (1964, 1973, 1994) und Schwefel (1975, 1995) mit der experimentellen Optimierung eines Widerstandskörpers gelegt. Ein zweiter Grundpfeiler des Gebiets, das evolutionäre Programmieren (EP, engl. *evolutionary programming*), wurde von Lawrence J. Fogel et al. (1965) begründet: Evolvierende endliche Automaten sollten Zeitreihen vorhersagen. Ende der 1980er Jahre erneuerte und wiederbelebte David B. Fogel (1988, 1999) das evolutionäre Programmieren und ersetzte die endlichen Automaten durch das besser geeignete Modell der künstlichen neuronalen Netze. Holland (1969, 1973, 1992) entwickelte die Grundlagen für das dritte Teilgebiet, die genetischen Algorithmen (GA, engl. *genetic algorithms*), durch eine mathematische Analyse adaptiver, selbstanpassender Systeme. Genetische Algorithmen als Optimierungswerkzeug gehen auf De Jong (1975), ihre Popularität auf das Lehrbuch von Goldberg (1989) zurück. Ein weiteres jüngeres Teilgebiet, das genetische Programmieren (GP, engl. *genetic programming*), wurde im Kontext der genetischen Algorithmen von Koza (1989, 1992) begründet. Bis Ende der 1980er Jahre existierten die drei großen Teilgebiete unabhängig voneinander, ohne Notiz von den anderen zu nehmen. Mit dem Workshop »Parallel Problem Solving from Nature (PPSN)« wurden 1990 die verschiedenen Forschungsgemeinschaften zusammengebracht. In der Folgezeit hat sich auch als englischer Oberbegriff *evolutionary computation* (EC, evolutionäres Berechnen) für das gesamte Forschungsgebiet und *evolutionary algorithm* (EA, evolutionärer Algorithmus) als Sammelbegriff für die Algorithmen herausgebildet. Ebenso wurden mit den Zeitschriften *Evolutionary Computation* und *IEEE Transactions on Evolutionary Computation* gemeinsame Foren für den wissenschaftlichen Austausch geschaffen. Ein gemeinsames Nachschlagewerk wurde mit dem »Handbook of Evolutionary Computation« (Bäck et al., 1997) initiiert. In den vergangenen Jahren hat das Gebiet sehr viele neue Impulse erfahren. Dennoch blieben bis heute die verschiedenen Schulen der evolutionären Algorithmen bestehen. Anstrengungen für eine gemeinsame integrierte Darstellung sowohl der zugrundeliegenden Theorien als auch der verschiedenen Algorithmen sind immer noch die Ausnahme. In der jüngeren Zeit hat sich eine ganze Zahl neuerer Techniken im Zusammenhang mit evolutionären Algorithmen herausgebildet, von denen hier nur beispielhaft Ameisenkolonien (Dorigo et al., 1996), Differentialevolution (Price & Storn, 1997), Partikelschwärme (Kennedy & Eberhart, 1999), kulturelle Algorithmen (Reynolds, 1999) und der Bayesian-Optimization-Algorithm (Pelikan et al., 1999) genannt werden. Mehr Informationen zu der Entwicklung von neueren Techniken finden sich in den historischen Anmerkungen zu Kapitel 4.

Das im zweiten Teil dieses Kapitels betrachtete Problem des Handlungsreisenden ist ein NP-vollständiges kombinatorisches Optimierungsproblem (vgl. Garey & Johnson, 1979), von dem ein erster Vorläufer durch den Mathematiker Menger (1932) vorgestellt wurde. Eine der ersten Veröffentlichungen, die die Bezeichnung *travelling salesman problem* benutzte, stammt von Robinson (1949). Als Anwendungsproblem für evolutionäre Algorithmen wurde das Handlungsreisendenproblem zunächst von Grefenstette et al. (1985), Fogel (1988) und Whitley et al. (1989) betrachtet.

Die Anwendung von lokalen Suchalgorithmen auf das Handlungsreisendenproblem datiert noch weiter zurück (z. B. Lin & Kernighan, 1973) und liefert meist bessere Resultate als die frühen Ergebnissen der evolutionären Algorithmen. Die im einführenden Beispiel dieses Kapitels benutzte INVERTIERENDE-MUTATION beruht wesentlich auf dem Nachbarschaftsoperator des 2-opt-Algorithmus von Lin & Kernighan (1973). Die KANTENREKOMBINATION wurde von Whitley et al. (1989) eingeführt. Varianten der ORDNUNGSREKOMBINATION stammen von (Davis, 1985; Syswerda, 1991a). Letzterer hat auch die VERTAUSCHENDE-MUTATION betrachtet. Der kurz angerissene deterministische Approximationsalgorithmus mit polynomieller Laufzeit und der Garantie, eine um höchstens den Faktor 2 zu lange Rundreise zu liefern, stammt von Rosenkrantz et al. (1977).

Auf die alternativen Verfahren wird hier nur sehr knapp eingegangen. Der Simplex-Algorithmus stammt von Dantzig (1951a,b, 1963). Der Gradientenabstieg ist eines der ältesten Optimierungsverfahren und kann beispielsweise dem Lehrbuch von Hanke-Burgeois (2006) entnommen werden – ebenso wie die anderen numerischen Verfahren. Der Levenberg-Marquardt-Algorithmus wurde von Levenberg (1944) und Marquardt (1963) publiziert. Backtracking bzw. Branch-and-Bound wurde für das Handlungsreisendenproblem von Eastman (1958) entwickelt. Dabei handelt es sich auch um eine der ersten Anwendungen des Branch-and-Bound-Prinzips. Die angesprochene Branch-and-Bound-Simplex-Kombination zur Lösung ganzzahliger linearer Probleme stammt von Land & Doig (1960) bzw. Dakin (1965). Eine frühe Zusammenfassung der Entwicklungen haben Lawler & Wood (1966) erstellt.

3. Prinzipien evolutionärer Algorithmen

Es werden die Grundprinzipien erläutert, wie evolutionäre Algorithmen eine erfolgreiche Optimierung erreichen können. Diese Prinzipien dienen gleichzeitig als Leitkriterien für den Entwurf evolutionärer Algorithmen. Abgerundet wird dieses Kapitel durch Überlegungen zu den Grenzen der Anwendbarkeit.

Lernziele in diesem Kapitel

▷ Prinzip des Hillclimbings ist verinnerlicht.

▷ Mutation und Genotyp können hinsichtlich ihre Eignung für ein Problem untersucht werden.

▷ Vor- und Nachteile des Populationskonzepts können am konkreten Beispiel abgewogen werden.

▷ Die Suchdynamik der Selektion kann weitestgehend prognostiziert werden.

▷ Verschiedene Arbeitsweisen der Rekombination können am Beispiel unterschieden werden.

▷ Voraussetzungen für Schema-Wachstum sind aus der Theorie verstanden.

▷ Notwendigkeit und Techniken der Selbstanpassung können erläutert werden.

▷ Die Idee eines universellen Optimierers kann widerlegt werden.

Gliederung

3.1.   Wechselspiel zwischen Variation und Selektion

Als erstes Grundprinzip der evolutionären Algorithmen wird der Wechsel zwischen Variation bzw. Mutation und Selektion theoretisch und experimentell untersucht. Ein besonderer Schwerpunkt liegt auf der Analyse des Einflusses der Kodierungsfunktion.

In dem Beispiel des Handlungsreisendenproblems in Kapitel 2 hatten wir uns zunächst auf die Mutation als Hauptoperator konzentriert. Ausgehend von der Rolle in der natürlichen Evolution als möglichst kleine Veränderung, war das Bestreben, den Operator so zu entwerfen, dass wenig am Lösungskandidaten hinsichtlich der Bewertungsfunktion geändert wird. Dieser Grundsatz wird in seinem Zusammenspiel mit der Selektion genauer untersucht.

3.1.1.   Ein einfaches binäres Beispiel

Einführend betrachten wir, wie sich ein möglichst einfacher Optimierungsalgorithmus auf einem trivialen Optimierungsproblem, dem Abgleich mit einem vorgegebenen Bitmuster, verhält.

Definition 3.1 (Musterabgleich):

Das *Problem des Musterabgleichs* ist durch ein vorgegebenes Bitmuster $\hat{b} \in \mathbb{B}^\ell$ definiert. Aus dem Suchraum aller Bitmuster $\Omega = \mathbb{B}^\ell$ wird dasjenige gesucht, welches die größte Übereinstimmung mit $\hat{b}$ hat, d. h. die Funktion

$$f : \mathbb{B}^\ell \to \mathbb{R}$$

$$(b_1, \dots, b_\ell) \mapsto \sum_{1 \leq i \leq \ell} g(b_i, \hat{b}_i) \qquad \text{mit } g(b_i, \hat{b}_i) = \left\{ \begin{array}{ll} 1, & \text{falls } b_i = \hat{b}_i \\ 0, & \text{sonst} \end{array} \right.$$

wird maximiert.

Beispiel 3.1:

Der bekannteste Vertreter der Musterabgleichprobleme ist das so genannte Einsenzählproblem, das man durch $\hat{b} = 111\dots1 \in \mathbb{B}^\ell$ erhält. Der Wert der Bewertungsfunktion entspricht dabei immer der Anzahl der Einsen im Lösungskandidaten.

Die kleinstmögliche Veränderung, die wir auf einer binären Zeichenkette durchführen können, ist die Negation genau eines zufällig gewählten Bits. Die entsprechende Mutation ist in Algorithmus 3.1 (EIN-BIT-BINÄRE-MUTATION) beschrieben.

Die Mutation wird nun in den einfachsten denkbaren Ablauf BINÄRES-HILLCLIMBING (Algorithmus 3.2) eingebettet: Die Population besteht aus lediglich einem Individuum, aus dem durch

---

Algorithmus 3.1

EIN-BIT-BINÄRE-MUTATION(Individuum A mit $A.G \in \mathbb{B}^\ell$)
1    $B \leftarrow A$
2    $i \leftarrow$ wähle zufällig gemäß $U(\{1, \dots, \ell\})$
3    $B_i \leftarrow 1 - A_i$
4   **return** B

Algorithmus 3.2

BINÄRES-HILLCLIMBING(Zielfunktion F)

1   $t \leftarrow 0$
2   $A(t) \leftarrow$ erzeuge Lösungskandidat
3   bewerte $A(t)$ durch F
4   **while** Terminierungsbedingung nicht erfüllt
5   **do** $\ulcorner B \leftarrow$ EIN-BIT-BINÄRE-MUTATION$(A(t))$
6   bewerte B durch F
7       $t \leftarrow t+1$
8   **if** $B.F \succeq A(t-1).F$
9   **then** $\llcorner A(t) \leftarrow B$
10    $\llcorner$ **else** $\llcorner A(t) \leftarrow A(t-1)$
11 **return** $A(t)$

---

die Mutation ein neues Individuum erzeugt wird. Der Bessere der beiden Lösungskandidaten wird als neues Elternindividuum in die nächste Generation übernommen. Falls beide Individuen gleiche Güte besitzen, ersetzt das Kindindividuum das Elternindividuum.

3.1.2.   Die Gütelandschaft

Im Wechselspiel zwischen Selektion und Mutation bestimmt die Mutation die möglichen Veränderungen, die von einer zur nächsten Generation auftreten können, während die Selektion bestimmte Schritte ausschließt oder akzeptiert. Gerade der erste Aspekt kann über die Notation des Nachbarschaftsgraphen gut verdeutlicht werden, der alle möglichen Mutationen als Kanten aufzeigt.

Definition 3.2 (Nachbarschaftsgraph):
Sei $Mut^{\xi} : \mathscr{G} \times \mathscr{Z} \rightarrow \mathscr{G} \times \mathscr{Z}$ ein Mutationsoperator und $\mathscr{Z} = \{\perp\}$, dann ist der *Nachbarschaftsgraph* zu *Mut* definiert als gerichteter Graph $G = (V, E)$ mit Knotenmenge $V = \mathscr{G}$ und Kantenmenge

$$E = \left\{ (A.G, B.G) \in V \times V \mid \exists \xi \in \Xi : Mut^{\xi}(A) = B \right\}.$$

Beispiel 3.2:
Bild 3.1 zeigt einen Nachbarschaftsgraphen für die EIN-BIT-BINÄRE-MUTATION auf einem Genotypen $\mathscr{G} = \mathbb{B}^3$. Da die Mutation in unserem Beispiel symmetrisch ist, existiert für jede gerichtete Kante im Nachbarschaftsgraphen auch eine Rückkante. Daher wird in diesem und allen weiteren Bildern dieses Abschnitts der Graph ungerichtet dargestellt.

Jede Kante entspricht einer Veränderung an einem Individuum durch den Mutationsoperator. Damit repräsentiert ein zufälliger Pfad im Graph den Ablauf, der durch mehrfaches, iteratives Anwenden der zufälligen Mutation entsteht. Im Englischen spricht man auch von einem sog. *random walk*. Durch die Selektion nach jeder Mutation wird der Suchprozess zielgerichtet, da keine Verschlechterung mehr möglich ist. Dies kann man visualisieren, indem man über der Struktur

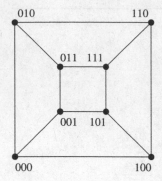

Bild 3.1.
Im Nachbarschaftsgraph für die EIN-BIT-BINÄRE-MUTATION auf $\mathscr{G} = \mathbb{B}^3$ entspricht jede Kante einer möglichen Mutation, bei der genau ein Bit verändert wird.

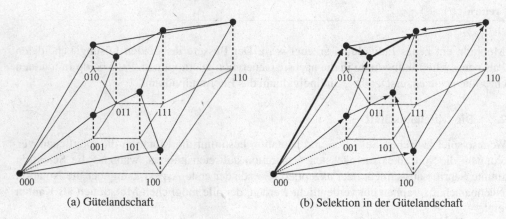

(a) Gütelandschaft   (b) Selektion in der Gütelandschaft

Bild 3.2. Für das Einsenzählproblem mit drei Bits und die EIN-BIT-BINÄRE-MUTATION wird (a) die über dem Nachbarschaftsgraphen liegende Gütelandschaft gezeigt und (b) die Wirkung der Selektion durch die Pfeile visualisiert: nur in Pfeilrichtung kann sich der Hillclimbers bewegen.

des Nachbarschaftsgraphen eine Gütelandschaft errichtet – dann sind keine abwärts führenden Mutation mehr erlaubt.

Definition 3.3 (Gütelandschaft, Weg):

Eine *Gütelandschaft* (G, F) wird durch einen Nachbarschaftsgraphen $G = (\mathscr{G}, E)$ und eine induzierte Bewertungsfunktion $F : \mathscr{G} \to \mathbb{R}$ definiert, die jedem Knoten seine Höhe in der Landschaft zuordnet. Ferner sei $w = w_1 w_2 \ldots w_k \in \mathscr{G}^+$ ein *Weg in der Landschaft*, falls für alle $i \in \{1, \ldots, k-1\}$ die Kante $(w_i, w_{i+1}) \in E$ existiert.

Beispiel 3.3:

Wie sich aus dem Nachbarschaftsgraphen aus Beispiel 3.2 durch das Einsenzählproblem eine Gütelandschaft ergibt, ist in Bild 3.2 (a) dargestellt. Da BINÄRES-HILLCLIMBING keine Verschlechterungen akzeptiert, können die Kanten in Bild 3.2 (b) nur in Pfeilrichtung durchlaufen werden. Dick ist ein möglicher Weg des binären Hillclimbers vom Individuum 000 zum Maximum 111 eingezeichnet.

Bei einem Maximierungsproblem kann man die Optimierung des Algorithmus BINÄRES-HILL-CLIMBING mit einem Bergsteiger vergleichen, der im Gebirge immer nur nach oben steigt. Daher stammt auch die Bezeichnung *Hillclimbing*.

3.1.3. Modellierung als Markovprozess

Da bei einem Hillclimber in jeder Generation ausschließlich das aktuelle Elternindividuum benutzt wird, um durch Mutation und Selektion ein neues Elternindividuum zu erzeugen, handelt es sich bei der Optimierung aus mathematischer Sicht um einen Markovprozess. Dies ist genau dann der Fall, wenn der Zustand zur Zeit t nur vom Zustand zur Zeit $t-1$ abhängt und damit unabhängig von den Zuständen zur Zeit $t-2$ und früher ist. In diesem Abschnitt wird Optimierung eines Musterabgleichs durch eine endliche Markovkette modelliert, um eine genauere Aussage über die Laufzeit der Optimierung zu erhalten.

Definition 3.4 (Endliche Markovkette):

Eine *endliche Markovkette* ist definiert als Tupel (*Zustände*, *Start*, *Übergang*), wobei *Zustände* $= \{0, \ldots, k\}$ die möglichen Zustände des Markovprozesses sind, das Tupel *Start* $\in [0, 1]^{k+1}$ mit $\sum_{0 \leq i \leq k} Start_i = 1$ die Wahrscheinlichkeit für jeden Zustand angibt, dass sich der Prozess am Anfang in diesem Zustand befindet, und die Funktion

$$\textit{Übergang} : \{0, \ldots, k\} \times \{0, \ldots, k\} \to [0, 1]$$

die Wahrscheinlichkeit *Übergang*(i, j) bezeichnet, von Zustand i aus direkt in den Zustand j überzugehen. Es gilt $\sum_{0 \leq j \leq k} \textit{Übergang}(i, j) = 1$ für alle $0 \leq i \leq k$.

Beispiel 3.4:

Wird BINÄRES-HILLCLIMBING (Algorithmus 3.2) für die Lösung des Musterabgleichs der Länge ℓ eingesetzt, ist der Suchraum mit 2^ℓ unterschiedlichen Lösungskandidaten zu groß, um komplett als Zustandsmenge in ein Markovmodell eingehen zu können. Es müssen also mehrere Lösungskandidaten geschickt in jeweils einem Zustand der Markovkette zusammengefasst werden. Hierfür bietet sich im betrachteten Problem die Information an, wie viele Bits bereits mit dem gesuchten Optimum übereinstimmen (was dem Gütewert der Bewertungsfunktion entspricht). Als Zustandsmenge wählen wir also *Zustände* $= \{0, \ldots, \ell\}$. Wenn wir im Zustand ℓ sind, haben wir das Optimum gefunden. Da die EIN-BIT-BINÄRE-MUTATION (Algorithmus 3.1) immer nur ein Bit pro Mutation verändert, müssen von einem Anfangszustand j aus nacheinander alle Zustände $j+1$ bis ℓ durchlaufen werden. Wird durch eine Mutation ein bereits richtig gesetztes Bit verändert, wird das Individuum aufgrund des schlechteren Gütewertes wieder verworfen und wir bleiben im selben Zustand. Wird ein bisher falsch gesetztes Bit invertiert, verbessert sich der Gütewert, das neue Individuum ersetzt das bisherige Individuum in der Population und wir kommen in den nächsten Zustand der Markovkette. Die Übergangswahrscheinlichkeiten zwischen den Zuständen ergeben sich direkt aus dem Mutationsoperator und dem aktuellen Zustand des Suchprozesses wie folgt:

$$\text{Übergang}(i, j) = \begin{cases} \frac{\ell-i}{\ell} & \text{falls } 0 \leq i < \ell \text{ und } j = i+1 \\ \frac{i}{\ell} & \text{falls } 0 \leq i \leq \ell \text{ und } j = i \\ 0 & \text{sonst.} \end{cases}$$

Die resultierende Markovkette ist in Bild 3.3 dargestellt.

Satz 3.1:

BINÄRES-HILLCLIMBING erreicht das Optimum eines Musterabgleichs mit ℓ Bits in $\mathcal{O}(\ell \cdot \log \ell)$ Schritten (als Erwartungswert).

Beweis 3.1:

Betrachtet man das Markovmodell aus Beispiel 3.4, ergibt sich aus den Übergangs-wahrscheinlichkeiten die erwartete Zeit, bis ein beliebiger Zustand i verlassen wird, als

$$\frac{1}{\text{Übergang}(i, i+1)}.$$

Damit ist die gesamte Zeit, bis das Optimum erreicht wird, in der Erwartung

$$\sum_{k \leq i < \ell} \frac{1}{\text{Übergang}(i, i+1)} = \ell \cdot \sum_{k \leq i < \ell} \frac{1}{\ell - i} = \ell \cdot \sum_{1 \leq i \leq \ell - k} \frac{1}{i} \leq \ell \cdot \log(\ell - k).$$

Also durchsucht BINÄRES-HILLCLIMBING mit durchschnittlich $\ell \cdot \log \ell$ Individuen nur einen Bruch-teil des Suchraums der Größe 2^ℓ. Damit ist das Hillclimbing deutlich effizienter als ein sys-tematisches, aufzählendes Durchsuchen des gesamten Suchraums (z. B. durch Backtracking). Ein ähnliches Ergebnis hatten wir bereits exemplarisch am Handlungsreisendenproblem im Ab-schnitt 2.3 gesehen. Doch liegt hier für den Musterabgleich und den binären Hillclimber ein mathematischer Beweis bezüglich des Erwartungswerts vor. Das bedeutet allerdings nicht, dass jede Optimierung so effizient abläuft.

 Die obige Argumentation ist natürlich eine Mogelpackung. Denn für das Problem des Musterabgleichs kann ein einfacher deterministischer Algorithmus angegeben werden, der linear die Bits beispielsweise von links nach rechts betrachtet und prüft, ob eine Mutation zu einer Verbesserung führt. Damit hat man das korrekte Ergebnis bereits nach der Bewertung von genau ℓ Lösungskandidaten. Das Ergebnis macht dennoch eine Aussage zur Problemlösefähigkeit der evolutionären Algorithmen.

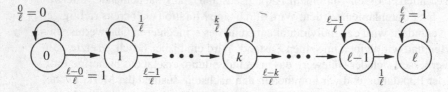

Bild 3.3. Markovmodell für die Optimierung des Musterabgleichs durch BINÄRES-HILLCLIMBING.

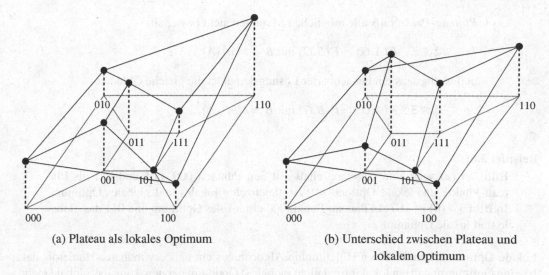

(a) Plateau als lokales Optimum   (b) Unterschied zwischen Plateau und
lokalem Optimum

Bild 3.4. Zwei zufällig erzeugte Gütelandschaften über dem Nachbarschaftsgraphen mit drei Bits, in denen
es keinen Weg für BINÄRES-HILLCLIMBING vom Individuum 000 zum Maximum gibt. (a) zeigt
ein Plateau als lokales Optimum, (b) enthält ein Plateau, das kein lokales Optimum darstellt.

3.1.4. Das Problem lokaler Optima

Die bisherigen Betrachtungen sind in vielerlei Hinsicht nur ein Beispiel für den Idealfall, wie das
folgende Beispiel illustriert.

Beispiel 3.5:
Weist man die Gütewerte den Lösungskandidaten aus Bild 3.2 in einer anderen Reihenfolge zu, erhält man beispielsweise die Gütelandschaften in Bild 3.4. Die zugehörigen
Optimierungsprobleme fallen nicht mehr in die Klasse des Musterabgleichs. Der binäre Hillclimber kann nicht mehr von jedem Punkt aus das Maximum des Problems
erreichen.

Dieses Beispiel motiviert die folgende Definition, in der wir zwei spezielle Arten von Lösungskandidaten identifizieren, die die Optimierung erschweren oder gar verhindern können.

Definition 3.5 (Lokales Optimum, Plateau):
Sei $Mut^\xi : \mathcal{G} \times \mathcal{Z} \to \mathcal{G} \times \mathcal{Z}$ ein Mutationsoperator, $G = (\mathcal{G}, E)$ der zugehörige Nachbarschaftsgraph und (G, F) eine Gütelandschaft. Dann heißt ein Lösungskandidat A
mit $A.G \in \mathcal{G}$ ein

- *lokales Optimum*, falls alle möglichen Mutanten nicht besser sind

$$\forall \xi \in \Xi : F(A.G) \succ F(B.G) \text{ mit } B = Mut^\xi(A)$$

und für alle Wege $w_1(=A.G)w_2 \ldots w_k$ mit $F(w_k) \succ F(A.G)$ gilt, dass mindestens
einer der Lösungskandidaten w_i ($2 \leq i < k$) eine schlechtere Güte hat: $F(A.G) \succ$
$F(w_i)$.

* *Plateau-Punkt*, falls alle möglichen Mutanten nicht besser sind

$$\forall \xi \in \Xi : \ F(A.G) \succeq F(B.G) \text{ mit } B = Mut^{\xi}(A)$$

und wenigstens ein benachbarter Lösungskandidat die gleiche Güte hat

$$\exists \xi \in \Xi : \ F(A.G) = F(B.G) \text{ mit } B = Mut^{\xi}(A).$$

Beispiel 3.6:

Bild 3.4 (a) zeigt eine Gütelandschaft mit den Punkten 000, 001 und 011 als Plateau-Punkte und lokale Optima. 110 ist gleichzeitig lokales und globales Optimum. In Bild 3.4 (b) ist 110 ein Plateau-Punkt, 000 ein lokales Optimum und 011 das globale und lokale Optimum.

Lokale Optima stellen für einen Hillclimbing-Algorithmus ein unüberwindbares Hindernis dar. Ist eine Optimierung in ein lokales (und nicht globales) Optimum geraten, kann das globale nicht mehr gefunden werden. Daher versagen reine Hillclimbing-Algorithmen auf vielen Problemen. Plateaus bestehend aus vielen Punkten können ebenfalls die Optimierung behindern, da keine Richtungsinformation zur Verfügung steht, welche Mutationen auf einen besseren Lösungskandidaten zusteuern. Die Suche auf einem Plateau entspricht einem *random walk*, bei dem ziellos beliebige Veränderungen am Individuum vorgenommen werden.

3.1.5.   Der Einfluss der Kodierung

Die Überlegungen des obigen Abschnitts werden nun auf ein allgemeineres Problem angewandt. Der binäre Hillclimber soll benutzt werden, um ein ganzzahliges Problem

$$f : \{0, \ldots, 2^k - 1\} \to \mathbb{R}$$

zu optimieren. Da der Suchraum $\Omega = \{0, \ldots, 2^k - 1\}$ ungleich dem Genotyp $\mathscr{G} = \mathbb{B}^{\ell}$ ist, wird eine Dekodierungsfunktion benötigt. Es bietet sich an, $l = k$ zu wählen und die bekannte standardbinäre Kodierung zu verwenden.

Definition 3.6 (Standardbinäre Kodierung):

Eine binäre Zeichenkette $A.G = A.G_1 \ldots A.G_{\ell} \in \mathbb{B}^{\ell}$ repräsentiert mit *standardbinärer Kodierung* die folgende ganze Zahl

$$dec_{stdbin}(A.G) = \sum_{j=0}^{\ell-1} A.G_{\ell-j} \cdot 2^j.$$

Damit kann auch ein reellwertiges Intervall $[ug, og] \subset \mathbb{R}$ durch

$$dec_{stdbin,ug,og}(A.G) = ug + \frac{og - ug}{2^{\ell} - 1} \cdot dec_{stdbin}(A.G)$$

mit der Genauigkeit $\frac{og-ug}{2^{\ell}-1}$ dargestellt werden.

In der Praxis treten auch häufig Probleme auf, bei denen ein reellwertiger Vektor $(x_1, \ldots, x_n)$ mit $x_i \in [ug, og] \subset \mathbb{R}$ einen Lösungskandidaten darstellt. Dieser lässt sich ebenfalls durch die Aneinanderreihung von n binären Ketten der Länge ℓ darstellen. Bei der Dekodierung ergibt sich

$$x_i = dec_{stdbin,ug,og}(A.G_{(i-1)\cdot\ell+1} \cdots A.G_{i\cdot\ell}).$$

Beispiel 3.7:

Die ganzen Zahlen von 0 bis 7 können durch 3 Bits kodiert werden. Dies ist in Tabelle 3.1 dargestellt. Soll die Funktion

$$f_1(x) = \begin{cases} x+3 & \text{falls } x < 5 \\ 7-x & \text{sonst} \end{cases}$$

maximiert werden, wird der enkodierte Wert als Argument in die Funktion eingesetzt.

Mit der EIN-BIT-BINÄRE-MUTATION (Algorithmus 3.1) ergeben sich die Gütelandschaften in Bild 3.5 für die reine Dekodierung und die Funktion f_1. Werden nur die

Bitmuster	000	001	010	011	100	101	110	111
dekodiert	0	1	2	3	4	5	6	7
in Funktion f_1	3	4	5	6	7	2	1	0

Tabelle 3.1. Abbildung zwischen den binären Zeichenketten mit 3 Bits und den Zahlen $\{0, \ldots, 7\}$ (bzw. der Funktion f_1) durch die standardbinäre Kodierung.

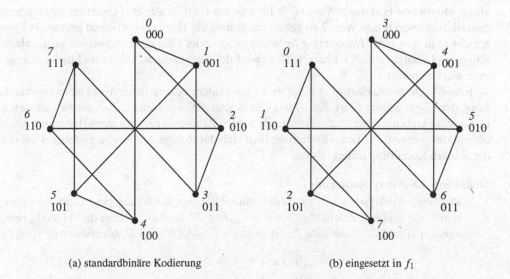

(a) standardbinäre Kodierung   (b) eingesetzt in f_1

Bild 3.5. Mit der standardbinären Kodierung auf $\mathscr{G} = \mathbb{B}^3$ (vgl. Tabelle 3.1) ergeben sich diese Gütelandschaften (in zweidimensionaler Darstellung mit als Zahl notierter Güte) für die EIN-BIT-BINÄRE-MUTATION: (a) bezüglich der reinen Kodierung und (b) bezüglich der Bewertungsfunktion f_1.

dekodierten Werte betrachtet, ist der Genotyp 111 das einzige lokale (und globale) Optimum. Von jedem anderen Genotyp kann ein Hillclimber das Optimum erreichen. Wird jedoch die Funktion f_1 optimiert, existieren zwei lokale Optima: 100 mit dem Funktionswert 7 und 011 mit dem Funktionswert 6. Bei einem Hillclimbing führen Genotypen 010 und 011 immer zum echten lokalen Optimum 6, alle anderen Werte (ausgenommen 100) können bei einer Optimierung in beiden lokalen Optima enden.

Phänotypisch betrachtet führt die Funktion f_1 immer zum Optimum, da sie bis zum Optimum monoton steigt und danach monoton fällt. Damit sollte sie sich grundsätzlich gut für ein Hillclimbing eignen. Stattdessen hat die standardbinäre Kodierung ein suboptimales lokales Maximum eingeführt, das eine erfolgreiche Optimierung verhindern kann. Der maßgebliche Grund ist darin zu sehen, dass zwei phänotypisch aufeinanderfolgende Werte (6 und 7) durch die Bitmuster 011 und 100 dargestellt werden, die nicht durch eine Anwendung des Mutationsoperators ineinander überführt werden können.

Definition 3.7 (Hamming-Abstand):
Zwei binäre Zeichenketten $A.G, B.G \in \mathbb{B}^l$ besitzen den *Hamming-Abstand*

$$d_{ham}(A.G, B.G) = \#\{\, i \in \mathbb{N}_0 \mid 1 \leq i \leq l \,\wedge\, A.G_i \neq B.G_i \,\}.$$

Dieses Maß gibt die Anzahl der Einzelinformationen an, die zwingend verändert werden müssen, um die Binärketten ineinander zu überführen. Die Zeichenketten 011 und 100, besitzen den maximal möglichen Hamming-Abstand 3: Es müssten folglich alle Bits invertiert werden, um vom enkodierten Wert 6 zum Wert 7 zu gelangen. Sobald ein Hamming-Abstand größer als 1 vorliegt, spricht man von einer *Hamming-Klippe* entsprechender Größe. Zerschneiden große Hamming-Klippen phänotypische Nachbarschaften, wird der Suchraum zerklüftet und dadurch eine Optimierung erschwert.

Eine Möglichkeit, Hamming-Klippen zu vermeiden, besteht in der Wahl einer anderen Kodierung, der so genannten *Gray-Kodierung*. Sie besitzt die Eigenschaft, dass alle benachbarten Werte einer diskreten Suchraumdimension auf binäre Zeichenketten mit dem Hamming-Abstand 1 abgebildet werden. Die Gray-Kodierung lässt sich durch folgende Konversionsregel auf die standardbinäre Kodierung zurückführen.

Definition 3.8 (Gray-Kodierung):
Die *Gray-Kodierung* wird mittels der standardbinären Kodierung eingeführt. Eine standardbinär kodierte Zeichenkette $b = b_1 \ldots b_\ell \in \mathbb{B}^\ell$ lässt sich durch die folgende Konversion in eine Gray-kodierte Zeichenkette $A.G = A.G_1 \ldots A.G_\ell$ überführen ($1 \leq i \leq \ell$)

$$A.G_i = \begin{cases} b_i & \text{falls } i = 1 \\ b_{i-1} \oplus b_i & \text{falls } i > 1, \end{cases}$$

wobei das exklusive Oder $\oplus$ der Addition modulo 2 entspricht. Ein Bit der standardbinär kodierten Zeichenkette lässt sich mit der folgenden Regel aus der Gray-kodierten Zeichenkette $A.G$ ableiten:

$$b_i = \bigoplus_{j=1}^{i} A.G_j = A.G_1 \oplus \cdots \oplus A.G_i.$$

Mit dieser Transformation ergibt sich als Dekodierungsregel für eine Gray-kodierte Zeichenkette $A.G$

$$dec_{gray}(A.G) = dec_{stdbin}\left(\bigoplus_{j=1}^{1} A.G_j \cdots \bigoplus_{j=1}^{\ell} A.G_j\right).$$

Mehrere Zahlen können erneut durch Konkatenation aneinander gefügt werden.

Beispiel 3.8:

Wird die standardbinäre Kodierung aus Beispiel 3.7 durch die Gray-Kodierung ersetzt, erhält man die Kodierung in Tabelle 3.2 und die Nachbarschaftsgraphen in Bild 3.6.

Gray-kod. Bitmuster	000	001	011	010	110	111	101	100
stdbin. Bitmuster	000	001	010	011	100	101	110	111
dekodiert	0	1	2	3	4	5	6	7
in Funktion f_1	3	4	5	6	7	2	1	0

Tabelle 3.2. Abbildung zwischen den binären Zeichenketten mit 3 Bits und den Zahlen $\{0, \ldots, 7\}$ (bzw. der Funktion f_1) durch die Gray-Kodierung.

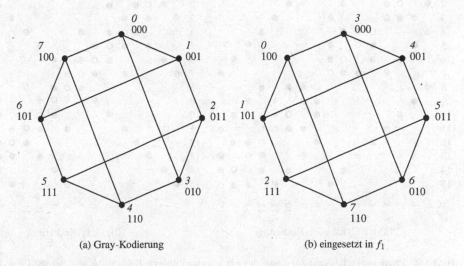

(a) Gray-Kodierung   (b) eingesetzt in f_1

Bild 3.6. Mit der Gray-Kodierung auf $\mathcal{G} = \mathbb{B}^3$ (vgl. Tabelle 3.2) ergeben sich diese Gütelandschaften (in zweidimensionaler Darstellung mit als Zahl notierter Güte) für die EIN-BIT-BINÄRE-MUTATION: (a) mit der reinen Gray-Kodierung angegeben und (b) bzgl. der Bewertungsfunktion f_1.

Zusammenfassend halten wir fest: Lokale Optima hängen ausschließlich von der gewählten Darstellung (einschließlich der Dekodierungsfunktion) und dem Mutationsoperator ab. Die Anzahl der so eingeführten lokalen Optima kann als eine Maßzahl für die Angepasstheit eines Operators an das Problem gesehen werden. Je weniger lokale Optima von einem Operator und der Repräsentation induziert werden, desto bessere Ergebnisse können bei der Suche erwartet werden. Insbesondere bei einem lokalen Suchalgorithmus, der lediglich durch einen Mutations- und einen Selektionsoperator bestimmt wird, ist die Anzahl der lokalen Optima entscheidend.

Dennoch ist hier nochmals deutlich zu machen, dass bei der Gray-Kodierung lediglich die Nachbarschaften im phänotypischen Raum in die Nachbarschaften im genotypischen Raum eingebettet werden. Sie garantieren nicht, dass jede kleine Veränderung im genotypischen Raum auch einer kleinen Veränderung im phänotypischen Raum entspricht. Dies gilt umso stärker, wenn die Anzahl der kodierenden Bits l erhöht wird. Dann verschwindet der Vorteil der Gray-Kodierung gegenüber der standardbinären Kodierung schnell.

Bild 3.7 vergleicht die Nachbarschaften beider Kodierungen mit $l = 4$ anhand zweier Matrizen. Bei der standardbinären Kodierung erkennt man eine große Hamming-Klippe an Zeile 7/8 und Spalte 7/8. Kleinere Hamming-Klippen kommen in den kleineren Quadraten entlang der Diagonale ebenfalls vor. Für die Gray-Kodierung sieht man die Einbettung der phänotypischen Nachbarschaft durch die erste obere und die erste untere Nebendiagonale. Weiterhin erkennt man, dass die standardbinäre Kodierung einem festen an jedem Punkt im Suchraum gleichen Schema bzgl. der Schrittweiten folgt, welches in der Gray-Kodierung für die Einbettung phänotypischer Nachbarn geopfert wurde: So gibt es Punkte (z. B. die Zeile 6), an denen die maximale

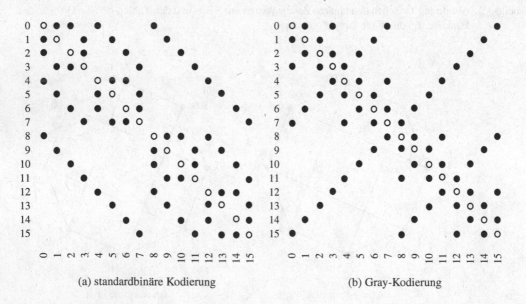

(a) standardbinäre Kodierung   (b) Gray-Kodierung

Bild 3.7. Phänotypische Nachbarschaft der (a) standardbinären Kodierung und der (b) Gray-Kodierungen in einer Matrixdarstellung: In jeder Zeile ist für einen Lösungskandidaten des Suchraums die Nachbarschaft dargestellt. Dabei entspricht ○ dem Ausgangspunkt und ● sind alle möglichen Kindindividuen.

Entfernung 5 beträgt, während andere Puntke (z. B. die Zeile 0) eine maximale Entfernung von 15 aufweisen. Neben dieser Unregelmäßigkeit als möglichem Problem der Gray-Kodierung wurde die folgende negative Eigenschaft der standardbinären Kodierung durch die Gray-Kodierung nicht behoben: Es gibt immer nur eine Mutation, die in die jeweils andere Hälfte des darstellbaren Wertebereichs führt. Auch dies könnte für viele Optimierungsprobleme mit Schwierigkeiten verbunden sein.

 Letztendlich sind die beiden vorgestellten (und meist verwendeten) Kodierungen nur zwei Beispiele, die sich allerdings durch effiziente Algorithmen zur Dekodierung auszeichnen. Insgesamt gibt es $(2^\ell)!$ mögliche Kodierungen mit ℓ Bits für die Zahlen $\{0, \dots, 2^\ell - 1\}$.

3.1.6.   Rollen der Mutation

Mutationsoperatoren können unterschiedliche Aufgaben in evolutionären Algorithmen erfüllen. In den bisherigen Abschnitten hat die Mutation die Rolle des wichtigsten (weil einzigen) Suchoperators. Unter dieser Prämisse übernimmt sie zwei Funktionen: einerseits die Feinabstimmung (engl. *exploitation*), um ausgehend von einem guten Lösungskandidaten das zugehörige lokale Optimum zu finden, andererseits das stichprobenartige Erforschen (engl. *exploration*) weiter entfernter Gebiete des Suchraums, um das Einzugsgebiet eines potentiell besseren lokalen Optimums zu identifizieren. Für die Feinabstimmung ist wie oben ausführlich diskutiert die Einbettung der phänotypischen Nachbarschaft von großer Bedeutung. Insgesamt sollten erforschende und feinabstimmende Mutationen in einem guten Verhältnis zueinander stehen – dieser Aspekt wird nachfolgend noch etwas genauer beleuchtet. In anderen evolutionären Algorithmen übernimmt die Mutation nur eine untergeordnete Rolle, da beispielsweise die Rekombination als wichtigerer Operator Feinabstimmung und Erforschung übernimmt. Dann wird die erforschende Funktion der Mutation als Hintergrundoperator benutzt, um die Vielfalt in der Population zu erhalten.

 Inwieweit die Mutation als Hintergrundoperator tatsächlich nur dem Diversitätserhalt dient, ist fraglich. Einige empirische Ergebnisse stützen die These, dass auch hier das Wechselspiel zwischen Selektion und Mutation einen entscheidenden Einfluss hat.

Beispiel 3.9:

Bei der EIN-BIT-BINÄRE-MUTATION (Algorithmus 3.1) mit standardbinärer Kodierung erkennt man in Bild 3.7 (a) deutlich die beiden Aspekte der Erforschung und der Feinabstimmung an jedem Punkt, d. h. in jeder Zeile. Die Schrittweite 8 ist erforschend, während die Schrittweite 1 der Feinabstimmung dient.

Wie stark ein Mutationsoperator einen Lösungskandidaten verändert, wird anhand der Optimierungsfunktion

$$f_2(x) = \begin{cases} x & \text{falls } x \in [0,\ 10] \subset \mathbb{R} \\ \text{undef.} & \text{sonst} \end{cases}$$

untersucht.

Wir benutzen einerseits die üblicherweise gebräuchliche BINÄRE-MUTATION (Algorithmus 3.3), die auch wieder auf der Binärdarstellung von x arbeitet. Statt genau eines Bits wird jedes Bit mit

---

Algorithmus 3.3 (alle Bits werden mit einer Wahrscheinlichkeit invertiert)

BINÄRE-MUTATION(Individuum A mit $A.G \in \mathbb{B}^{\ell}$)
1    $B \leftarrow A$
2   **for each** $i \in \{1, \dots, \ell\}$
3   **do** $\ulcorner u \leftarrow$ wähle zufällig gemäß $U([0, 1))$
4   **if** $u \le p_m$ (Mutationswahrscheinlichkeit)
5       $\llcorner$ **then** $\llbracket B.G_i \leftarrow 1 - A.G_i$
6   **return** B

---

der Wahrscheinlichkeit p_m (der sog. Mutationsrate) verändert. Wir benutzen den Wert $p_m = \frac{1}{\ell}$, der von der Individuenlänge ℓ abhängt. Dieser hat sich auch in theoretischen Untersuchungen für das Einsenzählproblem und einen reinen Hillclimbing-Algorithmus am effizientesten erwiesen. Der Definitionsbereich von f_2 wird mit $\ell = 32$ Bits enkodiert. Wir kombinieren diese Mutation sowohl mit der standardbinären Kodierung als auch dem Gray-Kode.

Andererseits betrachten wir als Alternative eine Mutation, die direkt auf der reellwertigen Zahl x arbeitet. Die GAUSS-MUTATION (Algorithmus 3.4) addiert zu jeder Komponente des bisherigen Lösungskandidaten einen normal- bzw. Gauß-verteilten Zufallswert $u_i \sim \mathcal{N}(0, \sigma)$. Die zugehörige Dichtefunktion

$$\phi(x) = \frac{1}{\sqrt{2 \cdot \pi} \cdot \sigma} \cdot \exp\left(-\frac{1}{2 \cdot \sigma^2} \cdot x^2\right)$$

mit der Varianz σ^2 ist für den eindimensionalen Fall in Bild 3.8 dargestellt. Durch diese Wahrscheinlichkeitsverteilung werden viele Mutation nur kleine Veränderungen vornehmen, aber auch größere Sprünge sind möglich.

Wer einen Zufallsgenerator mit normalverteilten Zufallszahlen selbst implementieren muss, kann auf die Box-Muller-Transformation in Algorithmus 3.5 (STANDARDNORMALVERTEILTE-ZU-

---

Algorithmus 3.4 (mit fester Schrittweite σ)

GAUSS-MUTATION(Individuum A mit $A.G \in \mathbb{R}^{\ell}$)
1   **for each** $i \in \{1, \dots, \ell\}$
2   **do** $\ulcorner u_i \leftarrow$ wähle zufällig gemäß $\mathcal{N}(0, \sigma$ (Standardabweichung))
3       $B_i \leftarrow A_i + u_i$
4       $B_i \leftarrow \max\{B_i, ug_i$ (untere Wertebereichsgrenze)$\}$
5       $\llcorner B_i \leftarrow \min\{B_i, og_i$ (obere Wertebereichsgrenze)$\}$
6   **return** B

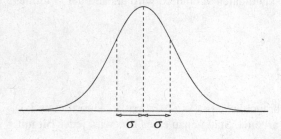

$\sigma \quad \sigma$

Bild 3.8.
Dichtefunktion der Normalverteilung (Gauß-Verteilung)

Algorithmus 3.5 (Box-Muller-Transformation erzeugt aus zwei gleichverteilten Zufallszahlen zwei standardnormalverteilte Zufallszahlen gemäß $\mathcal{N}(0,1)$)

STANDARDNORMALVERTEILTE-ZUFALLSZAHL(Zustand u, Tabelle $(t_i)_{1 \leq i \leq 32}$, Index y)

1 **repeat** $\ulcorner x_1, u, (t_i)_{1 \leq i \leq 32}, y \leftarrow -1 + 2 \cdot$ UNIFORME-ZUFALLSZAHL$(u, (t_i)_{1 \leq i \leq 32}, y)$

2 $\qquad x_2, u, (t_i)_{1 \leq i \leq 32}, y \leftarrow -1 + 2 \cdot$ UNIFORME-ZUFALLSZAHL$(u, (t_i)_{1 \leq i \leq 32}, y)$

3 $\qquad \llcorner rad \leftarrow x_1^2 + x_2^2$

4 **until** $rad < 1{,}0$ und $rad \neq 0$

5 $rad \leftarrow \sqrt{-\frac{2 \cdot \log rad}{rad}}$

6 $v \leftarrow x_1 \cdot rad$

7 $v' \leftarrow x_2 \cdot rad$

8 **return** Zufallszahlen v und v', neuer Zustand u, Tabelle $(t_i)_{1 \leq i \leq 32}$, Index y

---

FALLSZAHL) zurückgreifen, die zwei gleichverteilte Zufallszahlen in zwei standardnormalverteilte Zufallszahlen ($\sigma = 1$) überführt. Eine Zufallszahl gemäß $\mathcal{N}(0, \sigma)$ erhält man, durch die Multiplikation des Ergebnisses von $\mathcal{N}(0,1)$ mit σ.

Beispiel 3.10:

Für zwei unterschiedliche Elternindividuen wurden die drei Mutationsoperatoren jeweils 10 000 Mal angewandt, um ein Bild davon zu bekommen, wie sich die Optimierung im reellwertigen Raum fortbewegen kann. In dieser Untersuchung wird die GAUSS-MUTATION mit $\sigma = 1$ benutzt. Das Ergebnis sind Häufigkeitsverteilungen, die in Bild 3.9 dargestellt sind.

Man erkennt deutlich die unterschiedliche Charakteristik der binären und der reellwertigen Mutation. Die BINÄRE-MUTATION hat mehrere über den gesamten Wertebereich verteilte Schwerpunkte, die sich an den Veränderungen durch die höherwertigen Bits orientieren. Das Elternindividuum mit dem Wert 4,99 wurde genau an einer Hamming-Klippe platziert. Daher weist die Häufigkeitsverteilung mit der standardbinären Kodierung dort einen Bruch auf. Die Gray-Kodierung schafft es zwar, die phänotypischen Nachbarn einzubinden, doch auch hier wird die grundsätzliche Tendenz zu einer Hälfte des Suchraums deutlich. Demgegenüber erreicht die GAUSS-MUTATION mit einem kleinen Wert σ eine symmetrische Feinabstimmung unabhängig von der Position im Suchraum. Mit einem großen Wert σ wird auch eine sehr breite Erforschung erreicht.

Statt einer klaren Empfehlung für einen der Mutationsoperatoren sollen die unterschiedlichen Arbeitsweisen nochmals betont werden. Die reellwertige Mutation orientiert sich mit ihrer klaren Struktur direkt an der phänotypischen Nachbarschaft und erscheint daher als weitaus besser angepasster Operator. Die binären Mutationen legen eine andersgeartete Suchstruktur über den Suchraum. Bei vielen Problemen greifen das Raster der binären Mutation und die Form des Suchraums so gut ineinander, dass sie der GAUSS-MUTATION überlegen ist. In jedem Fall bietet die binäre Mutation durch weit gestreute Stichproben eine interessante Kombination aus Feinabstimmung und Erforschung und kann oft schneller eine interessante Region im Suchraum detektieren.

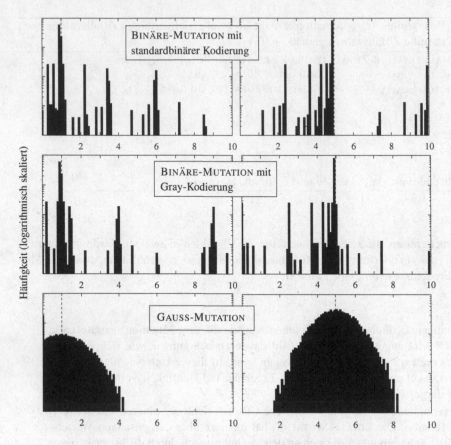

Bild 3.9. Vergleich der drei Mutationsoperatoren hinsichtlich der Häufigkeit der einzelnen Mutationen. Das Elternindividuum hat den Wert 1,0 (linke Spalte) bzw. 4,99 (rechte Spalte) und ist durch eine gestrichelte Linie gekennzeichnet. Es wurden jeweils 10 000 Mutationen mit jedem Operator durchgeführt.

3.2.   Populationskonzept

Die Möglichkeiten und neuen Schwierigkeiten bei der Nutzung von Populationen sind das Thema dieses Abschnitts. Dabei wird den unterschiedlichen Techniken zur Selektion ein breiter Raum eingeführt.

Im Abschnitt 3.1 wurden bereits die möglichen Probleme eines Hillclimbings (als Reinform des Wechselspiels zwischen Mutation und Selektion) diskutiert, nämlich die große Gefahr, in lokalen Optima gefangen zu werden.

Daher führen wir in diesem Abschnitt das Populationskonzept ein, das den Schwierigkeiten eines reinen Hillclimbers entgegenwirken soll. Durch die gleichzeitige Betrachtung mehrerer Lösungskandidaten kann parallel an verschiedenen Stellen des Suchraums das Optimierungsproblem angegangen werden. Dadurch können sich auch schlechtere Individuen länger in der Population halten, was die breite Erforschung des Suchraums wesentlich verbessern sollte. Letztendlich hat man die Hoffnung, dass die lokalen Optima während des Optimierungsprozesses an Bedeutung verlieren.

 Darüberhinaus eröffnet der Populationsgedanke natürlich auch die Betrachtung der Rekombination als weiteren Suchoperator, der eine Verknüpfung und Kombination verschiedener Individuen einführt. Dieses Konzept wird in Abschnitt 3.3 erörtert.

3.2.1.   Die Vielfalt in einer Population

Die reine Anwesenheit mehrerer Individuen bedeutet jedoch noch nicht, dass damit auch tatsächlich unterschiedliche Teile des Suchraums erkundet werden. Die folgende Definition liefert drei Maßzahlen, mit denen sich bestimmten lässt, wie stark sich die Individuen der Population im Suchraum verteilen.

Definition 3.9 (Diversität):

Sei die Population $P = \langle A^{(i)} \rangle_{1 \leq i \leq s}$ zum Genotyp $\mathscr{G} = G^\ell$ gegeben – d. h. $A^{(i)}.G \in \mathscr{G}$. Dann werden die folgenden *Maße für die Diversität* definiert. Der *mittlere Abstand* der Individuen in der Population beträgt

$$Divers_{\text{Abstand},d}(P) = \frac{1}{s \cdot (s-1)} \cdot \sum_{1 \leq i,j \leq s} d(A^{(i)}.G, A^{(j)}.G),$$

wobei $d : \mathscr{G} \times \mathscr{G} \to \mathbb{R}$ ein beliebiges Abstandsmaß ist. Die *Shannon-Entropie* als positionsorientierte Diversität für $\mathscr{G} = \mathbb{B}^\ell$ ist definiert als

$$Divers_{\text{Entropie}}(P) = \frac{1}{\ell} \cdot \sum_{k=1}^{\ell} (-\#_0(P,k) \cdot \log(\#_0(P,k)) - \#_1(P,k) \cdot \log(\#_1(P,k))),$$

$$\text{mit } \#_1(P,k) = \frac{\#\{1 \leq i \leq s \mid A^{(i)}.G_k = 1\}}{s}$$

$$\text{und } \#_0(P,k) = \frac{\#\{1 \leq i \leq s \mid A^{(i)}.G_k = 0\}}{s}.$$

Die *teilstringorientierte Diversität* ist definiert als

$$Divers_{\text{Teilstring}}(P) = \frac{s \cdot \#\left(\bigcup_{1 \leq i \leq s} Teil(A^{(i)})\right)}{\sum_{1 \leq i \leq s} \#Teil(A^{(i)})},$$

$$\text{wobei } Teil(A) = \bigcup_{1 \leq i \leq j \leq \ell} \{A.G_i \dots A.G_j\}.$$

Je größer die jeweilige Maßzahl ist, desto größer ist die Vielfalt in der Population.

Beispiel 3.11:

Für die Population $P_1 = \langle 0001,\ 0011,\ 1111 \rangle$ gilt:

$$Divers_{\text{Abstand},d}(P_1) = \frac{1}{6} \cdot (2 \cdot 1 + 2 \cdot 2 + 2 \cdot 3) = 2{,}0 \ \ (\text{mit } d = d_{ham})$$

$$Divers_{\text{Entropie}}(P_1) = \frac{1}{4} \cdot \left((-1 \cdot \log 1 - 0) + 3 \cdot \left(-\frac{2}{3} \cdot \log \frac{2}{3} - \frac{1}{3} \cdot \log \frac{1}{3} \right) \right) \approx 0{,}4774$$

$$Divers_{\text{Teilstring}}(P_1) = \frac{3 \cdot 12}{7 + 8 + 4} \approx 1{,}895$$

da $Teil(0001) = \{0,\ 1,\ 00,\ 01,\ 000,\ 001,\ 0001\}$

$Teil(0011) = \{0,\ 1,\ 00,\ 01,\ 11,\ 001,\ 011,\ 0011\}$

$Teil(1111) = \{1,\ 11,\ 111,\ 1111\}.$

Für die Population $P_2 = \langle 0011,\ 0110,\ 1100 \rangle$ gilt:

$$Divers_{\text{Abstand},d}(P_2) = \frac{1}{6} \cdot (8 \cdot 2) \approx 2{,}667 \ \ (\text{mit } d = d_{ham})$$

$$Divers_{\text{Entropie}}(P_2) = \frac{1}{4} \cdot \left(4 \cdot \left(-\frac{2}{3} \cdot \log \frac{2}{3} - \frac{1}{3} \cdot \log \frac{1}{3} \right) \right) \approx 0{,}6365$$

$$Divers_{\text{Teilstring}}(P_2) = \frac{3 \cdot 13}{8 + 8 + 8} \approx 1{,}625$$

da $Teil(0011) = \{0,\ 1,\ 00,\ 01,\ 11,\ 001,\ 011,\ 0011\}$

$Teil(0110) = \{0,\ 1,\ 01,\ 11,\ 10,\ 011,\ 110,\ 0110\}$

$Teil(1100) = \{0,\ 1,\ 11,\ 10,\ 00,\ 110,\ 100,\ 1100\}.$

Während die Population P_2 eine höhere Diversität hinsichtlich des Hamming-Abstands und der bitweise berechneten Entropie aufweist, ist P_1 diverser bezüglich der Teilstrings, da größere Unterschiede zwischen den Teilstrings der einzelnen Individuen bestehen.

Aus obigem Beispiel können wir schlussfolgern, dass die Diversität keinesfalls eindeutig ist. Vielmehr gilt wie auch schon bei den Mutationsoperatoren, dass das betrachtete Diversitätsmaß passend zum Optimierungsproblem gewählt werden muss. So könnte etwa die Entropie für eine Instanz des Musterabgleichs passend sein, da die einzelnen Bits im Genotyp völlig unabhängig voneinander sind. Aber für das Handlungsreisendenproblem wäre etwa die teilstringorientierte Diversität interessant, da damit einzelne Abschnitte der Rundtouren unabhängig von ihrer Position beschrieben werden.

Bei der Vielfalt in einer Population ist vor allem der Extremfall kritisch, bei dem alle Individuen gleich sind und damit die Population ihre möglichen Vorteile eingebüßt hat.

Definition 3.10 (Konvergierte Population):

Eine Population $P = \langle A^{(i)} \rangle_{1 \le i \le s}$ heißt *konvergiert*, wenn alle Individuen identisch sind, d. h. für alle $1 \le i, j \le s$ gilt $A^{(i)}.G = A^{(j)}.G$.

Bezüglich evolutionärer Algorithmen wird der Begriff der Konvergenz mit zwei unterschiedlichen Bedeutungen gebraucht. Einerseits kann wie bei der mathematischen Definition die Annäherung der Gütewerte an ein lokales oder globales Optimum gemeint sein – dann aber immer in endlicher Zeit. Andererseits kann damit der Verlust der Vielfalt in der Population bezeichnet werden.

Beispiel 3.12:

Die Population $P_3 = \langle 1111, 1111, 1111 \rangle$ ist konvergiert. Wie man leicht sieht, erreichen die Diversitätsmaße bei dieser Situation ihre minimalen Werte.

$$Divers_{\text{Abstand},d}(P_3) = 0{,}0 \ \ (\text{mit } d = d_{ham})$$

$$Divers_{\text{Entropie}}(P_3) = \frac{1}{4} \cdot (4 \cdot (-1 \cdot \log 1 - 0)) = 0{,}0$$

$$Divers_{\text{Teilstring}}(P_3) = \frac{3 \cdot 4}{4 + 4 + 4} = 1{,}0, \text{ da } Teil(1111) = \{1, 11, 111, 1111\}.$$

Eine konvergierte Population ist ein Anzeichen dafür, dass die Optimierung beendet ist. Falls das globale Optimum nicht erreicht wurde, spricht man von vorzeitiger Konvergenz.

3.2.2. Ein vergleichendes Experiment

Zunächst steht hier die Frage im Mittelpunkt, inwieweit die Population in der Lage ist, das Problem der lokalen Optima zu verkleinern. Zu diesem Zweck betrachten wir BINÄRES-HILL-CLIMBING (Algorithmus 3.2) sowie eine populationsbasierte Variante POPULATIONSBASIERTES-BINÄRES-HILLCLIMBING (Algorithmus 3.6), bei der für jedes Elternindividuum in der Population exakt ein Kindindividuum durch die Mutation erzeugt wird. Die anschließende Umweltselektion BESTEN-SELEKTION (Algorithmus 3.7) reduziert die Population auf die bessere Hälfte.

Als Optimierungsgegenstand wählen wir die Rastrigin-Funktion, eine Benchmark-Funktion, die häufig zum Vergleich von Algorithmen herangezogen wird,

---

Algorithmus 3.6

POPULATIONSBASIERTES-BINÄRES-HILLCLIMBING(Zielfunktion F)

1   $t \leftarrow 0$
2   $P(t) \leftarrow$ erzeuge Population mit μ (Populationsgröße) Individuen
3   bewerte $P(t)$ durch F
4   **while** Terminierungsbedingung nicht erfüllt
5   **do** $\ulcorner P' \leftarrow P(t)$
6   **for each** $i \in \{1, \dots, \mu\}$
7   **do** $\ulcorner B \leftarrow$ EIN-BIT-BINÄRE-MUTATION$(A^{(i)})$ wobei $P(t) = \langle A^{(k)} \rangle_{1 \leq i \leq \mu}$
8   bewerte B durch F
9       $\llcorner P' \leftarrow P' \circ \langle B \rangle$
10     $t \leftarrow t + 1$
11     $\llcorner P(t) \leftarrow$ Selektion aus P' mittels BESTEN-SELEKTION
12   **return** bestes Individuum aus $P(t)$

Algorithmus 3.7 (Auswahl der Besten)

BESTEN-SELEKTION(Gütewerte $\langle A.F^{(i)} \rangle_{i=1,\dots,r}$)

1 $I \leftarrow \langle \rangle$
2 **for** $j \leftarrow 1, \dots, s$ (|Anzahl der zu wählenden Individuen|)
3   **do** $^\ulcorner$ $index_j \leftarrow$ derjenige Index aus $\{1, \dots, r\} \setminus I$ mit dem besten Gütewert
4      $_\llcorner I \leftarrow I \circ \langle index_j \rangle$
5 **return** I

$$f(X) = 10 \cdot n + \sum_{i=1}^{n} \left(X_i^2 - 10 \cdot \cos(2 \cdot \pi \cdot X_i) \right),$$

mit $n = 2$ und $-5{,}12 \leq X_1, X_2 \leq 5{,}12$. Bild 3.10 zeigt die zu minimierende Funktion. Deutlich ist eine große Anzahl lokaler Minima zu erkennen. Die beiden Suchraumvariablen werden im Genotyp jeweils mit 16 Bits standardbinär kodiert.

BINÄRES-HILLCLIMBING und POPULATIONSBASIERTES-BINÄRES-HILLCLIMBING wurden jeweils 100 mal auf die Rastrigin-Funktion angesetzt. Ersteres wurde nach 10 000 Iteration abgebrochen und zweiteres nach 200 Generationen mit einer Populationsgröße von 50 Individuen. So haben beide Algorithmen die gleiche Anzahl neuer Individuen bewertet. BINÄRES-HILLCLIMBING hat in 63% der Experimente das globale Optimum $f((0, 0)) = 0$ (im Rahmen der verfügbaren Genauigkeit) gefunden. POPULATIONSBASIERTES-BINÄRES-HILLCLIMBING hat in 76% der Experimente das Optimum gefunden. Bei Abbruch des Algorithmus hat die durchschnittliche Güte über alle Experimente 0,479 beim Hillclimber und 0,297 bei dem populationsbasierten Hillclimber betragen.

 Wer schon vorgeblättert hat auf S. 238, wird vermutlich mit dieser Auswertung nicht ganz glücklich sein. Ein genauerer Hypothesentest liefert das Ergebnis, dass der obige Unterschied mit einer Wahrscheinlichkeit von etwa 0,128 zufällig ist. Dies können wir als ein schwaches Indiz dafür werten, dass der Populationsansatz tatsächlich für die besseren Werte verantwortlich ist.

Wenn wir eine einzelne Optimierung durch POPULATIONSBASIERTES-BINÄRES-HILLCLIMBING herausgreifen, kann der Optimierungsverlauf in Bild 3.11 anhand der Güte und der abstandsbasierten Diversität nachvollzogen werden. Wie man leicht erkennt, erreicht der Ansatz bereits um

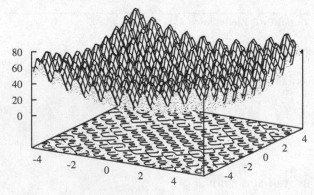

Bild 3.10. Rastrigin-Funktion für Dimension $n = 2$.

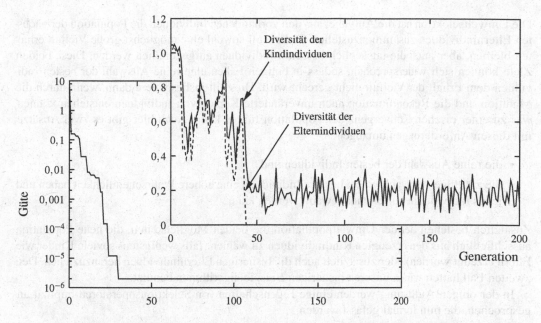

Bild 3.11. Die Optimierung mit dem populationsbasierten binären Hillclimber konvergiert zehn Generationen nach der letzten gefundenen besten Güte. Die Kindindividuen besitzen eine gewisse Grunddiversität.

Generation 35 den finalen Gütewert und etwa 10 Generationen später ist die Population konvergiert. Auch nach der Konvergenz erzeugt die Mutation einen gewissen Pegel an Grunddiversität der Kindindividuen, welche jedoch nicht mehr zu einer Verbesserung führt.

3.2.3. Folgerungen für die Selektion

Aus der gleichzeitigen Betrachtung mehrerer Individuen ergeben sich verschiedene Anforderungen an die Selektionsoperatoren. Bei einer Elternselektion sollten alle Individuen eine Chance haben, ausgewählt zu werden, da andernfalls der Aufwand für die Verwaltung einer großen Population nicht gerechtfertigt ist. Grundsätzlich gibt es zwei gängige Möglichkeiten, dies zu gewährleisten, nämlich

- indem jedes Individuum Elter für genau $m > 0$ Kinder wird oder
- indem jedes Individuum mit einer individuellen Wahrscheinlichkeit als Elter gewählt wird.

Im ersten Fall entsteht kein Selektionsdruck, da alle Individuen gleich behandelt werden. Im zweiten Fall kann durch die Vergabe der Auswahlwahrscheinlichkeiten der Selektion eine Richtung gegeben werden.

Beispiel 3.13:

Beide Selektionsarten haben wir bereits gesehen: die gleichverteilte zufällige Wahl beim EA-HANDLUNGSREISENDENPROBLEM (Algorithmus 2.5) und die Erzeugung von einem Kind pro Elternindividuum beim POPULATIONSBASIERTES-BINÄRES-HILLCLIMB-ING (Algorithmus 3.6).

Die Umweltselektion hat die Aufgabe, aus den vorhandenen Individuen die Population der nächsten Elternindividuen zusammenzustellen. Dabei soll sowohl eine möglichst große Vielfalt erhalten bleiben, aber auch die tatsächlich besseren Individuen aufgenommen werden. Diese beiden Ziele können sich widersprechen, sodass in einigen Fällen eine reine Auswahl der besten Individuen dem Erhalt der Vielfalt nicht gerecht wird. Dies gilt insbesondere dann, wenn durch die Mutation und die Rekombination auch unveränderte Kopien von Individuen entstehen können, was zu einer raschen Konvergenz der Population führen kann. Auch hier gibt es zwei Ansätze, mit diesen Anforderungen umzugehen:

- die reine Auswahl der besten Individuen und
- die zufällige Auswahl, wobei bessere Individuen eine höhere Wahrscheinlichkeit haben und jedes Individuum nur einmal gewählt werden kann.

Zusätzlich bestehen bei der Umweltpopulation die beiden Möglichkeiten, die neue Population ausschließlich aus den erzeugten Kindindividuen zu wählen (falls wenigstens soviele Kinder wie Eltern erzeugt wurden) oder zusätzlich auch die bisherigen Elternindividuen heranzuziehen. Den zweiten Fall hatten wir in unseren bisherigen Beispielalgorithmen benutzt.

In der obigen Auflistung werden einige Eigenschaften von Selektionsoperatoren implizit angesprochen, die nun formal gefasst werden.

Definition 3.11 (Eigenschaften der Selektion):
Ein durch die Indexselektion $IS^\xi : \mathbb{R}^r \to \{1, \ldots, r\}^s$ definierter Selektionsoperator heißt

- *deterministisch*, falls $\forall x \in \mathbb{R}^r \; \forall \xi, \xi' \in \Xi : \; IS^\xi(x) = IS^{\xi'}(x)$,
- *probabilistisch* genau dann, wenn er nicht deterministisch ist,
- *duplikatfrei*, falls $\forall x \in \mathbb{R}^r \; \forall \xi \in \Xi \; \forall 1 \leq i < j \leq s : \; (IS^\xi(x))_i \neq (IS^\xi(x))_j$.

Gerade die Duplikatfreiheit verlangt man in der Regel von Operatoren der Umweltselektion, um die Diversität möglichst hoch zu halten. Dabei wird allerdings nur verhindert, dass ein Individuum über seinen Index mehrfach gewählt wird. Schon vorhandene Duplikate in der Population können mehrfach ausgewählt werden. Bei der Elternselektion ist dies nicht so bedeutend, da die mehrfach gewählten Individuen direkt in die Erzeugung neuer Individuen eingehen. Die beiden anderen Eigenschaften werden in den weiteren Abschnitten diskutiert.

3.2.4.   Varianten der Umweltselektion

Die bisher behandelten Algorithmen haben als Umweltselektion die besten Lösungskandidaten aus den Eltern- und den Kindindividuen gewählt. Dies geht meist einher mit anfänglich großen Verbesserungen in der Optimierung, führt aber oft auch zu vorzeitiger Konvergenz in lokalen Optima. Beim Beispiel in Bild 3.11 ist die Population sehr früh konvergiert und es wird bis zum Ende der Optimierung immer dasselbe Elternindividuum benutzt. Würde es sich um ein echtes lokales Optimum handeln, wäre keine weitere Verbesserung mehr möglich. Über den Überlappungsgrad in der folgenden Definition lässt sich steuern, wie stark die Elternindividuen in der nächsten Generation noch vorkommen können.

Definition 3.12 (Überlappende Populationen):

Seien $\langle A^{(i)}\rangle_{1\leq i\leq\mu}$ die Individuen der Elternpopulation und $\langle A^{(i)}\rangle_{\mu<i\leq\mu+\lambda}$ die Kindindividuen. Eine Umweltselektion S^ξ, bestimmt durch die Indexselektion $IS^\xi : \mathbb{R}^{\mu+\lambda} \to \{1,\ldots,\mu+\lambda\}^\mu$, heißt

- *überlappend* genau dann, wenn es wenigstens ein Tupel mit Gütewerten $x\in\mathbb{R}^r$ und ein $\xi\in\Xi$ gibt, so dass $IS^\xi(x)$ einen Index aus $\{1,\ldots,\mu\}$ enthält,
- *überlappend mit einem Überlappungsgrad lap* $\in\{1,\ldots,\mu-1\}$ genau dann, wenn zusätzlich für alle $x\in\mathbb{R}^r$ und alle $\xi\in\Xi$ gilt, dass genau *lap* Indizes aus der Menge $\{1,\ldots,\mu\}$ in $IS^\xi(x)$ sind, und
- *elitär* genau dann, wenn immer ein Index $k\in\{1,\ldots,\mu\}$ mit $A^{(k)}.F\succeq A^{(i)}.F$ für alle $1\leq i\leq\mu$ in $IS^\xi(x)$ enthalten ist.

Damit identifiziert obige Definition implizit zwei unterschiedliche Arten der überlappenden Umweltselektion: Die einfache Anwendung eines Selektionsoperators auf die Vereinigung von Eltern- und Kindpopulation, bei der der übernommene Anteil der beiden Ausgangspopulationen von Generation zu Generation variiert, und speziell definierte Operatoren mit einem immer gleichen Überlappungsgrad.

Beispiel 3.14:

Ein Beispiel für eine elitäre überlappende Umweltselektion mit einem Überlappungsgrad *lap* = 1 ist ein Operator, der bei einer Elternpopulationsgröße μ und $\lambda=\mu-1$ Kindern die neue Population aus allen Kindern und dem besten Elternindividuum aufbaut. Ein anderes elitäres Beispiel mit Überlappungsgrad *lap* = $\mu-1$ ersetzt in einer Elternpopulation mit μ Individuen das schlechteste Individuum durch ein neu erzeugtes Kind. Würde man stattdessen ein zufälliges Individuum löschen, wäre der Operator weder elitär noch erzeugt er Selektionsdruck.

Es sind auch nicht-elitäre Umweltselektionen mit Überlappungsgrad möglich, bei denen die schlechtesten, ältesten oder auch zufällige Individuen der bisherigen Elternpopulation ersetzt werden. Meist wird eine genau passende Anzahl an Kindindividuen erzeugt, so dass hier keine weitere Auswahl stattfindet. Teilweise gibt es auch Varianten, die ein Individuum nur dann ersetzen, wenn das neue Individuum eine bessere Güte hat – dann besitzt die Umweltselektion nach obiger Definition keinen exakten Überlappungsgrad mehr, sondern man könnte von einem maximal möglichen Überlappungsgrad sprechen.

Werden bei der BESTEN-SELEKTION (Algorithmus 3.7) die besten Individuen sowohl aus den Eltern als auch aus den Kindindividuen gewählt, spricht man auch von einer *Plus-Selektion*, weil aus »Eltern plus Kindern« gewählt wird. Der nichtüberlappende Fall, der nur die Kindindividuen berücksichtigt, wird auch als *Komma-Selektion* bezeichnet, weil die Kindpopulation von der Elternpopulation getrennt betrachtet wird.

Abschließend wird in diesem Abschnitt mit der q-stufigen zweifachen Turnierselektion in Algorithmus 3.8 (Q-STUFIGE-TURNIER-SELEKTION) ein Operator vorgestellt, der einfach auf die Vereinigung von Eltern- und Kindindividuen angewandt werden kann, aber nicht so zielorientiert ist, wie die absolute Auswahl der besten Individuen. Es werden dabei für jedes Individuum in der Population direkte Duelle mit q gleichverteilt zufällig gezogenen Individuen abgehalten. Für

---

Algorithmus 3.8 (genaue Bezeichnung: q-stufige zweifache Turnierselektion)

Q-STUFIGE-TURNIER-SELEKTION(Gütewerte $\langle A^{(i)}.F \rangle_{i=1,\dots,r}$)

1    $Scores \leftarrow \langle \rangle$
2   **for** $i \leftarrow 1, \dots, r$
3   **do** $\ulcorner$ $Siege \leftarrow 0$
4   **for each** $j \in \{2, \dots, q$ (Anzahl der direkten Turniere)$\}$
5   **do** $\ulcorner$ $u \leftarrow$ wähle Zufallszahl gemäß $U(\{1, \dots, r\})$
6   **if** $A^{(i)}.F \succ A^{(u)}.F$
7          $\llcorner$ **then** $\lbrack$ $Siege \leftarrow Siege + 1$
8       $\llcorner$ $Scores \leftarrow Scores \circ \langle Siege \rangle$
9    $I \leftarrow \langle \rangle$
10   **for** $j \leftarrow 1, \dots, s$ (Anzahl der zu wählenden Individuen)
11   **do** $\ulcorner$ $index \leftarrow$ derjenige Index aus $\{1, \dots, r\} \setminus I$ mit maximalem Wert $Score^{(index)}$
12     $\llcorner$ $I \leftarrow I \circ \langle index \rangle$
13   **return** I

Individuum	Turniere gegen Gegner			Siege	Wahl
$A^{(1)}.F = 3{,}1$	3	8✓	5	1	✓
$A^{(2)}.F = 1{,}0$	1	2	9	0	
$A^{(3)}.F = 4{,}5$	10✓	4✓	7✓	3	✓
$A^{(4)}.F = 2{,}4$	6✓	9✓	10	2	✓
$A^{(5)}.F = 3{,}6$	1✓	8✓	7✓	3	✓
$A^{(6)}.F = 2{,}1$	3	6	4	0	
$A^{(7)}.F = 2{,}7$	2✓	5	8✓	2	✓
$A^{(8)}.F = 1{,}8$	3	9	1	0	
$A^{(9)}.F = 2{,}2$	6✓	7	4'	1	
$A^{(10)}.F = 3{,}5$	2✓	10	5	1	

Tabelle 3.3. Für jedes Individuum werden die Indizes der Gegner in der Q-STUFIGE-TURNIER-SELEK-TION angezeigt sowie durch das Symbol ✓, ob ein Sieg verbucht wurde. Ebenso werden die gewählten Individuen markiert. Statt Individuum $A^{(1)}$ hätten auch $A^{(9)}$ oder $A^{(10)}$ gewählt werden können, die alle jeweils einen Sieg erreicht haben.

jedes Individuum wird die Anzahl der Siege vermerkt, woraus sich eine Rangfolge der Individuen ergibt, gemäß der dann deterministisch die besten ausgewählt werden. Es sollte auf jeden Fall $q > 1$ gewählt werden, da ansonsten nahezu kein Selektionsdruck zur Geltung kommt. Dieser steigt an, je größer q gewählt wird. Durch die Wahl der Turniergegner ist der Operator zwar probabilistisch, aber trotzdem duplikatfrei.

Beispiel 3.15:

Aus einer Population mit 10 Individuen sollen 5 Individuen mit der Q-STUFIGE-TUR-NIER-SELEKTION und $q = 3$ gewählt werden. Tabelle 3.3 zeigt die Gütewerte der Individuen, die zufällig gewählten Gegner sowie die resultierende Auswahl anhand der Siege. Wie man deutlich erkennt, haben auch schlechtere Individuen eine Chance gewählt zu werden, wobei die besseren sich meist durchsetzen.

Die Turnierselektion ist auch dann geeignet, wenn Gütewerte nicht explizit vorhanden sind, sondern z.B. Spielstrategien in »echten Duellen« gegeneinander antreten (vgl. Abschnitt 5.4).

3.2.5.   Selektionsstärke

Als theoretische Grundlage für den Vergleich von Selektionsmechanismen und damit auch für die Wahl eines geeigneten Selektionsmechanismus für einen Algorithmus existieren verschiedene Maße für den erzeugten Selektionsdruck. Ein Maß ist die Übernahmezeit, d. h. die Anzahl der Generationen bis die Population konvergiert ist. Ein zweites Maß, auf das im Weiteren noch näher eingegangen wird, ist die Selektionsintensität, die durch das Selektionsdifferenzial zwischen der durchschnittlichen Güte vor und nach der Selektion bestimmt wird.

Definition 3.13 (Selektionsintensität):

Sei $(\Omega, f, \succ)$ das betrachtete Optimierungsproblem und werde ein Selektionsoperator $Sel^\xi : (\mathscr{G} \times \mathscr{Z} \times \mathbb{R})^r \to (\mathscr{G} \times \mathscr{Z} \times \mathbb{R})^s$ auf eine Population P mit durchschnittlicher Güte $\overline{F}$ und Standardabweichung σ der Gütewerte angewandt. Dann sei $\overline{F}_{sel}$ die durchschnittliche Güte der Population $Sel^\xi(P)$ und der Selektionsoperator besitzt die *Selektionsintensität*

$$Intensität = \begin{cases} \frac{\overline{F}_{sel} - \overline{F}}{\sigma} & \text{falls es sich um ein Maximierungsproblem handelt } (\succ \equiv >) \\ \frac{\overline{F} - \overline{F}_{sel}}{\sigma} & \text{sonst.} \end{cases}$$

Durch die Berücksichtigung der Standardabweichung wird ein normalisiertes Maß erreicht, welches von der Ausgangspopulation unabhängig ist. Je größer der Wert der Selektionsintensität ist, desto größer ist der erzeugt Selektionsdruck. Aus theoretischer Sicht möchte man gerne Maßzahlen für verschiedene Selektionsoperatoren haben, die unabhängig von der betrachteten Population sind. Dies ist jedoch oft nur eingeschränkt für eine vorgegebene Verteilung von Gütewerten in einer Population möglich. Als Voraussetzung für theoretische Analysen werden häufig standardnormalverteilte Gütewerte angenommen. Daher ist die Übertragbarkeit auf allgemeine Optimierungsprobleme in der Regel nicht gewährleistet.

Beispiel 3.16:

Für die Optimierung eines Minimierungsproblems werden aus 10 Individuen mit den Gütewerten $2,0$; $2,1$; $3,0$; $4,0$; $4,3$; $4,4$; $4,5$; $4,9$; $5,5$ und $6,0$ die Individuen mit den Gütewerten $2,0$; $3,0$; $4,0$; $4,4$ und $5,5$ selektiert. Damit ist $\overline{F} = 4,07$, $\sigma = 1,270$ und $\overline{F}_{sel} = 3,78$. Die Selektionsintensität beträgt

$$Intensität = \frac{4,07 - 3,78}{1,270} = 0,228.$$

Im folgenden Abschnitt wird für einen speziellen Selektionsoperator die Selektionsintensität als allgemein gültige Formel hergeleitet.

3.2.6.   Probabilistische Elternselektion

Soll bei der Wahl der Eltern ein Selektionsdruck erzeugt werden, kann dies durch eine zufällige Selektion geschehen, bei der die Wahlwahrscheinlichkeit proportional zur Güte ist. In der natürlichen Evolution wurde die Stärke eines Individuums indirekt durch die Anzahl seiner Nachkommen gemessen und als Fitness bezeichnet. Bei der proportionalen probabilistischen Selektion kann wiederum für jedes Individuum ein Wert vorgegeben werden, der annähernd bestimmt, wie groß die Fruchtbarkeit des Individuums und damit die Anzahl seiner Nachkommen ist. In Anlehnung an die Biologie spricht man von *Fitness*.

Angenommen ein Maximierungsproblem liegt vor und die Fitnesswerte entsprechen den Gütewerten. Dann nutzt die *fitnessproportionalen Selektion* die folgende Auswahlwahrscheinlichkeit für die Individuen $A^{(i)}$ ($1 \leq i \leq r$):

$$Pr[A^{(i)}] = \frac{A^{(i)}.F}{\sum_{k=1}^{r} A^{(k)}.F}.$$

Algorithmus 3.9 (FITNESSPROPORTIONALE-SELEKTION) zeigt den Ablauf in Pseudo-Code-Notation.

 Im Vergleich zur Natur wurden hier Ursache und Wirkung vertauscht. In der Biologie ist die Fitness ein Maß für die Anpassung, das auf der Anzahl der Kinder beruht. Stattdessen gibt nun die Fitness vor, wieviele Kinder ein Individuum haben soll.

Beispiel 3.17:

Diese Auswahlwahrscheinlichkeiten betrachten wir näher anhand von drei kleinen Beispielen. In Tabelle 3.4 sind jeweils drei Populationen mit fünf Individuen durch ihre Gütewerte und die resultierenden Selektionswahrscheinlichkeiten angegeben.

Wie man leicht sehen kann, erzeugt die fitnessproportionale Selektion bei Population 1 eine sehr ausgewogene Verteilung der Wahrscheinlichkeiten und die besseren Individuen werden tatsächlich mit einer höheren Wahrscheinlichkeit ausgewählt als schlechtere. In Population 2 liegen die Gütewerte sehr eng beieinander (relativ zur

---

Algorithmus 3.9

FITNESSPROPORTIONALE-SELEKTION(Gütewerte $\langle A^{(i)}.F \rangle_{1 \leq i \leq r}$)

1    $Summe_0 \leftarrow 0$
2   **for** $i \leftarrow 1, \ldots, r$
3   **do** $\ulcorner$ *Fitness* $\leftarrow$ berechne Fitnesswert aus $A^{(i)}.F$
4       $\llcorner Summe_i \leftarrow Summe_{i-1} + Fitness$
5    $I \leftarrow \langle \rangle$
6   **for** $i \leftarrow 1, \ldots, s$ (Anzahl der zu wählenden Individuen)
7   **do** $\ulcorner$ $j \leftarrow 1$
8       $u \leftarrow$ wähle Zufallszahl gemäß $U([0, Summe_r))$
9   **while** $Summe_j < u$
10   **do** $\lfloor j \leftarrow j + 1$
11      $\llcorner I \leftarrow I \circ \langle j \rangle$
12   **return** I

---

i	Population 1		Population 2		Population 3	
	$A^{(i)}.F$	$Pr[A^{(i)}]$	$A^{(i)}.F$	$Pr[A^{(i)}]$	$A^{(i)}.F$	$Pr[A^{(i)}]$
1	1	$\frac{1}{15} \approx 0{,}067$	101	$\frac{101}{515} \approx 0{,}196$	1	$\frac{1}{9} \approx 0{,}111$
2	2	$\frac{2}{15} \approx 0{,}133$	102	$\frac{102}{515} \approx 0{,}198$	1	$\frac{1}{9} \approx 0{,}111$
3	3	$\frac{3}{15} \approx 0{,}2$	103	$\frac{103}{515} \approx 0{,}2$	1	$\frac{1}{9} \approx 0{,}111$
4	4	$\frac{4}{15} \approx 0{,}267$	104	$\frac{104}{515} \approx 0{,}202$	1	$\frac{1}{9} \approx 0{,}111$
5	5	$\frac{5}{15} \approx 0{,}333$	105	$\frac{105}{515} \approx 0{,}204$	5	$\frac{5}{9} \approx 0{,}555$

Tabelle 3.4. Vergleich der Auswahlwahrscheinlichkeiten von drei unterschiedlichen Populationen der Größe 5 bei fitnessproportionaler Selektion

Größenordnung der Gütewerte). Daher ergibt sich die Differenz 0,008 zwischen der Auswahlwahrscheinlichkeit des schlechtesten Individuums und des besten Individuums. Das bessere Individuum hat nahezu keinen Selektionsvorteil und das Verfahren entspricht fast einer gleichverteilt zufälligen Auswahl der Eltern. Dieser Effekt tritt bei fitnessproportionaler Selektion genau dann auf, wenn am Ende der Suche die Population zu konvergieren beginnt und die Feinabstimmung nur noch sehr geringe Gütedifferenzen beachten muss. Population 3 wird hingegen von einem Superindividuum dominiert. Dieses wird in mehr als der Hälfte aller Selektionen als Elternteil herangezogen. Eine solche Auswahl ist sehr kritisch zu hinterfragen, da sie schnell die Diversität in der Population zerstört und das Superindividuum die Population beherrscht: Sie konvergiert im Falle von lokalen Optima vorzeitig.

Falls ein Minimierungs- statt eines Maximierungsproblems betrachtet wird, gibt es zwei naive Herangehensweisen. Erstens kann der Gütewert von einem hinreichend großen Betrag *Maximum* abgezogen werden (*Fitness = Maximum − A.F*). Dies ist jedoch schwierig, falls der schlechtestmögliche Gütewert nicht bekannt ist, da die *Fitness* ≥ 0 sein muss. Wird *Maximum* auf Verdacht wesentlich zu groß gewählt, verringert dies wie oben bei Population 2 erläutert den Selektionsdruck. Zweitens kann der Kehrwert des Gütewerts genommen werden (*Fitness = $\frac{1}{A.F}$*). Auch dies hat jedoch den Effekt, dass die Auswahlwahrscheinlichkeiten stark verzerrt werden: Im schlechten Bereich liegen sie sehr eng beieinander und im guten Bereich kann ein besseres Individuum leicht alle anderen dominieren.

Der Einfluss der Gütewerte in der Population auf den Selektionsdruck kann auch anhand der Selektionsintensität untersucht werden, die im folgenden Satz für die probabilistische, proportionale Selektion angegeben wird.

Satz 3.2 (Selektionsintensität bei fitnessproportionaler Selektion):
Bei reiner fitnessproportionaler Selektion beträgt die Selektionsintensität in einer Population mit durchschnittlicher Güte $\overline{F}(t)$ und Gütevarianz σ^2

$$Intensität = \frac{\sigma}{\overline{F}(t)}.$$

Beweis 3.2:

$Pr[A^{(i)}] = \frac{A^{(i)}.F}{r \cdot \overline{F}(t)}$ ist laut Definition die Wahrscheinlichkeit, dass Individuum $A^{(i)}$ aus der Population der Größe r ausgewählt wird. Dann kann die Selektionsintensität wie folgt berechnet werden.

$$
\begin{aligned}
\textit{Intensität} &= \frac{1}{\sigma} \cdot \left(\left(\sum_{i=1}^{r} Pr[A^{(i)}] \cdot A^{(i)}.F \right) - \overline{F}(t) \right) \\
&= \frac{1}{\sigma} \cdot \left(\left(\sum_{i=1}^{r} \frac{(A^{(i)}.F)^2}{r \cdot \overline{F}(t)} \right) - \overline{F}(t) \right) \\
&= \frac{1}{\sigma} \cdot \left(\frac{1}{r \cdot \overline{F}(t)} \cdot \left(\sum_{i=1}^{r} (A^{(i)}.F)^2 \right) - \overline{F}(t) \right) \\
&= \frac{1}{\sigma} \cdot \frac{1}{\overline{F}(t)} \cdot \underbrace{\left(\left(\frac{1}{r} \cdot \sum_{i=1}^{r} (A^{(i)}.F)^2 \right) - \overline{F}^2(t) \right)}_{= \sigma^2} \\
&= \frac{\sigma}{\overline{F}(t)}.
\end{aligned}
$$

Die letzte Umformung entspricht dabei der Gesetzmäßigkeit $\mathrm{Var}[X] = \mathrm{Erw}[X^2] - \mathrm{Erw}[X]^2$ aus der Wahrscheinlichkeitsrechnung.

Beispiel 3.18:

Berechnen wir nun mittels Satz 3.2 die Selektionsintensität für die drei in Tabelle 3.4 gegebenen Populationen, erhalten wir für Population 1 *Intensität* $= \frac{\sqrt{2}}{3} \approx 0{,}471$. Population 2 besitzt eine identische Gütevarianz zu Population 1 – allerdings führt die größere durchschnittliche Güte zu einer erheblich verringerten Selektionsintensität *Intensität* $= \frac{\sqrt{2}}{103} \approx 0{,}014$. In Population 3 liegt sowohl eine größere Varianz als auch eine kleinere durchschnittliche Güte vor. Beides führt zu einer höheren Selektionsintensität *Intensität* $= \frac{1{,}6}{1{,}8} \approx 0{,}889$.

Den Effekten bei Population 2 und Population 3 kann begegnet werden, indem die Abbildung der Gütewerte auf die Fitnesswerte modifiziert wird. In einem ersten Verfahren soll in erster Linie die starke Angleichung der Gütewerte berücksichtigt werden (vgl. Population 2), indem die Gütewerte bei der Fitnessberechnung anders skaliert werden. Anstatt die Gütedifferenzen zur absoluten Größe der Güte in Bezug zu setzen, wird nur der Bereich der tatsächlich im jüngeren Optimierungsverlauf aufgetretenen Individuen als Bezugsrahmen genutzt. Hierfür betrachtet man die Individuen aus den letzten W Generationen, d. h. die Menge

$$P'(t) = \{ A \in P(t') \wedge t - W \leq t' \leq t \},$$

und benutzt die beiden auftretenden extremalen Gütewerte

$$\textit{schlechteste} F_W^{(t)} = A.F \text{ mit } A \in P'(t), \text{ wobei } \forall B \in P'(t): B.F \succeq A.F \text{ und}$$

$$\textit{beste} F_W^{(t)} = A.F \text{ mit } A \in P'(t), \text{ wobei } \forall B \in P'(t): A.F \succeq B.F,$$

um die Werte bei der Fitnessberechnung neu zu skalieren, z. B. durch eine *lineare Skalierung*:

$$Fitness = \frac{A.F - schlechtesteF_W^{(t)}}{besteF_W^{(t)} - schlechtesteF_W^{(t)}}.$$

Die Anzahl der Generationen W wird auch als Skalierungsfenster bezeichnet. Als Extremfall kann $W = 0$ betrachtet werden, womit nur die aktuelle Population den Bezugsrahmen vorgibt. Dieses Verfahren hat den Vorteil, dass auch zum Ende der Suche immer noch ein wirksamer Selektionsdruck erzeugt wird. Die Skalierung erlaubt auch gleichermaßen die Optimierung von sowohl Maximierungs- als auch Minimierungsproblemen. Einem Superindividuum wird dabei jedoch nicht gegengewirkt.

Eine zweite Technik gegen die Probleme aus Beispiel 3.17 ist die *rangbasierte Selektion*. Hier ist der tatsächliche Gütewert eines Individuums bedeutungslos, da nur das relative Verhältnis der Gütewerte zueinander berücksichtigt wird. Es wird eine Rangliste der Individuen gemäß der Güte erstellt: Dabei soll $A^{(1)}$ das beste Individuum und $A^{(r)}$ das schlechteste Individuum sein: $A^{(1)}.F \succeq A^{(2)}.F \succeq \cdots \succeq A^{(r)}.F$. Die daraus abgeleitete Fitness kann beispielsweise direkt als Wahrscheinlichkeit linear durch

$$Pr[A^{(i)}] = \frac{2}{r} \cdot \left(1 - \frac{i-1}{r-1}\right)$$

zugewiesen werden. Dieses Verfahren erzeugt eine ähnliche Verteilung wie die rein fitnessproportionale Selektion bei Population 1. Da die Auswahlwahrscheinlichkeiten nur vom Rang und nicht von der tatsächlichen Güte abhängen, begegnet diese Selektionsart nicht nur der starken Angleichung der Gütewerte sondern auch dem Problem des Superindividuums.

Nun sind noch zwei Eigenschaften der fitnessproportionalen Selektion (und ihrer Varianten) von Interesse: Erstens beträgt der Zeitaufwand, um s Individuen aus r Individuen zu selektieren, bei geeigneter Implementierung $\mathcal{O}(r + s \cdot \log r)$ (falls das selektierte Individuum binär gesucht werden kann). Die Implementation von Fitnessproportionale-Selektion gemäß Algorithmus 3.9 hat sogar eine Laufzeit von $\mathcal{O}(r \cdot s)$, da linear gesucht wird. Zweitens ist die Varianz bezüglich der so ausgewählten Eltern relativ hoch – so ist es beispielsweise möglich, dass das beste Individuum überhaupt nicht ausgewählt wird, obwohl dies erwartungsgemäß mehrfach passieren sollte.

Dem begegnet die Variante der probabilistischen Selektion Stochastisches-Universelles-Sampling (Algorithmus 3.10), bei der die Häufigkeit der gewählten Individuen tatsächlich etwa den Auswahlwahrscheinlichkeiten entsprechen. Man kann sich die fitnessproportionale Selektion leicht so vorstellen, dass die Wahrscheinlichkeiten am Umfang eines Roulette-Rads abgetragen werden, sodass jedem Individuum der entsprechende Teil des Rads zugewiesen wird. s Individuen werden dann durch s-maliges Drehen des Rads ermittelt. Das alternative Verfahren Stochastisches-Universelles-Sampling dreht stattdessen das Rad nur einmal – allerdings mit s äquidistant angeordneten Kugeln. Dies ist in Bild 3.12 verdeutlicht. Wie man leicht erkennt, entspricht die Auswahlhäufigkeit der Individuen den zugehörigen Wahrscheinlichkeiten: Ein Individuum mit einer Wahrscheinlichkeit von mehr als $\frac{1}{s}$ wird mindestens einmal ausgewählt. Der Erwartungswert dafür, wie oft ein Individuum ausgewählt wird, ist identisch zur fitnessproportionalen Selektion, aber die Varianz ist wie gewünscht stark reduziert. Bei genauerer Untersuchung des Laufzeitverhaltens sieht man schnell, dass dieser Algorithmus auch effizienter ist, da er in

---

Algorithmus 3.10

STOCHASTISCHES-UNIVERSELLES-SAMPLING(Gütewerte $\langle A^{(i)}.F\rangle_{1\leq i\leq r}$)

1   $Summe_0 \leftarrow 0$
2   **for** $i \leftarrow 1, \ldots, r$
3   **do** $\ulcorner$ *Fitness* $\leftarrow$ berechne Fitnesswert aus $A^{(i)}.F$
4       $\llcorner Summe_i \leftarrow Summe_{i-1} + Fitness$
5   $u \leftarrow$ wähle Zufallszahl gemäß $U([0, \frac{Summe_r}{s}))$
6   $j \leftarrow 1$
7   $I \leftarrow \langle\rangle$
8   **for** $i \leftarrow 1, \ldots, s$
9   **do** $\ulcorner$ **while** $Summe_j < u$
10   **do** $\lceil\, j \leftarrow j + 1$
11      $u \leftarrow u + \frac{Summe_r}{s}$
12      $\llcorner I \leftarrow I \circ \langle j\rangle$
13 **return** I

---

fitnessproportionale Selektion

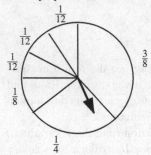

stochastisches universelles Sampling

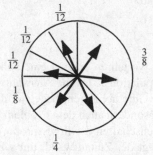

Bild 3.12. Links wird der Auswahlvorgang für ein Individuum mit der fitnessproportionalen Selektion anhand eines Roulette-Rads verdeutlicht. Rechts wird das stochastische universelle Sampling mit insgesamt $s = 6$ Kugeln dargestellt.

$\mathcal{O}(r + s)$ läuft. Falls identische Individuen nicht nebeneinander im Resultattupel liegen sollen – z. B. wenn später eine Rekombination auf benachbarte Individuen angewandt wird –, müssen die Einträge noch zufällig durchmischt werden, was jedoch keinen Einfluss auf die asymptotische Laufzeit hat.

Als letzte hier vorgestellte probabilistische Elternselektion stellt die *q-fache Turnierselektion* TURNIER-SELEKTION (Algorithmus 3.11) eine einfach zu implementierende Variante der proportionalen Selektion dar.

 Eine Turnierselektion ist uns bereits als Umweltselektion begegnet. Diese war jedoch wegen der geforderten Duplikatfreiheit eher kompliziert angelegt. Für die Elternselektion kann die Information aus einem Turnier direkt für die Auswahl genutzt werden.

Zur Selektion eines Individuums wird ein Turnier zwischen q zufällig gleichverteilt gewählten Individuen ausgetragen. Dasjenige Individuum mit dem besten Gütewert gewinnt das Turnier und wird selektiert. Man kann für jedes Individuum die Auswahlwahrscheinlichkeit ausrechnen,

---

Algorithmus 3.11 (genaue Bezeichnung: q-fache Turnierselektion)

TURNIER-SELEKTION(Gütewerte $\langle A^{(i)}.F \rangle_{1 \le i \le r}$)

1   $I \leftarrow \langle \rangle$
2   **for** $i \leftarrow 1, \ldots, s$ (Anzahl der zu wählenden Individuen)
3   **do** $\ulcorner$ *index* $\leftarrow$ wähle Zufallszahl gemäß $U(\{1, \ldots, r\})$
4   **for each** $j \in \{2, \ldots, q$ (Anzahl der Gegner) $\}$
5   **do** $\ulcorner u \leftarrow$ wähle Zufallszahl gemäß $U(\{1, \ldots, r\})$
6   **if** $A^{(u)}.F \succ A^{(index)}.F$
7         $\llcorner$ **then** $\lfloor$ *index* $\leftarrow u$
8     $\llcorner I \leftarrow I \circ \langle index \rangle$
9   **return** I

---

indem alle Kombinationen zur Auswahl von q Individuen mit gleicher Wahrscheinlichkeit berücksichtigt werden (vgl. Übungsaufgabe 3.5). Wird eine proportionale Selektion mit diesen Wahrscheinlichkeitswerten durchgeführt, erhält man im Mittel dasselbe Resultat wie bei einer reinen Turnierselektion. Die Turnierselektion hat den Vorteil, dass sie ähnlich wie die rangbasierte Selektion nicht anfällig für Anomalien bezüglich der Gütewerte ist, und außerdem entfällt die relativ aufwändige Berechnung der Wahrscheinlichkeiten ebenso wie die Auswahl auf der Basis dieser Wahrscheinlichkeiten.

3.2.7. Überblick und Parametrierung

Die verschiedenen Selektionsoperatoren können auf vielfache Weise eingesetzt und miteinander kombiniert werden. Da meist nur an einer Stelle, der Umwelt- oder der Elternselektion, ein gezielter Selektionsdruck aufgebaut werden soll, bietet sich für die andere Selektion einer der folgenden Selektionsoperatoren an.

Definition 3.14 (Selektionen ohne Selektionsdruck):
Für eine Population $P = \langle A^{(i)} \rangle_{1 \le i \le r}$ ist die *Identität als Selektion* durch

$$IS_{id}(\langle A^{(1)}.F, \ldots, A^{(r)}.F \rangle) = \langle 1, \ldots, r \rangle$$

definiert. Und die *uniforme Selektion* ist definiert durch

$$IS_{uniform}^{\xi}(\langle A^{(1)}.F, \ldots, A^{(r)}.F \rangle) = \langle u_1, \ldots, u_s \rangle$$

$$\text{mit } u_k \sim U(\{1, \ldots, r\}) \text{ für } 1 \le k \le s.$$

Beide Selektionsoperatoren erzeugen im Mittel keinen Selektionsdruck und haben die Selektionsintensität *Intensität* $= 0$.

Bei der Kombination zweier Selektionsoperatoren muss darauf geachtet werden, dass diese mit einer konstanten Populationsgröße realisiert werden können. So ist beispielsweise eine deterministische, überlappungsfreie Umweltselektion (Komma-Selektion) nicht mit der Identität als Elternselektion kombinierbar, da hier die Komma-Selektion ebenfalls zur Identität entartet.

Umweltselektion ↓ Elternselektion →	uniforme Auswahl	Identität	probabilistisch
Identität	kein Sel.druck	kein Sel.druck	GA
duplikatfrei probabilistisch	?	×	?
duplikatfrei prob. (überlappend)	?	EP (90er)	?
probabilistisch überlappend	?	SA	steady state GA
deterministisch	ES (Komma)	kein Sel.druck	?
deterministisch (überlappend)	ES (Plus)	EP (60er)	steady state GA

Tabelle 3.5. Überblick über die Kombination zwischen Eltern- und Umweltselektion, die in den Standard-algorithmen vorkommen. Das Zeichen »×« kennzeichnet eine unmögliche Kombination. Das Zeichen »?« identifiziert zwar mögliche, aber bisher vermutlich selten eingesetzte Kombinationen.

Tabelle 3.5 zeigt die Kombinationen, die in den Standardverfahren der evolutionären Algorithmen zum Einsatz kommen.

Unabhängig vom gewählten Selektionsszenario ist das Zahlverhältnis zwischen Eltern und Kindindividuen sehr sorgfältig zu bestimmen, da es bei allen Verfahren einen großen Einfluss auf Erfolg und/oder Geschwindigkeit der Optimierung hat. Besonders deutlich ist dies im Fall der deterministischen Komma-Selektion, bei der der Selektionsdruck direkt von dem Zahlenverhältnis abhängt. Die Populationsgrößen müssen mit den folgenden Faktoren abgestimmt werden:

- Schwierigkeit und Charakter des Optimierungsproblems,
- der involvierte Selektionsoperator und
- die Erforschung und die Feinabstimmung durch Mutation und Rekombination.

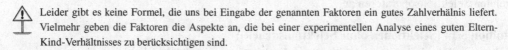

Leider gibt es keine Formel, die uns bei Eingabe der genannten Faktoren ein gutes Zahlverhälnis liefert. Vielmehr geben die Faktoren die Aspekte an, die bei einer experimentellen Analyse eines guten Eltern-Kind-Verhältnisses zu berücksichtigen sind.

Die Art der Operatoren muss berücksichtigt werden, wenn die Stärke des Selektionsdrucks festgelegt wird. Das Optimierungsproblem hingegen bestimmt, inwieweit die Vorteile einer Population genutzt werden können. Aus diesen Rahmenbedingungen kann dann eine Empfehlung für das jeweilige Selektionsszenario folgen. Grundsätzlich erlauben kleinere Populationsgrößen eine schnellere Optimierung, da die neuen Kindindividuen nach weniger Evaluationen durch die Bewertungsfunktion wieder in den Suchprozess eingehen. Allerdings muss dieser Vorteil gegen die Vorteile größerer Populationen abgewogen werden.

3.2.8.   Experimenteller Vergleich der Selektionsoperatoren

Um ein besseres Bild davon zu vermitteln, wie sich die einzelnen Selektionsoperatoren nun tatsächlich auf eine Population und den Suchprozess auswirken, werden in diesem Abschnitt vier Selektionsszenarien hinsichtlich der Diversität und der Selektionsintensität untersucht:

- 3-fache Turnierselektion TURNIER-SELEKTION (Algorithmus 3.11) als Elternselektion und Identität als Umweltselektion (wie im genetischen Algorithmus, GA),

- FITNESSPROPORTIONALE-SELEKTION (Algorithmus 3.9) mit den Gütewerten als Fitness für die Elternselektion und der Identität als Umweltselektion (wie im ursprünglichen genetischen Algorithmus, GA),
- mit der Identität als Elternselektion und der Plus-Variante der BESTEN-SELEKTION (Algorithmus 3.7) als Umweltselektion (wie im evolutionären Programmieren, EP, der 1960er Jahre) und
- mit der Identität als Elternselektion und der überlappenden 5-stufigen 2-fachen Turnierselektion Q-STUFIGE-TURNIER-SELEKTION (Algorithmus 3.8) als Umweltselektion (wie im evolutionären Programmieren, EP, der 1990er Jahre).

Die Elternpopulation umfasst dabei jeweils 20 Individuen und es werden 20 Kindindividuen erzeugt. Um einen besseren Einblick in die reine Suchdynamik zu bekommen, wird die sog. Sphären-Funktion

$$f(X) = \sum_{i=1}^{n} X_i^2$$

mit $n = 2$ benutzt, da sie keine echten lokalen Minima aufweist. Als Mutationsoperator wird die reellwertige GAUSS-MUTATION (Algorithmus 3.4) benutzt.

Bild 3.13 zeigt den Optimierungsverlauf der ersten 20 Generationen zusammen mit dem mittleren Abstand als Diversitätsmaß und der tatsächlich wirksamen Selektionsintensität. Wenn man ausschließlich die besten auftretenden Gütewerte pro Generation anschaut, kann man kaum Unterschiede zwischen den verschiedenen Selektionsverfahren ausmachen. Bei genauerer Betrachtung ist jedoch deutlich zu erkennen, dass die Selektionsintensität bei den zufallsabhängigen Selektionsverfahren stärker schwankt als bei der Plus-Selektion. Letztere bleibt den kompletten Zeitraum auf einem konstant hohen Niveau. Die 5-stufige 2-fache Turnierselektion kann durch die Art des Turniers die Schwankungen ebenfalls stark einschränken. Dagegen ist der Einfluss des Zufalls auf die 3-fache Turnierselektion und in noch weitaus stärkerem Maß auf die fitnessproportionale Selektion deutlich in der Selektionsintensität erkennbar. Die Diversität wird am schnellsten durch die Plus-Selektion reduziert, bei der die Gütewerte ab etwa der fünften Generation sehr eng beieinanderliegen. Der Verlauf der Diversität ist bei beiden Turnierselektion ähnlich zur Plus-Selektion – beide können durch die Zahl der Turniere leicht in ihrer Selektionsstärke variiert werden. Deutlich wird auch, dass die fitnessproportionale Selektion über alle 20 Generationen die breiteste Streuung der Gütewerte zulässt.

Vermutlich der wichtigste Punkt, den es hier nochmals zu betonen gilt, ist die oben bereits angesprochene Ähnlichkeit zwischen allen vier Suchverläufen. Auch die zufallsbasierten Verfahren erzeugen eine ganz ähnliche Dynamik wie die reine Wahl der besten Individuen. Während der Verlauf der besten, mittleren und schlechtesten Güte bei der Plus-Selektion jedoch immer monoton fallend (bzw. bei einer Maximierung monoton steigend) ist, erlauben die anderen Selektionen eine größere Freiheit beim Verlauf der Optimierung – dies kann deutlich aus der jeweils oberen Linie der schlechtesten Individuen abgeleitet werden. Gerade bei Problemen mit vielen lokalen Optima kann eine stärkere Verteilung der Individuen im Suchraum ein zusätzlicher Vorteil der zufallsbasierten Verfahren sein.

 An dieser Stelle wurde bewusst auf einen Vergleich der Optimierungsqualität der vier Experimente verzichtet. Erste Begründung: Die reine Betrachtung einer beispielhaften Optimierung kann nie eine grundsätzliche

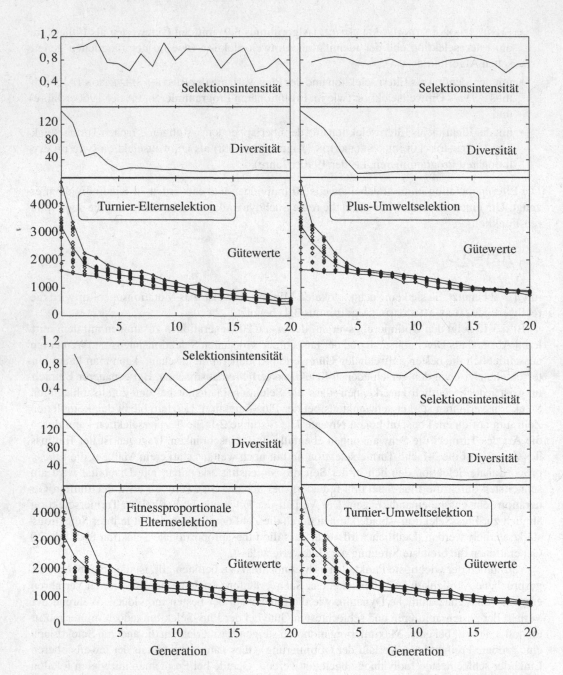

Bild 3.13. Optimierung der zweidimensionalen Sphäre mit jeweils 20 Eltern- und 20 Kindindividuen: Es werden für vier Selektionsszenarien die Verläufe der Gütewerte in der Population (mit bester, schlechtester und durchschnittlicher Güte) und darüber jeweils die Diversität als mittlerer Abstand in der Population sowie die tatsächlich wirksame Selektionsintensität dargestellt.

Aussagekraft jenseits der Illustration haben. Zweite Begründung: Die Wahl der Selektion sollte immer auf die Charakteristik des Problems und der Operatoren abgestimmt sein, sodass hier keine allgemeingültigen Ratschläge möglich sind.

3.3. Verknüpfen mehrerer Individuen durch die Rekombination

Als drittes Grundprinzip wird die Suchdynamik der Rekombinationsoperatoren untersucht. Nach allgemeinen Betrachtungen bildet die Theorie zur Verbreitung von Schemata einen Schwerpunkt.

Bereits im vorherigen Abschnitt wurde als ein Vorteil des Populationskonzepts die Möglichkeit erwähnt, die Suche durch einen Operator zu ergänzen, der Bezüge zwischen verschiedenen Individuen in der Population herstellt und so eine zusätzliche Suchdynamik jenseits der reinen Variation erreichen kann.

3.3.1. Arten der Rekombination

Bei der Rekombination wird aus zwei (oder mehr) Elternindividuen wenigstens ein Kindindividuum erzeugt. Dabei können die Eigenschaften der Eltern auf unterschiedliche Art und Weise die Kindindividuen bestimmen. Im Weiteren werden wir drei verschiedene Arbeitsweisen der Rekombination, die kombinierenden, die interpolierenden sowie die extrapolierenden Operatoren, vorstellen. Da die Diversität der Population einen essentiellen Einfluss auf die möglichen Ergebnisse der Rekombination hat, werden wir diese jeweils explizit diskutieren.

Die erste mögliche Arbeitsweise ist die sprichwörtliche Rekombination des genetischen Materials, die sich stark an der Biologie orientiert und die verschiedenen Grundzüge der Eltern neu kombiniert. Diese *kombinierenden Operatoren* setzen die Details von unterschiedlichen Individuen neu zusammen und können so, im Optimalfall, die vorteilhaften Bestandteile der Elternindividuen zusammenführen. Diese Art der Rekombination hängt sehr von der Genvielfalt, der Diversität, in der Population ab. Sie »erfindet« keine neuen Genbelegungen und kann somit auch nur diejenigen Teilbereiche des Suchraums erreichen, die in den Individuen der aktuellen Population enthalten sind. Bei einer großen Vielfalt in der Population haben die kombinierenden Rekombinationsoperatoren einen großen Anteil an der systematischen Erforschung des Suchraums.

Beispiel 3.19:

Algorithmus 3.12 (UNIFORMER-CROSSOVER) ist ein Beispiel für eine kombinierende Rekombination, die auf allen Repräsentationen eingesetzt werden kann, bei der die einzelnen Gene im Individuum völlig unabhängig voneinander gesetzt werden können. Bild 3.14 zeigt die Arbeitsweise der Rekombination am Beispiel eines zweidimensionalen reellwertigen Genotyps.

Wie ein solcher Operator systematisch den Raum absucht, wird in der linken Spalte von Bild 3.15 verdeutlicht. Auf eine Anfangspopulation bestehend aus 10 Individuen wird ausschließlich die Rekombination angewandt. Die Individuen werden zu zufälligen Elternpaaren zusammengefasst, aus denen dann gemäß des uniformen Crossovers 10 neue Individuen gebildet werden, welche die Elternindividuen ersetzen. Das ganze Vorgehen wird 9 Mal iteriert. Man erkennt deutlich, dass

---

Algorithmus 3.12

UNIFORMER-CROSSOVER(Individuum A, Individuum B)
1 **for each** $i \in \{1, \ldots, \ell\}$
2 **do** $\ulcorner b \leftarrow$ wähle zufällig gemäß $U(\mathbb{B})$
3   **if** b
4   **then** $\ulcorner C.G_i \leftarrow A.G_i$
5              $\llcorner D.G_i \leftarrow B.G_i$
6   **else** $\ulcorner C.G_i \leftarrow B.G_i$
7      $\llcorner$ $\llcorner D.G_i \leftarrow A.G_i$
8 **return** C, D

Bild 3.14.
Arbeitsweise der kombinierenden Rekombination: Die weißen Punkte stellen die Positionen der möglichen Nachfolger bei einem uniformen Crossover der schwarzen Punkte für einen zweidimensionalen, reellwertigen Genotyp dar.

sich ohne die Einwirkung einer zusätzlichen Mutation oder eines Selektionsdrucks ein Raster aller möglichen Kombination der vorkommenden Werte herausbildet.

 Das Ergebnis kann man so nur beobachten, wenn tatsächlich jedes Individuum in genau ein Elternpaar eingeht, welches zwei Kinder erzeugt. Offensichtlich geht dann keine Information der Eltern verloren. Andernfalls könnten einzelne Gene verschwinden und es würde zum Gendrift kommen (vgl. S. 12).

 Auch die KANTENREKOMBINATION (Algorithmus 2.4) aus dem einführenden Beispiel des Handlungsreisendenproblems hat strenggenommen einen kombinierenden Charakter, da – jetzt allerdings auf der phänotypischen Ebene der Kanten in der Rundtour – vornehmlich vorhandene Information neu zusammengestellt wird.

Bild 3.14 liefert einen etwas irreführenden Eindruck der kombinierenden Rekombination, da das dortige Beispiel implizit $\mathscr{G} = \Omega$ annimmt. Das folgende Beispiel betrachtet die Rekombination auf einem binären Genotyp.

Beispiel 3.20:
Wird Algorithmus 3.12 (UNIFORMER-CROSSOVER) auf einen standardbinär kodierten Genotyp der Länge $\ell = 5$ angewandt, können aus den Elternindividuen 10011 und 01010 die Kindindividuen in Bild 3.16 entstehen.

Die Übertragung einzelner Allele des binären Genotyps müssen also nicht zwangsläufig auf der Ebene des Phänotyps zur Vererbung von Eigenschaften führen.

Die zweite mögliche Arbeitsweise liefern die *interpolierenden Operatoren*: Sie vermischen die Charakteristika der Eltern so, dass ein neues Individuum mit neuen Eigenschafen entsteht, welche sich jedoch zwischen den Eigenschaften der Eltern bewegen. Statt einer systematischen Erforschung des vollständigen Suchraums steht hier die Stabilität im Vordergrund. Während die kombinierende Rekombination die Diversität erhält, konzentriert die interpolierende Rekombination die Population auf einen gemeinsamen Nenner. Dies kann effektiv die Feinabstimmung

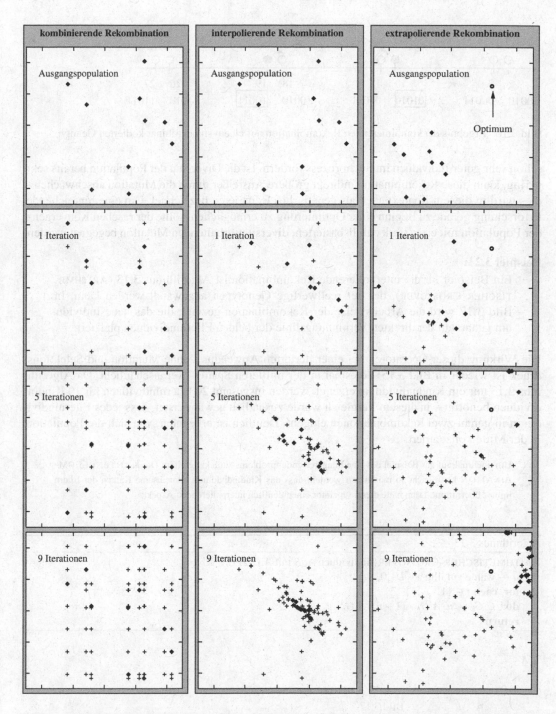

Bild 3.15. Vergleich der drei unterschiedlichen Rekombinationsarten auf einem zweidimensionalen reell-wertigen Suchraum. Dabei markiert jedes »+« ein Individuum von vorherigen Iterationen und jedes »◆« ein aktuelles Individuum. Bei dem extrapolierenden Operator ist zusätzlich das Optimum markiert.

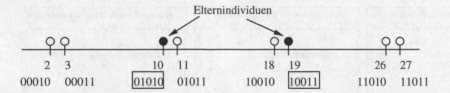

Bild 3.16. Ergebnis der kombinierenden Rekombination auf einem standardbinär kodierten Genotyp.

schon sehr guter Individuen im Suchprozess fördern. Ist die Diversität der Population bereits sehr gering, kann diese Rekombination indirekt größere Ausreißer durch die Mutation abschwächen – dies wird in diesem Kontext auch als genetisches Reparieren bezeichnet. Um eine hinreichende Erforschung gerade zu Beginn einer Optimierung zu ermöglichen, sollte der raschen Konvergenz der Population mit einer stark zufallsbasierten, diversitätserhaltenden Mutation begegnet werden.

Beispiel 3.21:

> Ein Beispiel für die interpolierende Rekombination ist Algorithmus 3.13 (ARITHME-TISCHER-CROSSOVER), der auf reellwertige Genotypen angewandt werden kann. In Bild 3.17 wird die Arbeitsweise der Rekombination gezeigt, die das neue Individuum genau auf der direkten Verbindungslinie der beiden Elternindividuen platziert.

Die Wirkung dieser Operatoren bei einer iterierten Anwendung ohne Mutation und Selektionsdruck ist wieder in Bild 3.15 – diesmal in der mittleren Spalte – veranschaulicht. Da Algorithmus 3.13 nur ein Kindindividuum erzeugt, werden insgesamt 20 Elternindividuen für 10 Kindindividuen benötigt – in diesem Vergleich wurde zusätzlich gewährleistet, dass jedes Elternindividuum in genau zwei Rekombinationen eingeht. Deutlich ist erkennbar, wie sich die Population in der Mitte konzentriert.

 Um nochmal auf das Beispiel des Handlungsreisendenproblems zurückzugreifen: Die KANTENREKOM-BINATION kann leicht so modifiziert werden, dass das Kindindividuum gemeinsame Kanten der Eltern immer übernimmt. Dann hätte dieser Operator einen deutlich interpolierenden Aspekt.

Algorithmus 3.13

ARITHMETISCHER-CROSSOVER(Individuen A, B mit $A.G, B.G \in \mathbb{R}^{\ell}$)
1    $u \leftarrow$ wähle zufällig aus $U([0,\ 1])$
2   **for each** $i \in \{1, \ldots, \ell\}$
3   **do** $\lceil C.G_i \leftarrow u \cdot A.G_i + (1-u) \cdot B.G_i$
4   **return** C

Bild 3.17.
Interpolierende Rekombination: Der arithmetische Crossover kann potentiell alle Punkte entlang der gestrichelten Linie zwischen den Eltern erzeugen.

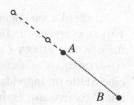

Bild 3.18.
Extrapolierende Rekombination: Beispiel eines arithmetischen Crossovers, der
anhand der Gütewerte in die Richtung des besseren Individuums extrapoliert.
Gilt $A.F \succ B.F$, sind alle Punkte entlang der gestrichelten Linie potentielle
Kindindividuen.

Die dritte mögliche Arbeitsweise der Rekombination sind die sog. *extrapolierenden Operatoren*,
die gezielt Informationen aus mehreren Individuen ableiten und eine Prognose abgeben, wo Güte-
verbesserungen zu erwarten sind. Dies basiert immer auf bestimmten Grundannahmen bezüglich
des Suchraums und der aktuellen Verteilung der Individuen. Im Gegensatz zur Definition 2.5
des Suchoperators werden hier also nicht nur die Werte des Genotyps benutzt. Das Resultat der
Rekombination hängt mit von den Gütewerten der Individuen ab. Die entstehenden Kindindividuen weisen im Regelfall neue Eigenschaften im Vergleich zu den Eltern auf und können auch
erforschend das bisher abgegrenzte Suchgebiet verlassen. Bei diesen Operatoren lässt sich der
Einfluss der Diversität nicht eindeutig beschreiben.

Beispiel 3.22:

Ein Beispiel für einen extrapolierenen Operator erhalten wir, indem in Algorithmus 3.13
(ARITHMETISCHER-CROSSOVER) eine Zufallszahl $u \geq 1$ gewählt wird – z. B. aus der
Verteilung $U([1, 2])$. Wenn zusätzlich gewährleistet wird, dass $A.F \succ B.F$ gilt, dann
verlängern wir die Verbindungslinie zwischen den Individuen A und B hinaus und
wählen einen Lösungskandidaten jenseits des besseren Individuums A. Dies ist schematisch in Bild 3.18 dargestellt.

Auch die Wirkung dieses Operators ist in Bild 3.15 (rechte Spalte) dargestellt. Um die Wirkung
der Extrapolation besser zeigen zu können, sind die Individuen in den Quadranten links unten geschoben. Das Optimum ist in der Mitte des Quadranten rechts oben eingezeichnet – die Güte ist
die Distanz zum Optimum, welche im Algorithmus für die Elternindividuen betrachtet wird und
damit die Richtung der Rekombination bestimmt. Da hier Kindindividuen den Suchbereich auch
verlassen können, wird für jedes Elternpaar so lange rekombiniert, bis das Kindindividuum innerhalb des Suchbereichs liegt. Am Verlauf der iterierten Anwendung der Rekombination erkennt
man deutlich, dass durch die gezielte Richtungsvorgabe der Rekombination eine Optimierung
beschleunigt werden kann (vgl. die erste Iteration). Allerdings ist jedoch auch ersichtlich, dass
dieser Mechanismus allein für eine Optimierung nicht ausreicht: Am Ende passen die Annahmen
zum Suchraum nicht mehr mit der Verteilung der Population im Suchraum und der Arbeitsweise
des Operators zusammen – die Individuen rücken an den Rand des Suchbereichs. Dies ist immer die Gefahr bei extrapolierenden Operatoren, da sie relativ leicht in die Irre geleitet werden
können und die Suchdynamik dann nicht mehr kontrollierbar ist.

3.3.2. Schema-Theorem

In diesem Abschnitt soll die Suchdynamik genauer untersucht werden, die durch die kombinierende Rekombination entsteht. Dabei gehen wir zunächst von einem binär kodierten Problem
aus, d. h. $\mathscr{G} = \mathbb{B}^l$. Ferner sei das Optimierungsproblem ohne Beschränkung der Allgemeinheit
ein Maximierungsproblem ist.

Als konkreten Algorithmus für unsere Überlegungen erweitern wir Algorithmus 3.6 (POPULA-TIONSBASIERTES-BINÄRES-HILLCLIMBING) um einen Rekombinationsoperator. Wir wählen hierfür den EIN-PUNKT-CROSSOVER (Algorithmus 3.14), der im Gegensatz zum Algorithmus 3.12 (UNIFORMER-CROSSOVER) größere zusammenhängende Abschnitte der Eltern übernimmt. Es wird eine Stelle im Individuum gewählt, an der die Eltern getrennt und neu zusammengefügt werden. Die Arbeitsweise ist in Bild 3.19 veranschaulicht. Der resultierende Gesamtalgorithmus wird auch als klassischer GENETISCHER-ALGORITHMUS (Algorithmus 3.15) bezeichnet. Der Selektionsdruck in diesem Algorithmus wird durch eine fitnessproportionale Elternselektion erzeugt.

Um die weiteren Betrachtungen zu motivieren, beschäftigen wir uns an dieser Stelle kurz mit dem möglichen Potential der Rekombination. Wenn man den populationsbasierten binären Hillclimber mit dem genetischen Algorithmus vergleichen möchte, ist ein mögliches Kriterium, wie schnell im besten Fall das Optimum gefunden werden kann. Den Optimierungsprozess des binären Hillclimbers hatten wir an früherer Stelle als Markovprozess modelliert. Wie Bild 3.3 verdeutlicht, werden bei einem ungünstigen Ausgangsindividuum alle Zustände der Markovkette durchlaufen, d. h. es sind wenigstens ℓ Generationen notwendig. Dies ändert sich auch nicht beim populationsbasierten binären Hillclimber, da dort ebenfalls in der i-ten Generation bei jedem Individuum höchstens i Bits auf den Wert 1 gesetzt wurden.

Wenn wir allerdings die Rekombination hinzunehmen, kann sich auch bei einer ungünstigen Anfangspopulation durch günstige Mutationen und ein geschicktes Mischen der Individuen bei der Rekombination sehr schnell ein optimales Individuum herausbilden. Dies ist in Bild 3.20 für ein kleines Beispiel am Einsenzählproblem veranschaulicht. Insgesamt ist bereits nach $\log_2 \ell$ Generationen das Optimum erreichbar. Dies zeigt, dass erst durch die Rekombination mit ih-

---

Algorithmus 3.14

EIN-PUNKT-CROSSOVER(Individuen A, B)
1   $j \leftarrow$ wähle zufällig gemäß $U(\{1, \ldots, l-1\})$
2   **for each** $i \in \{1, \ldots, j\}$
3   **do** $\ulcorner C.G_i \leftarrow A.G_i$
4   $\llcorner D.G_i \leftarrow B.G_i$
5   **for each** $i \in \{j+1, \ldots, l\}$
6   **do** $\ulcorner C.G_i \leftarrow B.G_i$
7   $\llcorner D.G_i \leftarrow A.G_i$
8   **return** C, D

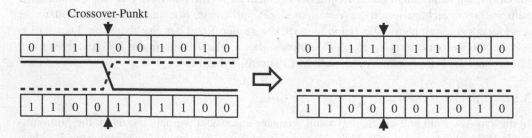

Bild 3.19. Der 1-Punkt-Crossover trennt die Elternindividuen an einer zufälligen Position und rekombiniert die entstehenden linken und rechten Teile.

Algorithmus 3.15

GENETISCHER-ALGORITHMUS(Zielfunktion F)

1   $t \leftarrow 0$
2   $P(t) \leftarrow$ erzeuge Population mit μ (gerade Populationsgröße) Individuen
3   bewerte $P(t)$ durch F
4   **while** Terminierungsbedingung nicht erfüllt
5   **do** $\ulcorner$ $P' \leftarrow$ Selektion aus $P(t)$ mittels SELEKTION-FITNESSPROPORTIONAL
6   (Es sei: $P' = \langle A^{(1)}, \ldots, A^{(\mu)} \rangle$)
7       $P'' \leftarrow \langle \rangle$
8   **for** $i \leftarrow 1, \ldots, \frac{\mu}{2}$
9   **do** $\ulcorner$ $u \leftarrow$ wähle Zufallszahl gemäß $U([0, 1))$
10   **if** $u \leq p_x$ (Rekombinationswahrscheinlichkeit)
11   **then** $\lfloor$ $B, C \leftarrow$ EIN-PUNKT-CROSSOVER($A^{(2i-1)}, A^{(2i)}$)
12   **else** $\ulcorner$ $B \leftarrow A^{(2i-1)}$
13             $\lfloor$ $C \leftarrow A^{(2i)}$
14         $B \leftarrow$ BINÄRE-MUTATION(B)
15         $C \leftarrow$ BINÄRE-MUTATION(C)
16         $\lfloor$ $P'' \leftarrow P'' \circ \langle B, C \rangle$
17   bewerte P'' durch F
18       $t \leftarrow t + 1$
19       $\lfloor$ $P(t) \leftarrow P''$
20 **return** bestes Individuum aus $P(t)$

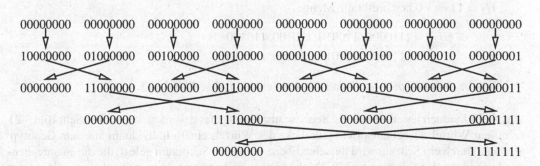

Bild 3.20. Für das Einsenzählproblem kann sich auch aus der schlechtestmöglichen Population (nur mit Nullen belegte Individuen) durch geschickte Mutationen in der ersten Generation und logarithmisch viele Iterationen mit passenden Rekombinationen das Optimum bilden.

rer Vermischung verschiedener Individuen die Parallelität des Populationskonzepts konstruktiv genutzt werden kann.

Die tatsächliche Suchdynamik ist allerdings wesentlich komplizierter, da hier Wechselwirkungen zwischen der Selektion, der Rekombination und der Mutation auftreten. Daher versuchen wir an dieser Stelle auch nicht, erwartete Laufzeiten herzuleiten. Vielmehr rückt die Frage in den Mittelpunkt, wie schnell etwa bei dem obigen Problem ein Muster – z. B. zwei Nullen am Beginn des Individuums – aus der Population verdrängt wird bzw. sich das Muster bestehend aus zwei (oder mehr) Einsen am Anfang vermehrt.

Zunächst werden die benötigten Begriffe in der folgenden Definition eingeführt.

Definition 3.15 (Schema):

Für einen binären Genotypen $\mathscr{G} = \mathbb{B}^\ell$ ist jedes Element $H \in \{0,1,*\}^\ell$ ein *Schema*, das die Menge der folgenden Individuen beschreibt:

$$\mathscr{I}(H) = \left\{ A.G_1 \cdots A.G_\ell \in \mathscr{G} \mid \forall 1 \leq i \leq \ell : (H_i \neq *) \Rightarrow (A.G_i = H_i) \right\}.$$

Die *Ordnung* eines Schemas $o(H)$ ist die Anzahl der definierten Positionen ($\neq *$)

$$o(H) = \# \left\{ i \mid (1 \leq i \leq \ell) \wedge (H_i \neq *) \right\}.$$

Die *definierende Länge* eines Schemas $\delta(H)$ ist die maximale Entfernung zweier definierten Positionen im Schema

$$\delta(H) = \max \left\{ |i - j| \mid (1 \leq i, j \leq \ell) \wedge (H_i \neq *) \wedge (H_j \neq *) \right\}.$$

Beispiel 3.23:

Für $\mathscr{G} = \{0, 1\}^6$ beschreibt $H_1 = *0*010$ die Menge

$$\mathscr{I}(H_1) = \{000010, 001010, 100010, 101010\}.$$

H_1 hat die Ordnung $o(H_1) = 4$ und die definierende Länge $\delta(H_1) = 4$. Das Schema $H_2 = 11***0$ beschreibt die Menge

$$\mathscr{I}(H_2) = \{110000, 110010, 110100, 110110,$$
$$111000, 111010, 111100, 111110\},$$

hat die Ordnung $o(H_2) = 3$ und die definierende Länge $\delta(H_2) = 5$.

Welche Individuen jeweils durch ein Schema zusammengefasst werden, veranschaulicht Bild 3.21 an einem Würfel. Dabei entspricht jede Ecke des Würfels einem Individuum aus dem Genotyp $\mathscr{G} = \mathbb{B}^3$. Durch ein Schema wird nun eine Ebene durch den Suchraum gelegt, die die entsprechenden Individuen des Schemas enthält. Da die Ebenen nicht nur zweidimensional sind – dies hängt direkt von der Ordnung des Schemas ab –, werden sie mathematisch korrekt als Hyperebenen bezeichnet.

Konkret wird im Weiteren untersucht, wie sich der Anteil der Vertreter eines Schemas in der Population bei der Berechnung einer neuen Generation (gemäß des genetischen Algorithmus aus Algorithmus 3.15) verändert – d. h. es wird die zu erwartende Anzahl der Vertreter einer solchen Eigenschaft in der nächsten Generation berechnet. Diese Fragestellung als Untersuchungsgegenstand ist in Bild 3.22 dargestellt.

Das Ziel ist es, Bedingungen zu ermitteln, wann sich welche Schemata besonders stark vermehren. Die Hoffnung ist, dass dies als ein Indikator zu werten ist, wann eine so positive laufzeitverkürzende Kombination verschiedener Bausteine wie in Bild 3.20 vorkommt. »Gute« Eigenschaften sollten sich schneller vermehren als schlechte, wodurch erstere auch zeitnah in einem Individuum kombiniert werden.

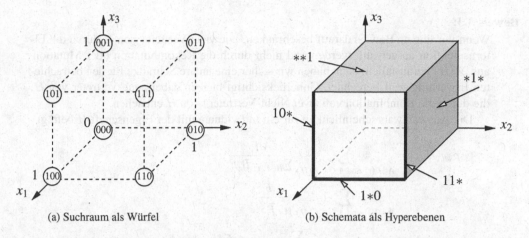

(a) Suchraum als Würfel　　　　　　(b) Schemata als Hyperebenen

Bild 3.21. Veranschaulichung der Schemata des Suchraums $\mathscr{G} = \mathbb{B}^3$ (a) in einem Würfel als (b) Hyperebenen, die mehrere Elemente zusammenfassen.

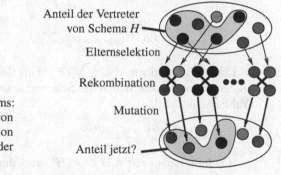

Bild 3.22.
Untersuchungsgegenstand des Schematheorems:
Wie verändert die einmalige Anwendung von
Elternselektion, Rekombination und Mutation
den Anteil der Instanzen eines Schematas in der
Population?

Satz 3.3 (Schema-Theorem):

Wird Algorithmus 3.15 (GENETISCHER-ALGORITHMUS) auf eine Funktion F (mit $\mathscr{G} = \mathbb{B}^\ell$) angewandt, dann gilt für ein beliebiges Schema $H \in \{0,1,*\}$ und die Population $P(t) = \langle A^{(t,i)} \rangle_{1 \leq i \leq \mu}$ zur Generation t, dass in der nächsten Generation die erwartete Anzahl der Instanzen von H in $P(t+1)$ wie folgt abgeschätzt werden kann:

$$\mathrm{Erw}\left[p_H^{(t+1)}\right] \geq p_H^{(t)} \cdot \frac{\overline{F}_H^{(t)}}{\overline{F}^{(t)}} \cdot (1-p_m)^{o(H)} \cdot \left(1 - p_x \cdot \frac{\delta(H)}{\ell-1} \cdot \left(1 - p_H^{(t)} \cdot \frac{\overline{F}_H^{(t)}}{\overline{F}^{(t)}}\right)\right)$$

$$\text{mit } p_H^{(t)} = \frac{\#\{1 \leq i \leq \mu \mid A^{(t,i)}.G \in \mathscr{I}(H)\}}{\mu}, \quad (3.1)$$

wobei $\overline{F}^{(t)}$ die durchschnittliche Güte der Individuen in der Population $P(t)$ bezeichnet und $\overline{F}_H^{(t)}$ die durchschnittliche Güte derjenigen Individuen in der Population $P(t)$ ist, die zusätzlich ein Vertreter des Schemas H sind.

Beweis 3.3:

Wenn wir uns im Beweis darauf beschränken, wie viele Vertreter von H durch die Elternselektion ausgewählt werden und nicht durch die Rekombination oder Mutation aus $\mathscr{I}(H)$ herausfallen, dann haben wir sicher eine untere Schranke für den betrachteten Erwartungswert berechnet. Unberücksichtigt bleiben dabei neue Vertreter von H, die durch die Kombination von zwei Nicht-Vertretern von H entstehen.

Die Auswahlwahrscheinlichkeit für ein Individuum mit der Eigenschaft H beträgt

$$
\begin{aligned}
p_{sel}(H,t) &= \sum_{A \in P(t) \text{ und } A.G \in \mathscr{I}(H)} \frac{A.F}{\sum_{B \in P(t)} B.F} \\
&= \sum_{A \in P(t) \text{ und } A.G \in \mathscr{I}(H)} \frac{A.F}{\mu \cdot \overline{F}^{(t)}} \\
&= \frac{1}{\mu \cdot \overline{F}^{(t)}} \cdot \sum_{A \in P(t) \text{ und } A.G \in \mathscr{I}(H)} A.F \\
&= \frac{\#\{1 \le i \le \mu \mid A^{(t,i)}.G \in \mathscr{I}(H)\} \cdot \overline{F}^{(t)}_H}{\mu \cdot \overline{F}^{(t)}} \\
&= p^{(t)}_H \cdot \frac{\overline{F}^{(t)}_H}{\overline{F}^{(t)}}.
\end{aligned}
$$

Ein Individuum mit $A.G \in \mathscr{I}(H)$ wird durch eine Mutation nicht zerstört, falls an den definierenden Stellen des Schemas keine Mutation auftritt. Dies geschieht mit Wahrscheinlichkeit

$$
p_{\neg mut}(H) = (1 - p_m)^{o(H)}.
$$

Ein Individuum mit $A.G \in \mathscr{I}(H)$ wird durch einen Crossover zerstört, falls der Crossoverpunkt innerhalb der definierenden Positionen des Schemas liegt (mit Wahrscheinlichkeit $\frac{\delta(H)}{\ell-1}$) und der Partner bei der Rekombination nicht die zerstörten Teile des Schemas wiederherstellt (mit Wahrscheinlichkeit $\le 1 - p_{sel}(H,t)$). Der Crossover selbst wird nur mit der Wahrscheinlichkeit p_x bei der Erzeugung eines kleinen Teils der Kindindividuen angewandt. Damit ergibt sich die Gesamtwahrscheinlichkeit, dass der Crossover die Eigenschaft H nicht beeinflusst, als

$$
p_{\neg rek}(H,t) \ge 1 - p_x \cdot \frac{\delta(H)}{\ell-1} \cdot (1 - p_{sel}(H,t)).
$$

Der Erwartungswert hinsichtlich des Anteils der Population in $\mathscr{I}(H)$ entspricht genau der Wahrscheinlichkeit, dass ein entstehendes Kindindividuum noch die Eigenschaft H hat. Da Elternselektion, die Rekombination und die Mutation unabhängige Zufallsereignisse sind, ergibt sich die untere Schranke für den Erwartungswert als Multiplikation der Faktoren $p_{sel}(H,t)$, $p_{\neg mut}(H)$ und $p_{\neg rek}(H,t)$.

Individuum	Güte	Individuum	Güte
10101...	3	00001...	1
01101...	3	10001...	2
01100...	2	01001...	2
11101...	4	11001...	3
11000...	2	01110...	3

Tabelle 3.6.
Beispielhafte Population zur Illustration des Schema-Theorems: Die Individuen haben die Länge 20, wobei hier jeweils nur die ersten 5 Bits dargestellt werden.

Beispiel 3.24:

Zur Illustration des Schema-Theorems betrachten wir die Population $P(t)$ in Tabelle 3.6 bestehend aus zehn Individuen mit $\mathscr{G} = \mathbb{B}^{20}$, wobei wir lediglich die ersten fünf Bits darstellen. Die Mutationsrate ist $p_m = \frac{1}{20}$ und die Rekombinationswahrscheinlichkeit $p_x = 0{,}8$. Die Fitness ergibt sich als die Anzahl der Einsen in den fünf dargestellten Bits, d. h. $\overline{F}^{(t)} = 2{,}5$.

Für $H_1 = *11**\ldots$ mit 4 Vertretern gilt $\overline{F}_{H_1}^{(t)} = 3{,}0$ und

$$\text{Erw}\left[p_H^{(t+1)}\right] \geq \frac{4 \cdot 3{,}0}{10 \cdot 2{,}5} \cdot \left(1 - \frac{1}{20}\right)^2 \cdot \left(1 - 0{,}8 \cdot \frac{1}{19} \cdot \left(1 - \frac{4 \cdot 3{,}0}{10 \cdot 2{,}5}\right)\right) = 0{,}423\,7.$$

Es ist damit zu rechnen, dass sich dieses Schema leicht vermehrt.

Für $H_2 = **00*\ldots$ mit 5 Vertretern gilt $\overline{F}_{H_2}^{(t)} = 2{,}0$ und

$$\text{Erw}\left[p_H^{(t+1)}\right] \geq \frac{5 \cdot 2{,}0}{10 \cdot 2{,}5} \cdot \left(1 - \frac{1}{20}\right)^2 \cdot \left(1 - 0{,}8 \cdot \frac{1}{19} \cdot \left(1 - \frac{5 \cdot 2{,}0}{10 \cdot 2{,}5}\right)\right) = 0{,}280\,5.$$

Durch die schlechtere durchschnittliche Güte von H_2 ist zu erwarten, dass weniger Vertreter in der Population enthalten sein werden.

Für $H_3 = 1***1\ldots$ mit 4 Vertretern gilt $\overline{F}_{H_3}^{(t)} = 3{,}0$ und

$$\text{Erw}\left[p_H^{(t+1)}\right] \geq \frac{4 \cdot 3{,}0}{10 \cdot 2{,}5} \cdot \left(1 - \frac{1}{20}\right)^2 \cdot \left(1 - 0{,}8 \cdot \frac{4}{19} \cdot \left(1 - \frac{4 \cdot 3{,}0}{10 \cdot 2{,}5}\right)\right) = 0{,}395\,3.$$

Durch die größere definierende Länge von H_3 ist zu erwarten, dass weniger Vertreter in der Population enthalten sein werden.

Für $H_4 = *110*\ldots$ mit 3 Vertretern gilt $\overline{F}_{H_4}^{(t)} = 3{,}0$ und

$$\text{Erw}\left[p_H^{(t+1)}\right] \geq \frac{3 \cdot 3{,}0}{10 \cdot 2{,}5} \cdot \left(1 - \frac{1}{20}\right)^3 \cdot \left(1 - 0{,}8 \cdot \frac{2}{19} \cdot \left(1 - \frac{3 \cdot 3{,}0}{10 \cdot 2{,}5}\right)\right) = 0{,}292\,0.$$

Auch hier ist durch die größere Ordnung von H_4 zu erwarten, dass weniger Vertreter in der Population enthalten sein werden.

Durch drei kleine Abschätzungen wird das Schema-Theorem zu der folgenden bekannteren Fassung vereinfacht.

Korollar 3.1 (Einfaches Schema-Theorem):

Unter den Voraussetzungen von Satz 3.3 gilt

$$\text{Erw}\left[p_H^{(t+1)}\right] \geq p_H^{(t)} \cdot \frac{\overline{F}_H^{(t)}}{\overline{F}^{(t)}} \cdot \left(1 - o(H) \cdot p_m - p_x \cdot \frac{\delta(H)}{\ell - 1}\right).$$

Beweis 3.4:

An der rechten Seite von Gleichung (3.1) aus Satz 3.3 werden die folgenden Abschätzungen vorgenommen.

Für $0 \leq p_m < 1$ und $o(H) \geq 0$ gilt die Bernoullische Ungleichung

$$(1 - p_m)^{o(H)} \geq 1 - o(H) \cdot p_m.$$

Die Wahrscheinlichkeit für die Auswahl des Crossover-Partners kann vernachlässigt werden, d. h.

$$1 - p_x \cdot \frac{\delta(H)}{\ell - 1} \cdot \left(1 - p_H^{(t)} \frac{\overline{F}_H^{(t)}}{\overline{F}^{(t)}}\right) \geq 1 - p_x \cdot \frac{\delta(H)}{\ell - 1}.$$

Und abschließend gilt die folgende Abschätzung

$$(1 - o(H) \cdot p_m)\left(1 - p_x \cdot \frac{\delta(H)}{\ell - 1}\right) \geq 1 - o(H) \cdot p_m - p_x \cdot \frac{\delta(H)}{\ell - 1}.$$

Was bereits am obigen Beispiel deutlich wurde, kann noch leichter am Korollar abgelesen werden: Schemata mit überdurchschnittlicher Güte, kleiner definierender Länge und geringer Ordnung vermehren sich rasch. Solche Schemata werden auch *Bausteine* (engl. *building block*) genannt. Die sog. Baustein-Hypothese (engl. *building block hypotheses*) postuliert, dass solche sich stark vermehrende Bausteine zu überlegene Individuen rekombiniert werden.

Beispiel 3.25:

Um abschließend die Aussage des Schema-Theorems zu illustrieren, werden mehrere Schemata während einer Optimierung beobachtet. Ein GENETISCHER-ALGORITHMUS mit Rekombinationswahrscheinlichkeit $p_x = 1{,}0$ und Mutationsrate $p_m = \frac{1}{16}$ soll eine mit $\ell = 16$ Bits standardbinär kodierte Zahl maximieren. Der Optimalwert ist also der Bitstring $111\ldots111$ und entspricht dem Gütewert $65\,536$. Die recht große Population mit 400 Individuen verringert statistische Effekte und sorgt für leichter interpretierbare Ergebnisse. Bild 3.23 zeigt die Ergebnisse der ersten 20 Generationen. Deutlich ist zu erkennen, wie unterschiedlich die Veränderung der Anteile an der Population für die verschiedenen Schemata ausfällt. Dies spiegelt zumindest zu einem gewissen Grad die Aussage des Schema-Theorems wider. Je größer die Ordnung eines Schemas ist, desto kleiner ist auch der Anteil in einer (zufällig belegten) Population. Vergleicht man die Schemata $11*\ldots$ und $1111*\ldots$, sollte einerseits das Wachstum des

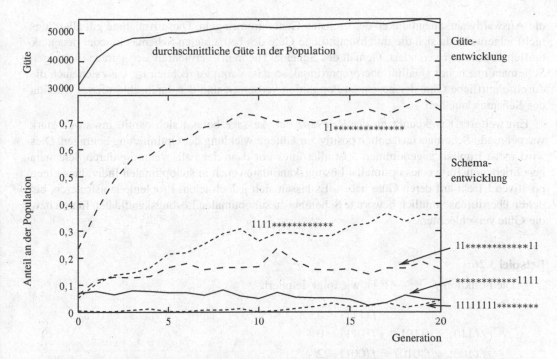

Bild 3.23. Beispielhafte Veranschaulichung, wie sich der Anteil der Individuen in einer Population hinsichtlich verschiedener Schemata verändert. Es wird eine standardbinär mit 16 Bits dargestellte Zahl maximiert. Es handelt sich um einen genetischen Algorithmus mit Populationsgröße 400.

ersteren größer sein, da Ordnung und definierende Länge kleiner sind, aber andererseits hat das zweite eine wesentlich bessere beobachtete Güte. Tatsächlich wächst das Schema 1111*... selbst in den ersten acht Generationen relativ stärker als 11*.... Das Schema 11111111*... zeigt jedoch kaum ein Wachstum, da die definierende Länge und die Ordnung zu groß sind. Auch das Schema ...*1111 zeigt kein Wachstum bedingt durch seine mittelmäßige durchschnittliche Güte. Ebenso kann sich Schema 11*...*11 kaum durchsetzen, da aufgrund der maximalen definierenden Länge das Schema bei $p_X = 1,0$ aus keinem einzelnen Elternindividuum übernommen wird, sondern jede Generation neu zusammengefügt werden muss.

Das Schema-Theorem ist relativ umstritten. Die wichtigsten Kritikpunkte drehen sich um die Frage, inwieweit die Aussage überhaupt für eine Optimierung relevant ist, und die Diskussion, ob die Randbedingungen der evolutionären Algorithmen überhaupt die Voraussetzungen des Schema-Theorems erfüllen.

Ein bedeutendes Problem hinsichtlich der Aussagekraft des Schema-Theorems stellt der Übergang von der Berechnung einer neuen Generation zum Optimierungsprozess als Ganzes dar, wie dies bei der Baustein-Hypothese geschieht. Angenommen die Aussage des Schema-Theorems würde für ein spezielles Schema identisch in jeder Generation gelten. Dann könnte man daraus ein exponentielles Wachstum des Schemas ableiten, da der neue Erwartungswert wieder direkt in die Auswahlwahrscheinlichkeit der nächsten Generation eingeht. Diese Annahme gilt allerdings nicht allgemein, da sich die durchschnittliche Güte des betrachteten Schemas in jeder neuen aktuellen Population verändert. Gemäß des Schema-Theorems vermehren sich gerade diejenigen Schemata mit hoher Qualität überproportional, so dass damit zu rechnen ist, dass sich auch die durchschnittliche Güte der gesamten Population verbessert und der durchschnittlichen Qualität des Schemas annähert.

Ein weiterer Kritikpunkt an der Relevanz der Aussage befasst sich damit, inwieweit stark vermehrende Schemata tatsächlich positiv zur Güteentwicklung der Optimierung beitragen. Dies wird meist implizit angenommen – ist allerdings nur dann der Fall, wenn die durch Schemata beschriebenen Teile eines optimalen Lösungskandidaten auch in suboptimalen Individuen einen positiven Effekt auf deren Güte haben. Es lassen sich jedoch leicht Probleme konstruieren, bei denen überdurchschnittlich bewertete Schemata zu suboptimalen Lösungskandidaten führen bzw. die Güte verschlechtern.

Beispiel 3.26:

Die Funktion $f : \mathbb{B}^3 \to \mathbb{R}$ ist wie folgt definiert.

$$f(111) = 5$$
$$f(110) = f(101) = f(011) = 0$$
$$f(100) = f(010) = f(001) = 2$$
$$f(000) = 4.$$

Das globale Optimum liegt bei 111, aber alle Schemata des globalen Optimums führen in die entgegengesetzte Richtung. So gilt beispielsweise

$$f(1**) = \frac{7}{4} < f(0**) = 2 \text{ und}$$
$$f(11*) = \frac{5}{2} < f(00*) = 3.$$

Analoge Aussagen gelten auch für $f(*1*)$, $f(**1)$, $f(1*1)$ und $f(*11)$.

Existierende Zweifel, ob ein evolutionärer Algorithmus überhaupt die technischen Randbedingungen für das Schema-Theorem erfüllt, werden in den folgenden beiden Überlegungen ausgedrückt. Erstens sind die Populationen in der Regel sehr klein verglichen mit der Größe des Suchraums: Wahrscheinlichkeitsaussagen über so kleinen Mengen sind immer kritisch zu hinterfragen. Zweitens unterliegt die Aussage des Schema-Theorems der Annahme, dass die beobachtete Qualität eines Schemas der tatsächlichen durchschnittlichen Qualität aller Instanzen eines Schemas entspricht. Dies gilt aber insbesondere dann nicht mehr, wenn einige Teile der Individuen in der Population bereits auf einem festen Wert konvergiert sind. Dadurch werden ganze Teilbereiche oder Hyperebene aus der Schätzung der tatsächlichen Schema-Qualität durch die beobachtbare Qualität ausgeschlossen. Vor allem wenn eine hohe Varianz innerhalb der vertretenen Qualitätswerte in einem Schema herrscht, sorgt dieses Ausblenden von Lösungskandidaten bei der beobachtbaren Güte für teilweise grobe Fehlschätzungen.

3.3.3. Formae als Verallgemeinerung der Schemata

Da das im vorigen Abschnitt vorgestellte Schema-Theorem ausschließlich für das Verfahren GE-
NETISCHER-ALGORITHMUS (Algorithmus 3.15) formuliert wurde, kann man sich fragen, ob eine ähnliche Aussage auch für andere evolutionäre Algorithmen möglich ist. Hierfür werden in
diesem Abschnitt die Schemata verallgemeinert, wobei uns insbesondere auch phänotypische
Eigenschaften statt der genotypisch definierten Schemata interessieren.

Beispiel 3.27:

Um die wesentliche Grundidee der Schemata herauszuarbeiten, wird nochmals $H_1 = {*}0{*}010$ aus Beispiel 3.23 betrachtet. H_1 fasst die Lösungskandidaten

$$\mathscr{I}(H_1) = \{000010, 001010, 100010, 101010\}$$

zusammen. Diese zeichnen sich genau dadurch aus, dass sie an den Positionen $Pos = \{2, 4, 5, 6\}$ dieselben, nämlich die vom Schema vorgegebenen, Werte haben. Mathematisch lässt sich das Vorgehen über die Äquivalenzrelation

$$A.G \sim_{Pos} B.G :\Leftrightarrow \forall i \in Pos : A.G_i = B.G_i$$

beschreiben. Dadurch wird der komplette Suchraum in insgesamt 16 Äquivalenzklassen geteilt – entsprechend der möglichen Werte an den Bits der Positionen in Pos. So
gilt:

$$\mathscr{I}(H_1) = [100010]_{\sim_{Pos}} = \{000010, 001010, 100010, 101010\}$$
$$\text{bzw. } [101110]_{\sim_{Pos}} = \{000110, 001110, 100110, 101110\}.$$

Allgemein definiert jede Menge $Pos \subseteq \{1, \dots, \ell\}$ für $\mathscr{G} = \mathbb{B}^\ell$ eine Art Maske, welche die für
eine Eigenschaft irrelevanten Teile des Lösungskandidaten ausblendet. Eine Maske mit $\#Pos = k$
definierten Stellen erzeugt genau $2^{\ell-k}$ Äquivalenzklassen.

Statt aus den Masken können wir auch aus beliebigen anderen Eigenschaften, z. B. der Zuge-
hörigkeit eines reellwertigen Werts zu einem Intervall oder das Vorkommen einer Kante in einer
Rundreise für das Handlungsreisendenproblem, eine Äquivalenzrelation ableiten. Diese Eigenschaften bezeichnen wir als Merkmale. Die daraus resultierenden Äquivalenzklassen werden als
Formae (singular: Forma) bezeichnet.

Definition 3.16 (Formae):

Sei $\mathscr{M}$ die Menge der zu berücksichtigenden Merkmale. Ein Merkmal (oder Eigenschaft) $Merk \in \mathscr{M}$ induziert eine Äquivalenzrelation $\sim_{Merk}$, so dass für zwei beliebige
Individuen mit $A.G, B.G \in \mathscr{G}$ entweder $A.G \sim_{Merk} B.G$ gilt, falls das Merkmal identisch bei beiden Individuen ausgeprägt ist, oder sonst $A.G \not\sim_{Merk} B.G$. Damit ergibt
sich zu jedem Individuum $A.G$ seine Äquivalenzklasse bzw. *Forma*

$$[A.G]_{\sim_{Merk}} := \{B.G \in \mathscr{G} \mid A.G \sim_{Merk} B.G\}.$$

Die Anzahl der Formae, die durch die Äquivalenzrelation eines Merkmals eingeführt wird, heißt *Genauigkeit* des Merkmals. Ferner sollen zwei Formae Δ und Δ' *miteinander verträglich* ($\Delta \bowtie \Delta'$) heißen, wenn es ein Individuum gibt, das beide Eigenschaften miteinander vereinbaren kann, d. h. $\Delta \cap \Delta' \neq \emptyset$.

Bild 3.24 zeigt die Zusammenhänge zwischen den unterschiedlichen Begriffen.

Beispiel 3.28:

Zwei unterschiedliche Merkmale werden für das Handlungsreisendenproblem am Beispiel einer Probleminstanz mit vier Städten betrachtet. Zunächst übernehmen wir die Masken der Schemata für Permutationen als Genotyp. D. h. aus $Merk = \{3\}$ folgt, dass zwei Rundreisen genau dann äquivalent (hinsichtlich der Maske) sind, wenn dieselbe Stadt als dritte Stadt besucht wird. Damit ergibt sich eine beispielhafte Forma wie folgt

$$[(1,\, 2,\, 3,\, 4)]_{\sim_{Merk}} = \{(1,\, 2,\, 3,\, 4),\ (1,\, 4,\, 3,\, 2),\ (4,\, 2,\, 3,\, 1),$$
$$(2,\, 1,\, 3,\, 4),\ (4,\, 1,\, 3,\, 2),\ (2,\, 4,\, 3,\, 1)\}.$$

Wie man sich leicht veranschaulichen kann, haben die Lösungskandidaten der Forma nur sehr wenig Gemeinsamkeiten bezüglich des zu lösenden Problems – insbesondere war ja auch die KANTENREKOMBINATION (Algorithmus 2.4) so konstruiert, dass Kanten und nicht Positionen von Städten erhalten bleiben. Daher wollen wir in einem zweiten Merkmal die Kanten der Rundtour berücksichtigen. Und zwar sollen durch das Merkmal $Merk' = \{3\}$ diejenigen Lösungskandidaten als gleichwertig betrachtet werden, die nach der Stadt 3 dieselbe Stadt besuchen, d. h. dieselbe Kante benutzen. Formal ist die Äquivalenzrelation wie folgt definiert

$$A.G \sim_{Merk'} B.G \Leftrightarrow \exists i, j \in \{1, \ldots, \ell\} : \big(A.G_i = 3 \wedge B.G_j = 3 \wedge$$
$$A.G_{(i \bmod \ell)+1} = B.G_{(j \bmod \ell)+1}\big).$$

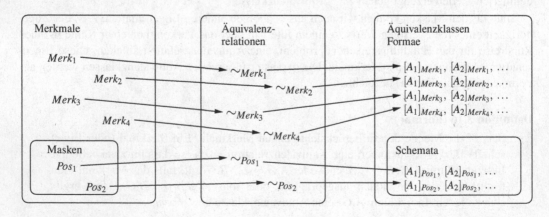

Bild 3.24. Schematische Beschreibung der Masken und Schemata innerhalb der Theorie der Formae.

Damit wird dann beispielsweise die folgende Forma eingeführt

$$[(1, 2, 3, 4)]_{\sim Merk'} = \{(1, 2, 3, 4), (2, 1, 3, 4), (2, 3, 4, 1), (1, 3, 4, 2),$$
$$(3, 4, 1, 2), (3, 4, 2, 1), (4, 1, 2, 3), (4, 2, 1, 3)\}.$$

Wie man leicht erkennen kann, besteht bei dieser Forma eine stärkere phänotypische Ähnlichkeit zwischen den verschiedenen Elementen der Forma.

Notation: Merkmale können benutzt werden, um konkrete Schemata zu beschreiben. Für einen gegebenen Genotyp $\mathscr{G} = M^\ell$ mit einer beliebigen Menge an Allelen M kann ein beliebiges Schema $H \in (M \cup \{*\})^\ell$ über ein Merkmal

$$Merk = \{i \mid (1 \leq i \leq \ell) \wedge (H_i \neq *)\}$$

und einen Vertreter aus der Menge der Instanzen $A.G \in \mathscr{I}(H)$ definiert werden. Wir schreiben im Weiteren dann auch $H = H_{Merk}(A.G)$. Entsprechend der obigen Definition gilt ebenso $\mathscr{I}(H) = [A.G]_{\sim Merk}$.

Auf dieser Grundlage lässt sich das folgende Korollar formulieren, das die Grundidee des Schema-Theorems extrahiert.

Korollar 3.2 (Allgemeines Schema-Theorem):

Sei $P(t) = \langle A^{(t,i)} \rangle_{1 \leq i \leq \mu}$ eine Population zum Zeitpunkt t und Δ ein Forma. Die Selektion Sel entspricht der μ-maligen Anwendung einer Selektion $\widetilde{Sel}$, die durch die Indexselektion $\widetilde{IS}^\xi : \mathbb{R}^\mu \to \{1, \ldots, \mu\}$ definiert ist – d. h. die Wahl der einzelnen Individuen ist voneinander unabhängig. Ferner sei $Rek^\xi : (\mathscr{G} \times \mathscr{Z})^2 \to (\mathscr{G} \times \mathscr{Z})^2$ ein Rekombinations- und $Mut^\xi : \mathscr{G} \times \mathscr{Z} \to \mathscr{G} \times \mathscr{Z}$ ein Mutationsoperator mit $\mathscr{Z} = \{\bot\}$. Dann gilt bei einer Anwendung in dieser Reihenfolge:

$$\mathrm{Erw}\left[p_H^{(t+1)}\right] \geq p_{sel}(\Delta, t) \cdot p_{\neg mut}(\Delta, t) \cdot p_{\neg rek}(\Delta, t), \tag{3.2}$$

wobei

$$p_{sel}(\Delta, t) = \sum_{A \in P(t) \text{ mit } A.G \in \Delta} \mathrm{Pr}_{\xi \in \Xi}[\widetilde{Sel}^\xi(P(t)) = \langle A \rangle],$$

$$p_{\neg mut}(\Delta, t) = \mathrm{Pr}_{\xi \in \Xi}[Mut^\xi(A).G \in \Delta \mid A \in P(t) \wedge A.G \in \Delta] \text{ und}$$

$$p_{\neg rek}(\Delta, t) = \mathrm{Pr}_{\xi \in \Xi, B.G \in \mathscr{G}}[Rek^\xi(A, B).G \in \Delta \mid A \in P(t) \wedge A.G \in \Delta].$$

Um den Effekt zu erreichen, dass qualitativ hochwertige Formae überproportional stark wachsen, müssen das Optimierungsproblem, die durch die Formae beschriebenen Eigenschaften der Lösungskandidaten und die betrachteten Operatoren zusammenpassen. Im Folgenden werden einige Regeln vorgestellt, die den gewünschten Effekt unterstützen.

Zunächst müssen die Formae die Population so partitionieren, dass sich während des Optimierungsprozesses die beobachteten Gütewerte verschiedener Formae wesentlich unterscheiden und auch tatsächlich repräsentativ für die Formae sind. Dadurch wird der Term p_{sel} in Korollar 3.2 aussagekräftiger. Zwei Regeln lassen sich hierfür formulieren: die minimale Redundanz und die Ähnlichkeit in Formae. Erstens soll die Dekodierungsfunktion eine *minimale Redundanz* aufweisen; d. h. jede Komponente im Genotyp $\mathscr{G}$ sollte auch zusätzliche Information liefern. Idealerweise stellt daher die Dekodierungsfunktion eine Bijektion dar. Ist dies nicht möglich, existieren mindestens zwei Individuen A und B mit $A.G, B.G \in \mathscr{G}$ ($A.G \neq B.G$), die durch die Dekodierungsfunktion auf denselben Wert $dec(A.G) = dec(B.G)$ abgebildet werden. Dann sollten die Individuen A und B in denselben Formae enthalten sein, d. h. $[A.G]_{\sim Merk} = [B.G]_{\sim Merk}$. Damit wird gewährleistet, dass die den Formae zugrundeliegenden Eigenschaften phänotypisch relevant sind. Beispielsweise würden beim symmetrischen Handlungsreisendenproblem die drei Rundreisen $(1, 2, 3, 4, 5, 6)$, $(6, 1, 2, 3, 4, 5)$ und $(1, 6, 5, 4, 3, 2)$ in denselben Formae (hinsichtlich der benutzten Kanten) liegen, da sie komplett dieselben Kanten benutzen. Zweitens sollen darüber hinaus vor allem Individuen mit ähnlicher Güte bzw. phänotypischer Ausprägung in einer Forma zusammengefasst werden – das Prinzip der *Ähnlichkeit in Formae*. Dadurch wird die Kritik am Schema-Theorem hinsichtlich der hohen Gütevarianz bei kleinen Populationen entkräftet. Dies sollte insbesondere für Merkmale mit geringer Genauigkeit gelten, da für solche Formae leicht Informationen angesammelt werden können – allerdings eben auch oft mit einer sehr hohen Varianz oder Fehlerrate.

Nach der Baustein-Hypothese sollen sich kleine positive Eigenschaften in neuen Individuen zu großen (hoffentlich auch positiven) Eigenschaften verbinden. Dies ist bei den Formae nur dann möglich, wenn die zugrundeliegende Eigenschaft eine mannigfaltige Granularität aufweist und es feingranulare Formae gibt, die Teil verschiedener grobgranularer Formae werden können, wie dies beispielsweise das Schema $011***$ für die Schemata $011*0*$ und $01101*$ erfüllt. Mathematisch kann man dies über einen geforderten *Abschluss gegen den Schnitt von Formae* formulieren, d. h.

$$\forall \text{ Formae } \Delta, \Delta' \text{ mit } \Delta \bowtie \Delta' \; \exists \text{ Forma } \Delta'' : \; \Delta \cap \Delta' = \Delta''.$$

Die Rekombination soll die Kombination der verschiedenen Merkmale und deren Wachstum in der Population unterstützen. Im Weiteren werden drei Regeln für die Rekombination vorgestellt. Erstens sollte der Rekombinationsoperator eine betrachtete Forma möglichst erhalten, d. h. die Wahrscheinlichkeit $p_{\neg rek}(\Delta, t)$ in Lemma 3.2 sollte möglichst groß sein. Dies wird unter anderem durch eine *Verträglichkeit der Formae mit dem Rekombinationsoperator* erreicht, die besagt, dass alle möglichen Nachkommen zweier Instanzen einer Forma ebenfalls eine Instanz der Forma sind,

$$\forall \Delta \; \forall A, B \text{ mit } A.G, B.G \in \Delta \; \forall \xi \in \Xi : \; Rek^\xi(A, B).G \in \Delta.$$

Umgangssprachlich bedeutet dies, dass gemeinsame Eigenschaften der Eltern auf die Kinder übergehen.

Zweitens soll sich zusätzlich jede im Kindindividuum auftretende Eigenschaft auf mindestens ein Elternindividuum zurückführen lassen. Man spricht auch von der *Übertragung von Genen* oder phänotypischen Allelen. Dies wird vor allem für die Merkmale mit minimaler Genauigkeit formuliert, die sich nicht weiter zerlegen lassen,

$$\forall A, B \; \forall \xi \in \Xi \; \forall \text{ minimales } \Delta : Rek^\xi(A, B).G \in \Delta \; \Rightarrow \; (A.G \in \Delta \vee B.G \in \Delta).$$

Ist dieses Forderung erfüllt, handelt es sich um einen rein kombinierenden Operator. Andernfalls sagt man auch, dass der Rekombinationsoperator eine *implizite Mutation* durchführt.

Und drittens soll der Rekombinationsoperator auch in der Lage sein, alle möglichen Kombinationen der in den Eltern enthaltenen Merkmalen zu erzeugen. Dies ist die *Verschmelzungseigenschaft*,

$$\forall \Delta, \Delta' \text{ mit } \Delta \bowtie \Delta' \; \forall A \text{ mit } A.G \in \Delta \; \forall B \text{ mit } B.G \in \Delta' \; \exists \xi \in \Xi : \; Rek^\xi(A,B).G \in \Delta \cap \Delta'.$$

Werden diese Forderungen an das Optimierungsproblem, die Formae und den Rekombinationsoperator erfüllt, sollte sich der positive Effekt des Schema-Theorems auch bei den evolutionären Algorithmen einstellen, die keine binäre Kodierung benutzen.

 Tatsächlich gibt es verschiedene Bestrebungen, die obige Forma-Theorie für einen konstruktiven Entwurf neuer evolutionärer Algorithmen zu benutzen. Hierauf wird noch knapp im Abschnitt 6.2.2 eingegangen.

3.3.4. Schema-Theorie und der Suchfortschritt

Im Laufe der Jahre wurde viel Kritik am Schema-Theorem geäußert. Der vermutlich nachhaltigste Kritikpunkt besagt, dass das Schema-Theorem keine Aussage zum eigentlichen Suchprozess macht. Überdurchschnittlich gute, kleine Bausteine sollen zwar ein starkes Wachstum in der Population erfahren, ob dies jedoch eine positive oder negative Auswirkung auf den Fortschritt einer Optimierung hat, bleibt offen. Aus dieser Kritik heraus hat der Wissenschaftler Lee Altenberg das Price-Theorem aus der Biologie auf die evolutionären Algorithmen übertragen, was ihn letztendlich zu der Aussage geführt hat, dass ein Schema-Theorem »fehle«, das tatsächlich aus den Schemata eine Aussage zur Güteentwicklung ableitet. Altenberg hat später die gewünschte Aussage hergeleitet, die dann den Namen »fehlendes« Schema-Theorem behalten hat.

 Wer an dem Price-Theorem interessiert ist, sollte die Originalliteratur zu Rate ziehen. Hier wird lediglich das »fehlende« Schema-Theorem vorgestellt, da es die für uns interessanteren Überlegungen erlaubt.

Das Untersuchungsobjekt ist weiterhin ein GENETISCHER-ALGORITHMUS (Algorithmus 3.15) mit fitnessproportionaler Elternselektion – allerdings ohne Mutation. Dafür können wir den Rekombinationsoperator etwas allgemeiner fassen: Wir erlauben, dass prinzipiell die einzelnen Gene von den beiden Elternteilen beliebig übernommen werden können – etwaige Einschränkungen werden über die erlaubten Indexmengen beschrieben, von denen jedes $Merk \subseteq \{0, \ldots, \ell\}$ anzeigt, welche Gene von einem Elternteil übernommen werden. Für ein Individuum A bezeichnet damit das Schema $H_{Merk}(A.G)$ alle möglichen Individuen $\mathscr{I}(H_{Merk}(A.G))$, die als erstes Elternteil in Frage kommen. Die komplementäre Indexmenge $\widetilde{Merk} = \{1, \ldots, \ell\} \setminus Merk$ beschreibt die Menge der möglichen zweiten Elternteile. Ein Merkmal charakterisiert also immer eine konkrete Ausprägung der Rekombination. Üblicherweise setzt sich ein Rekombinationsoperator aus vielen solcher Ausprägungen zusammen, die mit evtl. unterschiedlichen Wahrscheinlichkeiten p_{Merk} auftreten können.

Beispiel 3.29:

Der schon mehrfach betrachtete EIN-PUNKT-CROSSOVER (Algorithmus 3.14) auf einem Genotyp der Länge $\ell = 4$ entspricht der folgenden Menge von möglichen Merkmalen

$$Merk \in \{\{1\}, \{1, 2\}, \{1, 2, 3\}\},$$

die alle mit der Wahrscheinlichkeit $p_{Merk} = \frac{1}{3}$ auftreten. Die Indizes $\{1, 3\}$ lassen sich beispielsweise nicht in einem einzelnen Schritt von einem Elternindividuum übernehmen.

Der uniforme Crossover UNIFORMER-CROSSOVER (Algorithmus 3.12) hat alle Teilmengen als mögliche Merkmale

$$
\begin{aligned}
Merk \in \mathscr{P}(\{1,\ldots,4\}) = \{&\emptyset, \{1\}, \{2\}, \{3\}, \{4\}, \\
&\{1, 2\}, \{1, 3\}, \{1, 4\}, \{2, 3\}, \{2, 4\}, \{3, 4\}, \\
&\{1, 2, 3\}, \{1, 2, 4\}, \{1, 3, 4\}, \{2, 3, 4\}, \\
&\{1, 2, 3, 4\}\},
\end{aligned}
$$

die alle mit der Wahrscheinlichkeit $p_{Merk} = \frac{1}{16}$ auftreten.

Sei nun $\mathscr{G} = \mathbb{B}^4$ und $Merk = \{1\}$ der Anteil eines Elternindividuums. Dann beschreibt $\widetilde{Merk} = \{2, 3, 4\}$ den Beitrag des anderen Elternteils. Für ein Kindindividuum A mit $A.G = 1001$ ergeben sich damit die folgenden durch die Schemata $H_{Merk}(A.G) = 1***$ und $H_{\widetilde{Merk}}(A.G) = *001$ beschriebenen möglichen Elternindividuen. Es gilt

$$\mathscr{I}(H_{Merk}(A.G)) = \{1000, 1001, 1010, 1011, 1100, 1101, 1110, 1111\} \text{ und}$$

$$\mathscr{I}(H_{\widetilde{Merk}}(A.G)) = \{0001, 1001\}.$$

Der im Weiteren präsentierte Ansatz wird der Verknüpfung von Schemata mit dem Suchfortschritt auf zwei Ebenen gerecht. Einerseits steht am Ende tatsächlich eine Aussage über die Differenz der durchschnittlichen Gütewerte nach einer Iteration in der Erwartung. Andererseits geht darin der konkrete Zusammenhang zwischen den Gütewerten der Elternindividuen und des Kindindividuums ein. Hierfür betrachten wir zunächst eine feste aber beliebige Indexmenge $Merk$ einer Rekombination. $H_{Merk}(A.G)$ und $H_{\widetilde{Merk}}(A.G)$ bezeichnen die möglichen Eltern von A. Dann misst die Kovarianz

$$\text{Cov}\left[A.F, \frac{\overline{F}^{(t)}_{H_{Merk}(A.G)} \cdot \overline{F}^{(t)}_{H_{\widetilde{Merk}}(A.G)}}{(\overline{F}^{(t)})^2}\right],$$

wie stark sich die Güte der Eltern auf das Kindindividuum für die festgewählte Rekombination überträgt. Statt der Güte der Eltern wird die durchschnittliche Selektionswahrscheinlichkeit betrachtet, die proportional zur Güte ist.

Lemma 3.1:

Für die Kovarianz der Eltern- und Kindgütewerte gilt

$$\text{Cov}\left[A.F, \frac{\overline{F}^{(t)}_{H_{Merk}(A.G)} \cdot \overline{F}^{(t)}_{H_{\widetilde{Merk}}(A.G)}}{(\overline{F}^{(t)})^2}\right] = \sum_{A.G \in \mathcal{G}} (A.F - \overline{F}^{(t)}) \cdot \frac{\overline{F}^{(t)}_{H_{Merk}(A.G)} \cdot \overline{F}^{(t)}_{H_{\widetilde{Merk}}(A.G)}}{(\overline{F}^{(t)})^2} \cdot p_{A.G},$$

wobei $p_{A.G}$ die Häufigkeit ist, mit der das Individuum A in der Population vorkommt.

Beweis 3.5:

$$\text{Cov}\left[A.F, \frac{\overline{F}^{(t)}_{H_{Merk}(A.G)} \cdot \overline{F}^{(t)}_{H_{\widetilde{Merk}}(A.G)}}{(\overline{F}^{(t)})^2}\right]$$

$$= \sum_{A.G \in \mathcal{G}} (A.F - \overline{F}^{(t)}) \cdot$$

$$\left(\frac{\overline{F}^{(t)}_{H_{Merk}(A.G)} \cdot \overline{F}^{(t)}_{H_{\widetilde{Merk}}(A.G)}}{(\overline{F}^{(t)})^2} - \sum_{B.G \in \mathcal{G}} \frac{\overline{F}^{(t)}_{H_{Merk}(B.G)} \cdot \overline{F}^{(t)}_{H_{\widetilde{Merk}}(B.G)}}{(\overline{F}^{(t)})^2} \cdot p_{B.G}\right) \cdot p_{A.G}$$

$$= \sum_{A.G \in \mathcal{G}} (A.F - \overline{F}^{(t)}) \cdot \frac{\overline{F}^{(t)}_{H_{Merk}(A.G)} \cdot \overline{F}^{(t)}_{H_{\widetilde{Merk}}(A.G)}}{(\overline{F}^{(t)})^2} \cdot p_{A.G}$$

$$- \left(\sum_{B.G \in \mathcal{G}} \frac{\overline{F}^{(t)}_{H_{Merk}(B.G)} \cdot \overline{F}^{(t)}_{H_{\widetilde{Merk}}(B.G)}}{(\overline{F}^{(t)})^2} \cdot p_{B.G}\right) \cdot \underbrace{\left(\sum_{A.G \in \mathcal{G}} A.F \cdot p_{A.G}\right)}_{= \overline{F}^{(t)}}$$

$$+ \overline{F}^{(t)} \cdot \left(\sum_{B.G \in \mathcal{G}} \frac{\overline{F}^{(t)}_{H_{Merk}(B.G)} \cdot \overline{F}^{(t)}_{H_{\widetilde{Merk}}(B.G)}}{(\overline{F}^{(t)})^2} \cdot p_{B.G}\right) \cdot \underbrace{\left(\sum_{A.G \in \mathcal{G}} p_{A.G}\right)}_{= 1}.$$

Die letzten beiden Zeilen sind bis auf das Vorzeichen genau identisch und kürzen sich daher heraus.

Beispiel 3.30:

Zur Veranschaulichung des Kovarianzterms betrachten wir ein kleines Beispiel: Eine binäre Zeichenkette der Länge $\ell = 8$ enkodiert standardbinär die Zahlen $\{0, \ldots, 255\}$. Als Rekombination wird fest der Crossover betrachtet, der die beiden ersten Bits aus einem Elternteil und den Rest aus einem anderen Elternteil übernimmt (vgl. Bild 3.25). Im Weiteren werden die Werte $A.F$ und der Faktor mit den durchschnittlichen Fitnesswerten der möglichen Eltern für eine Population betrachtet, die jedes mögliche Individuum aus dem Suchraum genau einmal enthält. Eine hohe Kovarianz ergibt sich, wenn die Werte der Elterngüte möglichst ähnlichen Werten bei den Kindindividuen

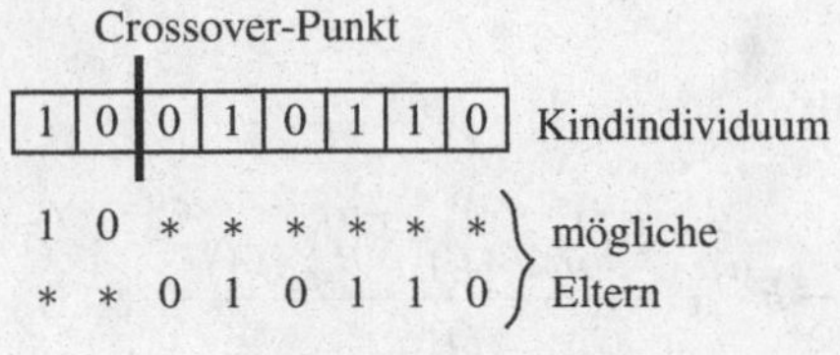

Crossover-Punkt

| 1 | 0 | 0 | 1 | 0 | 1 | 1 | 0 | Kindindividuum

$$
\begin{array}{cccccccc}
1 & 0 & * & * & * & * & * & * \\
* & * & 0 & 1 & 0 & 1 & 1 & 0
\end{array}
\left.\right\}
\begin{array}{l}\text{mögliche} \\ \text{Eltern}\end{array}
$$

Bild 3.25.
Der Crossover-Punkt der Rekombination und das entstehende Kindindividuum bestimmen die möglichen Elternindividuen als Schemata.

zugeordnet sind. Es werden zwei mögliche Bewertungsfunktionen betrachtet. Die Ergebnisse für $F(x) = x$ sind in Bild 3.26 dargestellt. Man erkennt, dass die Fitnesswerte der Eltern in vier Abschnitten auftreten, die durch das Elternteil mit den beiden höchstwertigen Bits als definierte Stellen im Schema bestimmt sind. Der kleine Graph verdeutlicht eine hohe Kovarianz zwischen den beiden Termen. Zum Vergleich wird die Bewertungsfunktion $F(x) = (x - 100)^2$ in Bild 3.27 gestellt. Hier bestimmt das Schema mit der Ordnung 2 vier Schichten der Elternfitness. Der kleine Graph zeigt, dass die Kovarianz besonders im unteren Gütebereich wesentlich schlechter ist. Dies kann die Übertragung der Güte von Eltern auf die Kinder schwieriger gestalten.

Damit lässt sich im folgenden Satz der zu erwartende Güteunterschied zwischen zwei aufeinanderfolgenden Populationen bestimmen.

Satz 3.4 (»Fehlendes« Schema-Theorem):

Für einen genetischen Algorithmus nur mit Rekombination gilt:

$$
\mathrm{Erw}\left[\overline{F}^{(t+1)}\right] - \overline{F}^{(t)} = \sum_{Merk \subseteq \{1,\ldots,\ell\}} p_{Merk} \cdot \left(\mathrm{Cov}\left[A.F, \frac{\overline{F}_{H_{Merk}(A.G)} \cdot \overline{F}_{H_{\widetilde{Merk}}(A.G)}}{(\overline{F}^{(t)})^2}\right] \right.
$$
$$
\left. - \sum_{A.G \in \mathscr{G}} (p_{A.G} - p_{H_{Merk}(A.G)} \cdot p_{H_{\widetilde{Merk}}(A.G)}) \cdot (A.F - \overline{F}^{(t)}) \cdot \frac{\overline{F}_{H_{Merk}(A.G)} \cdot \overline{F}_{H_{\widetilde{Merk}}(A.G)}}{(\overline{F}^{(t)})^2} \right)
$$

mit Häufigkeiten $p_{H_{Merk}(A.G)}$ und $p_{H_{\widetilde{Merk}}(A.G)}$ der erzeugenden Schemata von $A.G$ und durchschnittlichen Schematagütewerten $\overline{F}_{H_{Merk}(A.G)}$ und $\overline{F}_{H_{\widetilde{Merk}}(A.G)}$.

Vor dem Beweis des Satzes wird zunächst auf seine Bedeutung und mögliche Interpretationen eingegangen. Die tatsächlich zu erwartende Veränderung der durchschnittlichen Güte in einer Iteration des Algorithmus wird exakt als eine Summe über alle Möglichkeiten, wie die Rekombination stattfinden kann, auf der rechten Seite dargestellt. Die Summanden setzen sich dabei aus dem oben bereits diskutierten Kovarianzterm und einer weiteren Summe zusammen. Die Kovarianz macht eine Aussage darüber, wie gut die Rekombination das Problem widerspiegelt – d. h. ob die Gütewerte der Eltern einen Bezug zum entstehenden Kindindividuum haben. Die innere Summe setzt sich für alle möglichen entstehenden Individuen aus einem Term bestehend aus den folgenden Faktoren zusammen:

- eine Häufigkeitsinformation $(p_{A.G} - p_{H_{Merk}(A.G)} \cdot p_{H_{\widetilde{Merk}}(A.G)})$ bezüglich der beteiligten Individuen,
- eine Qualitätsinformation $(A.F - \overline{F}^{(t)})$ und
- die Auswahlwahrscheinlichkeit der möglichen Eltern.

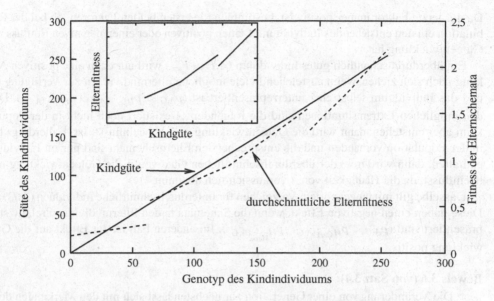

Bild 3.26. Die beiden Faktoren der Kovarianz werden für die Bewertungsfunktion $F(x) = x$ für alle möglichen Individuen aufgetragen. Der kleine Kasten trägt die Elternfitness über die Kindgüte auf
und sollte für eine hohe Kovarianz möglichst der Hauptdiagonalen entsprechen.

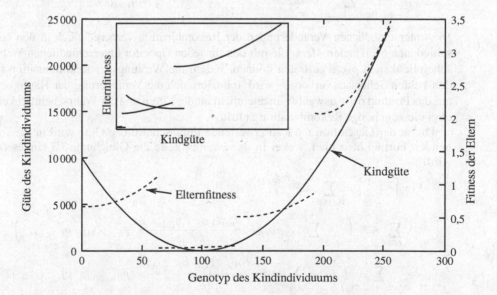

Bild 3.27. Die beiden Faktoren der Kovarianz werden für die Bewertungsfunktion $F(x) = (x - 100)^2$ für alle möglichen Individuen aufgetragen. Im Vergleich der Elternfitness mit der Kindgüte im kleinen
Kasten erkennt man, dass die Kovarianz hier niedriger ausfällt als in Bild 3.26.

Da der letzte Faktor immer positiv ist, bestimmen die ersten beiden Faktoren, ob bei der Rekombination ein neu entstehendes Individuum A einen positiven oder einen negativen Einfluss auf die Güteentwicklung hat.

Ein überdurchschnittlich gutes Individuum ($A.F > \overline{F}^{(t)}$) wird nur dann eine positiven Auswirkung nach sich ziehen, wenn ausreichend viele mögliche Elternindividuen zur Verfügung stehen und das Individuum selbst eher unterrepräsentiert ist ($p_{A.G} < p_{H_{Merk}(A.G)} \cdot p_{H_{\widetilde{Merk}}(A.G)}$). Die beiden möglichen Extremsituationen sind die folgenden: A existiert noch nicht in der Population, kann aber entstehen; dann wird die Güteentwicklung positiv beeinflusst. Ist A allerdings bereits in der Population vorhanden und die entsprechenden Elternschemata sind nur im Individuum A enthalten, dann wird trotz der überdurchschnittlichen Güte von A die Güteentwicklung negativ beeinflusst, da die Häufigkeit von A voraussichtlich abnimmt.

Dasselbe gilt mit umgekehrtem Vorzeichen für unterdurchschnittliche Individuen ($A.F < \overline{F}^{(t)}$). Diese haben einen negativen Effekt, wenn die Schemata in den Elternindividuen relativ stark repräsentiert sind ($p_{A.G} < p_{H_{Merk}(A.G)} \cdot p_{H_{\widetilde{Merk}}(A.G)}$). Im anderen Fall ist der Effekt auf die Güteentwicklung positiv.

Beweis 3.6 (von Satz 3.4):

Die Veränderung von einer Generation zur nächsten lässt sich mit den Merkmalen der Rekombination als Häufigkeit der einzelnen Individuen in der Population wie folgt beschreiben.

$$p_{A.G}^{(t+1)} = \sum_{Merk \subseteq \{1,\ldots,\ell\}} p_{Merk} \cdot \frac{\overline{F}_{H_{Merk}(A.G)} \cdot \overline{F}_{H_{\widetilde{Merk}}(A.G)}}{(\overline{F}^{(t)})^2} \cdot p_{H_{Merk}(A.G)} \cdot p_{H_{\widetilde{Merk}}(A.G)} \quad (3.3)$$

Die unterschiedlichen Veränderungen der Rekombination verbergen sich in den verschiedenen Merkmalen *Merk*, die mit den für jeden Operator unterschiedlichen Wahrscheinlichkeiten p_{Merk} auftreten können. Indem die Wirkung der Rekombination in den beiden Schemata verborgen wird, reduziert sich die Veränderung der Häufigkeit auf das Produkt der Auswahlwahrscheinlichkeit der Eltern und der Wahrscheinlichkeit, dass die zugehörige Rekombination auftritt.

Die in der Generation $t + 1$ zu erwartende durchschnittliche Güte wird in der folgenden Formel berechnet, wobei in der zweiten Zeile die Gleichung 3.3 eingesetzt wird.

$$\mathrm{Erw}\left[\overline{F}^{(t+1)}\right] = \sum_{A.G \in \mathscr{G}} A.F \cdot p_{A.G}^{(t+1)}$$

$$= \sum_{A.G \in \mathscr{G}} A.F \cdot \left(\sum_{Merk \subseteq \{1,\ldots,\ell\}} p_{Merk} \cdot \frac{\overline{F}_{H_{Merk}(A.G)} \cdot \overline{F}_{H_{\widetilde{Merk}}(A.G)}}{(\overline{F}^{(t)})^2} \cdot p_{H_{Merk}(A.G)} \cdot p_{H_{\widetilde{Merk}}(A.G)} \right)$$

$$= \sum_{Merk \subseteq \{1,\ldots,\ell\}} \left(p_{Merk} \cdot \underbrace{\sum_{A.G \in \mathscr{G}} A.F \cdot \frac{\overline{F}_{H_{Merk}(A.G)} \cdot \overline{F}_{H_{\widetilde{Merk}}(A.G)}}{(\overline{F}^{(t)})^2} \cdot p_{H_{Merk}(A.G)} \cdot p_{H_{\widetilde{Merk}}(A.G)}}_{= (*)} \right) \cdot$$

Da die Summanden in $(*)$ sehr ähnlich zur Kovarianz in Lemma 3.1 sind, lässt sich die Formel $(*)$ wie folgt umformen.

$$(*) = \text{Cov}\left[A.F, \frac{\overline{F}_{H_{Merk}(A.G)} \cdot \overline{F}_{H_{\widetilde{Merk}}(A.G)}}{(\overline{F}^{(t)})^2}\right]$$

$$+ \sum_{A.G \in \mathscr{G}} A.F \cdot \frac{\overline{F}_{H_{Merk}(A.G)} \cdot \overline{F}_{H_{\widetilde{Merk}}(A.G)}}{(\overline{F}^{(t)})^2} \cdot (p_{H_{Merk}(A.G)} \cdot p_{H_{\widetilde{Merk}}(A.G)} - p_{A.G})$$

$$+ \overline{F}^{(t)} \cdot \sum_{A.G \in \mathscr{G}} \frac{\overline{F}_{H_{Merk}(A.G)} \cdot \overline{F}_{H_{\widetilde{Merk}}(A.G)}}{(\overline{F}^{(t)})^2} \cdot p_{A.G}$$

$$= \text{Cov}\left[A.F, \frac{\overline{F}_{H_{Merk}(A.G)} \cdot \overline{F}_{H_{\widetilde{Merk}}(A.G)}}{(\overline{F}^{(t)})^2}\right]$$

$$+ \sum_{A.G \in \mathscr{G}} (A.F - \overline{F}^{(t)}) \cdot \frac{\overline{F}_{H_{Merk}(A.G)} \cdot \overline{F}_{H_{\widetilde{Merk}}(A.G)}}{(\overline{F}^{(t)})^2} \cdot (p_{H_{Merk}(A.G)} \cdot p_{H_{\widetilde{Merk}}(A.G)} - p_{A.G})$$

$$+ \overline{F}^{(t)} \cdot \underbrace{\sum_{A.G \in \mathscr{G}} \frac{\overline{F}_{H_{Merk}(A.G)} \cdot \overline{F}_{H_{\widetilde{Merk}}(A.G)}}{(\overline{F}^{(t)})^2} \cdot p_{H_{Merk}(A.G)} \cdot p_{H_{\widetilde{Merk}}(A.G)} \cdot}_{= (**)}$$

Diese Darstellung entspricht schon fast dem im Theorem formulierten Resultat – wir müssen lediglich noch zeigen, dass $(**) = 1$ gilt. Hierfür überlegen wir uns, dass jeder Genotyp genau durch zwei komplementäre Schemata beschrieben werden kann. Damit lässt sich die Summe über alle möglichen Genotypen auch als Doppelsumme schreiben, die über die Schemata und komplementären Schemata zur Rekombinationsmaske *Merk* aufsummiert werden. Die Menge der Schemata sei

$$\mathscr{H} = \left\{ H_{Merk}(A.G) \mid A.G \in \mathscr{G} \right\}$$

und die Menge der komplementären Schemata

$$\mathscr{H}' = \left\{ H_{\widetilde{Merk}(A.G)} \mid A.G \in \mathscr{G} \right\}.$$

Dann ergibt sich

$$(**) = \sum_{x \in \mathscr{H}} \sum_{y \in \mathscr{H}'} \frac{\overline{F}_x \cdot \overline{F}_y}{(\overline{F}^{(t)})^2} \cdot p_x \cdot p_y = \frac{1}{(\overline{F}^{(t)})^2} \cdot \sum_{x \in \mathscr{H}} \left(\overline{F}_x \cdot p_x \cdot \underbrace{\sum_{y \in \mathscr{H}'} \overline{F}_y \cdot p_y}_{= \overline{F}^{(t)}} \right)$$

$$= \frac{1}{\overline{F}^{(t)}} \cdot \underbrace{\sum_{x \in \mathscr{H}} \overline{F}_x \cdot p_x}_{= \overline{F}^{(t)}} = 1.$$

Die Behauptung des Theorems folgt direkt.

Beispiel 3.31:

Die Relevanz des »fehlenden« Schema-Theorems wird abschließend an einem kleinen Beispiel verdeutlicht. Eine binäre Zeichenkette mit 16 Bits ist der Genotyp und enkodiert standardbinär eine ganze Zahl. Diese Zahl soll maximiert werden. Damit entspricht die ausschließlich aus Einsen bestehende Zeichenkette dem Optimum mit dem Gütewert 65 535. Gemäß den Voraussetzungen des Theorems wurde keine Mutation sondern nur eine Rekombination, hier der EIN-PUNKT-CROSSOVER (Algorithmus 3.14), benutzt. Die Populationsgröße beträgt 400. Der Algorithmus läuft über 20 Generationen. Bild 3.29 zeigt die Ergebnisse.

Der untere Graph in der oberen Bildhälfte zeigt den Verlauf der durchschnittlichen Güte in der Population; darüber wird die Güteveränderung pro Generation mit der Prognose aus dem »fehlenden« Schema-Theorem verglichen. Die Genauigkeit der Prognose unterstreicht die Bedeutung des Theorems: Vorhersagen hinsichtlich des Erfolgs und Misserfolgs eines rekombinationsbasierten evolutionären Algorithmus sollten immer die Korrelation der Güte von Eltern und Kindindividuen berücksichtigen, dürfen aber auch nicht die relevanten Aspekte der Vertreter komplementärer Schemata in der aktuellen Population als mögliche Eltern unberücksichtigt lassen.

Der untere Teil von Bild 3.29 verdeutlicht, wie sich die Güteentwicklung auf die einzelnen Bits des Genotyps auswirkt. Deutlich kann man in diesem Beispiel sehen, dass zunächst die hochwertigen Bits konvergieren, da sie den größten Beitrag zur Maximierung der Bewertungsfunktion liefern können. Dies verschiebt sich leicht während den ersten 20 Generationen. Für das »fehlende« Schema-Theorem bedeutet dies, dass sich die Schemata, die einen positiven Einfluss auf die Güteentwicklung haben, ebenfalls verändern. Dies ist in Bild 3.28 durch den Kovarianzwert für die verschiedenen möglichen Crossover-Punkte dargestellt. Zunächst hat ein Crossover zwischen den beiden höchstwertigsten Bits den größten Einfluss. Mit zunehmender Konvergenz der hochwertigen Bits, nimmt dieser Einfluss ab und in Generation 20 hat der Crossover-Punkt zwischen dem 12-ten und dem 13-ten Bit den maximalen Effekt.

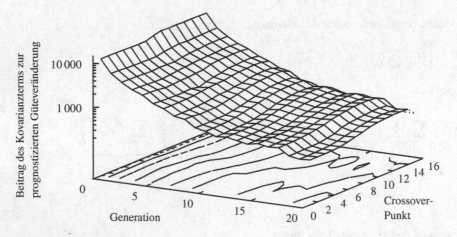

Bild 3.28. Dieses Bild ergänzt die Prognose der Güteveränderung aus Bild 3.29 durch den Beitrag des Kovarianzterms für die 15 unterschiedlichen Crossover-Punkte. Man erkennt deutlich, dass sich der Crossover-Punkt mit dem maximalen Gütebeitrag langsam vom Crossover-Punkte zwischen dem 15-ten und dem 16-ten Bit in der ersten Generation zum Punkt zwischen dem 12-ten und 13-ten Bit in Generation 20 verschiebt.

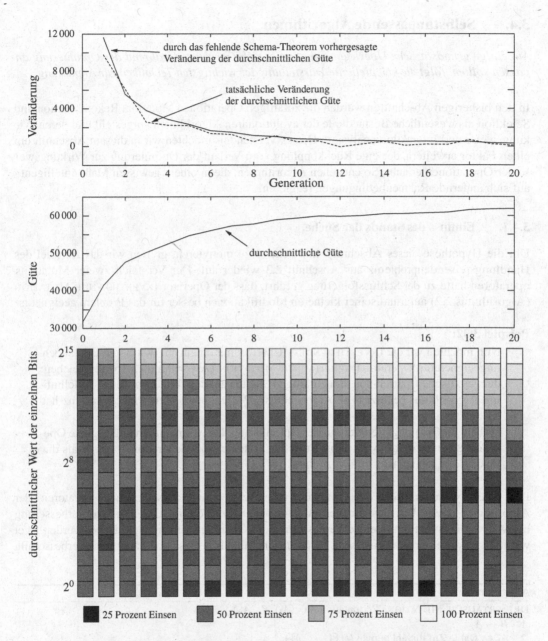

Bild 3.29. Der Optimierungsprozess aus Beispiel 3.31 (Maximierung einer binär kodierten Zahl mit 16 Bits) wird über 20 Generationen veranschaulicht. Dies demonstriert zweierlei: Das obere Bild unterstreicht die Genauigkeit des »fehlenden« Schema-Theorems durch einen Vergleich der Prognose mit der tatsächlichen Veränderung. Die Grauwerte unten zeigen, wie sich dies in den Bits der Individuen widerspiegelt – die einzelnen Bits konvergieren unterschiedlich schnell.

3.4.   Selbstanpassende Algorithmen

Auf einige grundsätzliche Überlegungen, warum sich Operatoren während der Optimierung anpassen sollten, folgt die beispielhafte Darstellung der wichtigsten Techniken zur Anpassung.

In den bisherigen Abschnitten wurden die zufälligen Operationen Mutation, Rekombination und Selektion als wesentliche Bestandteile der evolutionären Algorithmen vorgestellt und deren Wirkungsweise und Interaktion analysiert. Dieses Verständnis möchten wir in diesem Abschnitt um einen Faktor erweitern, der eine Rückkopplung vom Verlauf der Optimierung zur Wirkungsweise der Operationen erlaubt. So entstehen Algorithmen, die in einem gewissen Maß »intelligent« auf sich ändernde Rahmenbedingungen reagieren.

3.4.1.   Einfluss des Stands der Suche

Um die Hypothese dieses Abschnitts hinreichend zu motivieren, greifen wir das Beispiel des Handlungsreisendenproblems aus Abschnitt 2.3 wieder auf. Der Vergleich zweier Mutationsoperatoren hatte zu der Schlussfolgerung geführt, dass der Operator INVERTIERENDE-MUTATION (Algorithmus 2.2) aufgrund seiner kleineren Modifikationen besser für das Problem geeignet ist.

Beispiel 3.32:

Nun möchten wir die INVERTIERENDE-MUTATION mit einem auf den ersten Blick noch ungeeigneteren Operator DREIERTAUSCH-MUTATION (Algorithmus 3.16) vergleichen: dem zyklischen Tausch von drei zufälligen Städten auf der Tour. Es wird ein Hillclimbing-Algorithmus benutzt (vgl. Algorithmus 3.2). Die betrachtete Probleminstanz hat 51 Städte.

Bild 3.30 (a) zeigt den Verlauf der Optimierung. Die vermeintlich ungeeignete Operation DREIERTAUSCH-MUTATION ist in den ersten ca. 60 Generationen besser als die favorisierte INVERTIERENDE-MUTATION.

Dies ist ein typischer Effekt, den man häufig beim Vergleich von verschiedenen Operatoren oder Algorithmen erlebt. Um dies genauer zu untersuchen, wird die relative erwartete Verbesserung als Maß dafür eingeführt, welche Verbesserung ein Operator bringen kann. Dabei werden zwei wichtige Faktoren erfasst: einerseits die Wahrscheinlichkeit, dass überhaupt eine Verbesserung

---

Algorithmus 3.16

DREIERTAUSCH-MUTATION(Permutation $A = (A_1, \ldots, A_n)$)
1    $B \leftarrow A$
2    $u_1 \leftarrow$ wähle Zufallszahl gemäß $U(\{1, \ldots, n\})$
3    $u_2 \leftarrow$ wähle Zufallszahl gemäß $U(\{1, \ldots, n\})$
4    $u_3 \leftarrow$ wähle Zufallszahl gemäß $U(\{1, \ldots, n\})$
5    $B_{u_1} \leftarrow A_{u_2}$
6    $B_{u_2} \leftarrow A_{u_3}$
7    $B_{u_3} \leftarrow A_{u_1}$
8   **return** B

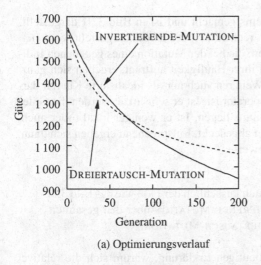

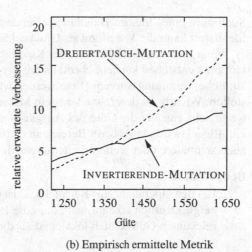

(a) Optimierungsverlauf

(b) Empirisch ermittelte Metrik

Bild 3.30. Vergleich zweier Operatoren auf dem Handlungsreisendenproblem: (a) zeigt die Ergebnisse der Optimierung gemittelt über 500 Hillclimbing-Läufe. (b) zeigt die mit Stichproben aus dem Suchraum ermittelte relative erwartete Verbesserung als Leistungsmaß für die Operatoren. Die Überkreuzung zeigt, dass die Operatoren in unterschiedlichen Gütebereichen jeweils überlegen sind.

eintritt, und andererseits die Verbesserung, die im Erfolgsfall erwartet werden kann. Die möglichen Verschlechterungen bleiben dabei unberücksichtigt, da sie in der Regel von der Selektion verworfen werden.

Definition 3.17 (Relative erwartete Verbesserung):

Die *Güteverbesserung* von Individuum $A \in \mathscr{G}$ zu Individuum $B \in \mathscr{G}$ wird definiert als

$$Verbesserung(A, B) = \begin{cases} |B.F - A.F|, & \text{falls } B.F \succ A.F \\ 0, & \text{sonst.} \end{cases}$$

Dann lässt sich die *relative erwartete Verbesserung* eines Operators *Mut* bezüglich Individuum A definieren als

$$relEV_{Mut,A} = \text{Erw}[Verbesserung(A, Mut^\xi(A))].$$

Beispiel 3.33:

Für das Handlungsreisendenproblem aus Beispiel 3.32 wurde anhand von Stichproben aus dem Suchraum die relative erwartete Verbesserung für Individuen unterschiedlicher Gütebereiche ermittelt. Dies ist in Bild 3.30 (b) dargestellt.

Die Analyse zeigt, dass die verschiedenen Operatoren in jeweils unterschiedlichen Gütebereichen überlegen sind. Daher ist es zunächst interessant, zu ermitteln, wie häufig die einzelnen Gütewerte im Suchraum des Optimierungsproblems vorkommen. Dies wurde für den kompletten

Suchraum eines kleinen Handlungsreisendenproblems gemacht und ist in Bild 3.31 dargestellt. Idealisiert kann die Verteilung als Glockenkurve im rechten Teil des Bildes dargestellt werden.

Wenn man nun die Gütewerte der Kindindividuen, die bei der Mutation eines gegebenen Individuums entstehen können, ebenfalls entsprechend ihrer Häufigkeit aufträgt, ergeben sich ganz ähnliche Verteilungskurven. Diese werden wir im Weiteren auch nur als idealisierte Kurven darstellen. Wichtig ist dabei, wie lokal ein Mutationsoperator ist. Ist er sehr lokal, werden die Gütewerte sehr eng bei der Güte des Ausgangsindividuums liegen. Ist er weniger lokal (oder auch zufälliger), wird ein größerer Bereich an Gütewerten abgedeckt. Entsprechend ergeben sich dann auch schmalere oder breitere Verteilungen der Gütewerte.

Beispiel 3.34:

Bei den Operatoren aus Beispiel 3.32 ist dies auch tatsächlich der Fall, wie das Bild 3.32 zeigt. Deutlich erkennt man, dass die INVERTIERENDE-MUTATION über den gesamten relevanten Gütebereich lokaler ist als die DREIERTAUSCH-MUTATION.

Die Lokalität eines Operators wird damit zur eindeutigen Erklärung, warum sich die relative erwartete Verbesserung der beiden Operatoren so stark verschiebt. Der Grund ist der folgende:

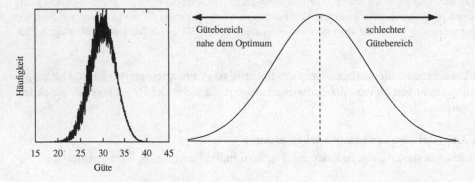

Bild 3.31.   Die Dichteverteilung eines Handlungsreisendenproblems mit 11 Städte (links) und eine idealisierte Dichteverteilung eines Minimierungsproblems (rechts).

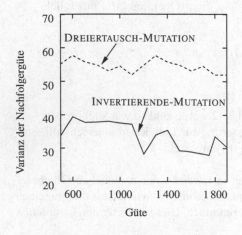

Bild 3.32.
Verhältnis der Varianzen der verwendeten Permutationsoperatoren im Handlungsreisendenproblem.

Je zufälliger ein Mutationsoperator ist, desto stärker orientiert sich die Güteverteilung des Mutationsoperators in seiner Ausrichtung zum aktuellen Gütewert an der Güteverteilung des gesamten Suchraums. Dies ist in Bild 3.33 schematisch dargestellt. Damit ist auch offensichtlich, dass sich bei einer Annäherung an das Optimum die möglichen Verbesserungen zugunsten des lokalen Operators verändern.

Damit folgt die in Bild 3.34 dargestellte Hypothese:

1. Die Qualität eines Mutationsoperators kann nicht unabhängig vom aktuellen Güteniveau beurteilt werden.

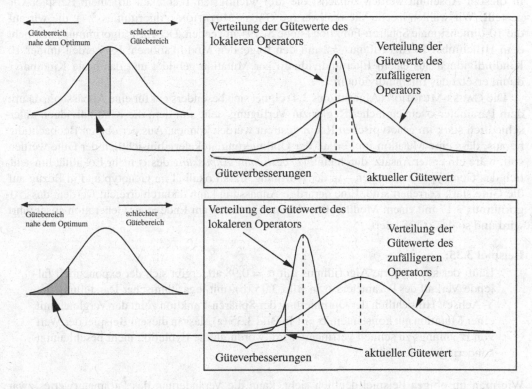

Bild 3.33. Das obere Diagramm zeigt das Verhalten der Nachfolgergüteverteilungen im mittleren Gütebereich. Das untere Diagramm entsprechend das Verhalten der Nachfolgergüteverteilungen nahe dem Optimum.

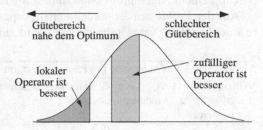

Bild 3.34.
Skizze der beiden Güteintervalle, für die jeweils die Überlegenheit des zufälligeren und des lokaleren Mutationsoperators gilt.

2. Ein Operator ist niemals optimal über den gesamten Verlauf einer Optimierung – insbesondere sollte er bei zunehmender Annäherung an das Optimum lokaler agieren.

Dies lässt sich auch unter bestimmten technischen Voraussetzungen beweisen.

3.4.2.   Anpassungsstrategien für evolutionäre Operatoren

Der im vorigen Abschnitt festgestellten Notwendigkeit, den Algorithmus an die aktuelle Situation des Optimierungsprozesses anzupassen, kann mit mehreren Strategien begegnet werden.
In diesem Abschnitt werden zunächst die drei wichtigsten Techniken an einem Beispiel vorgestellt. Wir wählen hierfür die reellwertige GAUSS-MUTATION (Algorithmus 3.4), die wir auf
die 10-dimensionale Sphären-Funktion (siehe S. 79) anwenden. Der Basisalgorithmus entspricht
dem Hillclimber in Algorithmus 3.2 mit den folgenden Modifikationen: Es werden immer 10
Kindindividuen aus einem Elternindividuum per Mutation gebildet und das beste Kindindividuum ersetzt das Elternindividuum.

Die GAUSS-MUTATION (Algorithmus 3.4) eignet sich besonders gut für eine Anpassung, da mit
dem Parameter σ ein einfacher Regler zur Verfügung steht, mit dem die Kindindividuen unterschiedlich stark im genotypischen Raum gestreut werden können. Aus der obigen Beobachtung
heraus, dass eine Mutation im Verlauf der Optimierung »lokaler« hinsichtlich der Güte werden
soll, wäre ein erster Ansatz, durch eine *vorbestimmte Anpassung* des σ mehr Lokalität hinsichtlich des Genotyps zu erzeugen – in der Hoffnung, dass Lokalität im Genotyp und in Bezug auf
die Güte stark korreliert sind. Eine derartige Anpassung kann dadurch erreicht werden, dass Algorithmus 3.17 mit einem Modifikationsfaktor $0 < \alpha < 1$ am Ende jeder Generation ausgeführt
wird und so das σ verändert.

Beispiel 3.35:

Läuft der so definierte Algorithmus mit $\alpha = 0{,}98$ ab, ergibt sich der exponentiell fallende Verlauf des Parameters σ in Bild 3.35 (b) (mit logarithmischer Darstellung der
Y-Achse). Hinsichtlich der Optimierung der Sphären-Funktion zeigt der Vergleich mit
einer Mutation mit konstantem $\sigma = 1$ in Bild 3.35 (a), dass in diesem Beispiel der Wert
von σ anfangs zu schnell verringert wird, wordurch die Evolution nicht beschleunigt
sondern gebremst wird.

Wie man im obigen Beispiel deutlich sieht, kann die Veränderung des Parameterwertes zwar
exakt vorgegeben werden, aber eine solche Vorgehensweise garantiert nicht, dass die Parameter-
veränderung auch tatsächlich zum individuellen Optimierungsverlauf passt, da keine Kopplung
zwischen dem Suchprozess und der Anpassung besteht. Im Einzelfall kann natürlich diese Anpassung einem Algorithmus ohne Anpassung überlegen sein.

Aus den Problemen der vordefinierten Anpassung lässt sich die Lehre ziehen, dass eine stärkere Rückkopplung vom Optimierungsverlauf zur Anpassung des Operators hilfreich sein könnte.

Algorithmus 3.17 (Anpassung des Parameters σ am Ende jeder Generation)

VORDEFINIERTE-ANPASSUNG(Standardabweichung σ)
1    $\sigma' \leftarrow \sigma \cdot \alpha$ (Modifikationsfaktor)
2   **return** σ'

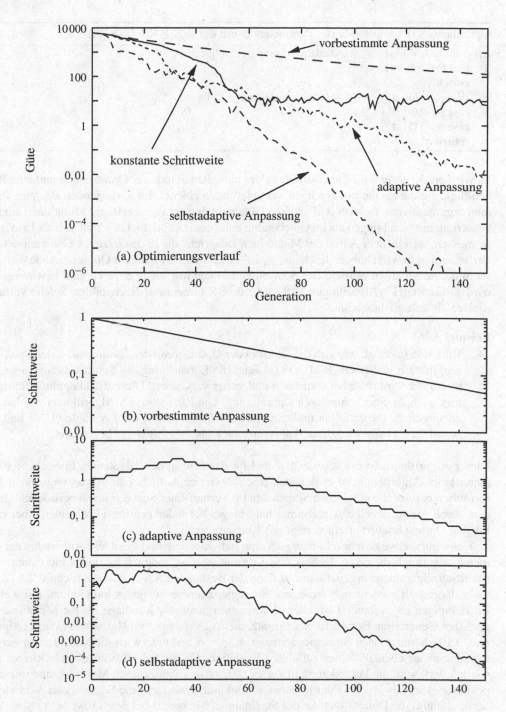

Bild 3.35. Vergleich der Techniken zur Anpassung des Schrittweitenparameters σ: Optimierungsverlauf (a) und Verlauf der Werte von σ in (b)–(d). Die Y-Achse ist jeweils logarithmisch skaliert.

Algorithmus 3.18 (Anpassung des Parameters σ mit der sog. $\frac{1}{5}$-Erfolgsregel)

ADAPTIVE-ANPASSUNG(Standardabweichung σ, Erfolgsrate p_s)
1 ⟨Sei Θ ein Schwellwert⟩
2 **switch**
3   **case** $p_s > \Theta : \sigma' \leftarrow \sigma \cdot \alpha$ ⟨Modifikationsfaktor($\alpha > 1$)⟩
4   **case** $p_s < \Theta : \sigma' \leftarrow \frac{\sigma}{\alpha}$
5   **case** $p_s = \Theta : \sigma' \leftarrow \sigma$
6 **return** σ'

Es wird ein Kriterium für die Beurteilung des aktuellen Stands der Optimierung und eine Regel benötigt, die daraus die notwendigen Veränderungen ableitet. Im vorliegenden Beispiel könnte man argumentieren, dass im schlechteren Gütebereich mehr durchgeführte Mutationen eine Verbesserung mit sich bringen als im Gütebereich nahe dem Optimum. Dies lässt sich als Erfolgsrate p_s messen, welche dem Anteil der Mutationen entspricht, die in den letzten k Generationen eine Verbesserung bewirkt haben. Je kleiner p_s ist, desto näher ist man am Optimum und desto lokaler muss die Mutation werden. Der Schwellwert Θ legt fest, wann σ verkleinert bzw. vergrößert wird. Diese Regel in Algorithmus 3.18 wird jede k-te Generation durchgeführt. Solche Verfahren werden als *adaptiv* bezeichnet.

Beispiel 3.36:

Bild 3.35 (a) zeigt, wie sich die Güte bei der Optimierung der 10-dimensionalen Sphärenfunktion verbessert. Bild 3.35 (c) zeigt die Entwicklung des Schrittweitenparameters σ: Er wird zunächst vergrößert und später verkleinert. Diese Rückkopplung führt hier auch zu einer schnelleren Optimierung. Die Parameter des Algorithmus wurden entsprechend theoretischer und empirischer Ergebnisse wie folgt gewählt: $\Theta = \frac{1}{5}$ und $\alpha = 1{,}224$. Daher wird diese Anpassung auch als $\frac{1}{5}$-*Erfolgsregel* bezeichnet.

Dieser Algorithmus ist ein schönes Beispiel für das Prinzip der Adaptation. Für beliebige Parameter eines Algorithmus ist es dennoch eine schwierige Aufgabe, die Anpassungsregeln so zu formulieren, dass alle möglichen Situationen im Verlauf einer Suche sinnvoll berücksichtigt werden. Auch der vorgestellte Algorithmus hat Mängel bei andersgearteten Problemen – bei vielen lokalen Optima tendiert er zur vorzeitigen Konvergenz.

Konsequenterweise wünscht man sich eine individuellere und flexiblere Anpassung der Parameter, was durch die dritte Technik, die *Selbstadaptation*, möglich ist. Jedes Individuum wird um Kontrollparameter ergänzt – das ist dann der Bestandteil $A.S \in \mathscr{Z}$ aus Abschnitt 2.4. Vereinfacht dargestellt merken sich diese sog. Strategieparameter für jedes Individuum, mit welchen Einstellungen es entstanden ist. Diese Information dient als Grundlage für die Mutationen der nächsten Generation. Der einfachste Ansatz, die SELBSTADAPTIVE-GAUSS-MUTATION (Algorithmus 3.19), benutzt einen Strategieparameter $A.S_1 = \sigma$ und unterwirft die Veränderung der Strategieparameter ebenfalls einer zufälligen Evolution. Da die Schrittweite σ nicht kleiner als 0 werden darf, wird die Veränderung in Zeile (2) des Algorithmus durch Multiplikation mit einem positiven Wert (als Ergebnis der Exponentialfunktion) realisiert – die Stärke dieser Veränderung berücksichtigt die Dimensionalität des Suchraums. Wie bereits bei der GAUSS-MUTATION (Algorithmus 3.4) werden Werte jenseits der Bereichsgrenzen auf die Grenze gesetzt – eine Alternative wäre, solange zu mutieren, bis das Individuum innerhalb der Grenzen liegt.

Algorithmus 3.19

SELBSTADAPTIVE-GAUSS-MUTATION(Individuum A mit $A.G \in \mathbb{R}^{\ell}$)

1 $u \leftarrow \mathcal{N}(0, 1)$

2 $B.S_1 \leftarrow A.S_1 \cdot \exp(\frac{1}{\sqrt{\ell}} u)$

3 **for each** $i \in \{1, \ldots, \ell\}$

4 **do** $\ulcorner u_i \leftarrow$ wähle zufällig gemäß $\mathcal{N}(0, B.S_1)$

5      $B_i \leftarrow A_i + u_i$

6      $B_i \leftarrow \max\{B_i, ug_i \text{ (untere Wertebereichsgrenze)}\}$

7      $\llcorner B_i \leftarrow \min\{B_i, og_i \text{ (obere Wertebereichsgrenze)}\}$

8 **return** B

Beispiel 3.37:

> In Bild 3.35 (d) sieht man deutlich, wie dynamisch der Schrittweitenparameter an die aktuelle Situation angepasst wird – haben sich Änderungen als unvorteilhaft herausgestellt, können sie auch wieder schnell korrigiert werden. Durch den großen Zufallseinfluss ist die Kurve recht flatterhaft, doch die Tendenz ist klar erkennbar und das positive Ergebnis der Optimierung in Bild 3.35 (a) überzeugt.

 Nachdem die Adaptation bereits die Veränderung der Schrittweite aus dem Optimierungsverlauf ableitet, liegt der Wunsch nahe, auch bei einer Selbstanpassung einen effektiveren Lernmechanismus zu nutzen als die rein zufällige Variation des Schrittweitenparameters. Wir werden darauf in Abschnitt 4.2 wieder zurückkommen.

Abschließend sei an dieser Stelle noch angemerkt, dass Techniken zur Anpassung nicht nur die Schrittweite des Mutationsoperators beeinflussen können. Es gibt in der Literatur auch Varianten der drei Anpassungsstrategien, welche beispielsweise die Repräsentation der Individuen, die Gütefunktion, den Selektionsoperator oder die Populationsgröße verändern.

3.5. Zusammenfassung der Arbeitsprinzipien

Die Ergebnisse aus den bisherigen Abschnitten werden zusammengefasst und komprimiert dargestellt.

In diesem Kapitel wurde immer wieder angedeutet, wie verschiedene Aspekte einer Optimierung und die Parameter des dazugehörigen evolutionären Algorithmus sich beeinflussen. Daher werden diese Abhängigkeiten in diesem Abschnitt nochmals systematisch aufbereitet: graphisch in Bild 3.36 und textuell in der folgenden Tabelle. Jeder Pfeil aus dem Bild ist in der Tabelle erklärt.

Bedingung	Zielgröße	Erwarteter Effekt
Genotyp	Mutation	Nachbarschaft des Mutationsoperators wird beeinflusst (S. 49)
Mutation	Erforschung	zufälligere Mutationen unterstützen die Erforschung (S. 59/108)
Mutation	Feinabst.	gütelokale Mutationen unterstützen die Feinabstimmung (S. 59/108)

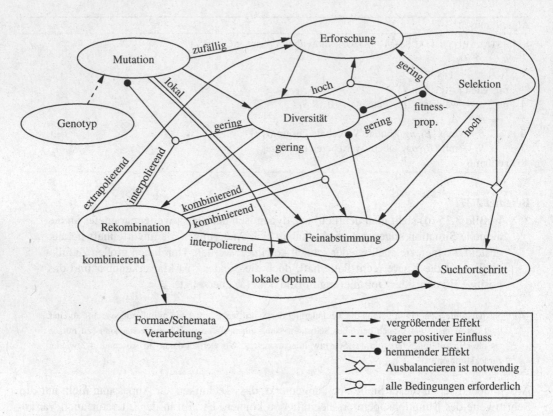

Bild 3.36. Versuch einer graphischen Darstellung, wie sich die verschiedenen Faktoren sich gegenseitig beeinflussen.

Bedingung	Zielgröße	Erwarteter Effekt
Mutation	Diversität	die Mutation vergrößert die Diversität (S. 59)
Mutation	lokale Optima	gütelokale Mutationen erhalten lokale Optima des Phänotyps, häufig führen Mutationsoperatoren sogar mehr lokale Optima ein (S. 54)
Rekombination	Erforschung	extrapolierende Operatoren stärken die Erforschung (S. 84)
Rekombination	Feinabst.	interpolierende Operatoren stärken die Feinabstimmung (S. 82)
Div./Rekomb.	Mutation	geringe Diversität und interpolierende Rekombination dämpft Ausreisser der Mutation (S. 82)
Diversität	Rekombination	hohe Diversität unterstützt die Funktionsweise der Rekombination (S. 81)
Selektion	Erforschung	geringer Selektionsdruck stärkt die Erforschung (S. 72/78)
Selektion	Feinabst.	hoher Selektionsdruck stärkt die Feinabstimmung (S. 72/78)
Selektion	Diversität	Selektion verringert meist die Diversität (S. 72)
Div./Rekomb.	Erforschung	kombinierende Rekombination stärkt die Erforschung bei hoher Diversität (S. 81)

Bedingung	Zielgröße	Erwarteter Effekt
Div./Rekomb.	Feinabst.	kombinierende Rekombination stärkt die Feinabstimmung bei geringer Diversität (S. 81)
Erforschung	Diversität	erforschende Operationen erhöhen die Diversität (S. 84)
Feinabst.	Diversität	feinabstimmende Operationen verringern die Diversität (S. 82)
Diversität	Selektion	geringe Diversität verringert den Selektionsdruck der fitnessproportionalen Selektion (S. 73)
Rekombination	Forma-Verarb.	Rekombination gemäß den Forma-Regeln unterstützt das Schema-Theorem (S. 97)
Forma-Verarb.	Suchfortschritt	Erfolgreiche Forma-Verarbeitung unterstützt den Suchfortschritt (S. 99)
lokale Optima	Suchfortschritt	viele lokale Optima hemmen den Suchfortschritt (S. 53)
Erf./Fein./Sel.	Suchfortschritt	Ausbalancieren der drei Faktoren ist für den Suchfortschritt notwendig (S. 78)

3.6.   Der ultimative evolutionäre Algorithmus

Überlegungen, ob ein Algorithmus einem anderen grundsätzlich überlegen ist, werden in diesem Abschnitt relativiert.

Noch in den 1980er Jahren hätten viele Forscher eine klare Antwort auf die Frage nach dem ultimativen evolutionären Algorithmus parat gehabt. So stammt auch das folgende Zitat aus dem Jahr 1989 und bricht eine Lanze für das Standardverfahren GENETISCHER-ALGORITHMUS (Algorithmus 3.15).

> ...Later, with newfound success under their belts, these same users confidently strike out "to really make these algorithms fly," oftentimes by introducing an odd array of programming tricks and hacks. The usual result is disappointment in the "improved" GA. Although it works better on some problems, it works worse on most.
>
> *David E. Goldberg, Zen and the Art of Genetic Algorithms*

Hier wird zwar versucht, eine grundsätzliche Überlegenheit des genetischen Algorithmus zu suggerieren, aber der kurze Absatz enthält auch bereits die heutige Antwort auf obige Frage: Die Wahl des Algorithmus hängt davon ab, welches Problem man lösen möchte.

Die Idee eines universellen Optimierers ist auf den ersten Blick sehr verlockend, doch stellt sich die Frage, was wir von einem universellen Optimierer erwarten dürfen, wenn wir *nichts* über das betrachtete Optimierungsproblem wissen. Zur Beantwortung dieser Frage betrachten wir die folgende Situation, bei der der Suchraum Ω und der Raum aller Bewertungsfunktionen $\mathscr{F}$ endlich sind. Diese Annahme ist gültig, da aufgrund der diskreten Speicherstrukturen in heutigen Computern und der beschränkten Ressourcen alle im Computer unterscheidbaren Probleme endlich sind. Die Tatsache, dass wir nichts über das Optimierungsproblem wissen, modellieren wir durch eine angenommene Gleichverteilung aller Bewertungsfunktionen: Jedes $F \in \mathscr{F}$ tritt mit der Wahrscheinlichkeit $\frac{1}{|\mathscr{F}|}$ auf. Zur weiteren Vereinfachung gehen wir davon aus, dass alle $F \in \mathscr{F}$ die Form $F : \Omega \to \mathbb{R}$ haben. Sei $\mathscr{A}$ die Menge aller Optimierungsalgorithmen, die auf dem Suchraum Ω arbeiten. Einen Algorithmus charakterisieren wir nun darüber, welche Individuen er in welcher Reihenfolge auf einem Problem $F \in \mathscr{F}$ betrachtet. Dem Algorithmus stehen dabei nur n Auswertungen im Verlauf der Optimierung zur Verfügung:

$$Optimierung_{F,n} : \mathscr{A} \to \Omega^n.$$

Vereinfachend nehmen wir an, dass bei jeder Optimierung der Algorithmus ein Individuum nur einmal bewerten lässt, also $Optimierung_{F,n}(Alg)$ insgesamt n unterschiedliche Individuen enthält. Außerdem nehmen wir an, dass jeder Algorithmus Alg deterministisch und damit auch $Optimierung_{F,n}(Alg)$ eindeutig ist. Auch diese Annahme ist gültig, da jeder evolutionäre Algorithmus bei fester Wahl des Anfangszustands des Zufallszahlengenerators deterministisch ist.

Nochmals zur Erläuterung: Für ein Problem $F \in \mathscr{F}$, ein Optimierungsproblem $Alg \in \mathscr{A}$ und eine natürliche Zahl $n \in \mathbb{N}$ ist

$$Optimierung_{F,n}(Alg) = (y_1, \ldots, y_n) \in \Omega^n$$

mit $y_i \neq y_j$ für $i \neq j$, wobei y_k das Individuum ist, das der Algorithmus Alg als k-tes Element mit F bewertet.

Wenn wir nun zwei Algorithmen $Alg_1, Alg_2 \in \mathscr{A}$ bzgl. ihrer Anwendung auf ein Problem $F \in \mathscr{F}$ vergleichen wollen, benötigen wir ein Leistungsmaß $QuAlg$ für die Qualität des Algorithmus. Dieses Maß wird mittels einer beliebigen, aber fest gewählten Funktion $h_n : \mathbb{R}^n \to \mathbb{R}$ definiert als

$$QuAlg_{F,n}(Alg) = h_n(F(y_1), \ldots, F(y_n))$$

mit $Optimierung_{F,n}(Alg) = (y_1, \ldots, y_n)$. Übliche Beispiele sind die durchschnittliche bzw. beste erzielte Güte oder die Anzahl der benötigten Auswertungen, bis das Optimum gefunden wurde. Man beachte im Weiteren die Terminologie: »Güte« eines Individuums A bezeichnet den Funktionswert $F(A)$ und »Leistung« bezieht sich auf $QuAlg_{F,n}(Alg)$ als Qualitätskriterium für eine komplette Optimierung.

Die zu erwartende Leistung der n ersten Auswertungen eines Algorithmus Alg auf einem beliebigen unbekannten Problem entspricht damit dem Mittel über alle möglichen Probleme:

$$\mathrm{Erw}\left[QuAlg_{F,n}(Alg) \mid F \in \mathscr{F}\right] = \frac{1}{\#\mathscr{F}} \sum_{F \in \mathscr{F}} QuAlg_{F,n}(Alg).$$

Dann gilt der folgende Satz.

Satz 3.5 (No free lunch):
    Für je zwei Algorithmen $Alg_1, Alg_2 \in \mathscr{A}$ und die Klasse aller Probleme $\mathscr{F}$ gilt bezüglich eines Leistungsmaßes $QuAlg$:

$$\mathrm{Erw}\left[QuAlg_{F,n}(Alg_1) \mid F \in \mathscr{F}\right] = \mathrm{Erw}\left[QuAlg_{F,n}(Alg_2) \mid F \in \mathscr{F}\right].$$

In der hier präsentierten Fassung lässt sich diese Aussage elementar beweisen. Sie gilt auch für allgemeinere Voraussetzungen, wobei die Beweise dann entsprechend schwieriger werden.

Beweis 3.7:

Ohne Beschränkung der Allgemeinheit seien $\Omega = \{x_1, \ldots, x_m\}$ der Suchraum und $r_i \in \mathbb{R}$ ($1 \le i \le m$) die vorkommenden Gütewerte. Jede mögliche Funktion $F \in \mathscr{F}$ ist nun über eine Permutation $\pi \in \mathscr{S}_m$ definiert, die die Gütewerte den Punkten im Suchraum zuweist: $F(x_i) = r_{\pi(i)}$ für $1 \le i \le m$. Es existieren also $m!$ unterschiedliche Funktionen in $\mathscr{F}$.

Bei einer Optimierung werden der Reihe nach die Punkte $y_1, y_2, \ldots$ betrachtet. Der erste Punkt $y_1 (= x_{j_1})$ wird völlig unabhängig von der zu optimierenden Funktion gewählt.

 Wir unterscheiden hier in der Notation zwischen der Abfolge der Optimierung y_k und den dabei gewählten Punkten aus dem Suchraum x_{j_k}, da wir auf beiden Ebenen argumentieren. Natürlich bezeichnen beide Notationen denselben Punkt im Suchraum $y_k = x_{j_k} \in \Omega$.

y_1 kann mit jedem der m Gütewerte r_i bewertet werden. Jeder Gütewert steht bei genau $(m-1)!$ Funktionen an der Stelle x_{j_1}. Dies ist an einem kleinen Beispiel in Bild 3.37 dargestellt.

 Man kann sich nun vorstellen, dass der Algorithmus versucht, über Stichproben im Suchraum die Menge der möglichen Funktionen einzuschränken, die vorliegen könnten. Das ist vom Ablauf her ganz ähnlich zu einem Mastermind-Spiel, bei dem man versucht, über Stichproben Informationen zu einer Anzahl versteckt gesetzter Farbsticker zu sammeln.

Allgemein gilt in der i-ten Iteration ($i > 1$), dass die $i-1$ bisher gewählten Punkte in $m \cdots (m-i+2) = \frac{m!}{(m-i+1)!}$ unterschiedlichen Gütefolgen resultieren können. Nun kann jede dieser Gütefolgen beim Betrachten des i-ten Punkts mit $m-i+1$ verschiedenen Gütewerten als $y_i = x_{j_i}$ fortgesetzt werden – dies ist auch wieder in jeweils $(m-i)!$ Funktionen der Fall. Dies ist in Bild 3.38 für den zweiten gewählten Punkt und in Bild 3.39 für den dritten gewählten Punkt veranschaulicht.

Damit gilt für beliebiges i, dass jede Reihenfolge, in der die Gütewerte entdeckt werden, bei genau gleich vielen Funktionen eintritt – völlig unabhängig davon, wie der Algorithmus vorgeht. (Zur Veranschaulichung enthält Bild 3.39 zwei Varianten, wie mit dem dritten Punkt fortgesetzt wird.) Wichtig ist hierbei, dass z. B. bei Algorithmus 1 für F_1 und F_2 jeweils mit demselben X_{j_3} fortgesetzt wird, da bisher dieselben

	x_1	x_2	x_3	x_4		x_1	x_2	x_3	x_4		x_1	x_2	x_3	x_4		x_1	x_2	x_3	x_4
F_1	1	2	3	4	F_7	2	1	3	4	F_{13}	3	1	2	4	F_{19}	4	1	2	3
F_2	1	2	4	3	F_8	2	1	4	3	F_{14}	3	1	4	2	F_{20}	4	1	3	2
F_3	1	3	2	4	F_9	2	3	1	4	F_{15}	3	2	1	4	F_{21}	4	2	1	3
F_4	1	3	4	2	F_{10}	2	3	4	1	F_{16}	3	2	4	1	F_{22}	4	2	3	1
F_5	1	4	2	3	F_{11}	2	4	1	3	F_{17}	3	4	1	2	F_{23}	4	3	1	2
F_6	1	4	3	2	F_{12}	2	4	3	1	F_{18}	3	4	2	1	F_{24}	4	3	2	1

Bild 3.37. Beispiel zum Beweis des »No Free Lunch«-Theorems: alle Bewertungsfunktionen für $m = 4$. Jede Zeile in einer der Tabellen entspricht einer möglichen Bewertungsfunktion. Als ersten Punkt betrachtet der Algorithmus den grau hinterlegten Punkt x_1.

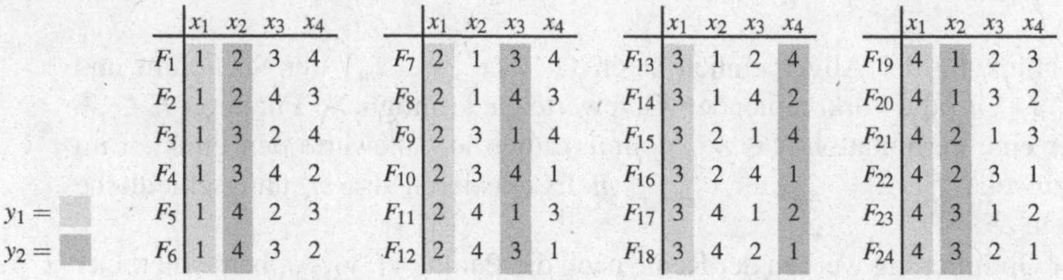

x1 x2 x3 x4
F1 1 2 3 4
F2 1 2 4 3
F3 1 3 2 4
F4 1 3 4 2
F5 1 4 2 3
F6 1 4 3 2
F7 2 1 3 4
F8 2 1 4 3
F9 2 3 1 4
F10 2 3 4 1
F11 2 4 1 3
F12 2 4 3 1
F13 3 1 2 4
F14 3 1 4 2
F15 3 2 1 4
F16 3 2 4 1
F17 3 4 1 2
F18 3 4 2 1
F19 4 1 2 3
F20 4 1 3 2
F21 4 2 1 3
F22 4 2 3 1
F23 4 3 1 2
F24 4 3 2 1
y1 =
y2 =

Bild 3.38. Beispiel zum Beweis des »No Free Lunch«-Theorems: Nach der Wahl von $y_1 = x_1$ entscheidet der Algorithmus abhängig von $F(x_1)$, welches x_i er als nächstes betrachtet.

Algorithmus 1:
Algorithmus 2:
x1 x2 x3 x4
F1 1 2 3 4
F2 1 2 4 3
F3 1 3 2 4
F4 1 3 4 2
F5 1 4 2 3
F6 1 4 3 2
F7 2 1 3 4
F8 2 1 4 3
F9 2 3 1 4
F10 2 3 4 1
F11 2 4 1 3
F12 2 4 3 1
F13 3 1 2 4
F14 3 1 4 2
F15 3 2 1 4
F16 3 2 4 1
F17 3 4 1 2
F18 3 4 2 1
F19 4 1 2 3
F20 4 1 3 2
F21 4 2 1 3
F22 4 2 3 1
F23 4 3 1 2
F24 4 3 2 1
y1 =
y2 =
y3 =

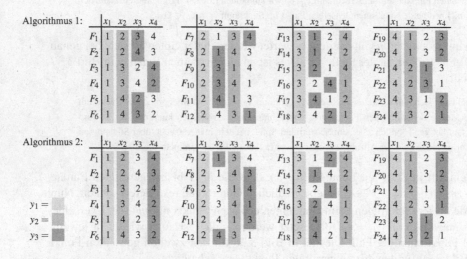

Bild 3.39. Beispiel zum Beweis des »No Free Lunch«-Theorems: Der dritte betrachtete Punkt hängt von der Güte der ersten beiden Punkte ab. Es werden zwei unterschiedliche Algorithmen an dieser Stelle betrachtet.

Gütewerte betrachtet wurden. Es könnte also bei bei F_1 mit x_4 und bei F_2 mit x_3 fortgesetzt werden.

Es folgt sofort, dass Erw $\left[QuAlg_{F,n}(Alg) \mid F \in \mathscr{F}\right]$ für jeden Algorithmus Alg einen identischen Wert ergibt.

Also ist im Mittel über alle möglichen Probleme – oder eben erwartungsgemäß für ein Problem, über das nichts bekannt ist, – kein Algorithmus den anderen Algorithmen überlegen. Insbesondere gilt das obige Theorem auch dann, wenn einer der Algorithmen ein aufzählendes Verfahren ist, bei dem alle Punkte des Suchraums gemäß einer (zufällig) gegebenen Reihenfolge durchprobiert werden.

Liegt nun jedoch ein Algorithmus vor, der auf der Teilmenge $\mathscr{F}' \subset \mathscr{F}$ einem zweiten Algorithmus überlegen ist, also

$$\text{Erw}\left[QuAlg_F(Alg_1) \mid F \in \mathscr{F}'\right] < \text{Erw}\left[QuAlg_F(Alg_2) \mid F \in \mathscr{F}'\right],$$

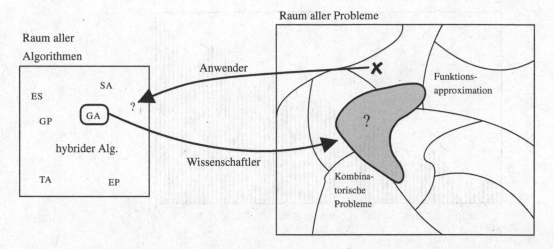

Bild 3.40. Praktische Konsequenz aus dem »No Free Lunch«-Resultat für Anwender und Wissenschaftler.

dann folgt aus dem obigen Theorem sofort ein umgekehrtes Verhalten für die Algorithmen auf der komplementären Menge der Probleme, also

$$\mathrm{Erw}\left[QuAlg_F(Alg_1) \mid F \in \mathscr{F} \setminus \mathscr{F}'\right] > \mathrm{Erw}\left[QuAlg_F(Alg_2) \mid F \in \mathscr{F} \setminus \mathscr{F}'\right].$$

Das bedeutet: Für jeden Algorithmus gibt es eine Nische im Raum aller Probleme, für die er besonders gut geeignet ist. Wie Bild 3.40 zeigt, hat dies eine unterschiedliche Konsequenz für Anwender und Wissenschaftler. Der Anwender stellt sich die Frage, welches der passende Algorithmus für sein Problem ist und wie ein Algorithmus noch passender gemacht werden kann. Die Wissenschaft wiederum steht vor der Aufgabe, ganze Problemklassen zu finden, für die ein bestimmter Algorithmus bezüglich eines Leistungsmerkmals »optimal« ist.

Allgemein kann man die folgenden praktischen Konsequenzen festhalten. Ist keinerlei Problemwissen vorhanden, gibt es keinen Grund von einem evolutionären Algorithmus mehr zu erwarten als von einem beliebigen anderen Verfahren. Ist Problemwissen vorhanden oder können bestimmte Eigenschaften wie ein gewisses Wohlverhalten der Gütelandschaft angenommen werden, wird dadurch eine generelle Anwendbarkeit von bestimmten Algorithmen nahegelegt. Das Wissen über die Struktur des Problems muss in die Auswahl oder den Entwurf des Optimierungsalgorithmus einfließen.

Übungsaufgaben

Übung 3.1   Hillclimbing

Betrachten Sie die in Bild 3.41 dargestellte, zu maximierende Funktion $f(x) = \frac{x}{8} + \sin\left(\frac{x}{2}\right)$ für die Werte $x \in \{1, 2, \ldots, 80\}$. Argumentieren Sie, wie ein Mutationsoperator für einen Hillclimber parametriert werden muss, der zufällig einen Wert aus $U(\{-g, +g\})$ addiert. Schätzen Sie ab, wie lange ein solcher Optimierer brauchen wird, wenn er bei $x = 1$ startet.

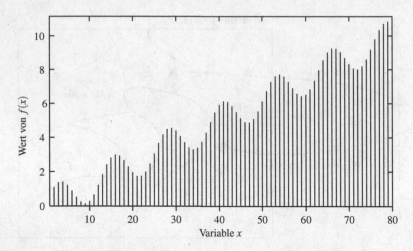

Bild 3.41. Gütelandschaft der in Aufgabe 3.1 betrachteten Funktion.

Übung 3.2   Genotyp und Mutation

Es soll der Produktionsplan für eine Fließbandproduktion optimiert werden. Es gibt insgesamt n Aufträge, die alle m Stationen am Fließband in derselben Reihenfolge $s_1, \ldots, s_m$ durchlaufen. An jeder Station wird immer nur ein Auftrag zur gleichen Zeit bearbeitet und verschiedene Aufträge können sich nicht überholen. Der Auftrag $a \in \{a_1, \ldots, a_n\}$ benötigt an der Station $s \in \{s_1, \ldots, s_m\}$ genau $t_{a,s} \in \mathbb{R}$ ($t_{a,s} > 0$) Zeit. Gesucht ist ein Produktionsplan, der für jeden Auftrag die Startzeiten an den m Stationen angibt und der die Aufträge in der kürzesten Zeit abarbeitet.

a) Bilden Sie zunächst den Produktionsplan direkt im Genotyp ab und formulieren Sie eine geeignete Mutation auf dem Problem. Was verändert eine Mutation hinsichtlich des Phänotyps? Welche Probleme sehen Sie bei diesem Ansatz?

b) Führen Sie einen alternativen Genotyp ein, der die Reihenfolge der Aufträge festlegt. Überlegen Sie, wie daraus der Produktionsplan berechnet werden kann. Wie sieht jetzt ein möglicher Mutationsoperator aus?

Übung 3.3   Selektion

Entwerfen Sie einen Selektionsoperator, der ähnlich zur proportionalen Selektion jedes Individuum mit einer bestimmten Wahrscheinlichkeit auswählt. Dabei sollen jedoch sowohl gute Individuen bevorzugt werden als auch die Diversität erhalten bleiben bzw. sogar vergrößert werden (indem der gesamte Gütebereich bis zum Ende der Optimierung repräsentiert wird).

Übung 3.4   Populationskonzept und Rekombination

Entwerfen Sie eine konkrete Bewertungsfunktion auf dem Genotyp $\mathscr{G} = [0, 10] \times [0, 10]$, für die Sie der Meinung sind, dass ein populationsbasierter Algorithmus mit Mutation und Rekombination bessere Ergebnisse liefert als ein lokaler Suchalgorithmus. Formulieren Sie die Suchoperatoren und begründen Sie Ihre Hypothese.

Übung 3.5   Selektion

Bestimmen Sie die Wahrscheinlichkeit mit der das i-beste Individuum einer Population der Größe μ durch eine q-fache Turnierselektion ausgewählt wird. Berechnen Sie die Wahrscheinlichkeiten für die Werte $\mu = 5$, $q = 2$ bzw. $q = 3$ und beliebiges i. Vergleichen Sie die Werte mit den Wahrscheinlichkeiten der rangbasierten Selektion.

Übung 3.6   Rekombination

Es soll ein Regressionsproblem gelöst werden, bei dem eine Funktion

$$g(x) = a + b \cdot x + c \cdot x^2 + d \cdot x^3$$

so angepasst wird, dass für eine Menge von Stützstellen $(x_1, y_1), \ldots, (x_m, y_m)$ möglichst gilt: $g(x_i) = y_i$. Eine solche Funktion wird bestimmt durch $(a, b, c, d) \in \mathscr{G} = \mathbb{R}^4$. Sie wird ferner durch die quadratische Abweichung von den Sollfunktionswerten bewertet:

$$f(g(\cdot)) = \sum_{i=1}^{m} \left(g(x_i) - y_i \right)^2.$$

Entwerfen Sie je einen kombinierenden, interpolierenden und extrapolierenden Operator für dieses Problem und untersuchen Sie an einem kleinen Beispiel, wie die Operatoren die zwei Eltern-Funktionen, d. h. den Phänotyp, verändern.

Übung 3.7   Schema und Kodierung

Betrachten Sie die Zahlen $\{0, \ldots, 31\}$, die binär kodiert werden. Welche Zahlen werden durch die Schemata $11***$ und $***00$ jeweils bei standardbinärer Kodierung und bei Gray-Kodierung zusammengefasst?

Übung 3.8   Schema-Theorem

Die folgende Population

$$\langle (110101), (011101), (101110), (111110), (000101)$$
$$(011000), (110111), (111011), (001000), (001110) \rangle$$

soll die Bewertungsfunktion maximieren, die jedes Individuum genau auf die Anzahl der führenden Einsen abbildet, d. h. die Güte ist die Anzahl der Einsen von links, bis eine Null im Individuum steht. Es wird ein GENETISCHER-ALGORITHMUS benutzt mit $p_m = 0{,}15$ und $p_x = 0{,}6$. Bestimmen Sie die Aussage des Schema-Theorems für die Schemata $1*****$, $11****$, $111***$, $00****$ und $*11***$.

Übung 3.9   Selbstanpassung

Ein GENETISCHER-ALGORITHMUS soll so verändert werden, dass die Mutationsrate p_m sich selbst anpasst. Übertragen Sie die vorgestellten Techniken und entwickeln Sie eine adaptive und eine selbstadaptive Variante.

Übung 3.10   No Free Lunch

Rekapitulieren Sie nochmals die Voraussetzungen von Satz 3.5 (No Free Lunch). Diskutieren Sie, inwieweit die Voraussetzungen realitätsnah sind.

Übung 3.11   Hillclimbing

Implementieren Sie die verschiedenen Varianten, die Sie in Aufgabe 3.1 entworfen haben. Decken sich Ihre Experimente mit ihren Überlegungen?

Übung 3.12   Rekombination

Implementieren Sie Ihren Ansatz aus Aufgabe 3.6. Können Sie Unterschiede im Verhalten zwischen den verschiedenen Rekombinationsoperatoren feststellen?

Übung 3.13   Schema-Theorem

Implementieren sie den Algorithmus GENETISCHER-ALGORITHMUS, wie er auf Seite 87 beschrieben wurde. Optimieren Sie damit die zweidimensionale Bewertungsfunktion

$$f(x_1, x_2) = 100(x_1^2 - x_2)^2 + (1 - x_1)^2,$$

wobei sie die Wertebereiche $[-5{,}12, \ 5{,}12]$ für x_i jeweils mit 10 Bits standardbinär kodieren. Lassen Sie sich in Experimenten mit einer Populationsgröße von 100 Individuen für ausgewählte Bausteine (engl. *building blocks*) die Vorhersage der Schema-Entwicklung gemäß dem Schema-Theorem und der tatsächliche Anteil der Population, der dem Schema angehört, protokollieren. Welche Beobachtungen machen Sie?

Historische Anmerkungen

Die Charakterisierung der Mutation als Nachbarschaftsgraph basiert auf der Arbeit von Jones (1995). Die EIN-BIT-BINÄRE-MUTATION (Algorithmus 3.1) wurde erstmals von Bremermann (1962) eingeführt. Die Modellierung von evolutionären Algorithmen mittels Markovketten geht auf frühe Arbeiten zur lokalen Suche (z. B. Aarts & Korst, 1991) zurück. Modelle von evolutionären Algorithmen wurden in der Folgezeit auf sehr vielfältige Art und Weise erstellt. Daher sei hier auszugsweise auf die Arbeiten von Eiben et al. (1991), Nix & Vose (1992), De Jong et al. (1995), Rudolph (1997) und den Überblick von Rudolph (1998) verwiesen. Das hier vorgestellte Resultat stammt aus der Arbeit von Rudolph (1997). Wie wiederum die Wahl der Kodierung die Anzahl der lokalen Optima verringern kann, wird anschaulich von Rana & Whitley (1999) dargestellt. Die als Beispiel angeführte Gray-Kodierung wurde als erstes in diesem Kontext von Caruana & Schaffer (1988) betrachtet. Rowe et al. (2004) haben einen ausführlichen Vergleich der standardbinären Kodierung und der Gray-Kodierung vorgenommen. Im Hinblick auf die Rekombination wurden die Kodierungsarten von Rothlauf (2002) und Weicker (2010) untersucht.

Die Aspekte der Feinabstimmung und der Erforschung sind ein Thema seit den Anfängen der evolutionären Algorithmen. So finden sie sich beispielsweise bereits in der Arbeit von Holland (1975) wieder. Eine ausführliche Übersicht zum Thema ist in einem Artikel von Eiben

& Schippers (1998) enthalten. In diesem Zusammenhang wurden in diesem Kapitel die BI-NÄRE-MUTATION (Algorithmus 3.3) von Holland (1975) und die GAUSS-MUTATION (Algorithmus 3.4) von Rechenberg (1973) vorgestellt. Inwieweit die Mutation eines genetischen Algorithmus nur als erforschender Hintergrundoperator dient, wurde von Mitchell et al. (1994) in Frage gestellt.

Die Vielfalt (Diversität) einer Population wird in sehr vielen Arbeiten auch bereits in der Anfangszeit der evolutionären Algorithmen diskutiert. Konsequenterweise finden sich schon sehr früh Techniken, die die Diversität erhalten sollen (z. B. das Güteteilen bei Goldberg & Richardson, 1987). Einzelne Aspekte der Diversität, insbesondere bezogen auf die Selektion, wurden auch in unterschiedlichen theoretischen Arbeiten erörtert (z. B. in der Arbeit von Blickle & Thiele, 1995, 1997; Motoki, 2002), wobei häufig der Verlust der Diversität durch die Selektion untersucht wird. Eine umfassende Diskussion der Diversität ist in der die Arbeit von Mattiussi et al. (2004) enthalten, die insbesondere auch die teilstringorientierte Diversität einführt.

Die Unterscheidung in probabilistische und deterministische Selektion bzw. Eltern- und Umweltselektion reicht zurück bis in die Ursprünge der unterschiedlichen Standardalgorithmen. So wurde eine probabilistische Elternselektion, die FITNESSPROPORTIONALE-SELEKTION (Algorithmus 3.9) von Holland (1975), bei den genetischen Algorithmen genutzt, während die Evolutionsstrategien (Rechenberg, 1973; Schwefel, 1977) mit der Umweltselektion BESTEN-SELEKTION (Algorithmus 3.7) arbeiten.

Das Konzept der überlappenden Populationen wurde mehrfach auf unterschiedliche Art und Weise eingeführt: als Plus-Selektion bei den Evolutionsstrategien, und als steady state GA bei den genetischen Algorithmen (Whitley, 1989; Syswerda, 1989, 1991b) und ohne spezielle Benennung im evolutionären Programmieren (Fogel et al., 1966). Eine Übersicht zu überlappenden Populationen und den möglichen Ersetzungsstrategien findet sich in den Arbeiten von Smith & Vavak (1999) und Sarma & De Jong (1997).

Die Definition der Selektionsintensität als Maß für den Selektionsdruck sowie deren Analyse für die fitnessproportionale Selektion stammt von Mühlenbein & Schlierkamp-Voosen (1993).

Bei den Varianten der fitnessproportionalen Selektion wurde die Technik der Skalierung von Grefenstette (1986) eingeführt. Die rangbasierte Methode und STOCHASTISCHES-UNIVERSELLES-SAMPLING (Algorithmus 3.10) stammen von Baker (1987). Die q-fache TURNIER-SELEKTION (Algorithmus 3.11) wurde erstmals von Brindle (1981) benutzt, während die Q-STUFIGE-TURNIER-SELEKTION (Algorithmus 3.8) von Fogel (1995) eingeführt wurde.

Große Teile der Argumentation des Abschnitts über die Selektion einschließlich der Übersicht über die Kombinationsweisen der Eltern- und Umweltselektion wurden einer Arbeit des Autors (Weicker & Weicker, 2003) entnommen.

Die Anlehnung des Rekombinationsoperators an die Genetik (als neue Kombination vorhandener Gene) geht auf die frühen Arbeiten zu den genetischen Algorithmen zurück, wobei konkret der EIN-PUNKT-CROSSOVER (Algorithmus 3.14) von Holland (1975) stammt und der Operator UNIFORMER-CROSSOVER (Algorithmus 3.12) zum ersten Mal von Ackley (1987a) und Syswerda (1989) erwähnt wurde. Der erste interpolierende Operator war der ARITHMETISCHER-CROSSOVER (Algorithmus 3.13) von Michalewicz (1992). Deren Arbeitsweise als Mittel zur stochastischen Fehlerminimierung stammt aus der Arbeit von Beyer (1994, 1997). Das vorgestellte Beispiel für den extrapolierenden Operatoren heißt auch heuristischer Crossover von Wright (1991).

Als Theorie für die klassische Rekombination wurde das Schema-Theorem von Holland (1975) gezeigt, während die Verallgemeinerung der Schemata als Formae sowie die daraus resultierenden Regeln von Radcliffe (1991a,b) und Radcliffe & Surry (1995) hergeleitet wurden. Die Baustein-Hypothese stammt von Goldberg (1989) und ist eine mögliche Interpretation des Schema-Theorems. Das Schema-Theorem wurde stark kritisiert und zu widerlegen versucht (z. B. Grefenstette & Baker, 1989). Wie jedoch auch Levenick (1990) ausführt, sind die hier dargestellten Ergebnisse richtig, allerdings sollte man sich nicht durch eine zu freie Interpretation der Ergebnisse zu falschen Schlüssen verleiten lassen. Die hier als Beispiel angeführte in die Irre führende Funktion ist eine Variation der Funktion von Deb & Goldberg (1993). Inzwischen wurden auch bereits verschiedene Schema-Theoreme gezeigt, die statt Abschätzungen exakte Vorhersagen bezüglich der Schema-Entwicklung machen (z. B. Stephens & Waelbroeck, 1997; Poli, 2000; Poli & McPhee, 2001). Diese Resultate eignen sich dann auch für eine exakte Modellierung einer kompletten Optimierung. Das fehlende Schema-Theorem ist ebenfalls aus der Kritik am Schema-Theorem heraus entstanden (Altenberg, 1995).

Die Diskussion und die Beispiele zur Rolle des Grads der Zufälligkeit bei evolutionären Operatoren abhängig vom Stand der Suche beruhen auf den Ergebnissen von Weicker & Weicker (1999), die diese Aussagen unter bestimmten Annahmen bewiesen haben (vgl. auch Weicker, 2001).

Die mit diesen Überlegungen motivierte Anpassung von Operatoren während des Optimierungsvorgangs wurde bereits wesentlich früher erkannt. Vorbestimmte Anpassung findet sich beispielsweise beim simulierten Abkühlen (Kirkpatrick et al., 1983), eine globale Anpassung wurde erstmals in Form der 1/5-Erfolgsregel (Rechenberg, 1973) bei den Evolutionsstrategien genutzt. Selbstadaptive Techniken gehen auf die Arbeit von Schwefel (1977) zurück.

Die »No free Lunch«-Resultate, die die Existenz eines universellen Optimierers in Frage stellen, wurden erstmals von Wolpert & Macready (1995, 1997) gezeigt. Verschiedene Erweiterungen und Ergänzungen dieser Resultate wurden in der Folgezeit veröffentlicht (Culberson, 1998; English, 1996, 1999; Droste et al., 2001; Schumacher et al., 2001).

Die zusammenfassende graphische Darstellung der Abhängigkeiten und Effekte in den evolutionären Algorithmen ist einer Arbeit des Autors entnommen (Weicker & Weicker, 2003).

4.   Evolutionäre Standardalgorithmen

Die gängigen Standardalgorithmen, aus der Anfangszeit bis heute, werden in diesem Kapitel vorgestellt.

Lernziele in diesem Kapitel

⇨ Die bekannten Standardalgorithmen können erläutert und bezüglich der Prinzipien aus Kapitel 3 eingeordnet werden.

⇨ Die einzelnen Verfahren können auf neue Optimierungsprobleme angewandt werden.

⇨ Die Vielfalt verschiedener evolutionärer Algorithmen und ihrer Abläufe wird verstanden. Dadurch können die Standardalgorithmen voneinander und zu weniger erfolgversprechenden Varianten abgegrenzt werden.

Gliederung

Wie in den historischen Anmerkungen zu Kapitel 2 dargelegt wurde, sind bereits sehr früh drei große Teilgebiete der evolutionären Algorithmen unabhängig voneinander entstanden. Diese sind durch unterschiedliche Philosophien und Eigenheiten charakterisiert. Auch wenn das Ziel dieses Buches eine Vermittlung der übergeordneten Prinzipien der evolutionären Algorithmen ist, ist es nicht nur von historischem Wert, sich die Standardalgorithmen anzuschauen. Nur mit diesem Hintergrundwissen können viele Anwendungen und Veröffentlichungen verstanden und richtig eingeordnet werden. Neben den bereits im historischen Anhang von Kapitel 2 vorgestellten großen Teilgebieten – genetische Algorithmen, Evolutionsstrategien, evolutionäres Programmieren und genetisches Programmieren – werden in diesem Kapitel auch lokale Suchalgorithmen und eine

Reihe neuerer oder weniger verbreiteter Verfahren präsentiert. Zu jedem Algorithmus sollen typische Parameterwerte eine gewisse Orientierung bei der eigenen Anwendung geben – dennoch gibt es natürlich viele sehr erfolgreiche Anwendungen, die erheblich von diesen Angaben abweichen.

4.1. Genetischer Algorithmus

Genetische Algorithmen werden sowohl in ihrer klassischen Form mit der Kodierung durch binären Zeichenketten als auch mit problemspezifischeren Repräsentationen vorgestellt.

Genetische Algorithmen (GA, engl. *genetic algorithms*) sind im Wesentlichen durch eine probabilistische Elternselektion und die Rekombination als primären Suchoperator gekennzeichnet. Die Mutation ist meist nur ein Hintergrundoperator, der nur mit einer geringen Wahrscheinlichkeit zur Anwendung kommt. Er garantiert die Erreichbarkeit aller Punkte im Suchraum und erhält eine Grunddiversität in der Population. Die Schema-Theorie ist die theoretische Grundlage für die Wirkungsweise der genetischen Algorithmen.

Es gibt zwei grundsätzlich unterschiedliche Grundalgorithmen. Der sog. Standard-GA GENE-TISCHER-ALGORITHMUS (Algorithmus 3.15 auf Seite 87) wurde bereits im vorherigen Kapitel ausführlich diskutiert. Er ist dadurch charakterisiert, dass am Ende jeder Generation die erzeugten Kindindividuen die Elternpopulation komplett ersetzen. Als Gegenentwurf hierzu dient der STEADY-STATE-GA (Algorithmus 4.1) mit überlappenden Populationen, der immer nur ein Individuum pro Generation erzeugt und dieses sofort in die Gesamtpopulation integriert, d. h. ein Individuum der Elternpopulation auswählt und dieses durch das neue Individuum ersetzt. Die beiden Ablaufschemata sind beispielhaft in Bild 4.1 visualisiert. Als Elternselektion kommen meist die FITNESSPROPORTIONALE-SELEKTION (Algorithmus 3.9) mit ihren Varianten, das stochastische universelle Sampling (beim Standard-GA) oder die q-fache TURNIER-SELEKTION (Algorithmus 3.11) zum Einsatz.

Algorithmus 4.1 (Steady state genetischer Algorithmus)

STEADY-STATE-GA(Zielfunktion F)

1   $t \leftarrow 0$
2   $P(t) \leftarrow$ erzeuge Population mit μ (Populationsgröße) Individuen
3   bewerte $P(t)$ durch F
4   **while** Terminierungsbedingung nicht erfüllt
5   **do** $\lceil$ $\langle A, B \rangle \leftarrow$ Selektion aus $P(t)$ mittels FITNESSPROPORTIONALE-SELEKTION
6       $u \leftarrow$ wähle Zufallszahl gemäß $U([0, 1))$
7   **if** $u \leq p_x$ (Rekombinationswahrscheinlichkeit)
8   **then** $\lceil C \leftarrow$ EIN-PUNKT-CROSSOVER(A, B)
9   **else** $\lceil C \leftarrow B$
10      $D \leftarrow$ BINÄRE-MUTATION(C)
11   bewerte D durch F
12      $P' \leftarrow$ entferne das schlechteste Individuum aus $P(t)$
13      $t \leftarrow t + 1$
14   $\lfloor P(t) \leftarrow P' \circ \langle D \rangle$
15   **return** bestes Individuum aus $P(t)$

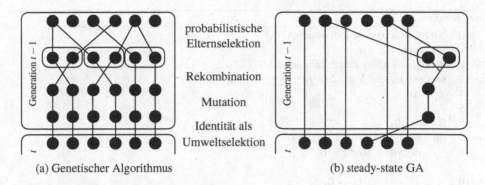

(a) Genetischer Algorithmus   (b) steady-state GA

Bild 4.1. Der unterschiedliche Ablauf des (a) GA und des (b) steady state GA wird jeweils mit einem Ablaufschema verdeutlicht.

 Die beiden formulierten Algorithmen unterscheiden sich in der benutzten Rekombination: Jedes Elternpaar im Standard-GA GENETISCHER-ALGORITHMUS erzeugt zwei Kindindividuen, während im STEA-DY-STATE-GA insgesamt nur ein Kindindividuum pro Generation erzeugt wird.

Beim GA in seiner ursprünglichen Form besteht ein Individuum aus einer binären Zeichenkette, d. h. der Suchraum hat die Form $\mathscr{G} = \mathbb{B}^{\ell} = \{0,\ 1\}^{\ell}$. Es gibt einige Optimierungsprobleme mit einem binären Suchraum, wie z. B. das Rucksackproblem, bei dem aus mehreren Gegenständen eine möglichst wertvolle Menge unter Berücksichtigung der Kapazität des Rucksacks ausgewählt wird, oder das Erfüllungsproblem, bei dem eine Belegung boolescher Variablen gesucht ist, für die eine aussagenlogische Formel wahr ist. Für die meisten Optimierungsprobleme ist jedoch eine Kodierung des Lösungsraums in den Raum $\mathbb{B}^{\ell}$ notwendig. Sowohl die standardbinäre als auch die Gray-Kodierung sind hierbei üblich, allerdings greift die Schema-Theorie nicht mehr so gut bei einer Gray-Kodierung (vgl. Aufgabe 3.7). Als Operationen kommen die BINÄRE-MUTATION (Algorithmus 3.3) sowie einer der Rekombinationsoperatoren EIN-PUNKT-CROSSOVER (Algorithmus 3.14), UNIFORMER-CROSSOVER (Algorithmus 3.12) oder der in Algorithmus 4.2 beschriebene K-PUNKT-CROSSOVER als Verallgemeinerung des 1-Punkt-Crossovers zum Einsatz.

Beispiel 4.1:
  Bei den binären Zeichenketten 00101110 und <u>10111001</u> würden durch einen 2-Punkt-Crossover an den Stellen $j_1 = 3$ und $j_2 = 6$ die Individuen <u>101</u>01<u>101</u> und 00<u>111</u>010 entstehen.

Meist wird nur ein gewisser Prozentsatz der neuen Individuen durch die Rekombination erzeugt (ein häufiger Richtwert in der Literatur ist ca. 70%). Die restlichen Individuen entstehen nur durch Mutation auf einem Elternindividuum. Übliche Parametereinstellungen stehen in Tabelle 4.1.
  Das bisher beschriebene Verfahren zur Mutation ist für lange Zeichenketten sehr rechenintensiv, da für jede Binärinformation eine Zufallszahl benötigt wird. Die in Algorithmus 4.3 beschriebene EFFIZIENTE-BINÄRE-MUTATION benutzt stattdessen die Eigenschaft, dass die Abstände zwischen den auftretenden Mutationen in der Zeichenkette geometrisch verteilt sind: Mittels einer

---

Algorithmus 4.2

K-PUNKT-CROSSOVER(Individuen A, B)

```
1   for each m ∈ {1, ..., k}
2   do ⌐ jₘ ← wähle Zufallszahl gemäß U({1, ..., ℓ − 1})
3   sortiere j₁, ..., jₖ so, dass j₁ ≤ j₂ ≤ ··· ≤ jₖ
4   j₀ ← 0
5   jₖ₊₁ ← ℓ
6   for m ← 0, ..., k
7   do ⌐ for i ∈ {jₘ + 1, ..., jₘ₊₁}
8       do ⌐ if m mod 2 = 0
9           then ⌐ Cᵢ ← Aᵢ
10               ∟ Dᵢ ← Bᵢ
11          else ⌐ Cᵢ ← Bᵢ
12      ∟   ∟   ∟ Dᵢ ← Aᵢ
13  return C, D
```

Parameter	Wertebereich
Populationsgröße:	30–100
Rekombinationswahrscheinlichkeit:	0,6–0,9
Mutationsrate:	0,001–0,01, $1/\ell$

Tabelle 4.1. Häufig benutzte Parameterwerte bei binär kodierten genetischen Algorithmen.

Algorithmus 4.3

EFFIZIENTE-BINÄRE-MUTATION(Individuum A mit $A.G \in \mathbb{B}^{\ell}$, Mutationsabstand $next$)

```
1   B ← A
2   while next ≤ ℓ
3   do ⌐ B_next ← 1 − A_next
4       u ← wähle zufällig gemäß U([0, 1))
5   ∟ next ← next + ⌊ ln(u)/ln(1−pₘ) ⌋
6   next ← next − ℓ
7   return B, next
```

Zufallszahl $u \sim U([0, 1))$ lässt sich der Abstand zur nächsten auftretenden Mutation bestimmen. Falls der Abstand über das Ende des Individuums hinausgeht, wird der Überhang auf das nächste zu mutierende Individuum weitergereicht und bestimmt dort die erste veränderte Position.

Beispiel 4.2:

Angenommen in dem Individuum $A.G = (1, 0, 1, 1, 1, 0, 0, 1, 0, 1)$ wurde soeben die erste Stelle mutiert, dann gilt $next = 1$. Nun wird über die Zufallszahl $u = 0{,}7$ das nächste mutierte Bit ermittelt. Mit $p_m = 0{,}1$ gilt:

$$next = 1 + \left\lfloor \frac{\ln(0{,}7)}{\ln(1 - 0{,}1)} \right\rfloor = 1 + \left\lfloor \frac{-0{,}356\,67}{-0{,}105\,36} \right\rfloor = 1 + \lfloor 3{,}385\,28 \rfloor = 4.$$

Daher wird auch das vierte Bit invertiert und es ergibt sich das folgende Individuum $(1, 0, 1, 0, 1, 0, 0, 1, 0, 1)$. Wird als nächste Zufallszahl $u = 0{,}3$ gewählt, ergibt sich die nächste Position

$$next = 4 + \left\lfloor \frac{\ln(0{,}3)}{\ln(1 - 0{,}1)} \right\rfloor = 4 + \left\lfloor \frac{-1{,}203\,97}{-0{,}105\,36} \right\rfloor = 4 + \lfloor 11{,}427\,17 \rfloor = 15.$$

Da dies größer als die Länge des Individuums $\ell = 10$ ist, wird $next = 15 - \ell = 5$ gesetzt und im nächsten Individuum, wird das fünfte Bit verändert.

Mit der Zeit kamen neben der rein binären Kodierung auch andere problemnahe Repräsentationen auf – insbesondere reellwertige Zeichenketten und Permutationen. Im Weiteren werden kurz die speziellen genetischen Operatoren für diese Repräsentationen vorgestellt und zusammengefasst.

Bei reellwertigen GAs hat der Suchraum die Form $\mathscr{G} = \mathbb{R}^\ell$. Für jede Suchraumdimension i ist ein Intervall $[ug_i, og_i]$ vorgegeben, also gilt $\mathscr{G} = [ug_1, og_1] \times \ldots \times [ug_\ell, og_\ell]$. Durch diese Repräsentation werden Probleme bei der Kodierung, wie z. B. die Hamming-Klippen, vermieden. Als Rekombinationsoperatoren bieten sich die selben Crossoveroperatoren wie im binären Fall an: EIN-PUNKT-CROSSOVER, UNIFORMER-CROSSOVER und K-PUNKT-CROSSOVER. Allerdings decken diese Operatoren nicht den kompletten Suchraum ab, da keine Zwischenwerte angenommen werden. Daher wird häufig der Operator ARITHMETISCHER-CROSSOVER (Algorithmus 3.13) eingesetzt. Bei der Mutation kann nicht mehr einfach eine Informationseinheit invertiert werden, stattdessen wird mit einer gewissen Wahrscheinlichkeit auf jede Komponente des Individuums ein zufälliger gleichverteilter Wert addiert. Die GLEICHVERTEILTE-REELLWERTIGE-MUTATION (Algorithmus 4.4) wird auch als Kriechmutation (engl. *creep mutation*) bezeichnet, da im Gegensatz zur GAUSS-MUTATION (Algorithmus 3.4) die Schrittweite beschränkt ist. Gerade für reellwertige Probleme ist allerdings meist die Evolutionsstrategie in Abschnitt 4.2 deutlich überlegen.

Für kombinatorische Probleme werden oft Permutationen, d. h. $\mathscr{G} = \mathscr{S}_\ell$, als Genotyp benutzt. Da bei Permutationen die Schema-Theorie nicht richtig greift, ist die Mutation in der Regel die wichtigere Operation. In Kapitel 2 wurden die INVERTIERENDE-MUTATION (Algorithmus 2.2) und die VERTAUSCHENDE-MUTATION (Algorithmus 2.1) bereits ausführlich vorgestellt. Eine Alternative ist die VERSCHIEBENDE-MUTATION (Algorithmus 4.5), die eine Zahl aus der Permutation entfernt und an einer beliebigen Stelle wieder einfügt.

Algorithmus 4.4

GLEICHVERTEILTE-REELLWERTIGE-MUTATION(Individuum A mit $A.G \in \mathbb{R}^\ell$)

1 **for each** $i \in \{1, \ldots, \ell\}$
2 **do** $\ulcorner$ $u \leftarrow$ wähle Zufallszahl gemäß $U([0, 1))$
3   **if** $u \leq p_m$ (Mutationswahrscheinlichkeit)
4   **then** $\ulcorner$ $unten \leftarrow \max\{ug_i, A_i - x$ (maximale Schrittweite)$\}$
5              $oben \leftarrow \min\{og_i, A_i + x \}$
6        $\llcorner$ $\llcorner B_i \leftarrow$ wähle Zufallszahl gemäß $U([unten, oben])$
7 **return** B

Algorithmus 4.5

VERSCHIEBENDE-MUTATION(Individuum A mit $A.G \in \mathscr{S}_\ell$)

1    $B \leftarrow A$
2    $u_1 \leftarrow$ wähle zufällig gemäß $U(\{1,\ldots,\ell\})$
3    $u_2 \leftarrow$ wähle zufällig gemäß $U(\{1,\ldots,\ell\})$
4    $B_{u_2} \leftarrow A_{u_1}$
5   **if** $u_1 > u_2$
6   **then** $\ulcorner$ **for each** $j \in \{u_2, \ldots, u_1 - 1\}$
7        $\llcorner$ **do** $\lfloor B_{j+1} \leftarrow A_j$
8   **else** $\ulcorner$ **for each** $j \in \{u_1 + 1, \ldots, u_2\}$
9        $\llcorner$ **do** $\lfloor B_{j-1} \leftarrow A_j$
10 **return** B

Algorithmus 4.6

MISCHENDE-MUTATION(Individuum A mit $A.G \in \mathscr{S}_\ell$)

1    $B \leftarrow A$
2    $u_1 \leftarrow$ wähle zufällig gemäß $U(\{1,\ldots,\ell\})$
3    $u_2 \leftarrow$ wähle zufällig gemäß $U(\{1,\ldots,\ell\})$
4   **if** $u_1 > u_2$
5   **then** $\lfloor$ vertausche u_1 und u_2
6    $\pi \leftarrow$ wähle zufällig aus $U(\mathscr{S}_{u_2-u_1+1})$
7   **for each** $j \in \{1,\ldots,u_2 - u_1 + 1\}$
8   **do** $\lfloor B_{u_1+j-1} \leftarrow A_{u_1+\pi(j)-1}$
9   **return** B

Beispiel 4.3:

Beispielsweise produziert die VERSCHIEBENDE-MUTATION mit den Zufallszahlen $u_1 = 3$ und $u_2 = 6$ aus dem Individuum (1, 2, 3, 4, 5, 6, 7) das Individuum (1, 2, <u>4</u>, <u>5</u>, <u>6</u>, <u>3</u>, 7).

Eine weitere Möglichkeit besteht in dem zufälligen Umsortieren eines Teils der Permutation wie in Algorithmus 4.6 (MISCHENDE-MUTATION).

Beispiel 4.4:

Die MISCHENDE-MUTATION wird mit den Schnittpunkten $u_1 = 3$ und $u_2 = 6$ aus dem Individuum (1, 2, 3, 4, 5, 6, 7) beispielsweise das Individuum (1, 2, <u>5</u>, <u>3</u>, <u>6</u>, <u>4</u>, 7) oder jede andere beliebige Anordnung der markierten Ziffern.

Verglichen mit den anderen vorgestellten Mutationsoperatoren für Permutationen verändert dieser zuletzt vorgestellte Operator ein Individuum relativ stark.

Während Mutationsoperatoren relativ leicht auf Permutationen definiert werden, ist es sehr viel schwieriger passende Rekombinationsoperatoren zu formulieren, da bei jeder Anwendung eine gültige Permutation entstehen muss. In Kapitel 2 werden die KANTENREKOMBINATION (Algorithmus 2.4) und die ORDNUNGSREKOMBINATION (Algorithmus 2.3) eingeführt. Eine dritte Möglichkeit stellt die ABBILDUNGSREKOMBINATION (Algorithmus 4.7) dar, die einige Werte von einem

---

Algorithmus 4.7 (*partially mapped crossover*)

ABBILDUNGSREKOMBINATION(Individuen A, B mit $A.G, B.G \in \mathscr{S}_\ell$)

```
 1  for each i ∈ {1,...,ℓ}
 2  do ⌈ g(Aᵢ) ← Bᵢ
 3  u₁ ← wähle Zufallszahl gemäß U({2,...,ℓ−1})
 4  u₂ ← wähle Zufallszahl gemäß U({2,...,ℓ−1})
 5  if u₂ < u₁
 6  then ⌈ vertausche u₁ und u₂
 7  benutzt ← ∅
 8  for each i ∈ {u₁,...,u₂}
 9  do ⌈ Cᵢ ← Bᵢ
10      ⌊ benutzt ← benutzt ∪ {Bᵢ}
11  for i ← 1,...,u₁−1, u₂+1,...,ℓ
12  do ⌈ x ← Aᵢ
13      while x ∈ benutzt
14      do ⌈ x ← g(x)
15      Cᵢ ← x
16      ⌊ benutzt ← benutzt ∪ {x}
17  return C
```

Elternindividuum übernimmt und die restlichen gemäß einer partiellen Abbildung zwischen den beiden Elternindividuen ermittelt.

Beispiel 4.5:

In der ABBILDUNGSREKOMBINATION werden die Elternindividuen $A = (1, 4, 6, 5, 7, 2, 3)$ und $B = (1, 2, 3, 4, 5, 6, 7)$ an den Schnittpunkten 2 und 4 miteinander rekombiniert, d. h. es werden vom zweiten Individuum $(x, 2, 3, 4, x, x, x)$ übernommen. Nun definieren wir eine Abbildung g zwischen den Werten des ersten und des zweiten Individuums, indem dem Wert $A.G_k$ der Wert $B.G_k$ zugeordnet wird:

$i =$	1	2	3	4	5	6	7
$g(i) =$	1	6	7	2	4	3	5

Für jede noch unbesetzte Position des Kindindividuums prüfen wir nun, ob der Wert des ersten Elternteils an dieser Stelle übernommen werden kann – falls nicht wird der Wert gemäß der Abbildung durch den Bildwert ersetzt. An der ersten noch freie Position des Nachkommens kann 1 aus dem Individuum A übernommen werden, da kein Konflikt dadurch entsteht, ebenso 7 an der fünften Position. Sowohl 2 als auch 3 sind jedoch bereits vom Individuum B übernommen worden. 2 kann gemäß der Abbildung durch 6 ersetzt werden. Bei 3 würde die Abbildung auf 7 verweisen, diese Zahl wurde jedoch bereits von A übernommen. In diesem Falle iterieren wir die Abbildung erneut und erhalten die 5 für die fehlende Stelle. Also resultiert insgesamt das Individuum $(1, 2, 3, 4, 7, 6, 5)$.

Dieser Operator hat den Vorteil, dass er möglichst viele Werte an ihren ursprünglichen Stellen belässt und mögliche Konflikte durch eine schnelle Technik auflöst. Es lässt sich auch leicht eine Variante mit zwei Kindindividuen formulieren (vgl. Übungsaufgabe 4.2).

4.2.   Evolutionsstrategien

Evolutionsstrategien werden vorgestellt. Einen Schwerpunkt bilden dabei die Adaptations- und Selbstadaptationsstrategien zur Parameteranpassung.

Bei den Evolutionsstrategien (ES) ist der Genotyp der Individuen grundsätzlich immer reellwertig, also gilt $A.G \in \mathcal{G} = \mathbb{R}^\ell$ oder analog zu den reellwertigen genetischen Algorithmen $\mathcal{G} = [ug_1, og_1] \times \ldots \times [ug_\ell, og_\ell] \subset \mathbb{R}^\ell$. In der Literatur wird meist davon ausgegangen, dass der Genotyp exakt einem reellwertigen Phänotyp entspricht – es gibt allerdings auch Beispiele, bei denen die reellen Zahlen als Kodierung für einen anderen Raum aufgefasst werden (z. B. für Permutationen).

Die Evolutionsstrategie verzichtet auf Selektionsdruck bei der Auswahl der Eltern: Diese werden gleichverteilt zufällig gewählt. Stattdessen überleben in der Umweltselektion nur die besten Individuen durch die BESTEN-SELEKTION (Algorithmus 3.7). Wird der Algorithmus nur auf die erzeugten Kindindividuen angewandt, spricht man von der Komma-Selektion (μ, λ)-ES. Dabei werden aus μ Eltern $\lambda (> \mu)$ Kinder erzeugt, die im Rahmen der Umweltselektion wieder auf die μ besten Individuen reduziert werden. Alternativ kann auch mit überlappenden Populationen die Plus-Selektion $(\mu + \lambda)$-ES benutzt werden. Der Selektionsdruck kann durch die Wahl der Populationsgrößen μ und λ eingestellt werden. Bei der (μ, λ)-ES hat sich in der Praxis ein Verhältnis $\frac{\mu}{\lambda}$ zwischen $\frac{1}{7}$ und $\frac{1}{5}$ als vorteilhaft herausgestellt. Bei der Implementation der Selektionsalgorithmen ist es nicht notwendig, die Individuen mit Aufwand $\mathcal{O}(\lambda \cdot \log \lambda)$ vollständig zu sortieren (bei der (μ, λ)-ES). Durch den Aufbau eines Heaps in λ Schritten und iteratives Entfernen des besten Elements mit einer anschließenden Reheap-Operation kann ein Aufwand von $\mathcal{O}(\lambda + \mu \cdot \log \lambda)$ erreicht werden (vergleiche Standardliteratur zum Entwurf von effizienten Datenstrukturen und Algorithmen).

Im Gegensatz zum genetischen Algorithmus ist bei der Evolutionsstrategie die Mutation der primäre Operator. In den ersten Implementationen wurde die Rekombination überhaupt nicht benutzt. Daher muss der Mutationsoperator gleichzeitig sowohl die Feinabstimmung als auch die Erforschung garantieren. Hierfür ist die GAUSS-MUTATION (Algorithmus 3.4) besonders gut geeignet, da vornehmlich kleine Veränderungen vorgenommen werden, aber auch beliebig große Mutationen mit einer kleinen Wahrscheinlichkeit möglich sind.

Wie man sich leicht veranschaulichen kann, hängt der Erfolg (z. B. das Überwinden von lokalen Optima) ebenso wie die Konvergenzgeschwindigkeit direkt von der erwarteten Schrittweite der Mutation ab. Diese wird durch die Standardabweichung σ als Schrittweitenparameter bestimmt. Wird der Wert σ klein gewählt, werden kleine Schritte im Suchraum durchgeführt, bei großem σ große Schritte. Da sich eine solche Schrittweite a priori nur unzureichend einstellen lässt, finden zwei der im Abschnitt 3.4.2 vorgestellten Anpassungsmechanismen Anwendung:

- Die $\frac{1}{5}$-Erfolgsregel (Algorithmus 3.18) ermittelt aufgrund von statistischen Erhebungen in den letzten Generationen einen neuen Wert σ für die gesamte Population. ES-ADAPTIV (Algorithmus 4.8) beschreibt die komplette Evolutionsstrategie mit Mutation und einer Komma-Selektion. Für eine Plus-Selektion wird in Zeile 7 P' mit $P(t)$ initialisiert.

- Die Selbstadaptation unterwirft die Schrittweite als Strategieparameter in jedem Individuum ebenfalls dem Evolutionsprozess. Hier unterscheidet man drei Varianten, die in den Bildern 4.2–4.4 auf Seite 136 dargestellt sind:

Algorithmus 4.8

ES-ADAPTIV(Zielfunktion F)

```
 1   t ← 0
 2   σ ← Wert für Anfangsschrittweite
 3   s ← 0
 4   P(t) ← erzeuge Population mit μ (Populationsgröße) Individuen
 5   bewerte P(t) durch F
 6   while Terminierungsbedingung nicht erfüllt
 7   do ⌐ P' ← ⟨⟩
 8       for each i ∈ {1, . . . , λ (Anzahl der Kinder) }
 9       do ⌐ A ← selektiere Elter uniform zufällig aus P(t)
10           C ← GAUSS-MUTATION(A) mit σ
11           bewerte C durch F
12           if C.F ≻ A.F
13           then ⌐ s ← s + 1
14           ⌊ P' ← P' ∘ ⟨C⟩
15       t ← t + 1
16       P(t) ← Selektion aus P' mittels BESTEN-SELEKTION
17       if t mod k (Modifikationshäufigkeit) = 0
18       then ⌐ σ ← ADAPTIVE-ANPASSUNG(σ, s/(k·λ))
19       ⌊  ⌊ s ← 0
20   return bestes Individuum aus P(t)
```

Algorithmus 4.9

ES-SELBSTADAPTIV(Zielfunktion F)

```
 1   t ← 0
 2   P(t) ← erzeuge Population mit μ (Populationsgröße) Individuen
 3   bewerte P(t) durch F
 4   while Terminierungsbedingung nicht erfüllt
 5   do ⌐ P' ← ⟨⟩
 6       for each i ∈ {1, . . . , λ (Anzahl der Kinder) }
 7       do ⌐ A ← selektiere Elter uniform zufällig aus P(t)
 8           B ← SELBSTADAPTIVE-GAUSS-MUTATION(A)
 9           ⌊ P' ← P' ∘ ⟨B⟩
10       bewerte P' durch F
11       t ← t + 1
12       ⌊ P(t) ← Selektion aus P' mittels BESTEN-SELEKTION
13   return bestes Individuum aus P(t)
```

– Die uniforme Schrittweitenanpassung mit $\mathscr{Z} = \mathbb{R}^+$ nutzt den Wert $\sigma = A.S \in \mathscr{Z}$ für die Mutation aller Werte im Genotyp (vgl. SELBSTADAPTIVE-GAUSS-MUTATION in Algorithmus 3.19). Der resultierende Gesamtalgorithmus ist als (μ, λ)-ES in Algorithmus 4.9 dargestellt. Für die Plus-Selektion wird P' in Zeile 5 mit $P(t)$ initialisiert. Bild 4.2 zeigt, dass jedes Individuum einen individuellen Wert als Schrittweitenparameter σ besitzt – hier angedeutet durch die erwartete Schrittweite als Hyperkugel im Suchraum. Wenn jedoch, wie in der Abbildung dargestellt, ein Individuum einen lan-

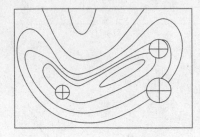

Bild 4.2.
Sicht von oben auf eine Gütelandschaft, dargestellt durch Höhenlinien: bei der uniformen Schrittweitenanpassung ergeben sich erwartete Schrittweiten der einzelnen Individuen wie es durch Kreise angedeutet ist.

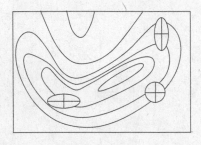

Bild 4.3.
Separate Schrittweitenanpassung: Die Mutation kann sich entlang der Koordinatenachsen besser auf die Form der Gütelandschaft einstellen.

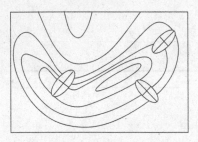

Bild 4.4.
Separate Schrittweitenadaptation mit zusätzlicher Berücksichtigung der Winkel: Beliebige Ausrichtungen der Mutation werden ermöglicht.

gen Grat entlangwandern sollte, muss die Schrittweite klein bleiben, um nicht vom Grat »herunterzufallen«. Dies impliziert allerdings eine lange Laufzeit.

– Mit separaten Schrittweiten für jede Dimension des Genotyps kann ein Individuum unterschiedlich große Schritte in die verschiedenen Richtungen machen. Dann gilt $\mathscr{Z} = (\mathbb{R}^+)^\ell$. Den individuellen Schrittweiten wird auch durch eine eigene Anpassung Rechnung getragen. Es gilt für jeden Strategieparameter

$$B.S_i \leftarrow A.S_i \cdot \exp\left(\frac{1}{\sqrt{2 \cdot \ell}} \cdot u + \frac{1}{\sqrt{2 \cdot \sqrt{\ell}}} \cdot u'_i\right)$$

mit einer pro Individuum nur einmal gewählten Zufallszahl $u \sim \mathscr{N}(0,1)$ sowie individuellen Anteilen $u'_i \sim \mathscr{N}(0,1)$. Die Objektvariablen werden durch die Formel

$$B.G_i \leftarrow A.G_i + \mathscr{N}(0, B.S_i)$$

bestimmt. Bild 4.3 zeigt eine bessere unabhängige Orientierung der Schrittweiten. Da sich die Ausrichtung der separaten Schrittweiten an den Dimensionen des Suchraums orientiert, ist keine effektive Suche auf das Optimum hin gewährleistet.

– Die beliebige Orientierung im Raum kann durch $\frac{1}{2} \cdot \ell \cdot (\ell - 1)$ zusätzliche Strategieparameter für die Drehung im ℓ-dimensionalen Raum erreicht werden. Dies ermöglicht
eine beliebige Ausrichtung der Individuen wie in Bild 4.4. Allerdings ist die bisher
diskutierte zufällige Veränderung mit indirekter Selektion hierfür meist zu träge und
der Vorteil einer optimalen Ausrichtung wird durch die lange Zeit, diese zu finden,
wieder zunichte gemacht.

Die unterschiedlichen Ablaufschemata sind in Bild 4.5 für beide Varianten der Umweltselektion dargestellt. Dabei wurde nur die Mutation als Operator berücksichtigt. Hinsichtlich der
Selbstanpassungsmechanismen ist zu beachten, dass diese mit der Plus-Strategie nicht so effektiv
arbeiten wie mit der Komma-Strategie.

Mit steigender Rechnerleistung wurde die $(1 \stackrel{+}{,} \lambda)$-Evolutionsstrategie der Anfangsjahre häufig durch eine populationsbasierte $(\mu \stackrel{+}{,} \lambda)$-Evolutionsstrategie ersetzt, womit auch die Rekombination interessant wurde. Es kommen gleichermaßen UNIFORMER-CROSSOVER (Algorith-
mus 3.12) und ARITHMETISCHER-CROSSOVER (Algorithmus 3.13) zum Einsatz. Interessant sind
globale Varianten, bei denen die gesamte Population als gemeinsame Eltern herangezogen wird.
Die Rekombination GLOBALER-UNIFORMER-CROSSOVER (Algorithmus 4.10) wählt für jede Dimension des Genotyps den Wert aus einem gleichverteilt zufällig gewähltem Individuum der
Elternpopulation. Die Rekombination GLOBALER-ARITHMETISCHER-CROSSOVER (Algorithmus
4.11) mittelt für jede Dimension den Durchschnittswert über alle Individuen in der Elternpopulation und bestimmt damit den Schwerpunkt der Population. In der Notation der Evolutionsstrategien schreibt man dann auch von einer $(\mu/r \stackrel{+}{,} \lambda)$-Evolutionsstrategie, wobei r die Anzahl der
Elternindividuen bei der Rekombination angibt. Die Rekombination kann auch auf die Strategieparameter angewandt werden. Eine gängige Vorgehensweise ist die Anwendung der Rekombina-

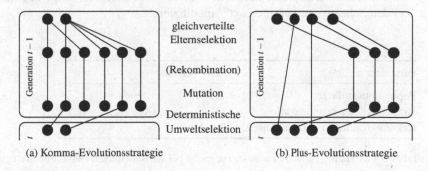

(a) Komma-Evolutionsstrategie   (b) Plus-Evolutionsstrategie

Bild 4.5. Der unterschiedliche Ablauf der (a) Komma-Evolutionsstrategie und der (b) Plus-Evolutionsstrategie ist in je einem Ablaufschema verdeutlicht.

Algorithmus 4.10

GLOBALER-UNIFORMER-CROSSOVER(Population $P = \langle A^{(k)} \rangle_{1 \leq k \leq \mu}$)
1 **for** $i \leftarrow 1, \ldots, \ell$
2 **do** $\ulcorner u \leftarrow$ wähle zufällig gemäß $U(\{1, \ldots, \mu\})$
3      $\llcorner B.G_i \leftarrow A^{(u)}.G_i$
4 **return** B

Algorithmus 4.11

GLOBALER-ARITHMETISCHER-CROSSOVER(Population $P = \langle A^{(k)} \rangle_{1 \le k \le \mu}$ mit $A^{(i)}.G \in \mathbb{R}^\ell$)
1   **for** $i \leftarrow 1, \dots, \ell$
2   **do** $\lfloor B.G_i \leftarrow \frac{1}{\mu} \cdot \sum_{k=1}^{\mu} A^{(k)}.G_i$
3   **return** B

---

tion UNIFORMER-CROSSOVER auf den Genotyp und des Operators GLOBALER-ARITHMETISCHER-CROSSOVER auf die Strategieparameter. Typische Parameterwerte für die selbstadaptive Evolutionsstrategie sind in Tabelle 4.2 angegeben.

Die bisher betrachtete Selbstanpassung ist stark zufallsabhängig: Nur wenn die Strategievariablen passend verändert werden und damit ein tatsächlich gutes Individuum erzeugt wird, passt sich die Mutation vorteilhaft an. Daher wurde eine sog. *derandomisierte Selbstadaptation* eingeführt, die lediglich den Genotyp zufällig verändert und die Modifikation der Strategievariablen daraus ableitet. Als einfaches Beispiel betrachten wir eine $(\mu/\mu, \lambda)$-Evolutionsstrategie mit globalem arithmetischem Crossover und einem global für die ganze Population gespeicherten σ. Durch die Rekombination sind alle λ Kindindividuen Mutanten des Schwerpunktes der Elternpopulation. Entsprechend der tatsächlichen Schrittlänge bei den besten μ Individuen wird durch ein Lernmechanismus das σ modifiziert. Die gesamte DERANDOMISIERTE-ES ist in Algorithmus 4.12 dargestellt (vgl. auch Bild 4.6), dabei werden üblicherweise die folgenden Parameterwerte abhängig von der Dimensionalität des Genotyps $\mathscr{G} = \mathbb{R}^\ell$ gewählt:

- $\alpha = \frac{1}{\sqrt{\ell}}$ als Lernrate, wie stark die jeweils aktuelle Veränderung in die über alle Generationen erlernte Richtungsvektor $s^{(t)}$ der Optimierung eingeht, und

- $\tau = \sqrt{\ell}$ als Dämpfungsfaktor, der festlegt, wie stark die Länge des Richtungsvektors $s^{(t)}$ den Schrittweitenparameter $\sigma^{(t)}$ modifiziert.

Parameter	Wertebereich
Populationsgröße μ:	1–30
Kindindividuen pro Generation:	$(5 \cdot \mu)$–$(7 \cdot \mu)$ (Komma), sonst ≥ 1
Rekombinationswahrscheinlichkeit:	0,0–1,0

Tabelle 4.2. Häufig benutzte Parameterbereiche bei selbstadaptiven Evolutionsstrategien.

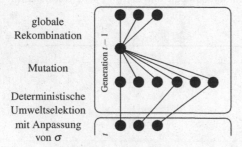

globale
Rekombination

Mutation

Deterministische
Umweltselektion
mit Anpassung
von σ

Bild 4.6.
Der Ablauf der derandomisierten Evolutionsstrategie
ist beispielhaft veranschaulicht.

Algorithmus 4.12

DERANDOMISIERTE-ES(Zielfunktion F)

1   $t \leftarrow 0$
2   $P(t) \leftarrow$ erzeuge Population mit μ (Populationsgröße) Individuen
3   $s^{(t)} \leftarrow (0, \ldots, 0) \in \mathbb{R}^{\ell}$
4   initialisiere $\sigma^{(t)}$ (globaler Schrittweitenparameter)
5   bewerte $P(t)$ durch F
6   **while** Terminierungsbedingung nicht erfüllt
7   **do** $\ulcorner B \leftarrow$ GLOBALER-ARITHMETISCHER-CROSSOVER$(P(t))$
8       $P' \leftarrow \langle \rangle$
9   **for** $i \leftarrow 1, \ldots, \lambda$ (Anzahl der Kinder)
10   **do** $\ulcorner C \leftarrow$ GAUSS-MUTATION(B) mit $\sigma^{(t)}$
11          $P' \leftarrow P' \circ \langle C \rangle$
12          $\llcorner z^{(i)} \leftarrow C.G - B.G \in \mathbb{R}^{\ell}$
13   bewerte P' durch F
14      $t \leftarrow t + 1$
15      $Indizes \leftarrow$ BESTEN-SELEKTION für Individuen in P'
16      $P(t) \leftarrow$ Selektion aus P' gemäß $Indizes$
17      $\overline{z} \leftarrow \frac{1}{\mu} \cdot \sum_{j \in Indizes} z^{(j)}$
18      $s^{(t)} \leftarrow (1 - \alpha$ (Lernfaktor) $) \cdot s^{(t-1)} + \sqrt{\alpha \cdot (2 - \alpha) \cdot \mu} \cdot \overline{z}$
19      $\llcorner \sigma^{(t)} \leftarrow \sigma^{(t-1)} \cdot \exp\left(\frac{\|s^{(t)}\|^2 - \ell}{2 \cdot \tau \cdot \ell} \right)$ (mit Dämpfungsfaktor τ)
20 **return** bestes Individuum aus $P(t)$

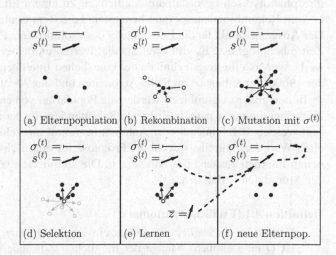

(a) Elternpopulation (b) Rekombination (c) Mutation mit $\sigma^{(t)}$

(d) Selektion (e) Lernen (f) neue Elternpop.

Bild 4.7. Beispiel der Berechnung einer neuen Generation mit der derandomisierten Evolutionsstrategie.

Beispiel 4.6:

Ein beispielhafter Ablauf von Algorithmus 4.12 (DERANDOMISIERTE-ES) ist in Bild 4.7 dargestellt. Aus dem Schwerpunkt der Eltern in (b) werden die Kindindividuen per Mutation in (c) berechnet. Die neue Population ist durch die Selektion in (d) bereits fertig.

In den verbleibenden Schritten (e) und (f) wird aus den akzeptierten Richtungsvektoren letztendlich der Schrittweitenparameter σ angepasst.

 Der Ablauf der derandomisierten Evolutionsstrategie ist interessant, da letztendlich kein populationsbasierter Ansatz mehr vorliegt. Es findet eine zweistufige Reduktion der Kindpopulation statt: Die in der Umweltselektion ausgewählten Individuen werden sofort wieder verworfen und auf ihren Schwerpunkt im ℓ-dimensionalen Raum reduziert. Dies ist auch deutlich aus Bild 4.6 ersichtlich.

Der hier vorgestellte derandomisierte Algorithmus ist die einfachste Variante. Auch hier können unterschiedlich komplexe Informationen zusätzlich gelernt werden. Ein Beispiel wäre über die Kovarianzmatrix eine beliebige Ausrichtung der Optimierung im ℓ-dimensionalen Raum – der zugehörige Algorithmus ist die CMA-Evolutionsstrategie.

4.3.   Evolutionäres Programmieren

Die wesentlichen Merkmale des evolutionären Programmierens, sowohl in seiner historischen Form als auch in den modernen Weiterentwicklungen, werden aufgezeigt.

Das evolutionäre Programmieren (EP, engl. *evolutionary programming*) ist durch die Grundidee geprägt, die Evolution auf einer mehr verhaltensbestimmten Ebene nachzubilden, d. h. es wird kein Wert darauf gelegt, die Genetik zu berücksichtigen. Bei den Nachkommen ist lediglich ihre phänotypisch beobachtbare Ähnlichkeit zu einem Elternteil von Interesse. Daher wird in EP kein Rekombinationsoperator benutzt und die Repräsentation möglichst problemnah gewählt. Der Ausgangspunkt für die Entwicklung des evolutionären Programmierens war das Problem der Zeitreihenprognose. Es gibt zwei Standardverfahren des evolutionären Programmierens, die jeweils die Modellierungstechniken der künstlichen Intelligenz ihrer Zeit reflektieren: Der Ansatz der 1960er Jahre benutzt endliche Automaten und der Ansatz der 1980er Jahre neuronale Netze.

In den ersten Algorithmen wurde eine Population von endlichen Automaten benutzt. Bei der Zeitreihenprognose muss in diskreten Schritten jeweils der nächste Wert der Zeitreihe vorhergesagt werden, d. h. ein endlicher Automat bestimmt aus seinem internen Zustand und dem aktuellen Wert der Zeitreihe sowohl die Prognose für den nächsten Wert der Zeitreihe als auch den neuen internen Zustand des Automaten. Die simulierte Evolution soll die Prognosefähigkeiten der Automaten verbessern.

Definition 4.1 (Endlicher Automat):

Formal ist ein *endlicher Automat* ein Tupel $(Q, Start, \Sigma, Übergang, Ausgabe)$. Dabei ist Q eine endliche Menge der möglichen Zustände, $Start \in Q$ der Startzustand, Σ das Eingabe- und Ausgabealphabet, $Übergang : Q \times \Sigma \to Q$ eine Übergangsfunktion, sowie $Ausgabe : Q \times \Sigma \to \Sigma$ eine Ausgabefunktion. Die Übergangsfunktion berechnet für jedes mögliche Eingabesymbol abhängig vom aktuellen Zustand des Automaten den neuen Zustand, die Ausgabefunktion ein Ausgabesymbol.

Die Ausgabe des Automaten wird in jedem Zeitschritt als Prognose für das nächste Eingabesymbol interpretiert.

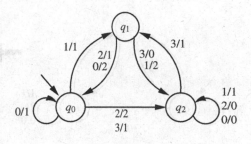

Bild 4.8.
Graphische Darstellung eines endlichen Automaten mit drei Zuständen. An den Übergängen bezeichnet der erste Wert das Eingabesymbol und der zweite Wert das Ausgabesymbol.

Tabelle 4.3.
Der beispielhafter Ablauf für die Prognose mit dem Automaten aus Bild 4.8 zeigt, dass drei von fünf Prognosewerten richtig waren (unterstrichen).

Zeitreihe	1	0	2	3	1	2
Zustand	q_0	q_1	q_0	q_2	q_1	q_2
Vorhersage		1	2	2	1	2

Beispiel 4.7:

Bild 4.8 zeigt einen Beispielautomaten mit $Q = \{q_0, q_1, q_2\}$ und $\Sigma = \{0, 1, 2, 3\}$. Angenommen der Automat befindet sich im Zustand q_0 und der letzte Wert der Zeitreihe war eine 1. Dann ergibt sich für die Zeitreihe 0, 2, 3, 1, 2 die Vorhersage in Tabelle 4.3.

Da für eine Zeitreihe das Alphabet Σ fest vorgegeben ist, enthält der Genotyp die restliche Information des Tupels: $A.G = (Q, \text{Übergang}, \text{Ausgabe}, \text{Start})$. Die Funktionen können als Tabelle gespeichert werden. Es wird keine Zusatzinformation $A.S$ benötigt, d.h. $\mathcal{S} = \{\bot\}$.

Für die Variation von endlichen Automaten stehen verschiedene Möglichkeiten zur Verfügung.

- AUTOMATENMUTATION-AUSGABE: Die Ausgabe wird an einer Stelle in der Übergangstabelle verändert (Algorithmus 4.13 und Bild 4.9).

- AUTOMATENMUTATION-FOLGEZUSTAND: Ein Folgezustand wird durch einen zufällig neu gewählten Eintrag in der Übergangstabelle ersetzt (Algorithmus 4.14 und Bild 4.10).

- AUTOMATENMUTATION-NEUER-ZUSTAND: Ein neuer Zustand wird zur Menge Q hinzugefügt und ein Übergang aus der alten Zustandsmenge in den neuen Zustand eingerichtet (Algorithmus 4.15 und Bild 4.11).

- AUTOMATENMUTATION-ZUSTAND-LÖSCHEN: Ein Zustand wird gelöscht und alle Übergänge, die in diesen Zustand geführt haben, werden umgesetzt (Algorithmus 4.16 und Bild 4.12).

Algorithmus 4.13

AUTOMATENMUTATION-AUSGABE(Individuum A mit $A.G = (Q, \text{Übergang}, \text{Ausgabe}, \text{Start})$)
1   *Ausgabe'* $\leftarrow$ *Ausgabe*
2   *Zustand* $\leftarrow$ wähle zufällig gemäß $U(Q)$
3   *Zeichen* $\leftarrow$ wähle zufällig gemäß $U(\Sigma)$
4   *Zeichen'* $\leftarrow$ wähle zufällig gemäß $U(\Sigma)$
5   *Ausgabe'*(*Zustand*, *Zeichen*) $\leftarrow$ *Zeichen'*
6   **return** B mit $B.G = (Q, \text{Übergang}, \text{Ausgabe'}, \text{Start})$

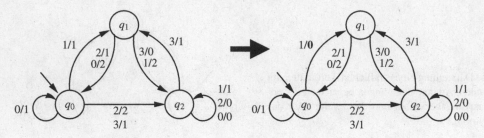

Bild 4.9. AUTOMATENMUTATION-AUSGABE: Änderung der Ausgabe für $(q_0, 1)$.

Algorithmus 4.14

AUTOMATENMUTATION-FOLGEZUSTAND(Individuum A mit $A.G = (Q, \ddot{U}bergang, Ausgabe, Start)$)

1    $\ddot{U}bergang' \leftarrow \ddot{U}bergang$
2    $Zustand \leftarrow$ wähle zufällig gemäß $U(Q)$
3    $Zustand' \leftarrow$ wähle zufällig gemäß $U(Q)$
4    $Zeichen \leftarrow$ wähle zufällig gemäß $U(\Sigma)$
5    $\ddot{U}bergang'(Zustand, Zeichen) \leftarrow Zustand'$
6   **return** B mit $B.G = (Q, \ddot{U}bergang', Ausgabe, Start)$

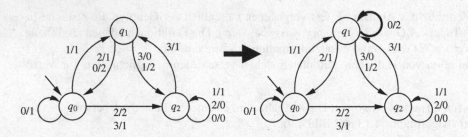

Bild 4.10. AUTOMATENMUTATION-FOLGEZUSTAND: Änderung des Folgezustands für $(q_1, 0)$.

Algorithmus 4.15

AUTOMATENMUTATION-NEUER-ZUSTAND(Individuum A mit $A.G = (Q, \ddot{U}bergang, Ausgabe, Start)$)

1     $Q' \leftarrow Q \dot\cup \{Zustand\}$
2     $\ddot{U}bergang' \leftarrow \ddot{U}bergang$
3     $Ausgabe' \leftarrow Ausgabe$
4   **for each** $Zeichen \in \Sigma$
5   **do** $\ulcorner Zustand' \leftarrow$ wähle zufällig gemäß $U(Q')$
6         $\ddot{U}bergang'(Zustand, Zeichen) \leftarrow Zustand'$
7         $Zeichen' \leftarrow$ wähle zufällig gemäß $U(\Sigma)$
8         $\llcorner Ausgabe'(Zustand, Zeichen) \leftarrow Zeichen'$
9     $Zustand' \leftarrow$ wähle zufällig gemäß $U(Q')$
10    $Zeichen \leftarrow$ wähle zufällig gemäß $U(\Sigma)$
11    $\ddot{U}bergang'(Zustand', Zeichen) \leftarrow Zustand$
12   **return** B mit $B.G = (Q', \ddot{U}bergang', Ausgabe', Start)$

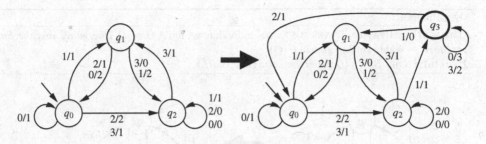

Bild 4.11. AUTOMATENMUTATION-NEUER-ZUSTAND: Hinzufügen des Zustands q_3, seinen Übergängen und Ausgaben sowie einen Übergang von q_2 nach q_3.

Algorithmus 4.16

AUTOMATENMUTATION-ZUSTAND-LÖSCHEN(Individuum A mit $A.G = (Q, \textit{Übergang}, \textit{Ausgabe}, \textit{Start})$)

1   *Zustand* ← wähle zufällig gemäß $U(Q \setminus \{\textit{Start}\})$

2    $Q' \leftarrow Q \setminus \{\textit{Zustand}\}$

3    $\textit{Übergang}' \leftarrow \textit{Übergang}\big|_{Q' \times \Sigma}$

4    $\textit{Ausgabe}' \leftarrow \textit{Ausgabe}\big|_{Q' \times \Sigma}$

5   **for each** $(\textit{Zustand}', \textit{Zeichen}) \in Q \times \Sigma$

6   **do** $\ulcorner$ **if** $\textit{Übergang}(\textit{Zustand}', \textit{Zeichen}) = \textit{Zustand}$

7   **then** $\ulcorner$ $\textit{Zustand}'' \leftarrow$ wähle zufällig gemäß $U(Q')$

8        $\llcorner$ $\llcorner$ $\textit{Übergang}'(\textit{Zustand}', \textit{Zeichen}) \leftarrow \textit{Zustand}''$

9   **return** B mit $B.G = (Q', \textit{Übergang}', \textit{Ausgabe}', \textit{Start})$

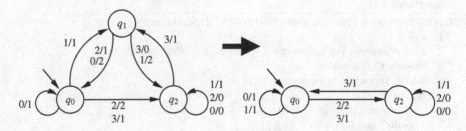

Bild 4.12. AUTOMATENMUTATION-ZUSTAND-LÖSCHEN: Löschen des Zustands q_1 und Reparatur der Übergänge für $(q_0, 1)$ und $(q_2, 3)$.

- AUTOMATENMUTATION-STARTZUSTAND: Ein neuer Startzustand wird gewählt (Algorithmus 4.17 und Bild 4.13).

 Beim Hinzufügen und Löschen eines Zustands und bei der Mutation des Folgezustands kann es passieren, dass nicht mehr alle Zustände vom Startzustand aus erreichbar sind. Falls dies nicht gewünscht ist, müsste durch eine Tiefensuche die Erreichbarkeit geprüft und überflüssige Zustände gestrichen werden.

Die Erfinder von EP hatten konzeptionell auch einen Rekombinationsoperator vorgesehen, der im wesentlich aus mehreren Automaten mittels einer Potenzmengenkonstruktion einen Automaten

---

Algorithmus 4.17

AUTOMATENMUTATION-STARTZUSTAND(Individuum A mit $A.G = (Q, \ddot{U}bergang, Ausgabe, Start)$)
1   $Start' \leftarrow$ wähle zufällig gemäß $U(Q)$
2   **return** B mit $B.G = (Q, \ddot{U}bergang, Ausgabe, Start')$

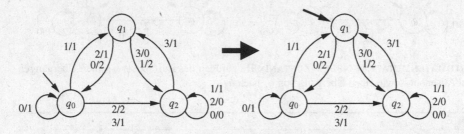

Bild 4.13. AUTOMATENMUTATION-STARTZUSTAND: Wechsel des Startzustands von q_0 nach q_1.

durch die Vereinigung der Elternautomaten berechnet. Dieser Operator wurde jedoch nicht implementiert – vermutlich aus Effizienzgründen, da zur damaligen Zeit die Rechnerleistung noch stark beschränkt war.

Im Gesamtalgorithmus EVOLUTIONÄRES-PROGRAMMIEREN-1960ER (Algorithmus 4.18) des ursprünglichen EP wird für jedes Individuum aus der aktuellen Population durch einen der Mutationsoperatoren ein neues Kindindividuum erzeugt. Gemäß der Plus-Selektion $(\mu + \mu)$ wird die bessere Hälfte der Eltern und der Kindindividuen durch die Umweltselektion übernommen. Der

---

Algorithmus 4.18

EVOLUTIONÄRES-PROGRAMMIEREN-1960ER(Zielfunktion F)
1    $t \leftarrow 0$
2    $P(t) \leftarrow$ erzeuge Population mit μ (Populationsgröße) Individuen
3   bewerte $P(t)$ durch F
4   **while** Terminierungsbedingung nicht erfüllt
5   **do** $\ulcorner P' \leftarrow P(t)$
6   **for** $j \leftarrow 1, \ldots, \mu$
7   **do** $\ulcorner$ (sei $P(t) = \langle A^{(i)} \rangle_{1 \leq i \leq \mu}$)
8          $u \leftarrow$ wähle zufällig gemäß $U(\{1, \ldots, 5\})$
9   **switch**
10   **case** $u = 1 : B \leftarrow$ AUTOMATENMUTATION-AUSGABE$(A^{(j)})$
11   **case** $u = 2 : B \leftarrow$ AUTOMATENMUTATION-FOLGEZUSTAND$(A^{(j)})$
12   **case** $u = 3 : B \leftarrow$ AUTOMATENMUTATION-NEUER-ZUSTAND$(A^{(j)})$
13   **case** $u = 4 : B \leftarrow$ AUTOMATENMUTATION-ZUSTAND-LÖSCHEN$(A^{(j)})$
14   **case** $u = 5 : B \leftarrow$ AUTOMATENMUTATION-STARTZUSTAND$(A^{(j)})$
15   bewerte B durch F
16         $\llcorner P' \leftarrow P' \circ \langle B \rangle$
17      $t \leftarrow t + 1$
18      $\llcorner P(t) \leftarrow$ Selektion aus P' mittels BESTEN-SELEKTION
19   **return** bestes Individuum aus $P(t)$

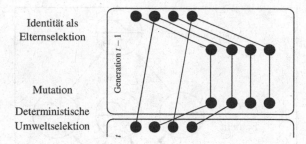

Bild 4.14. Der Ablauf des evolutionären Programmierens ist beispielhaft veranschaulicht.

Parameter	Wertebereich
Populationsgröße:	10–100

Tabelle 4.4.
Häufig benutzter Parameterwert beim evolutionären Programmieren.

Ablauf ist in Bild 4.14 beispielhaft veranschaulicht und typische Parametereinstellungen zeigt Tabelle 4.4.

 Im Gegensatz zur Darstellung in Algorithmus 4.18 werden teilweise mehrere Mutationen direkt hintereinander ausgeführt. Meist sind die Ergebnisse mit nur einer Mutation jedoch überzeugender.

Mit dem Wechsel von endlichen Automaten als Vorhersagemodell zu neuronalen Netzen ändert sich der genotypische Suchraum vollständig. Künstliche neuronale Netze gehen auf die Modellierung von natürlichen Neuronen zurück, wie sie z. B. im Gehirn vorliegen. Ein einfaches Modell sind Perzeptronen mit mehreren Schichten (auch Feedforward-Netze genannt). Bild 4.15 zeigt ein beispielhaftes Netz. Die Neuronenschichten sind durch Verbindungen miteinander verknüpft. Die Neuronen in der Eingabeschicht repräsentieren Eingabewerte für das Netzwerk. Diese Werte werden mit Gewichten an den Kanten multipliziert und an die Neuronen der nächsten Schicht weitergereicht. Dort wird die Summe über die gewichteten Eingänge gebildet, ein Schwellwert abgezogen und auf das Resultat eine sigmoide Funktion – die sog. Aktivierungsfunktion – angewandt, um den Ausgabewert des Neurons zu berechnen. Diese Werte werden iterativ, wie beschrieben, weiter verarbeitet, bis sie in der Ausgabeschicht als Ergebnis vorliegen. Mit ausreichender Anzahl an Neuronen kann jede mathematische Funktion durch ein neuronales Netz angenähert werden. Für die Zeitreihenprognose werden beispielsweise die letzten k Werte der Zeitreihe als Eingaben herangezogen und der Ausgabewert des neuronalen Netzes wird als Prognose des nächsten Wertes interpretiert. Grundsätzlich steht ein Lernmechanismus für neuronale Netze zur Verfügung, der anhand von Beispieldaten durch eine Gradientensuche die Gewichte und Schwellwerte anpasst. Die simulierte Evolution ist dort häufig nur bedingt konkurrenzfähig – sie ist insbesondere dann interessant, wenn keine Trainingsdaten zur Verfügung stehen, da sich die neuronalen Netze in einer realen Umwelt oder im direkten Vergleich (etwa in der Form von Spielstrategien) bewähren müssen.

Dann besteht der Genotyp der Individuen aus den Gewichten $w_{i,j} \in \mathbb{R}$ und den Schwellwerten $\Theta_i \in \mathbb{R}$ und es wird ein Mutationsoperator auf reellwertigen Werten benötigt, der analog zur Mutation der Evolutionsstrategie auf der GAUSS-MUTATION beruht. Zu einem Genotyp $A.G \in \mathscr{G} = \mathbb{R}^\ell$

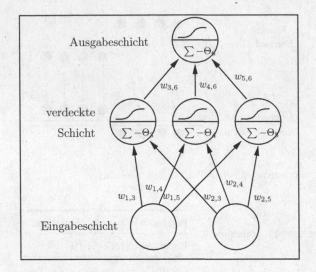
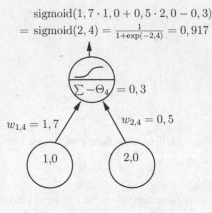

Bild 4.15. Schematische Darstellung eines neuronalen Feedforward-Netzes mit mehreren Schichten. Jeder Kante ist ein Gewicht $w_{i,j}$ und jedem Knoten ein Schwellwert Θ_i zugeordnet. Rechts wird beispielhaft an einem Neuron gezeigt, wie aus den eingehenden Werten die Ausgabe des Neurons berechnet wird.

der Länge ℓ werden ebenfalls ℓ Strategieparameter $A.S \in \mathscr{L} = (\mathbb{R}^+)^\ell$ eingeführt, die die Schrittweite der Mutation steuern. Der additive Anpassungsmechanismus für die Strategieparameter kann der Beschreibung des Operators SELBSTADAPTIVE-EP-MUTATION (Algorithmus 4.19) entnommen werden und ist etwas einfacher gehalten als der der Evolutionsstrategien. Dabei sind zwei Parameter von Bedeutung: Der Skalierungsfaktor α bestimmt wie stark die Werte verändert werden und die minimale Standardabweichung $\varepsilon > 0$ verhindert, dass die Werte der Strategieparameter negativ werden.

Ansonsten wurde als einzige Modifikation am Algorithmus der 1960er Jahre die Selektion der Besten durch die q-stufige zweifache Turnierselektion (Q-STUFIGE-TURNIER-SELEKTION, Algorithmus 3.8) ersetzt, die zwar immer noch duplikatfrei, aber nicht so starr wie die deterministische Selektion der Besten ist. Der resultierende Ablauf EVOLUTIONÄRES-PROGRAMMIEREN-1980ER ist in Algorithmus 4.20 dargestellt. Tabelle 4.5 enthält gebräuchliche Parametereinstellungen.

Algorithmus 4.19

SELBSTADAPTIVE-EP-MUTATION(Individuum A mit $A.G \in \mathbb{R}^\ell$ und $A.S \in \mathbb{R}^\ell$)
1 **for each** $i \in \{1, \ldots, \ell\}$
2 **do** $\ulcorner u' \leftarrow$ wähle zufällig gemäß $\mathcal{N}(0, A.S_i \cdot \alpha$ ⟨Anpassungsparameter⟩)
3       $B.S_i \leftarrow A.S_i + u'$
4       $B.S_i \leftarrow \max\{B.S_i, \varepsilon$ ⟨kleinste Standardabweichung⟩ $\}$
5       $u \leftarrow$ wähle zufällig gemäß $\mathcal{N}(0, A.S_i)$
6 $\llcorner B.G_i \leftarrow A.G_i + u$
7 **return** B

Algorithmus 4.20

EVOLUTIONÄRES-PROGRAMMIEREN-1980ER(Zielfunktion F)

1 $t \leftarrow 0$
2 $P(t) \leftarrow$ erzeuge Population mit μ (Populationsgröße) Individuen
3 bewerte $P(t)$ durch F
4 **while** Terminierungsbedingung nicht erfüllt
5 **do** $\ulcorner P' \leftarrow P(t)$
6   **for** $i \leftarrow 1, \ldots, \mu$
7   **do** $\ulcorner$ (sei $P(t) = \langle A^{(i)} \rangle_{1 \leq i \leq \mu}$)
8          $B \leftarrow$ REELLWERTIGE-EP-MUTATION$(A^{(i)})$
9   bewerte B durch F
10         $\llcorner P' \leftarrow P' \circ \langle B \rangle$
11     $t \leftarrow t + 1$
12     $\llcorner P(t) \leftarrow$ Selektion aus P' mittels Q-STUFIGE-TURNIER-SELEKTION
13 **return** bestes Individuum aus $P(t)$

Parameter	Wertebereich
Populationsgröße:	20–200, selten bis 500
Anpassungsstärke α:	0,1–0,4, $1/\ell^2$
minimale Standardabweichung ε:	10^{-5}–10^{-3}
Turniergröße:	5–10

Tabelle 4.5. Häufig benutzte Parameterwerte beim modernen evolutionären Programmieren.

4.4.   Genetisches Programmieren

Die Kernidee des genetischen Programmierens wird präsentiert. Der Schwerpunkt liegt auf den speziellen Operatoren und Techniken, die für Individuen mit variabler Größe benötigt werden. Die Vielfalt der Algorithmen und Konzepte wird nur angedeutet.

Genetisches Programmieren (GP, engl. *genetic programming*) ist im Kontext der genetischen Algorithmen entstanden. Daher sind auch die Merkmale des Verfahrens ähnlich: Die Rekombination ist der Hauptoperator, während die Mutation nur als Hintergrundoperator wirkt. Das wichtigste Charakteristikum des genetischen Programmierens ist die variable Größe der Repräsentation – sie wird sowohl im Umfang als auch in ihrer Struktur durch den Prozess der simulierten Evolution bestimmt. Ursprünglich wurden Computerprogramme oder mathematische Funktionen in einer Darstellung als Syntaxbaum evolviert. Obwohl inzwischen sehr viele unterschiedliche Repräsentationen entwickelt wurden, wie z. B. Graphen oder Assembler-Programme, beschränken wir uns in diesem Abschnitt auf die originäre Darstellung.

Syntaxbäume können beliebige mathematische Ausdrücke (wie im Beispiel in Bild 4.16) oder beliebige Programme z. B. durch die Verwendung von LISP-Ausdrücken darstellen. Jedem Blatt des Baums ist ein Wert zugeordnet und die internen Knoten enthalten Funktionen oder Programmkonstrukte. Um die syntaktischen Randbedingungen für korrekte Bäume gering zu halten, werden die Funktionen meist so gewählt, dass alle Knoten denselben Datentyp zurückliefern.

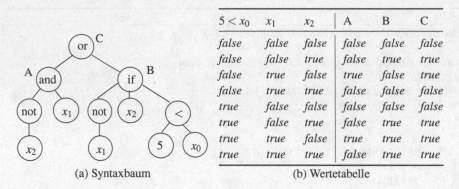

$5 < x_0$	x_1	x_2	A	B	C
false	*false*	*false*	*false*	*false*	*false*
false	*false*	*true*	*false*	*true*	*true*
false	*true*	*false*	*true*	*false*	*true*
false	*true*	*true*	*false*	*false*	*false*
true	*false*	*false*	*false*	*false*	*false*
true	*false*	*true*	*false*	*true*	*true*
true	*true*	*false*	*true*	*true*	*true*
true	*true*	*true*	*false*	*true*	*true*

(a) Syntaxbaum　　　　　　　　　　(b) Wertetabelle

Bild 4.16. Beispiel eines genetischen Programms als (a) Syntaxbaum und als resultierende (b) Wertetabelle.

Beispiel 4.8:

Bild 4.16 (a) zeigt einen möglichen Syntaxbaum mit den booleschen Variablen x_1 und x_2 sowie der ganzzahligen Variable x_0. Wie die Wertetabelle in Bild 4.16 (b) zeigt, repräsentiert der Syntaxbaum die folgende Formel:

$$(x_1 \wedge (5 y x_0)) \vee (x_1 \wedge \neg x_2) \vee (x_2 \wedge (5 < x_0)) \vee (x_2 \wedge \neg x_1).$$

Dieses Beispiel verdeutlicht, dass das genetische Programmieren sich oft sehr ungewöhnlich einer Lösung nähert.

Zur Beschreibung der Algorithmen wird eine lineare Darstellung der Bäume in Präfixnotation benutzt: Zunächst wird der Operator angeführt, der von den Argumenten (einschließlich ihrer Unterbäume) gefolgt wird. Damit ist jeder Baum ein Element von $\mathcal{G} \subseteq \Sigma^*$, wobei Σ die Menge aller Funktionssymbole und Konstanten ist. Nicht jedes Element aus Σ^* beschreibt allerdings einen gültigen Baum, da die Struktur des Syntaxbaums und die Argumentzahl der Funktionen beachtet werden müssen. Die Individuen haben also Genotyp $A.G \in \mathcal{G}$ und besitzen keine Zusatzinformationen $A.S$, d. h. $\mathcal{Z} = \{\perp\}$. Die Algorithmen lassen sich auch effizient auf dieser linearen Darstellung der Bäume implementieren. Alternativ können die Bäume auch als Objekte mit Zeigern gespeichert werden.

Beispiel 4.9:

Der Baum aus Beispiel 4.8 wird in der Präfixnotation dargestellt als

or and not x_2 x_1 if not x_1 x_2 < 5 x_0,

wobei die einzelnen Teilbäume mit mehr als einem Knoten unterstrichen sind.

Zur Bewertung werden die Programme auf einer virtuellen Maschine ausgeführt und es wird für Testfälle gemessen, inwieweit das Programm die gestellte Aufgabe in einer simulierten oder realen Welt erfüllt. Ein mögliches Beispiel wäre hier die Steuerung eines Roboters.

Die variable Größe der Individuen bringt zwei Probleme mit sich: Einerseits können die Syntaxbäume unbeschränkt groß werden und andererseits ist die Kodierung hochgradig redundant,

Operation	Beschreibung
Entferne(*Baum,i*)	entferne aus Baum *Baum* den Teil der Zeichenkette in der linearen Darstellung, der dem Unterbaum mit der Wurzel an Position *i* entspricht – an der Position *i* verbleibt ein Platzhalter
Teilbaum(*Baum,i*)	liefert den Teil der Zeichenkette, welcher den Unterbaum beginnend an der Position *i* in *Baum* darstellt
Erzeugebaum()	erzeugt einen beliebigen zufälligen, aber konsistenten Teilbaum
Einfügen(*Baum,i,Baum'*)	fügt in *Baum* den Unterbaum *Baum'* anstelle des Knotens/Blatts an Position *i* ein
Enthalten(*Baum,i,j*)	prüft in *Baum*, ob der Knoten an Position *j* im Unterbaum mit der Wurzel an Position *i* enthalten ist.
Größe(*Baum*)	liefert die Größe des Baums (Anzahl der Knoten)

Tabelle 4.6. Basisoperationen zur Manipulation der Bäume in den Algorithmen des genetischen Programmierens.

da sehr viele unterschiedliche Bäume dieselbe Funktionalität darstellen können. Daher wird oft die Baumgröße durch eine maximale Tiefe im voraus beschränkt. Dies stellt spezielle Anforderungen an die genetischen Operatoren und birgt einige Schwierigkeiten bei der Anwendung. Diese Punkte werden im Weiteren noch ausführlicher diskutiert. Zur Beschreibung der Operatoren auf den Syntaxbäumen werden in diesem Abschnitt die Basisoperationen in Tabelle 4.6 benutzt. Die Operationen lassen sich auf der linearen Darstellung effizient in linearer Zeit durchführen.

Der Hauptoperator beim genetischen Programmieren ist die BAUMTAUSCH-REKOMBINATION (Algorithmus 4.21), die in zwei Syntaxbäumen jeweils einen Unterbaum vertauscht und so zwei neue Kindindividuen erzeugt.

Beispiel 4.10:

Bild 4.17 zeigt, wie die BAUMTAUSCH-REKOMBINATION aus den Individuen

> or not x_1 and x_0 x_1 und   or or x_1 not x_0 and not x_0 not x_1

die folgenden Kindindividuen erzeugt:

> or and not x_0 not x_1 and x_0 x_1 und   or or x_1 not x_0 not x_1.

Problematisch kann hierbei eine obere Schranke für die Größe von Bäumen sein, da dann nicht beliebige Teilbäume ausgetauscht werden können. Im Falle einer solchen Verletzung werden neue Kinder entweder aus denselben Elternindividuen oder aus neugewählten Eltern erzeugt, bis die obere Grenze für die Größe der Bäume eingehalten wird. Einen anderen kritischen Punkt stellt die Typkonsistenz dar: Nur in dem Fall, dass in der benutzten Programmiersprache nicht zwischen verschiedenen Datentypen unterschieden wird, können Teilbäume beliebig vertauscht werden. Andernfalls ist die Konsistenz der Typen bei der Vertauschung zu gewährleisten.

Für die Mutation gibt es zwei weit verbreitete Operatoren. Die ZUFALLSBAUM-MUTATION (Algorithmus 4.22) ersetzt einen zufällig gewählten Unterbaum durch einen neuen zufällig erzeug-

---

Algorithmus 4.21

BAUMTAUSCH-REKOMBINATION(Individuen A, B)
 1   $i \leftarrow$ wähle zufällig gemäß $U(\{1, \ldots, \text{Größe}(A.G)\})$
 2   $j \leftarrow$ wähle zufällig gemäß $U(\{1, \ldots, \text{Größe}(B.G)\})$
 3   $C \leftarrow A$
 4   $D \leftarrow B$
 5   $Baum \leftarrow$ Teilbaum$(C.G, i)$
 6   $Baum' \leftarrow$ Teilbaum$(D.G, j)$
 7   $C.G \leftarrow$ Entferne$(C.G, j)$
 8   $C.G \leftarrow$ Einfügen$(C.G, j, Baum')$
 9   $D.G \leftarrow$ Entferne$(D.G, i)$
10   $D.G \leftarrow$ Einfügen$(D.G, i, Baum)$
11   **return** C, D

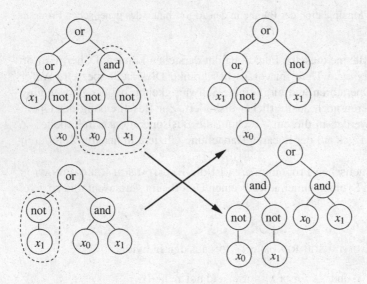

Bild 4.17. Beispiel für die BAUMTAUSCH-REKOMBINATION.

ten Teilbaum. Varianten schränken die Auswahl des zu ersetzenden Knotens im Baum auf Blätter ein oder erzeugen immer einen neuen Unterbaum der Tiefe 1.

Beispiel 4.11:

Bild 4.18 zeigt, wie die ZUFALLSBAUM-MUTATION aus dem Individuum

> or <u>and not x_2 x_1</u> if not x_1 x_2 < 5 x_0

durch Einfügen eines neuen zufälligen Teilbaums das Individuum

> or <u>not and x_1 x_0</u> if not x_1 x_2 < 5 x_0

erzeugt.

Algorithmus 4.22

ZUFALLSBAUM-MUTATION(Individuum A)

1 $i \leftarrow$ wähle zufällig gemäß $U(\{1, \ldots, \text{Größe}(A.G)\})$
2 $B \leftarrow A$
3 $B.G \leftarrow \text{Entferne}(B.G, i)$
4 $Baum \leftarrow \text{Erzeugebaum}()$
5 $B.G \leftarrow \text{Einfügen}(B.G, i, Baum)$
6 **return** B

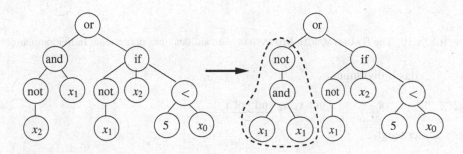

Bild 4.18. Beispiel für die ZUFALLSBAUM-MUTATION.

Algorithmus 4.23

BAUMTAUSCH-MUTATION(Individuum A)

1 **repeat** $\lceil i \leftarrow$ wähle zufällig gemäß $U(\{1, \ldots, \text{Größe}(A.G)\})$
2 $\lfloor j \leftarrow$ wähle zufällig gemäß $U(\{1, \ldots, \text{Größe}(A.G)\})$
3 **until** $\neg \text{Enthalten}(A.G, i, j) \wedge \neg \text{Enthalten}(A.G, j, i) \wedge (j > i)$
4 $B \leftarrow A$
5 $Baum \leftarrow \text{Teilbaum}(B.G, j)$
6 $B.G \leftarrow \text{Entferne}(B.G, j)$
7 $Baum' \leftarrow \text{Teilbaum}(B.G, i)$
8 $B.G \leftarrow \text{Entferne}(B.G, i)$
9 $B.G \leftarrow \text{Einfügen}(B.G, i, Baum)$
10 $B.G \leftarrow \text{Einfügen}(B.G, j - \text{Größe}(Baum') + \text{Größe}(Baum), Baum')$
11 **return** B

Der zweite Mutationsoperator BAUMTAUSCH-MUTATION (Algorithmus 4.23) entspricht einer internen Rekombination, bei der zwei Teilbäume im selben Individuum umgehängt werden. Dabei muss beachtet werden, dass die zu vertauschenden Teilbäume nicht ineinander geschachtelt sind.

Beispiel 4.12:

Bild 4.19 zeigt, wie die BAUMTAUSCH-MUTATION aus dem Individuum

or <u>and not x_2 x_1</u> if not x_1 x_2 < 5 x_0

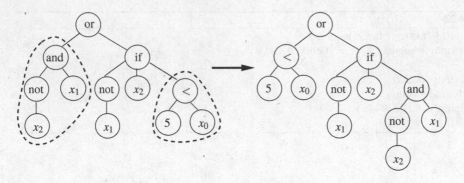

Bild 4.19. Die BAUMTAUSCH-MUTATION wird auf das links dargestellte Individuum angewandt.

das Individuum

$$\text{or} < 5\, x_0 \text{ if not } x_1\, x_2 \text{ and not } x_2\, x_1$$

erzeugt.

Da beim genetischen Programmieren keine feste Struktur für die Lösungskandidaten vorgegeben ist, deren Inhalt lediglich variiert wird, ist es für den Suchprozess wichtig, die Anfangspopulation mit möglichst vielfältig strukturierten Lösungskandidaten zu initialisieren. Es gibt zwei verschiedene Vorgehensweisen, einen zufälligen Baum der Tiefe h zu erzeugen:

1. Alle Blätter haben die Tiefe h und enthalten zufällige Variablen und Konstanten. Für die Knoten der Tiefe $1, \ldots, (h-1)$ werden zufällige Funktionssymbole gewählt.
2. Der Baum wächst beginnend beim Wurzelknoten. Jeder neue Knoten ist mit der Wahrscheinlichkeit α eine Funktion und mit $(1-\alpha)$ ein Blatt. Überall dort, wo die Tiefe h erreicht wird, wird in jedem Fall ein Blatt erzeugt. Ferner muss garantiert werden, dass mindestens ein Blatt die Tiefe h besitzt.

Für eine möglichst große Vielfalt in der Anfangspopulation wird häufig eine maximale Tiefe der Bäume h_{max} vorgegeben und die Population setzt sich aus $2 \cdot (h_{max} - 1)$ gleich großen Fraktionen zusammen. Je zwei der Fraktionen werden mit den Baumhöhen $2, \ldots, h_{max}$ erzeugt, wobei beide Vorgehensweisen (1) und (2) zum Einsatz kommen. Bild 4.20 veranschaulicht dies beispielhaft.

Während bei einer manuellen Programmerstellung mit Unterprogrammen und Funktionen gearbeitet wird, hat das bisher beschriebene genetische Programmieren keinerlei Methoden, um ähnliche Techniken anzuwenden und mehrfach verwendbare Unterprogramme herauszubilden. Verschiedene Konzepte begegnen diesem Mangel wie z. B. die Technik der Einkapselung. Dabei wird ein Unterbaum mit seiner kompletten Funktionalität zu einem neuen Blatt zusammengefasst. Dies bewirkt einerseits, dass in diesem Unterbaum keine Veränderungen mehr vorgenommen werden können, und andererseits lässt sich die so definierte Berechnung leicht an anderen Stellen wiederverwenden. In der Praxis zeigt die Einkapselung allerdings nur bedingt den gewünschten Effekt.

Besser funktionieren die automatisch definierten Funktionen (ADF). Dabei wird eine feste Anzahl an Unterprogrammen mit vorgegebener Anzahl der formalen Parameter in separaten

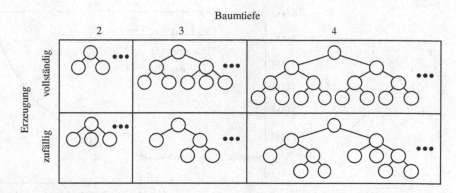

Bild 4.20. Die Population setzt sich aus Fraktionen zusammen, die mit unterschiedlicher Baumhöhe und Erzeugungsstrategie initialisiert werden.

Tabelle 4.7.
Häufig benutzte Parameterwerte beim genetischen Programmieren.

Parameter	Wertebereich
Populationsgröße:	200–5 000
Rekombination/Mutation/Klonen:	80/10/10

Bäumen mitevolviert. Diese Unterfunktionen können wie andere Funktionssymbole im Hauptprogramm beliebig eingesetzt werden. Bezüglich der Rekombination wird meist vorgeschrieben, dass nur Teilbäume zwischen den jeweiligen ADFs oder zwischen den Hauptprogrammen ausgetauscht werden dürfen. Insgesamt ermöglicht dieser Mechanismus ein sehr effektives Kapseln von parametrisierten Berechnungen.

Der Gesamtablauf des genetischen Programmierens orientiert sich meist am Ablauf der genetischen Algorithmen. Oft wird für die Selektion die q-fache Turnierselektion benutzt. Da jeder einzelne Operator phänotypisch viel verändert, wird meist statt einer gemeinsamen Anwendung von Rekombination und Mutation ein per Parameter vorgegebener Anteil der Population nur mit Mutation erzeugt, ein anderer nur mit Rekombination und der Rest wird unverändert übernommen. Typische Parameterwerte sind in Tabelle 4.7 dargestellt.

Beispiel 4.13:

Als ein Beispiel für die Fähigkeit genetischen Programmierens, Probleme zu lösen, wird das Symbolic-Regression-Problem betrachtet, bei dem eine Funktion rekonstruiert werden soll. Gegeben sind nur Werte an verschiedenen Stützstellen. Jedes Individuum repräsentiert eine solche Funktion, die bei der Bewertung an den vorgegebenen Stützstellen berechnet und mit ihrem Sollwert verglichen wird. Die Summe der quadratischen Fehler ist die zu minimierende Güte. Konkret wird die Funktion $x^4 - 2 \cdot x^3 - x^2 - x + 100 \cdot \sin(3 \cdot x)$ an den Stützstellen $\{0, 1, \ldots, 9\}$ betrachtet. Relevant ist dabei in erster Linie der polynomielle Anteil in der Funktion – der Sinus-Term legt ein gewisses Rauschen darüber. Zur Lösung dieses Problems wurde nun für das genetische Programmieren die Terminalmenge $\{x\}$ und die Funktionsmenge $\{*, +, -, \%\}$ gewählt, wobei es sich bei % um eine Division handelt, die beim Divisor 0 den Wert 0 ergibt. Bild 4.21 (a) zeigt die vom genetischen Programmieren erzeugte

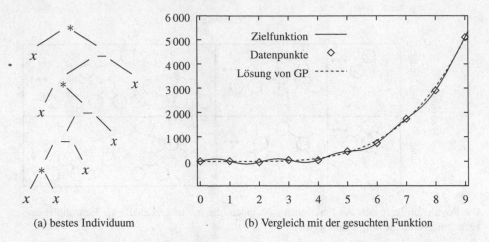

(a) bestes Individuum   (b) Vergleich mit der gesuchten Funktion

Bild 4.21. Beispiel für die Lösung des Symbolic-Regression-Problems mit genetischem Programmieren:
        Das beste gefundene Individuum als (a) Syntaxbaum und (b) als Funktion im Vergleich mit
        Stützstellen und gesuchter Zielfunktion.

beste Lösung nach 200 Generationen mit einer Populationsgröße 500. Beim benutzten Algorithmus wird immer die Baumtausch-Rekombination angewandt. Die Zufallsbaum-Mutation, die einen Teilbaum durch ein Terminal ersetzt, und die Baumtausch-Mutation werden jeweils zusätzlich mit der Wahrscheinlichkeit 0,03 angewandt. Als beste Lösung hat sich dabei die Funktion $x^4 - 2 \cdot x^3 - x^2$ herausgebildet,
die die tatsächliche Funktion recht genau annähert (vgl. Bild 4.21 (b)).

Beim Experimentieren mit genetischem Programmieren beobachtet man schnell, dass die Individuen im Optimierungsverlauf immer größer werden. Die Ursache hierfür sind sog. *Introns*
(vgl. auch Introns in der Biologie in Abschnitt 1.2.2) – Teile im Individuum, die für die ver-
körperte Funktionalität irrelevant sind. So kann beispielsweise eine arithmetischer Ausdruck
»$a + (1 - 1)$« entstehen, der leicht vereinfacht werden könnte. Ein anderes Beispiel ist eine
Anweisung »$if\ 2 < 1\ then\ \dots\ else \dots$«, bei welcher der then-Zweig niemals ausgeführt wird.
Während Veränderungen durch die Operatoren in aktiven Teilen des Individuum in den meisten
Fällen eine negative Wirkung auf die Güte des Individuums haben, sind Änderungen an den Introns güteneutral. Dieser Vorteil der Intronrekombination und -mutation begünstigt leider auch
ein künstliches Aufblähen der Individuen, da dort beliebig viel (unsinniger) Programmcode eingefügt werden kann. Dies führt im Regelfall dazu, dass der aktive Programmcode relativ immer
weniger wird und die Optimierung damit stagniert.

    Um dieses Verhalten zu verhindern, gibt es eine Reihe unterschiedlicher Techniken. Es wird
mit modifizierten Operatoren gearbeitet – wie beispielsweise der Brutrekombination, bei der aus
zwei Eltern durch unterschiedliche Parametrisierung der Rekombination sehr viele Kindindividuen erzeugt werden, wovon nur das beste in die nächste Generation übernommen wird. Auch
»intelligente« Rekombinationsoperatoren werden benutzt, die gezielt Crossover-Punkte auswählen – beispielsweise auf Basis der tatsächlichen Auswertungspfade im Syntaxbaum. Alternativ
können bei Programmen durch fortwährende leichte Variationen in der Bewertungsfunktion auch

die Randbedingungen so verändert werden, dass ehemals inaktive Programmteile (Introns) wieder aktiv werden – dies funktioniert allerdings nur bei nicht-trivialen Introns, die durch immer ähnliche Eingabedaten definiert werden. Ein anderer Ansatz zur Eindämmung von Introns ist die Bestrafung großer Individuen, um sie bei der Selektion zu benachteiligen (vgl. Abschnitt 5.1).

Wie bereits schon zu Beginn dieses Abschnitts angedeutet wurde, ist die ursprüngliche Repräsentation von Individuen als Bäume nur eine von mehreren Varianten, wie Programme dargestellt werden können. Statt einer Baumstruktur wird oft mit linearen Strukturen gearbeitet, z. B. in der Form von Maschinencode. Ein anderes Konzept zur Erzeugung von Programmen aus einem linearen Genotyp ist die *Grammatikevolution*. Gegeben ist dabei eine feste kontextfreie Grammatik (z. B. einer stark vereinfachten Programmiersprache). Das Individuum wird Schritt für Schritt als Anleitung interpretiert, wie mit den Syntaxregeln das Programm aufgebaut werden soll. Ausgehend von einem Startsymbol wird iterativ das nächste Nichtterminalsymbol der Grammatik gemäß der durch das Individuum bestimmten Grammatikregel expandiert. So entsteht ein Syntaxbaum, falls alle Nichtterminale in Funktionen und Terminale verwandelt werden.

Beispiel 4.14:

Als Beispiel für die Grammatikevolution betrachten wir die folgende Grammatik.

$$S \to T^0 \mid x^1$$
$$T \to S + S^0 \mid S - S^1 \mid S * S^2 \mid S\%S^3.$$

Die kleinen Zahlen geben dabei die Nummer der jeweiligen Ableitung an. Nun soll ein Syntaxbaum z. B. anhand des folgenden Individuums A bestimmt werden:

$$A.G = (0, 2, 1, 0, 0, 3, 1, 0, 2).$$

Dann startet die Ableitung mit dem Startsymbol S (siehe Bild 4.22), welches aufgrund der ersten Ziffer im Individuum aufgelöst werden soll. Dort steht eine 0, d. h. es wird die erste mögliche Ableitung $S \to T$ ausgewählt. Falls die Zahl im Individuum größer ist als die Anzahl der Ableitungen, wird sie modulo durch die Anzahl der Ableitungen

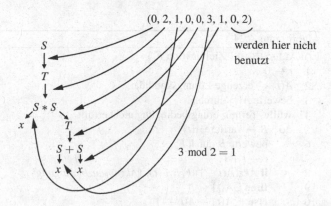

Bild 4.22. Resultierender Syntaxbaum im Beispiel 4.14 für die Grammatikevolution.

geteilt. Nun wird diese Vorgehensweise für alle Nichtterminalsymbole im Syntaxbaum iteriert, d. h. T wird durch die Zahl 2 im Individuum nach $S*S$ abgeleitet.

In diesem Beispiel benutzt die Ableitung des Syntaxbaums nicht den kompletten Genotyp – die letzten beiden Zahlen werden nicht berücksichtigt. Andererseits kann eine Ableitung auch noch nicht zu Ende sein, wenn das Ende des Individuums erreicht wird. Dann beginnt man meist nochmals von vorn. Wird nach einer vorgegebenen maximalen Anzahl an Iterationen kein gültiger Syntaxbaum erreicht, bricht die Bewertung ab und das Individuum wird verworfen.

    In der Literatur finden sich viele verschiedene erfolgreiche Fallbeispiele für genetisches Programmieren. Typische Anwendungen sind die Kontrolle von Robotern, Schaltungsentwurf, Bildverarbeitung und Mustererkennung.

4.5.   Einfache Lokale Suchalgorithmen

Anhand eines Basisalgorithmus für lokale Suche werden die unterschiedlichen Varianten erläutert.

Die lokale Suche ist ein Sonderfall der evolutionären Algorithmen mit einer Population mit nur einem Individuum. Dies hat verschiedene Konsequenzen. Einerseits ist ein Rekombinationsoperator, der laut Definition mehr als ein Elternindividuum benötigt, nicht sinnvoll, da die Veränderung lediglich von einem Mutationsoperator (oder Variationsoperator) vorgenommen wird. Andererseits beschränkt sich die Selektion auf die Frage, ob ein neu erzeugtes Individuum statt des Elternindividuums als Ausgangspunkt in der nächsten Generation akzeptiert werden soll. Daher ist der Basisalgorithmus LOKALE-SUCHE (Algorithmus 4.24) für alle einfachen lokalen Suchalgorithmen identisch und die Beschreibung der Varianten beschränkt sich auf die unterschiedlichen Akzeptanzkriterien. Der grundsätzliche Ablauf ist in Bild 4.23 beispielhaft verdeutlicht. Die Individuen besitzen in der Regel keine Zusatzinformationen $\mathscr{Z} = \{\perp\}$ und der Genotyp $\mathscr{G}$ ist problemabhängig.

    Aus Abschnitt 3.1.1 ist bereits BINÄRES-HILLCLIMBING bekannt, das einen Lösungskandidaten genau dann für die nächste Iteration als Elternindividuum akzeptiert, wenn er besser als das

---

Algorithmus 4.24

LOKALE-SUCHE(Zielfunktion F)

```
 1   t ← 0
 2   A(t) ← erzeuge Lösungskandidat
 3   bewerte A(t) durch F
 4   while  Terminierungsbedingung nicht erfüllt
 5   do ⌈ B ← variiere A(t)
 6        bewerte B durch F
 7        t ← t + 1
 8        if Akz(A(t − 1).F, B.F, t)  ⟨Akzeptanzbedingung⟩
 9        then ⌈ A(t) ← B
10      ⌞ else ⌊ A(t) ← A(t − 1)
11   return A(t)
```

Identität als
Elternselektion
und Mutation

Akzeptanz-
kriterium

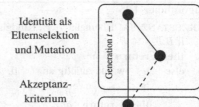

Bild 4.23.
Der Ablauf der lokalen Suche ist beispielhaft veranschaulicht.

vorherige Individuum ist. Dieser Ablauf ist unabhängig vom dort benutzten binären Genotyp und funktioniert mit beliebigen anderen Mutationsoperatoren. Die Akzeptanzbedingung AKZEPTANZ-HC ist in Algorithmus 4.25 dargestellt.

 Das Hillclimbing ist natürlich auch ein Spezialfall des Operators BESTEN-SELEKTION, nämlich eine $(1+1)$-Strategie.

So bestechend einfach dieses Verfahren ist, optimiert es leider nur bis zum nächstgelegenen lokalen Optimum und bleibt dort stecken. Die weiteren lokalen Suchverfahren versuchen diesen Nachteil auf unterschiedliche Art und Weise zu vermeiden.

Simuliertes Abkühlen (SA, engl. *simulated annealing*) beruht auf der physikalischen Modellierung eines Abkühlungsprozesses. Dabei ist die Wahrscheinlichkeit, dass sich ein ideales System im Zustand Υ befindet, proportional zu $\exp\left(-Energie(\Upsilon)/Temp\right)$, wobei $Energie(\Upsilon)$ das Energieniveau im Zustand Υ und $Temp$ die absolute Temperatur ist. Weiter ist zu beobachten, dass schnelles Abkühlen zu vornehmlich unregelmäßigen Strukturen auf einem hohen Energieniveau führt, während durch langsameres Abkühlen regelmäßige Strukturen entstehen. Im Rahmen der Optimierung wird nun diese Wahrscheinlichkeit für Zustand Υ auf die Akzeptanzwahrscheinlichkeit für einen schlechteren Lösungskandidaten übertragen. D. h. konkret wird a priori vor der Optimierung ein Abkühlungsplan $(Temp_j)_{j\in\mathbb{N}_0}$ erstellt mit $Temp_j \in \mathbb{R}$, bei der es sich um eine monoton sinkende Folge mit $\lim_{j\to\infty} Temp_j = 0$ handelt. Die Energie entspricht dabei dem Güteunterschied bei einer Verschlechterung, d. h. die Akzeptanz eines Lösungskandidaten wird umso unwahrscheinlicher, je schlechter er ist. Aufgrund der fallenden Folge im Abkühlungsplan nimmt diese Akzeptanzwahrscheinlichkeit im Laufe der Optimierung ab. Ein besserer Lösungskandidat wird hingegen immer akzeptiert. Diese Akzeptanzbedingung ist formal in AKZEPTANZ-SA (Algorithmus 4.26) beschrieben. Bei dem Abkühlungsplan handelt es sich um eine vorbestimmte Anpassung eines Parameters (vgl. auch Abschnitt 3.4.2). Dabei besteht während einer Optimierung immer die Möglichkeit, ein lokales Optimum mit einer gewissen Wahrscheinlichkeit zu verlassen. Abhängig vom Abkühlungsplan wird diese Wahrscheinlichkeit jedoch stark eingeschränkt. Eine solche Einschränkung sollte also keineswegs zu früh geschehen, da dann ähnliche Effekte wie beim reinen Hillclimbing zu erwarten sind. Andererseits ist ein zu langsames Abkühlen auch kritisch, da dadurch oft wertvolle Zeit in einer ungerichteten Zufallssuche verloren geht. Die Wahl eines guten Abkühlungsplans ist also essentiell für den Erfolg einer Op-

---

Algorithmus 4.25

AKZEPTANZ-HC(Elterngüte $A.F$, Kindgüte $B.F$, Generation t)
1   **return** $B.F \succ A.F$

Algorithmus 4.26

AKZEPTANZ-SA(Elterngüte $A.F$, Kindgüte $B.F$, Generation t)
1   **if** $B.F \succ A.F$
2   **then** $\lceil$ **return** *wahr*
3   **else** $\lceil$ $u \leftarrow$ wähle zufällig aus $U([0,\ 1))$
4   **if** $u \leq \exp\left(-\frac{d_{euk}(A.F,B.F)}{Temp_{t-1}}\right)$
5   **then** $\lceil$ **return** *wahr*
6   $\llcorner$ **else** $\lceil$ **return** *falsch*

---

timierung und damit ein kritischer Punkt bei der Anwendung. Eine gängige Vorgehensweise in der Literatur ist die Wahl einer hohen Starttemperatur, die dann in jeder Generation gemäß der Regel

$$Temp_{t+1} = Temp_t \cdot \alpha \qquad \text{mit } 0{,}8 < \alpha < 0{,}99$$

verringert wird. Häufig wird auch ein iteratives Vorgehen gewählt, bei dem nach einem Abkühlungsprozess die Temperatur wieder hochgesetzt – allerdings nicht mehr ganz so hoch wie beim ersten Mal – und erneut abgekühlt wird.

In der Praxis ist simuliertes Abkühlen ein launisches Verfahren mit z. T. sehr guten aber auch sehr schlechten Ergebnissen. Dies liegt unter anderem daran, dass ein guter Wert für α stark vom Optimierungsproblem abhängt. Sehr gute Näherungslösungen werden meist für Probleme erreicht, deren globales Optimum einen großen Einzugsbereich hat.

Ein anderes Verfahren, mit dem insbesondere für das in Kapitel 2 diskutierte Handlungsreisendenproblem gute Ergebnisse erzielt wurden, ist die *Schwellwertakzeptanz* (TA, engl. *threshold accepting*). Dabei wird analog zum simulierten Abkühlen eine monoton sinkende Folge positiver reeller Zahlen $(Temp_j)_{j \in \mathbb{N}_0}$ mit $\lim_{j \to \infty} Temp_j = 0$ im Voraus bestimmt. Statt einer probabilistischen Akzeptanzbedingung für Verschlechterungen wird als hartes Kriterium eine maximale Verschlechterung um $Temp_t$ zur Zeit t akzeptiert (AKZEPTANZ-TA, Algorithmus 4.27). Der Abkühlungsplan wird vom simulierten Abkühlen übernommen:

$$Temp_{t+1} = Temp_t \cdot \alpha \qquad \text{mit } 0{,}8 < \alpha < 0{,}995.$$

Allerdings wird zur Initialisierung oft ein empirischer Startwert aus drei Zufallsstichproben C_1, $C_2, C_3 \in \Omega$ herangezogen.

$$Temp_0 = \frac{1}{60} \cdot (F(C_1) + F(C_2) + F(C_3)).$$

Bild 4.24 (b) zeigt die veränderte Akzeptanzbedingung im Vergleich zum Hillclimbing in Bild 4.24 (a).

Algorithmus 4.27

AKZEPTANZ-TA(Elterngüte $A.F$, Kindgüte $B.F$, Generation t)
1   **if** $B.F \succ A.F$ oder $d_{euk}(A.F, B.F) \leq Temp_t$
2   **then** $\lceil$ **return** *wahr*
3   **else** $\lceil$ **return** *falsch*

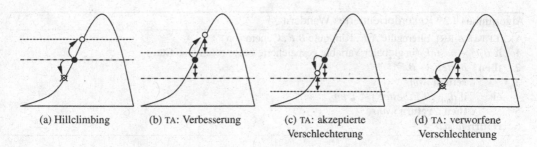

(a) Hillclimbing   (b) TA: Verbesserung   (c) TA: akzeptierte   (d) TA: verworfene
                                                Verschlechterung   Verschlechterung

Bild 4.24. Vergleich der Akzeptanzbedingung des (a) Hillclimbings mit der Schwellwertakzeptanz (TA):
(a) Verschärfung der Akzeptanzgrenze, (b) Lockerung der Akzeptanzgrenze und (c) Ablehnung
des Kindindividuums.

Die Akzeptanz von Verschlechterungen innerhalb eines gewissen Rahmens kann problematisch sein: Ist *Temp$_t$* noch nicht klein genug, kann eine bereits gefundene gute Lösung durch
iterative Verschlechterungen (bei mehrfacher Anwendung der Situation in Bild 4.24 (c)) wieder
verloren gehen. Dennoch liefert dieser Algorithmus gute Ergebnisse für Problem mit großen Ein-
zugsbereichen um die globalen Optima, welche den TA mit hoher Wahrscheinlichkeit im Such-
verlauf findet und in diesem zum Ende der Suche auch verbleibt. Die Möglichkeit der iterativen
Verschlechterung wird in den folgenden zwei Varianten der Schwellwertakzeptanz vermieden.

Beim so genannten *Sintflutalgorithmus* (GD, engl. *great deluge*) gibt es in jeder Iteration einen
fest vorbestimmten Gütebereich, in dem neue Individuen akzeptiert werden. Der Name des Verfahrens rührt von der Vorstellung, dass das Maximum einer Gütelandschaft bei ständig steigen-
dem Wasserpegel gesucht wird: Der Optimierer darf sich beliebig bewegen, ohne das steigende
Wasser zu berühren (vgl. Bild 4.25 (a)). In der Akzeptanzbedingung AKZEPTANZ-GD (Algorithmus 4.28) geht daher eine Regengeschwindigkeit *Anstieg* als wichtiger Parameter ein. Für ein

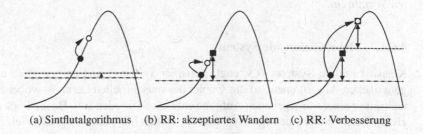

(a) Sintflutalgorithmus   (b) RR: akzeptiertes Wandern   (c) RR: Verbesserung

Bild 4.25. Vergleich der Varianten der Schwellwertakzeptanz: (a) Sintflutalgorithmus (SD) und das rekordorientierte Wandern (RR) (b) ohne Verbesserung der besten Güte und (c) mit Verbesserung der
besten Güte.

Algorithmus 4.28 (Sintflutalgorithmus)

AKZEPTANZ-GD(Elterngüte $A.F$, Kindgüte $B.F$, Generation t)
1 **if** $B.F \succ Anfang$ ⟨Anfangswasserstand⟩ $+ t \cdot Anstieg$ ⟨Regengeschwindigkeit⟩
2 **then** ⌐ **return** *wahr*
3 **else** ⌐ **return** *falsch*

Algorithmus 4.29 Rekordorientiertes Wandern

AKZEPTANZ-RR(Elterngüte $A.F$, Kindgüte $B.F$, Generation t)
1   **if** $B.F \succ besteF$ (in globaler Variable gespeicherte beste gefundene Güte)
2   **then** $\ulcorner$ $besteF \leftarrow B.F$
3       $\llcorner$ **return** *wahr*
4   **else** $\ulcorner$ **if** $d_{euk}(B.F, besteF) < Temp_t$
5       $\llcorner$ **then** $\ulcorner$ **return** *wahr*
6   **return** *falsch*

Minimierungsproblem ist die Regengeschwindigkeit negativ und der anfängliche Wasserstand *Anfang* zu hoch zu wählen. Dieses Verfahren ist sehr schnell, da kein wesentlicher Rechenaufwand notwendig ist; allerdings kann durch die harte Akzeptanzlinie die Optimierung an fast beliebigen Stellen stecken bleiben.

Eine weitere Variante der Schwellwertakzeptanz, das *rekordorientierte Wandern* (RR, engl. *Record-to-Record-Travel*) benutzt ebenfalls einen steigenden Wasserpegel. Jedoch ergibt sich der Pegelstand aus der erlaubten Verschlechterung bezüglich des bisher gefundenen Gütebestwerts. Wird ein neues bestes Individuum gefunden, springt der Wasserpegel entsprechend nach oben (vgl. Bild 4.25 (b) und (c)). Ähnlich zur Schwellwertakzeptanz regelt eine monoton fallende Folge reeller Zahlen $(Temp_j)_{j \geq 0}$ auch in AKZEPTANZ-RR (Algorithmus 4.29), ob ein schlechtes Individuum übernommen wird.

4.6.   Weitere Verfahren

Verhältnismäßig knapp wird in diesem Abschnitt eine Reihe weniger verbreiteter Standardalgorithmen vorgestellt. Der Fokus liegt dabei immer auf den Unterschieden zu den bisher präsentierten Verfahren.

4.6.1.   Klassifizierende Systeme

Klassifizierende Systeme (CS, engl. *classifier systems*) sind ursprünglich eine Anwendung der genetischen Algorithmen auf das Gebiet des maschinellen Lernens, wobei ein Regelsatz zur Bewältigung einer vorgegebenen Aufgabe entwickelt werden soll. Da die Forschung um die klassifizierenden Systeme eine Eigendynamik entwickelt hat, rechtfertigt die Vielzahl an Techniken und Algorithmen die eigenständige Betrachtung der klassifizierenden Systeme als Standardverfahren. Ihre Entwicklung zielte auf Regelungsprobleme, bei denen Aktionen nicht sofort sondern erst indirekt nach mehreren Schritten beurteilt werden.

 Vorsicht: Jetzt betrachten wir ganz andere Probleme als bisher. Beispielsweise soll ein mobiler Roboter eine spezielle Aufgabe bewältigen – z. B. ein Ziel erreichen. Seine Wahrnehmung besteht aus Sensorinformationen (Licht, Berührung etc.), seine Aktionen aus Drehung um die eigene Achse und Bewegung vorwärts. Der Roboter soll aus den eingehenden Sensorinformationen eigene Aktionen ableitet. Hierfür wird ein Regelsatz entwickelt, der für alle unterschiedlichen auftretenden Situationen die möglichen Reaktionen des Roboters beschreibt. Wie gut der Roboter sich verhält (also wie gut der Regelsatz ist), wird erst beim Erreichen des Zielzustands bzw. einer unerwünschten Kollision bekannt. Der GA soll einen guten Regelsatz finden.

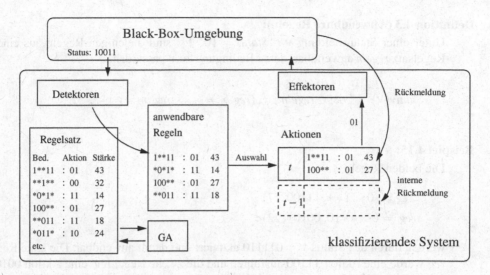

Bild 4.26. Architektur eines einfachen klassifizierenden Systems.

Bild 4.26 zeigt den Aufbau und den Einsatz von klassifizierenden Systemen. Detektoren beobachten die Problemumgebung und reichen Statusmeldungen an das klassifizierende System. Diese Meldungen werden mit den Regeln des Systems verglichen und die anwendbaren Regeln werden weiterbetrachtet. Aufgrund der bisherigen Leistungen der anwendbaren Regeln (der sog. Stärke) wird eine Aktion zur Manipulation der Problemumgebung mittels eines Effektors ausgewählt. Da man von der Umgebung nicht immer eine direkte Antwort erhält, ob eine durchgeführte Aktion gut oder schlecht war, ist die Bewertung der Regeln und damit die Modifikation der Stärke schwierig. Daher wird mit einem indirekten Mechanismus gearbeitet, der Rückkopplungen vom System bei zukünftigen ähnlichen Situationen an verursachende Regeln zurückpropagiert. Ein solches System passt sich bereits dem Problem an, indem erfolgreiche Regeln zukünftig häufiger genutzt werden. Allerdings bleibt dabei der Regelsatz statisch. Durch Einfügen eines genetischen Algorithmus, der in bestimmten Zeitabständen neue Regeln erzeugt, ist eine bessere Anpassung des Regelsatzes möglich.

Im Weiteren werden die klassifizierenden Systeme mit ihrer Arbeitsweise formal vorgestellt.

Definition 4.2 (Regeln und Regelsatz):

Eine Regel *reg* ist ein Tupel

$$reg = (reg.b, reg.a, reg.s) \in Bedingung \times Aktion \times \mathbb{R}$$

bestehend aus einer Bedingung $reg.b \in Bedingung = \{0,1,*\}^{\ell}$, einer Aktion $reg.a \in Aktion = \{0, 1\}^{m}$ und einer Stärke $reg.s \in \mathbb{R}$. Das Zeichen »*« ist wie in der Notation der Schemata ein Platzhalter für 0 und 1. Ein Regelsatz ist eine Menge *regeln* $\subset Bedingung \times Aktion \times \mathbb{R}$.

Definition 4.3 (Anwendbare Regeln):

Unter einer Statusmeldung $v \in Status = \{0,\ 1\}^{\ell}$ sind diejenigen Regeln aus einem Regelsatz *regeln* anwendbar, deren Bedingung zu v passt, d. h.

$$aktiv(v) = \left\{ reg \in regeln \mid \bigwedge_{i=1}^{\ell} (reg.b_i \neq * \Rightarrow reg.b_i = v_i) \right\}.$$

Beispiel 4.15:

Die beiden Regeln

$$reg = (0*11**, 11100, 17)$$
$$reg' = (****10, 00101, 22)$$

werden durch den Status $v = 011110$ aktiviert und damit anwendbar. Die erste Regel *reg* würde eine Aktion 11100 ausführen und die zweite Regel *reg'* eine Aktion 00101. Status $v' = 001100$ würde nur die erste Regel *reg* aktivieren.

Falls die anwendbaren Regeln unterschiedliche Aktionen vorschlagen, wird für jede Aktion eine Auswahlwahrscheinlichkeit berechnet, die sich aus der Summe der Stärkewerte der entsprechenden Regeln geteilt durch die Gesamtstärke aller aktivierten Regeln ergibt. Mit einer Zufallszahl wird eine Aktion gemäß der errechneten Wahrscheinlichkeiten gewählt.

Definition 4.4 (Auswahlwahrscheinlichkeit):

Seien die Regeln $aktiv(v)$ bei $v \in Status$ anwendbar. Dann bezeichnet $aktion(v) = \{reg.a \mid reg \in aktiv(v)\}$ die Menge der möglichen Reaktionen des Systems. Für jede mögliche Aktion $x \in aktion(v)$ gibt $aktiv'(v, x) = \{reg \in aktiv \mid reg.a = x\}$ die Menge der anwendbaren Regeln an, die Aktion x verursachen können. Dann lässt sich die Auswahlwahrscheinlichkeit für eine Aktion x gemäß des fitnessproportionalen Prinzips wie folgt definieren:

$$Pr[x|v] = \frac{\sum_{reg \in aktiv'(v,x)} reg.s}{\sum_{reg \in aktiv(v)} reg.s}.$$

Die Stärkewerte der unterschiedlichen Regeln werden durch die Rückkopplungswerte modifiziert, d. h. Regeln mit positiven Wirkungen erhalten eine höhere Stärke und Regeln mit negativer Rückmeldung werden geschwächt. Da jedoch das Zusammenwirken mehrerer Aktionen zu einer Rückmeldung führen kann, dürfen nicht nur die Regeln der letzten Aktion »belohnt« werden. Daher gibt immer jede Regel einen Teil ihrer Stärke an die direkt zuvor ausgeführten Regeln ab. Vorausgesetzt, dass wirkungsvolle Aktionsfolgen mehrfach auftreten, werden so alle beteiligten Regeln gestärkt.

Definition 4.5 (Modifikation der Stärke):

Seien $ausgef^{(t)}$ die zur Zeit t ausgeführten Regeln $(ausgef^{(t)} = aktiv'(v, x) \subseteq aktiv(v))$ und $rück \in \mathbb{R}$ die Rückmeldung vom System (bzw. $rück = 0$ falls keine Rückmeldung vorliegt). Dann werden die Stärkewerte der Regeln $reg \in ausgef^{(t)}$ gemäß der Lernrate $\alpha \in (0, 1)$ modifiziert:

$$reg.s \leftarrow (1 - \alpha) \cdot reg.s + \alpha \cdot \frac{rück}{\#ausgef^{(t)}}.$$

Diejenigen Regeln $reg \in aktiv(v) \setminus ausgef^{(t)}$, die nicht gewählt wurden, werden um einen kleinen Straffaktor $\tau \in (0, 1)$ in ihrer Stärke verringert:

$$reg.s \leftarrow (1 - \tau) \cdot reg.s.$$

Sei ferner $\beta \in (0, 1)$ ein Dämpfungsfaktor. Dann werden die Regeln der letzten Iteration $reg \in ausgef^{(t-1)}$ wie folgt modifiziert:

$$reg.s \leftarrow reg.s + \alpha \cdot \beta \cdot \frac{\sum_{reg' \in ausgef^{(t)}} reg'.s}{\#ausgef^{(t-1)}}.$$

Eine positive (oder negative) Rückkopplung wird damit zunächst nur den aktiven, ausgeführten Regeln zuteil. Erst wenn diese Regeln das nächste Mal wieder aktiviert werden, geben sie einen Anteil der Rückkopplungen an die direkt vorhergehende(n) Regel(n) ab. Nach k Iterationen wird die Rückkopplung über eine komplette Regelkette der Länge k verteilt.

Um neue Regeln zu erzeugen, wird ein genetischer Algorithmus eingesetzt. So wechseln sich mehrere Schritte des obigen Lernverfahrens mit einer »Generation« des genetischen Algorithmus ab. Dabei werden zwei Regeln zufällig proportional zu ihren Stärkewerten gezogen, ein Crossover wird angewandt und die beiden Kindindividuen werden mutiert. Beide Kindindividuen werden mit der durchschnittlichen Stärke ihrer beiden Eltern initialisiert und ersetzen zwei zufällig (proportional zu ihrer inversen Stärke) gezogene Individuen aus dem Regelsatz. Beispielhafte Parameterbereiche aus der Literatur sind in Tabelle 4.8 dargestellt.

Die heute populären klassifizierenden Systeme, wie beispielsweise XCS, benutzen noch wesentlich aufwändigere Mechanismen als die hier beschriebenen. So entspricht etwa die Stärke der Regeln nicht mehr direkt der Güte der Individuen. Stattdessen wird eine Vorhersage bezüglich des Effekts der Regeln berücksichtigt. Ferner wird die hier präsentierte klassische Darstellung der Regeln häufig durch andere Repräsentationen ersetzt, z. B. durch Baumstrukturen wie im genetischen Programmieren. Dann werden entsprechende Operatoren wie beim genetischen Programmieren verwendet. Zusätzlich kann der genetische Algorithmus modifiziert werden, um z.B. breit gestreute Regeln in der Population zu erhalten. Dazu werden nur solche Regeln miteinander rekombiniert, die auch gemeinsam aktiviert sind.

Tabelle 4.8.
Häufig benutzte Parameterwerte für die einfachen klassifizierenden Systeme.

Parameter	Wertebereich
Populationsgröße:	400–5 000
Lernrate α:	0,2
Dämpfungsfaktor β:	0,71
Straffaktor τ:	0,1

Bei dem hier präsentierten Ansatz für ein klassifizierendes System entspricht eine Population dem Regelsystem. Er wird auch als Michigan-CS bezeichnet. Alternativ gibt es das Pittsburgh-CS, bei dem jedes Individuum ein ganzes Regelsystem enthält. Der Vorteil des Michigan-CS ist, dass das Regelsystem immer nur leicht modifiziert wird und somit eine direkte Wechselwirkung zwischen Regelmodifikation und Systemrückkopplung erlaubt. Allerdings tendieren genetische Algorithmen zur Konvergenz, d. h. die Anzahl der unterschiedlichen Regeln in der Population nimmt mit der Zeit ab. Daher sind zusätzliche Techniken zum Erhalt der Vielfalt evtl. notwendig.

⚠ Einige Techniken zum Erhalt der Diversität werden im nächsten Kapitel auf S. 210 im Kontext der Mehr-zieloptimierung vorgestellt.

Beim Pittsburgh-CS befinden sich in einer Population eine ganze Reihe von Regelsätzen. Damit gestaltet sich ein Lernen am laufenden System schwierig. Die Bewertung von einzelnen Individuen findet im Pittsburgh-CS meist über Simulationen des zu regelnden Systems statt. Häufig werden bei diesem Ansatz auch Operatoren benutzt, die die Anzahl der Regeln im Individuum verändern.

Ein beliebtes modernes Anwendungsgebiet ist Data-Mining. Gerade moderne Varianten der klassifizierenden Systeme sind durch ihre Regeln in der Lage, sehr kompakt Zusammenhänge in mehrdimensionalen Daten zu beschreiben. Andere mögliche Anwendungen finden sich in der Robotik ebenso wie in der Zeitreihenprognose.

4.6.2.   Tabu-Suche

Tabu-Suche (TS, engl. *tabu search*) ist ein lokales Suchverfahren, das über ausgefeilte Mechanismen verfügt, den Verlauf der Optimierung zu steuern. Dieses Suchverfahren passt nicht in das Schema des Basisalgorithmus LOKALE-SUCHE (Algorithmus 4.24), sondern ähnelt mehr einer $(1, \lambda)$-Evolutionsstrategie. Charakteristisch ist, dass bei der Erzeugung der neuen Kindindividuen die Geschichte der bisherigen Optimierung berücksichtigt wird. Hierfür wird Information aus den letzten Veränderungen durch den Mutationsoperator extrahiert und in einer sog. Tabu-Liste gespeichert, die das Zurückkehren zu den zuletzt betrachteten Lösungskandidaten verhindert.

Da dieses Konzept bisher sehr abstrakt beschrieben wurde und der Aufbau einer Tabu-Liste immer vom konkreten Problem und dem verwendeten Mutationsoperator abhängt, konkretisieren wir den Algorithmus anhand des Problems der Graphenfärbung. Gegeben sei ein Graph $G = (V, E)$ und die Anzahl an Farben k. Das Ziel ist, jedem Knoten $v \in V = \{v_1, \ldots, v_n\}$ eine Farbe *farbe*(v) zuzuweisen, sodass keine Kante zwischen gleichgefärbten Knoten verläuft. Formal muss durch $x \in \Omega = \{1, \ldots, k\}^n$ die Bewertungsfunktion

$$f(x) = \sum_{(v_i, v_j) \in E} \begin{cases} 1 & \text{falls } x_i = x_j \\ 0 & \text{sonst} \end{cases}$$

minimiert werden. Wird nun durch die Mutation die Farbe des Knotens v_i von c auf d gesetzt, wird die Tabu-Liste um einen Eintrag (i, c) erweitert. Bei der nächsten Mutation wird damit verhindert, dass die Farbe von v_i wieder von d auf c zurückgesetzt wird. Die Tabu-Liste ist eine FIFO-Warteschlange (*first in first out*-Warteschlange) fester Länge. Damit fällt ein Tabu-Eintrag nach einer vordefinierten Anzahl von Iterationen wieder aus der Liste heraus und die Mutation kann den bisher verhinderten Wert wieder setzen.

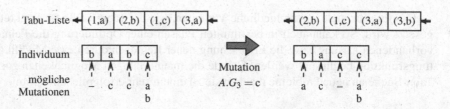

Bild 4.27. Durch die Mutation im dritten Gen verändern sich das Individuum und die Tabu-Liste. Unter dem Individuum wird angezeigt, welche Werte für welches Gen zulässig sind.

Beispiel 4.16:

Bild 4.27 zeigt ein hypothetisches kleines Beispiel für ein Graphenfärbungsproblem mit vier Knoten und drei Farben. Links verhindern die Einträge in der Tabu-Liste jegliche Mutation auf dem ersten Gen. Durch die Mutation im dritten Gen entsteht die Situation rechts. Jetzt ist der Eintrag (1,a) aus der Wartschlange der Tabu-Liste herausgefallen – dadurch ist wieder eine Mutation im ersten Gen möglich. Stattdessen wurde die Rückmutation im dritten Gen durch den neuen Eintrag (3,b) verhindert.

Die Tabu-Liste schließt große Teile des Suchraums aus – nicht nur die bisher betrachteten Individuen. Um zu vermeiden, dass auch sinnvolle Lösungen abgeschnitten werden, können spezielle erstrebenswerte Eigenschaften das Tabu für eine spezielle Mutation überstimmen. Solche erstrebenswerte Eigenschaften können in einer ähnlichen Weise wie die Tabu-Eigenschaften in einer Liste verwaltet werden, häufig sind dies jedoch feste Kriterien wie die, dass der Gütewert des neuen Individuums besser als der des besten bisher bekannten Lösungskandidaten ist. Algorithmus 4.30 zeigt den allgemeinen Ablauf der TABU-SUCHE.

Algorithmus 4.30

TABU-SUCHE(Zielfunktion F)

1    $t \leftarrow 0$
2    $A(t) \leftarrow$ erzeuge zufälligen Lösungskandidaten
3   bewerte $A(t)$ durch F
4    $bestInd \leftarrow A(t)$
5   initialisiere *Tabu-Liste*
6   **while** Terminierungsbedingung nicht erfüllt
7   **do** $\ulcorner P \leftarrow \langle\rangle$
8   **while** $\#P < \lambda$
9   **do** $\ulcorner B \leftarrow$ MUTATION$(A(t))$
10   bewerte B durch F
11   **if** B hat keine Eigenschaft der *Tabu-Liste* oder $B.F \succ bestInd.F$
12          $\llcorner$ **then** $\lceil P \leftarrow P \circ \langle B\rangle$
13        $t \leftarrow t + 1$
14        $A(t) \leftarrow$ bestes Individuum aus P
15   **if** $A(t).F \succ bestInd.F$
16   **then** $\lceil bestInd \leftarrow A(t)$
17        $\llcorner$ *Tabu-Liste* $\leftarrow$ aktualisiere *Tabu-Liste* durch die Differenz von $A(t)$ und $A(t-1)$
18   **return** *bestInd*

Es gibt sehr viele unterschiedliche Varianten, wie die Tabu-Suche für konkrete Probleme umgesetzt wird. So kann auch in bestimmten Phasen einer Optimierung die Feinabstimmung der vorhandenen Lösung bzw. die Erforschung neuer Regionen durch eine Modifikation der Bewertungsfunktion begünstigt werden. Gerade die mannigfaltigen Möglichkeiten zur Anpassung der Tabu-Suche an neue Probleme machen sie zu einem sehr erfolgreichen Optimierungsverfahren.

4.6.3.   Memetische Algorithmen

Populationsbasierte Algorithmen und lokale Suche zeichnen sich durch unterschiedliche Vor- und Nachteile aus: Während der populationsbasierte Ansatz langsam in der Breite den Suchraum durchforscht, geht die lokale Suche schnell in die Tiefe und steuert das nächste lokale Optimum an. Memetische Algorithmen« verbinden beide Ansätze. Ihr Name geht auf den Begriff »Meme« des Biologen Richard Dawkins zurück, der damit Verhaltenselemente bezeichnet, die sich im Gegensatz zu Genen individuell ändern können, indem sie beispielsweise durch Nachahmung erworben werden.

Die Grundidee nahezu aller memetischer Algorithmen ist, alle durch einen evolutionären Algorithmus erzeugten Individuen zunächst lokal zu optimieren und sie dann erst in die Population aufzunehmen. Der entsprechende Ablauf ist in MEMETISCHER-ALGORITHMUS (Algorithmus 4.31) dargestellt.

Beispiel 4.17:
So kann man beispielsweise als populationsbasierten Anteil einen genetischen Algorithmus (GA) wählen, dessen Individuen durch simuliertes Abkühlen (SA) verbessert werden. Das resultierende Verfahren wird auch als SAGA-Algorithmus bezeichnet.

Memetischen Algorithmen schränken die Bereiche des Suchraums ein, in denen sich Lösungskandidaten befinden können. Im Extremfall entspricht tatsächlich jeder Lösungskandidat einem lokalen Optimum (vgl. Bild 4.28). Dies ist häufig vorteilhaft, weil so schnell unterschiedliche Eigenschaften aus verschiedenen Teilen des Suchraums in neuen Individuen kombiniert werden. Es kann aber auch der Bewegungsspielraum der Optimierung zu stark eingeschränkt werden,

---

Algorithmus 4.31

MEMETISCHER-ALGORITHMUS(Bewertungsfunktion F)

1    $t \leftarrow 0$
2    $P(t) \leftarrow$ initialisiere Population der Größe μ
3    $P(t) \leftarrow$ LOKALE-SUCHE(F) für jedes Individuum in $P(t)$
4   bewerte $P(t)$ durch F
5   **while** Terminierungsbedingung nicht erfüllt
6   **do** $\ulcorner E \leftarrow$ selektiere Eltern für λ Nachkommen aus $P(t)$
7        $P' \leftarrow$ erzeuge Nachkommen durch Rekombination aus E
8        $P'' \leftarrow$ mutiere die Individuen in P'
9        $P''' \leftarrow$ LOKALE-SUCHE(F) für jedes Individuum in P''
10   bewerte P''' durch F
11        $t \leftarrow t + 1$
12    $\llcorner P(t) \leftarrow$ Umweltselektion auf P'''
13   **return** bestes Individuum aus $P(t)$

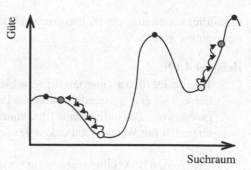

Bild 4.28.
Beispielhaft wird für die Gütelandschaft eines Maximierungsproblems gezeigt, wie sich die neu erzeugten Individuen (weiße Punkte) durch lokale Suche den lokalen Optima (schwarze Punkte) annähern. Im Extremfall wird solange lokal optimiert, bis die lokalen Optima erreicht sind.

wenn Rekombinationsoperatoren aus den vorhandenen lokalen Optima keine neuen interessanten Lösungen kombinieren können und der global optimale Bereich des Suchraums dadurch unerreichbar wird.

Die Arbeitsweise der memetischen Algorithmen entspricht dabei der Evolutionstheorie von Lamarck, der individuelles Lernen für die Veränderungen am Genotyp verantwortlich gemacht hat (vgl. Abschnitt 1.3.3).

4.6.4. Populationsbasiertes inkrementelles Lernen

Das populationsbasierte inkrementelle Lernen (PBIL, engl. *population based incremental learning*) folgt der Grundidee, im genetischen Algorithmus mit binärer Kodierung $\mathscr{G} = \mathbb{B}^\ell$ die Population nicht mehr explizit zu speichern, sondern nur noch eine Populationsstatistik der Genfrequenz zu führen. Dort wird für jedes der ℓ Bits protokolliert, wie häufig der Wert »1« in den Individuen der Population vorhanden ist. Selbstverständlich wird hierbei die relative Häufigkeit betrachtet.

Beispiel 4.18:

Tabelle 4.9 (a) zeigt, wie die Populationsstatistik berechnet wird. Für jedes Gen wird der Mittelwert der Allele aller vier Individuen in der Beispielpopulation berechnet.

Eine Populationsstatistik allein reicht jedoch nicht aus, um ein Optimierungsproblem zu lösen – dafür müssen konkrete Individuen bewertet werden. Die statistischen Werte werden als Wahr-

Tabelle 4.9.: Aufbau und Verwendung einer Populationsstatistik: (a) Berechnung der Statistik aus vier Individuen und (b) die Erzeugung von fünf neuen Individuen aus der Populationsstatistik.

1	0	1	1	Individuum 1
0	0	0	1	Individuum 2
1	1	1	1	Individuum 3
1	0	0	1	Individuum 4
0,75	0,25	0,5	1,0	Populationsstatistik

(a) Elternpopulation

Individuum				Wahrscheinlichkeit
1	0	1	1	$0{,}75 \cdot 0{,}75 \cdot 0{,}5 \cdot 1{,}0 \approx 0{,}281$
1	1	0	1	$0{,}75 \cdot 0{,}25 \cdot 0{,}5 \cdot 1{,}0 \approx 0{,}094$
0	0	1	1	$0{,}25 \cdot 0{,}75 \cdot 0{,}5 \cdot 1{,}0 \approx 0{,}094$
0	1	1	1	$0{,}25 \cdot 0{,}25 \cdot 0{,}5 \cdot 1{,}0 \approx 0{,}031$
1	0	0	0	$0{,}75 \cdot 0{,}75 \cdot 0{,}5 \cdot 0{,}0 \approx 0{,}0$

(b) Kindindividuen

scheinlichkeiten aufgefasst, entsprechend derer neue Individuen aus der virtuellen Population »gezogen« werden.

Beispiel 4.19:

Tabelle 4.9 (b) demonstriert für verschiedene Kindindividuen, mit welcher Wahrscheinlichkeit sie erzeugt werden, wenn die Populationsstatistik aus Tabelle 4.9 (a) zugrunde gelegt wird. Das Individuum 1000 kann dabei gar nicht mehr erzeugt werden, weil das letzte Bit mit Wahrscheinlichkeit 1,0 den Wert »1« annimmt.

Da die einzelnen Bits völlig unabhängig voneinander erzeugt werden, entspricht diese Erzeugung eines neuen Individuums bereits der Rekombination UNIFORMER-CROSSOVER (Algorithmus 3.12) als globale Variante, sodass hier kein zusätzlicher Rekombinationsoperator mehr angewandt wird. Als Selektionsmechanismus wird per BESTEN-SELEKTION (Algorithmus 3.7) das beste erzeugte Individuum ausgewählt und zur Aktualisierung der Populationsstatistik herangezogen – dies erinnert an die Ersetzung von Individuen in überlappenden Populationen wie z. B. dem steady state GA. Eine Mutation wird nicht direkt auf den erzeugten Individuen durchgeführt, sondern es wird stattdessen die Statistik für einige Bits zufällig leicht verschoben. Formal wird PBIL in Algorithmus 4.32 beschrieben.

Im Gegensatz zu den genetischen Algorithmen können beim populationsbasierten inkrementellen Lernen keine internen Abhängigkeiten zwischen den einzelnen Bits erlernt werden.

Algorithmus 4.32

PBIL(Bewertungsfunktion F)

1 $t \leftarrow 0$
2 *bestInd* ← erzeuge ein zufälliges Individuum aus $\mathscr{G} = \mathbb{B}^\ell$
3 bewerte *bestInd* durch F
4 $Prob^{(0)} \leftarrow (0.5, \ldots, 0.5) \in [0, 1]^\ell$
5 **while** Terminierungsbedingung nicht erfüllt
6 **do** $\ulcorner P \leftarrow \langle\rangle$
7   **for** $i \leftarrow 1, \ldots, \lambda$
8   **do** $\ulcorner A \leftarrow$ erzeuge Individuum aus $\mathbb{B}^\ell$ gemäß $Prob^{(t)}$
9          $\llcorner P \leftarrow P \circ \langle A \rangle$
10   bewerte P durch F
11     $\langle B \rangle \leftarrow$ Selektion aus P mittels BESTEN-SELEKTION
12   **if** $B.F \succ bestInd.F$
13   **then** $\llcorner bestInd \leftarrow B$
14     $t \leftarrow t + 1$
15   **for each** $k \in \{1, \ldots, \ell\}$
16   **do** $\llcorner Prob_k^{(t)} \leftarrow B_k \cdot \alpha$ (Lernrate) $+ Prob_k^{(t-1)} \cdot (1 - \alpha)$
17   **for each** $k \in \{1, \ldots, l\}$
18   **do** $\ulcorner u \leftarrow$ wähle Zufallszahl gemäß $U((0, 1])$
19   **if** $u \leq p_m$ (Mutationswahrscheinlichkeit)
20   **then** $\ulcorner u' \leftarrow$ wähle Zufallszahl gemäß $U(\{0, 1\})$
21     $\llcorner \quad \llcorner \quad \llcorner Prob_k^{(t)} \leftarrow u' \cdot \beta$ (Mutationskonstante) $+ Prob_k^{(t)} \cdot (1 - \beta)$
22 **return** *bestInd*

Tabelle 4.10.: In der linken Population gibt es je eine Bindung zwischen den beiden vorderen sowie zwischen den beiden hinteren Bits, während in der rechten zufälligen Population keine Abhängigkeit zwischen Bits erkennbar ist. Aber die Abhängigkeiten in Population 1 werden nicht in der Populationsstatistik repräsentiert, welche identisch zur Populationsstatistik von Population 2 ist.

Population 1					Population 2			
1	1	0	0	Individuum 1	1	0	1	0
1	1	0	0	Individuum 2	0	1	1	0
0	0	1	1	Individuum 3	0	1	0	1
0	0	1	1	Individuum 4	1	0	0	1
0,5	0,5	0,5	0,5	Populationsstatistik	0,5	0,5	0,5	0,5

Beispiel 4.20:

Die beiden vierelementigen Populationen in Tabelle 4.10 demonstrieren, wie eine Population mit einer paarweisen Bindung zwischen Bits und eine Population ohne jegliche Struktur auf dieselbe Populationsstatistik abgebildet werden.

Dies ist der Preis für die Projektion auf rein statistische Werte. Allerdings würde Population 1 aus dem Beispiel auch bei einem genetischen Algorithmus nicht lange Bestand haben – selbst wenn alle Individuen gleich gut bewertet werden. Durch Gendrift (vgl. S. 9) würde sich eine der beiden Bitverteilungen durchsetzen. Dennoch ist bei PBIL mit einer eingeschränkten Lösungsqualität zu rechnen, wenn Probleme mit starken Interaktionen zwischen mehreren Bits betrachtet werden.

Im Algorithmus bestimmt die Lernrate α den Grad, mit welchem Erforschung und Feinabstimmung betrieben werden. Ein niedriger Wert betont mehr die Erforschung, während bei einem hohen Wert die Suche sich sehr schnell fokussiert. Oberflächliche Empfehlungen für die Parameterwerte können Tabelle 4.11 entnommen werden.

Ausgehend vom populationsbasierten inkrementellen Lernen wurden verschiedene weitere Verfahren entwickelt, die mit besseren Techniken die Verteilung der guten Lösungen im Suchraum schätzen. Die Klasse diese Algorithmen wird auch als *estimation of distribution algorithms* (EDA) bezeichnet. Analog zum hier präsentierten Algorithmus werden daraus zufällige neue Lösungskandidaten erzeugt. Bei der internen Repräsentation werden dann die internen Abhängigkeiten im Suchraum berücksichtigt, z.B. im sog. *Bayesian optimization algorithm* (BAO) durch eine gemeinsame Wahrscheinlichkeitsverteilung in der Form eins Bayes-Netzes.

Tabelle 4.11.
Häufig benutzte Parameterwerte bei populationsbasiertem inkrementellem Lernen.

Parameter	Wertebereich
Populationsgröße λ :	20–100
Lernrate α:	0,05–0,2
Mutationsrate p_m:	0,001–0,02
Mutationskonstante β:	0,05

4.6.5.   Differentialevolution

Die *Differentialevolution* (DE, engl. *differential evolution*) arbeitet ähnlich wie die Evolutions-strategie auf reellwertigen Individuen mit $A.G \in \mathbb{R}^\ell$, wobei keine Zusatzinformation $A.S$ benötigt wird. Konzeptuell lässt sich die Arbeitsweise auf die Idee reduzieren, alle Vektoren (bzw. Differenzen) zwischen beliebigen Individuenpaaren in der Population als Grundlage für die möglichen Modifikationen eines Individuums heranzuziehen.

Beispiel 4.21:

> Bild 4.29 zeigt eine Population mit vier Individuen. Durch betrachten aller Individuen-paare ergeben sich die angezeigten Vektoren im $\mathbb{R}^2$ als mögliche Veränderungen durch die Mutation.

Diese Vektoren können nun auf die Individuen der Population angewandt werden, wie es in Bild 4.30 dargestellt wird. Dieser DE-OPERATOR (Algorithmus 4.33) ist eine Mischung aus Re-kombination und Mutation: Strenggenommen handelt es sich um eine gewichtete uniforme Re-kombination zwischen einem Individuum A und einem durch einen Differenzenvektor mutierten Individuum B. Interessanterweise bietet diese Technik eine gute Alternative zur Selbstanpassung der Schrittweite in den Evolutionsstrategien: Je mehr sich die Population auf bestimmte Berei-che des Suchraums konzentriert, desto enger rücken die Individuen zusammen und desto kleiner werden die möglichen Mutationen.

    Als Selektion findet jeweils ein Vergleich des neuen Individuums mit dem direkten Elternindi-viduum statt und nur diejenigen Kindindividuen werden in die nächste Generation übernommen,

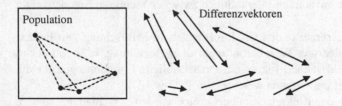

Bild 4.29. Für eine Population mit vier Individuen im $\mathbb{R}^2$ werden alle möglichen Differenzvektoren darge-stellt.

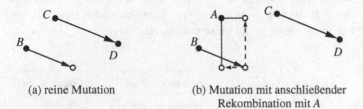

(a) reine Mutation   (b) Mutation mit anschließender
                                  Rekombination mit A

Bild 4.30. Funktionsweise des DE-OPERATOR: (a) Die Differenz zwischen den Individuen C und D be-stimmt die Mutationsrichtung für das Individuum B. (b) Zufallsbedingt können als Rekombina-tion auch einzelne Suchraumdimensionen von A übernommen werden.

Algorithmus 4.33

DE-OPERATOR(Individuen A, B, C, D)

1    $index \leftarrow$ wähle Zufallszahl gemäß $U(\{1, \ldots, \ell\})$
2   **for each** $i \in \{1, \ldots, \ell\}$
3   **do** $\ulcorner u \leftarrow$ wähle Zufallszahl gemäß $U([0, 1))$
4   **if** $u \leq \tau$ (Wichtung der Rekombination) oder $i = index$
5   **then** $\lfloor A_i' \leftarrow B_i + (C_i - D_i) \cdot \alpha$ (Skalierungsfaktor)
6        $\llcorner$ **else** $\lfloor A_i' \leftarrow A_i$
7   **return** A'

Algorithmus 4.34

DIFFERENTIALEVOLUTION(Bewertungsfunktion F)

1    $t \leftarrow 0$
2    $P(t) \leftarrow$ erzeuge Population der Größe μ
3   bewerte $P(t)$ durch F
4   **while** Terminierungsbedingung nicht erfüllt
5   **do** $\ulcorner P(t+1) \leftarrow \langle \rangle$
6   **for** $i \leftarrow 1, \ldots, \mu$
7   **do** $\ulcorner$ **repeat** $\lfloor A, B, C, D \leftarrow$ selektiere Eltern uniform zufällig aus $P(t)$
8   **until** A, B, C, D sind paarweise verschieden
9            $A' \leftarrow$ DE-OPERATOR(A, B, C, D)
10   bewerte A' durch F
11   **if** $F(A') \succeq F(A)$
12   **then** $\lfloor P(t+1) \leftarrow P(t+1) \circ \langle A' \rangle$
13           $\llcorner$ **else** $\lfloor P(t+1) \leftarrow P(t+1) \circ \langle A \rangle$
14       $\llcorner t \leftarrow t+1$
15   **return** bestes Individuum aus $P(t)$

Parameter	Wertebereich
Populationsgröße μ:	10–100, 10·n
Wichtung der Rekombination τ:	0,7–0,9
Skalierungsfaktor α:	0,5–1,0

Tabelle 4.12.
Empfohlene Parameterbereiche bei der Differential-evolution.

die eine Verbesserung darstellen. Damit ergibt sich der Gesamtablauf der DIFFERENTIALEVOLUTION in Algorithmus 4.34. Zugehörige Parametereinstellungen sind in Tabelle 4.12 aufgelistet.

Varianten der Differentialevolution werden mit der Notation $x/y/z$ beschrieben, wobei $x \in$ {rand, best} angibt, welches Individuum mutiert wird, y die Anzahl der benutzten Differenzvektoren pro Mutation und z die Art der Rekombination bestimmt. Die hier vorgestellte Variante ist rand/1/bin.

Während in der ursprünglich eingeführten Differentialevolution alle Parameter fest gewählt wurden, hat sich eine Anpassung der Parameter τ und α während der Optimierung als sinnvoll herausgestellt. Unterschiedlich komplexe Adaptions- und Selbstadaptationsmechanismen wurden erfolgreich mit der Differentialevolution kombiniert.

4.6.6.   Scatter Search

Obwohl Scatter Search eigentlich als deterministisches Optimierungsverfahren konzipiert wurde, weist es viele Ähnlichkeiten zu den evolutionären Algorithmen auf: Es arbeitet auf Populationen, benutzt Variationsoperatoren und erzeugt einen Selektionsdruck für die neu erzeugten Individuen. Eine breite Initialisierung und eine umfassende systematische Erzeugung neuer Individuen garantieren eine weiträumige Erforschung des Suchraums. Die Feinabstimmung wird wie bei den memetischen Algorithmen durch eine lokale Suche für jedes Individuum erreicht. Die hier vorgestellte Variante von SCATTER-SEARCH (Algorithmus 4.35) ist so zunächst für reellwertige Problemräume mit $\mathscr{G} = \Omega = \mathbb{R}^n$ gedacht.

Dabei wird die Population P immer wieder mit neuen, möglichst andersartigen Individuen erweitert und anschließend geprüft, ob sich durch die Rekombination mit den neuen Individuen neue bessere lokale Optima finden lassen. Der Ablauf ist auch in Bild 4.31 dargestellt.

Für die Erzeugung neuer Individuen kommt ein Diversitätsgenerator zum Einsatz, der Individuen in möglichst noch unberücksichtigten Regionen des Suchraums erzeugt. Diese werden anschließend lokal optimiert. Das folgende Beispiel demonstriert eine mögliche Vorgehensweise.

Algorithmus 4.35

SCATTER-SEARCH(Bewertungsfunktion F)

1   $P = \langle \rangle$
2   $neueInd \leftarrow \langle \rangle$
3   **for** $t \leftarrow 1, \ldots, maxIter$
4   **do** $\ulcorner$ **while** $\#neueInd < \mu$
5   **do** $\ulcorner A \leftarrow$ erzeuge ein Individuum mit einem Diversitätsgenerator
6          $A \leftarrow$ LOKALE-SUCHE(F) angewandt auf A
7   bewerte A durch F
8   **if** $A \notin neueInd \circ P$
9          $\llcorner$ **then** $\lceil neueInd \leftarrow neueInd \circ \langle A \rangle$
10   **if** $t = 1$
11   **then** $\ulcorner P \leftarrow$ selektiere α Individuen aus $neueInd$ mit BESTEN-SELEKTION
12        $\llcorner neueInd \leftarrow$ streiche Individuen aus P in $neueInd$
13   **for** $k \leftarrow 1, \ldots, \beta$
14   **do** $\ulcorner A \leftarrow$ dasjenige Individuum aus $neueInd$, das $\min_{B \in P} d(A.G, B.G)$ maximiert
15        $neueInd \leftarrow$ streiche Individuum A in $neueInd$
16        $\llcorner P \leftarrow P \circ \langle A \rangle$
17   **repeat** $\ulcorner P' \leftarrow \langle \rangle$
18        $Mengen \leftarrow$ erzeuge Teilmengen von P durch einen Teilmengengenerator
19   **for each** $M \in Mengen$
20   **do** $\ulcorner A \leftarrow$ wende einen Kombinationsoperator auf M an
21            $A \leftarrow$ LOKALE-SUCHE(F) angewandt auf A
22   bewerte A durch F
23   **if** $A \notin P \cup P'$
24            $\llcorner$ **then** $\lceil P' \leftarrow P' \circ \langle A \rangle$
25        $\llcorner P \leftarrow$ selektiere $\alpha + \beta$ Ind. aus $P \circ P'$ mit BESTEN-SELEKTION
26   **until** P hat sich nicht geändert
27     $\llcorner P \leftarrow$ selektiere α Individuen aus P mit BESTEN-SELEKTION
28   **return** bestes Individuum aus P

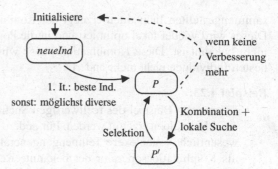

Bild 4.31.
Visualisierter Ablauf von SCATTER-SEARCH
(Algorithmus 4.35).

Beispiel 4.22:

Konkret kann man für die reellwertigen Probleme den Diversitätsgenerator wie folgt implementieren: Für jede Suchraumdimension wird der gültige Wertebereich in vier Teile zerlegt und für jeden Teil wird gespeichert, wieviele Individuen x in diesem Teil bereits erzeugt wurden. Dann wird invers proportional zur Häufigkeit ($\frac{1}{1+x}$) für jede Suchraumdimension der Wertebereich und ein zufälliger Wert aus diesem Bereich gewählt.

Bild 4.32 zeigt eine Beispiel. Im ersten X-Achsenabschnitt sind $x = 2$ Individuen enthalten, was der inversen Häufigkeit $\frac{1}{x+1} = \frac{1}{3}$ entspricht. Da die Summe der inversen Häufigkeiten etwa 1,73 ist, resultiert die Auswahlwahrscheinlichkeit als $\frac{1}{3} \cdot \frac{1}{1,73} \approx 0,19$. Die Wahrscheinlichkeit, dass ein Individuum im linken oberen Sektor erzeugt wird, ergibt sich damit als $0,19 \cdot 0,33 \approx 0,062$. Der Sektor zwei Felder darunter hat die Wahrscheinlichkeit $0,19 \cdot 0,09 \approx 0,017$. Die größte Wahrscheinlichkeit hat u. a. das dritte Feld in der oberen Reihe mit $0,57 \cdot 0,33 \approx 0,188$.

Die Kombination der Individuen ist nicht zufällig wie bei den evolutionären Algorithmen. Über einen Teilmengengenerator werden systematisch Rekombinationen durchgeführt. Aus den zu-

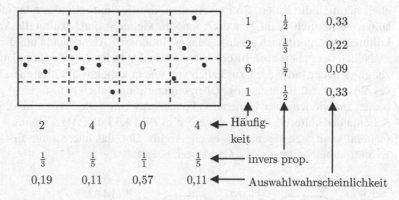

Bild 4.32. Verteilung von Individuen in einem zweidimensionalen Suchraum: Häufigkeiten der Individuen auf den einzelnen Achsenabschnitten sowie die Ableitung der Auswahlwahrscheinlichkeit daraus.

sammengestellten Individuen erzeugt der Kombinationsoperator jeweils ein neues Individuum. Dieses wird wieder lokal optimiert und in die Population der Besten übernommen, falls es noch nicht bekannt ist. Diese Kombinationsphase wird solange wiederholt, bis sich die Menge der besten Individuen nicht mehr ändert.

Beispiel 4.23:

In unserem Beispiel des reellwertigen Suchraums können alle Teilmengen mit genau zwei Individuen erzeugt werden. Für andere Anwendungen findet man allerdings auch wesentliche komplexere Teilmengengeneratoren. Im reellwertigen Suchraum könnte als Kombinationsoperator der bekannte Rekombinationsoperator ARITHMETISCHER-CROSSOVER (Algorithmus 3.13) mit $U([-\frac{1}{2}, \frac{3}{2}])$ (in Zeile 1 im Algorithmus auf Seite 84) benutzt werden.

Typische Parameterwerte sind in Tabelle 4.13 dargestellt. Von Scatter Search gibt es allerdings sehr viele Varianten, die je nach Anwendungsproblem stark von dem hier vorgestellten Algorithmus abweichen können.

Parameter	Wertebereich
Populationsgröße μ:	50–150
Anzahl der besten Individuen α:	5–20
Erweiterung der besten Individuen β:	5–20

Tabelle 4.13. Empfohlene Parameterwerte bei Scatter Search.

4.6.7.   Kulturelle Algorithmen

Kulturelle Algorithmen (CA, engl. *cultural algorithms*) folgen der Beobachtung, dass die genetische Ebene nicht die einzige Ebene ist, auf der Informationen von einer Generation zur nächsten weitergegeben werden. Gerade bei uns Menschen gibt es noch einen weiteren Informationsspeicher, nämlich die Kultur. So ist Verhalten, das sich auf religiöse oder moralische Vorstellungen stützt, vermutlich kaum genetisch sondern vielmehr durch kulturelle Vermittlung bedingt. Die kulturellen Algorithmen ergänzen die evolutionären Algorithmen um diese Komponente.

Neben der genetischen Information, die in den Individuen der Population vorliegt, wird die Erzeugung neuer Individuen zusätzlich von einem kollektiven kulturellen Wissen beeinflusst. Dieses Wissen wird in einem sog. Überzeugungsraum (engl. *belief space*) gespeichert. Die jeweils besten Individuen einer Generation können das kulturelle Wissen modifizieren. Das allgemeine Schema der kulturellen Algorithmen ist in Bild 4.33 und Algorithmus 4.36 beschrieben. Vereinfachend kann man sagen, dass es ein Archiv gibt, das interessante Erkenntnisse der bisherigen Evolution beinhaltet und die Operatoren beeinflusst.

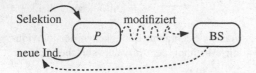

Bild 4.33.
Ablauf des CULTURAL-ALGORITHM: Wissen im Überzeugungsraum $\mathscr{BS}$ wird aus der Population extrahiert und beeinflusst die Erzeugung neuer Individuen.

Algorithmus 4.36

CULTURAL-ALGORITHM(Bewertungsfunktion F)
1   $t \leftarrow 0$
2   $P(t) \leftarrow$ initialisiere die Population
3   $\mathscr{BS}(t) \leftarrow$ initialisiere den Überzeugungsraum
4   bewerte $P(t)$ durch F
5   **while** Terminierungsbedingung nicht erfüllt
6   **do** $\ulcorner P' \leftarrow$ bestimme wichtige Individuen aus $P(t)$
7        $\mathscr{BS}(t+1) \leftarrow \mathscr{BS}(t)$ wird durch P' angepasst
8        $P'' \leftarrow$ erzeuge Nachkommen von $P(t)$ auf der Basis von $\mathscr{BS}(t+1)$
9   bewerte P'' durch F
10       $t \leftarrow t+1$
11       $\llcorner P(t) \leftarrow$ Selektion aus $P''(\circ P(t-1))$
12   **return** bestes Individuum aus $P(t)$

Welches konkrete Wissen im Überzeugungsraum gesammelt wird und wie dieses in den evolutionären Operatoren genutzt wird, hängt von dem bearbeiteten Optimierungsproblem ab. Man kann dabei situationsbezogenes Wissen, das die aktuelle Situation widerspiegelt, und normatives Wissen unterscheiden, welches globalen Beschränkungen der Optimierung und des Suchraums entspricht. Wie beides abgeleitet und benutzt werden kann, wird im Folgenden am Beispiel demonstriert.

Beispiel 4.24:

Die hier vorgestellte Variante für Probleme auf einem Suchraum $\Omega = \mathbb{R}^n$ basiert auf dem evolutionären Programmieren, d.h. die Mutation berücksichtigt das Wissen im Überzeugungsraum. Dort werden als situationsbezogenes Wissen die letzten beiden besten gefundenen Individuen und als normatives Wissen eine Einschränkung des Suchraums auf einen interessanten Bereich gespeichert.

Das normative Wissen besteht aus einer Unter- und einer Obergrenze für jede Suchraumdimension. Dabei werden beispielsweise diejenigen 20% der Individuen in der Elternpopulation herangezogen, die bei der letzten Q-STUFIGE-TURNIER-SELEKTION (Algorithmus 3.8) die meisten Gewinne aufweisen konnten. Aus diesen Individuen wird für jede Suchraumdimension der kleinste und der größte Wert ermittelt. Falls dieser Wert das gespeicherte Intervall vergrößert, wird er in jedem Fall übernommen. Eine Verkleinerung des Intervalls findet dann statt, wenn der Gütewert des entsprechenden Individuums besser ist, als der bei der letzten Übernahme gespeicherte Wert.

In der Mutation leitet man nun aus dem normativen Wissen ab, wie weit die Optimierung bereits bezüglich der einzelnen Suchraumdimensionen fortgeschritten ist: Wurde der interessante Bereich auf weniger als 1% des Suchraumintervalls eingeschränkt, kann das situationsbezogene Wissen in Form des besten Individuums benutzt werden, um die Suche in diese Richtung auszurichten. Eine weitere Voraussetzung hierfür ist, dass die letzten beiden besten Individuen innerhalb des interessanten Intervalls für die jeweilige Suchraumdimension lagen. Man sagt dann, dass der Überzeugungsraum für diese Suchraumdimension stabil ist – dann wird die Mutation stärker beschnitten, um eine effektivere Feinabstimmung zu bekommen.

Algorithmus 4.37

CA-MUTATION(Individuum A)

1   $u' \leftarrow$ wähle zufällig gemäß $\mathcal{N}(0, 1)$
2   **for each** $i \in \{1, \ldots, \ell\}$
3   **do** $\ulcorner u_i'' \leftarrow$ wähle zufällig gemäß $\mathcal{N}(0, 1)$

4        $B.S_i \leftarrow A.S_i \cdot \exp\left(\frac{1}{\sqrt{2\ell}} \cdot u' + \frac{1}{\sqrt{2\sqrt{\ell}}} \cdot u_i''\right)$

5        $u \leftarrow$ wähle zufällig gemäß $\mathcal{N}(0, B.S_i)$
6   **if** $\mathcal{BS}$ ist stabil für Dimension i
7   **then** $\ulcorner$ **switch**
8   **case** $A.G_i < bestInd.G_i : B.G_i \leftarrow A.G_i + |u|$
9   **case** $A.G_i > bestInd.G_i : B.G_i \leftarrow A.G_i - |u|$
10       $\llcorner$ **case** $A.G_i = bestInd.G_i : B.G_i \leftarrow A.G_i + \frac{u}{2}$
11   **else** $\lbrack B.G_i \leftarrow A.G_i + u$
12       $\llcorner B.G_i \leftarrow \max\{ug_i, \min\{og_i, B.G_i\}\}$
13   **return** B

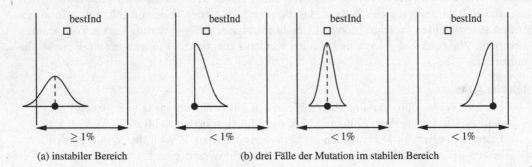

(a) instabiler Bereich   (b) drei Fälle der Mutation im stabilen Bereich

Bild 4.34. Wahrscheinlichkeitsverteilungen der CA-MUTATION (Algorithmus 4.37) im eindimensionalen reellwertigen Suchraum: (a) normale Mutation des evolutionären Programmierens, wenn der Suchbereich noch nicht stabil ist, und (b) die Mutation bei einem stabilen Überzeugungsraum – dabei kann das aktuelle Individuum auch außerhalb des stabilen Bereichs liegen.

Der genaue Ablauf der CA-MUTATION kann Algorithmus 4.37 entnommen werden und ist eine Variation der SELBSTADAPTIVE-GAUSS-MUTATION mit separater Schrittweitenanpassung für jede Dimension (vgl. S. 136). Bild 4.34 illustriert wie das Verhältnis des zu mutierenden Individuums zum besten Individuum die Veränderungswahrscheinlichkeit in horizontaler Richtung beeinflusst.

Damit bieten die kulturellen Algorithmen einen weiteren Mechanismus der Adaptation, der auf die Details des jeweils zu bearbeitenden Problems zugeschnitten werden kann. Interessant ist hier insbesondere das Zusammenspiel zwischen der Selbstadaptation und der Adaptation.

Im Abschnitt 5.1 gehen wir nochmal auf die kulturellen Algorithmen ein und verändern den Anpassungsmechanismus für die zusätzliche Betrachtung von Randbedingungen.

4.6.8.   Ameisenkolonien

Der Vorgang der Evolution ist nicht die einzige Inspirationsquelle aus der Natur für die Lösung von Optimierungsaufgaben. Auch Insektenkolonien sind ein interessanter Betrachtungsgegenstand, da sie ohne eine zentrale Steuerung mit relativ einfacher Basiskommunikation sehr komplexe Aufgabenstellungen bewältigen. Als ein Beispiel wird hierfür die Futtersuche von Ameisen betrachtet. Dabei wurde in Experimenten festgestellt, dass die Ameisen über einen Duftstoff, das sog. Pheromon, ihre Wege markieren und sich mit größerer Wahrscheinlichkeit an solchen Wegen orientieren, auf denen sich mehr Duftstoff befindet. Dieses Verhalten wird zur Lösung von solchen Problemen imitiert, bei denen die Lösung als ein Weg in einem Graphen dargestellt werden kann.

Ein Beispiel hierfür ist das Handlungsreisendenproblem aus Def. 2.2. Beim evolutionären Ansatz aus Kapitel 2 wurde durch Veränderung der Permutation in den Individuen immer eine komplette Rundreise betrachtet und variiert. Im Gegensatz dazu wird bei der Ameisenkolonieoptimierung durch μ virtuelle Ameisen immer wieder eine neue Rundreise schrittweise konstruiert. Dabei hat jede Ameise nur ein sehr beschränktes lokales Wissen über das Problem. Sie nutzt einerseits ein Erinnerungsvermögen, welche Knoten sie bereits besucht hat, um im Beispiel des Handlungsreisendenproblems nicht zu früheren Knoten auf dem Rundweg zurückzuspringen. Andererseits benutzt sie das Pheromon, das von anderen Ameisen auf den Kanten platziert wurde, um häufig benutzte Kanten mit einer größeren Wahrscheinlichkeit auszuwählen. Hat eine Ameise einen vollständigen Lösungskandidaten erstellt, wird der Lösungskandidat bewertet und aufgrund seiner Güte eine bestimmte Menge Pheromon auf den Kanten verteilt. Das Pheromon wird zur Zeit t in einer Matrix $PM^{(t)}$ gespeichert, bestehend aus den Werten $(\tau_{i,j})_{1 \le i,j \le n}$.

Beispiel 4.25:

Für ein Minimalbeispiel mit vier Knoten ist in Bild 4.35 eine hypothetische Pheromonverteilung gezeigt. Der hohe Pheromonwert z. B. auf der Kante von 1 nach 3 zeigt an, dass diese Kante besonders oft von den Ameisen benutzt wurde.

Konkret bestimmt sich die Wahrscheinlichkeit, dass von dem aktuellen Knoten v_i der Knoten $v_j \in$ *verfuegbar* aus der Menge der noch nicht besuchten Knoten gewählt wird, aus zwei Faktoren:

- der Pheromonmenge $\tau_{i,j}$, das auf der Kante liegt, – je mehr Pheromon desto höher ist die Wahrscheinlichkeit – und

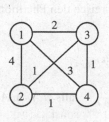

(a) Handlungsreisenden-
problem

(b) Pheromonverteilung

Bild 4.35. Beispiel für eine Pheromonverteilung auf einem Handlungsreisendenproblem mit 4 Knoten.

- der inversen Entfernung $nah_{i,j} = \frac{1}{\gamma(v_i,v_j)}$ zwischen den Knoten, wobei γ das Gewicht der Kante im Graphen darstellt.

Dann ist die Auswahlwahrscheinlichkeit

$$Pr[v_j|v_i] = \begin{cases} \dfrac{\tau_{i,j} \cdot (nah_{i,j})^\beta}{\displaystyle\sum_{v_k \in verfuegbar} \tau_{i,k} \cdot (nah_{i,k})^\beta} & \text{falls } v_j \in verfuegbar \\ 0 & \text{sonst.} \end{cases} \tag{4.1}$$

Beispiel 4.26:

Wird mit der Pheromonverteilung in Bild 4.35 (b) eine neue Ameise mit dem Startknoten 1 auf den Weg geschickt, ergeben sich für die nächste Stadt die folgenden Wahrscheinlichkeiten (mit der Summe $s = \frac{1}{16} + \frac{3}{2} + \frac{1}{3} = \frac{91}{48}$):

$$\begin{array}{llll} \text{von 1 nach 2:} & 1 \cdot (\frac{1}{4})^2 \cdot \frac{1}{s} & = \frac{1}{16} \cdot \frac{1}{s} & \approx 0{,}033 \\ \text{von 1 nach 3:} & 6 \cdot (\frac{1}{2})^2 \cdot \frac{1}{s} & = \frac{3}{2} \cdot \frac{1}{s} & \approx 0{,}79 \\ \text{von 1 nach 4:} & 3 \cdot (\frac{1}{3})^2 \cdot \frac{1}{s} & = \frac{1}{3} \cdot \frac{1}{s} & \approx 0{,}17. \end{array}$$

Wenn wir weiter davon ausgehen, dass die Kante $(1,3)$ gewählt wird, dann sind noch die Knoten 2 und 4 verfügbar. Dann ergeben sich dort (mit $s = 7$) die Wahrscheinlichkeiten:

$$\begin{array}{llll} \text{von 3 nach 2:} & 3 \cdot (\frac{1}{1})^2 \cdot \frac{1}{s} & = 3 \cdot \frac{1}{s} & \approx 0{,}43 \\ \text{von 3 nach 4:} & 4 \cdot (\frac{1}{1})^2 \cdot \frac{1}{s} & = 4 \cdot \frac{1}{s} & \approx 0{,}57. \end{array}$$

Folgt die Ameise auch hier der größeren Wahrscheinlichkeit, folgt die Rundreise $\langle 1, 3, 4, 2 \rangle$ mit der Länge 7.

Durch einen Explorationsregler Θ wird im Algorithmus 4.38 (AMEISENKOLONIE-TSP) bestimmt, wie häufig die nächste Stadt gemäß dieser Auswahlwahrscheinlichkeit bestimmt werden soll oder ob einfach die Stadt mit der größten Wahrscheinlichkeit genommen wird. Ein kleiner Wert Θ kann stabilere Ergebnisse produzieren.

Sind alle Ameisen die Städte abgelaufen, wird die Pheromonmatrix *PM* durch die Länge ihrer Reise modifiziert. Dabei »verdunstet« ein Teil α des Pheromons und auf den benutzten Kanten wird die Pheromonmenge gemäß der inverse Länge der konstruierten Rundreise erhöht, wodurch erreicht wird, dass kürzere Rundreisen den Phermonwert auf ihren Kanten stärker erhöhen als lange Rundreisen.

$$\tau_{i,j} \leftarrow \alpha \cdot \tau_{i,j} + \sum_{k=1}^{\mu} wert(A^{(k)}, i, j)$$

$$\text{mit } wert(A, i, j) = \begin{cases} \frac{1}{A.F} & \text{falls } \langle i, j \rangle \text{ in } A \text{ enthalten ist} \\ 0 & \text{sonst.} \end{cases} \tag{4.2}$$

Beispiel 4.27:

Wird die Pheromontabelle aus Bild 4.35 (b) mit der Rundreise $\langle 1, 3, 4, 2 \rangle$ modifiziert, werden alle Pheromonwerte auf den Anteil $\tau = 0{,}7$ reduziert, wie es in Bild 4.36 (a)

Algorithmus 4.38

AMEISENKOLONIE-TSP(Bewertungsfunktion F (TSP mit n Städten))

1   $t \leftarrow 0$
2   $PM^{(t)} \leftarrow$ initialisiere Pheromon
3   **while** Terminierungsbedingung nicht erfüllt
4   **do** $\ulcorner$ **for** $i \leftarrow 1, \ldots, \mu$ (Anzahl der Ameisen)
5   **do** $\ulcorner A^{(i)}.G \leftarrow \langle 1 \rangle$ (initialisiere neue Ameise)
6   *aktuell* $\leftarrow 1$
7   **for** $k \leftarrow 2, \ldots, n$
8   **do** $\ulcorner u \leftarrow$ wähle Zufallszahl gemäß $U([0,\ 1))$
9   **if** $u < \theta$ (Regler für Exploration)
10   **then** $\lceil$ *nächster* $\leftarrow$ wähle Knoten gemäß $Pr[v_j | aktuell]$ (Gleichung 4.1)
11   **else** $\lfloor$ *nächster* $\leftarrow$ Knoten j mit maximalem $Pr[v_j | aktuell]$
12               $A^{(i)}.G \leftarrow A^{(i)}.G \circ \langle nächster \rangle$
13           $\llcorner$ *aktuell* $\leftarrow$ *nächster*
14         $\llcorner$ bewerte $A^{(i)}$ durch F
15       $t \leftarrow t + 1$
16     $\llcorner PM^{(t)} \leftarrow$ aktualisiere $PM^{(t-1)}$ gemäß Gleichung 4.2
17   **return** beste gefundene Rundreise

	1	2	3	4
1	0	0,7	4,2	2,1
2	3,5	0	1,4	2,1
3	2,1	2,1	0	2,8
4	1,4	2,8	2,8	0

	1	2	3	4
1	0	0,7	4,34	2,1
2	3,5	0	1,4	2,24
3	2,1	2,24	0	2,8
4	1,54	2,8	2,8	0

(a) Verdunstung   (b) Wegmodifikation

Bild 4.36. Modifikation der Pheromontabelle: (a) durch die Verdunstung und (b) mit dem Faktor $\frac{1}{7}$ entlang der gewählten Rundreise.

Parameter	Wertebereich
Anzahl der Ameisen μ:	10
Gewichtung der Entfernung β:	2–6
Verdunstungsgrad α:	0,6–0,9
Explorationsregler θ:	0,2–0,9

Tabelle 4.14.
Empfohlene Parameterwerte bei der Ameisenkolonie-optimierung.

dargestellt ist. Die Kanten der Rundreise werden um den Wert $\frac{1}{7}$ erhöht, weil die Rundreise die Länge 7 hat. Das Ergebnis ist in Bild 4.36 (b) dargestellt.

Geeignete Parameterwerte sind in Tabelle 4.14 aufgeführt. Diese Werte und die hier benutzten Formeln können allerdings nicht direkt auf andere Optimierungsprobleme übertragen werden.

Ebenso ändern sich die Parameter, wenn komplexere Mechanismen zur Modifikation und Auswertung des Pheromons benutzt werden.

4.6.9.   Partikelschwärme

Partikelschwärme (engl. *particle swarms*) sind eine Optimierungsmethode für reellwertige Optimierungsprobleme, die auf der Modellierung sozialer Interaktionen beruht. Zunächst waren die Partikelschwärme reine Simulationsmodelle für Sozialverhalten. Daher unterscheiden sie sich von evolutionären Algorithmen in erster Linie darin, dass sie Verbesserungen nicht durch einen Selektionsmechanismus erreichen sondern durch Nachahmung und Lernen von anderen benachbarten Individuen. Damit wird das Schwarmverhalten von Vögeln oder Fischen hinsichtlich optimaler Futterplätze etc. auf die Lösung von reellwertigen Optimierungsproblemen übertragen (PARTIKELSCHWARM in Algorithmus 4.39).

Die Individuen bestehen dabei aus dem Genotyp $A.G \in \mathbb{R}^\ell$ und den Zusatzinformationen $A.S = (v_1, \ldots, v_\ell, B_1, \ldots, B_\ell) \in \mathscr{Z} = \mathbb{R}^{2 \cdot \ell}$. Dabei stellt $v = (v_1, \ldots, v_\ell)$ einen Veränderungsvektor dar, der bei der Modifikation der Individuen benutzt wird und $B = (B_1, \ldots, B_\ell)$ repräsentiert den besten bisher auf dem Weg des Individuums gefundenen Punkt im Suchraum. In jeder Generation wird der Veränderungsvektor der Individuen durch die soziale Interaktion mit benachbarten Individuen modifiziert (von v zu v') und anschließend auf den Genotyp angewandt, d. h. für alle $k \in \{1, \ldots, \ell\}$ gilt

$$A'.G_k = A.G_k + v'_k.$$

In die Modifikation von v gehen zwei Komponenten ein:

* das Bestreben eines Individuums, zu seinen Erfolgen zurückzukehren, d. h. den Veränderungsvektor so zu modifizieren, dass er zum besten Lösungkandidaten B zurückführt und
* eine Orientierung des Individuums an den besten Erfolgen seiner Nachbarn.

Sei also *best* der beste bisher gefundene Lösungskandidat in einer Nachbarschaft, die oft für ein Individuum $A^{(i)}$ einfach aus den Individuen $A^{(i-1)}$, $A^{(i)}$ und $A^{(i+1)}$ besteht. Dann wird der Veränderungsvektor mittels zweier Zufallszahlen $u_1, u_2 \sim U([0, 1])$ folgendermaßen modifiziert.

$$v'_k = \beta \cdot v_k^{(i)} + \alpha_1 \cdot u_1 \cdot (B_k^{(i)} - A^{(i)}.G_k) + \alpha_2 \cdot u_2 \cdot (best_k - A^{(i)}.G_k).$$

Dabei ist β ein Trägheitsfaktor, α_1 bestimmt, wie stark die gespeicherte beste Position eingeht, und α_2 ist ein sozialer Faktor, wie stark ein Individuum sich an den Nachbarn orientiert. In Algorithmus 4.39 (PARTIKELSCHWARM) wird eine globale Nachbarschaft benutzt, d. h. *best* ist das beste Individuum der aktuellen Population.

Beispiel 4.28:
> Bild 4.37 zeigt beispielhaft, wie der Vektor v, mit dem das Individuum A positioniert wurde, durch die Vektoren von A zu B und *best* modifiziert wird.

Lässt man den Veränderungsvektor beliebig groß werden, wird sich sehr schnell ein völlig zufälliges Verhalten der Individuen einstellen. Dies lässt sich durch eine maximal mögliche Veränderung vermeiden. Geeignete Parameterwerte sind in Tabelle 4.15 aufgeführt.

Algorithmus 4.39

PARTIKELSCHWARM(Bewertungsfunktion F)

1   $t \leftarrow 0$

2   $P(t) \leftarrow$ initialisiere die Population der Größe μ

3   bewerte $P(t)$ durch F

4   $best \leftarrow$ Genotyp des besten Individuums in $P(t)$

5   **while** Terminierungsbedingung nicht erfüllt

6   **do** $\ulcorner$ $P' \leftarrow \langle \rangle$

7   **for** $i \leftarrow 1, \dots, \mu$

8   **do** $\ulcorner$ (|sei $A^{(i)}.S = (v_1^{(i)}, \dots, v_\ell^{(i)}, B_1^{(i)}, \dots, B_\ell^{(i)})$|)

9          $u_1, u_2 \leftarrow$ wähle Zufallszahlen gemäß $U([0,\ 1])$

10   **for each** $k \in \{1, \dots, \ell\}$

11   **do** $\llcorner$ $v_k' \leftarrow \beta \cdot v_k^{(i)} + \alpha_1 \cdot u_1 \cdot (B_k^{(i)} - A^{(i)}.G_k) + \alpha_2 \cdot u_2 \cdot (best_k - A^{(i)}.G_k)$

12   **if** $\|(v_1', \dots, v_\ell')\| > MAX$ (|maximale Veränderung|)

13   **then** $\llcorner$ $(v_1', \dots, v_\ell') \leftarrow$ skaliere den Veränderungsvektor auf die Länge MAX

14   **for each** $k \in \{1, \dots, \ell\}$

15   **do** $\llcorner$ $A'.G_k \leftarrow A_k^{(i)} + v_k'$

16   bewerte A' durch F

17   **if** $A'.F \succeq B^{(i)}.F$

18   **then** $\ulcorner$ $P' \leftarrow P' \circ \langle (A_1', \dots, A_\ell', v_1', \dots, v_\ell', B_1^{(i)}, \dots, B_\ell^{(i)}) \rangle$

19         $\llcorner$ **else** $\llcorner$ $P' \leftarrow P' \circ \langle (A_1', \dots, A_\ell', v_1', \dots, v_\ell', A_1', \dots, A_\ell') \rangle$

20       $t \leftarrow t + 1$

21       $P(t) \leftarrow P'$

22   $\llcorner$ $best \leftarrow$ Genotyp des besten Individuums in $P(t)$

23   **return** bestes Individuum aus $P(t)$

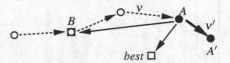

Bild 4.37.
Modifikation des Veränderungsvektors v im Partikelschwarm.

Parameter	Wertebereich
Trägheit β:	0,8–1,0
kognitiver Faktor α_1:	1,5–2,0
sozialer Faktor α_2:	1,5–2,0
maximale Veränderung MAX:	$og_i - ug_i$
Populationsgröße μ:	20–60

Tabelle 4.15.
Empfohlene Parameterwerte bei der Optimierung mit Partikelschwärmen.

4.7.   Kurzzusammenfassung

Als kurze vergleichende Übersicht über die Standardalgorithmen enthalten die Tabellen 4.16 und 4.17 auf der nächsten Doppelseite die wichtigsten Informationen.

Algorithmus	Genotyp	Mutation	Rekombination	Selektion	Population	Besonderheiten
Genetischer Algorithmus	klassisch: $\mathbb{B}^\ell$ mit fester Länge ℓ, auch: $\mathbb{R}^\ell$ und $\mathscr{S}_\ell$, Dekodierung	Bitflipping, gleichverteilte reellwertige Mutation, spezielle Permutationsoperatoren	k-Punkt- und uniformer Crossover, arithmetischer Crossover, mehrere Rekombinationsoperatoren für Permutationen	fitnessproportionale Elternselektion; auch: skaliert, rangbasiert oder als Turnierselektion	mittelgroße bis große Populationen	theoretische Grundlage: Schema-Theorem
Evolutionsstrategie	$\mathbb{R}^\ell$, meist gilt Genotyp = Phänotyp, zusätzliche Strategieparameter	(selbst-)adaptive Gauss-Mutation, erst Mutation der Strategieparameter	anfangs keine, später: arithmetischer und uniformer Crossover, auch: globale Varianten, anderer Operator auf Strategieparametern	Eltern: gleichverteilt, Kinder: Komma- bzw. Plus-Selektion	kleinere Populationen, manchmal: $\mu = 1$; bei Komma: $\lambda > \mu$	unterschiedliche Mechanismen der Selbstadaptation für die Schrittweitenanpassung; auch: adaptive 1/5-Erfolgsregel
Evolutionäres Programmieren	anfangs: endlicher Automat, später: $\mathbb{R}^\ell$ mit Strategieparametern	Modifikation der Zustände und Übergänge in Automaten, Gauss-Mutation, gleichzeitige Mutation der Strategieparameter	keine	anfangs: Plus-Selektion, später: q-stufige 2-fache Turnierselektion aus Eltern und Kindern	mittelgroße Populationen, Es gilt $\mu = \lambda$	Selbstadaptation der Schrittweite; bei Automaten: unterschiedliche Behandlung unerreichbarer Zustände möglich
Genetisches Programmieren	Bäume, aber auch lineare Darstellungen variabler Länge (für Graphen, Assemblerprogramme etc.)	internes Umhängen oder Modifikation von Teilbäumen, spezielle Operatoren	Austausch von Teilbäumen, spezielle Operatoren	verschiedene, meist wie beim genetischen Algorithmus	sehr große Populationen	oft nur ein Operator auf ein Individuum, spezielle Initialisierung, Methoden zur Intron-Vermeidung, Evolution von ADFs
lokale Suche	beliebig	beliebig	keine	Verbesserungen immer, Verschlechterungen mit gewisser Wahrscheinlichkeit	ein Individuum	zentrales Problem: zu frühe Konvergenz

Tabelle 4.16.: Vergleich der Standardalgorithmen (Teil 1)

Algorithmus	Genotyp	Mutation	Rekombination	Selektion	Population	Besonderheiten
Klassifizierendes System	Regel oder Menge an Regeln, klassisch: $\{0, 1, *\}^\ell$	Bitflipping	k-Punkt-Crossover	fitnessproportional, klassisch: überlappende Populationen	bei Michigan: ausreichend für Komplexität der Aufgabe	Michigan: Population ist Regelsatz, Pittsburgh: Individuum ist Regelsatz
Tabu-Suche	phänotypnah	unumkehrbar durch Tabu-Listen	keine	bestes Individuum	ein Elter, mehrere Kinder	bestes gefundenes Individuum wird zusätzlich gespeichert
Memetischer Algorithmus	beliebig	beliebig	beliebig	beliebig	beliebig	jedes neue Individuum wird lokal optimiert
Populationsbasiertes inkrementelles Lernen	Populationsstatistik $[0, 1]^\ell$	Änderung in der Populationsstatistik	implizit beim Erzeugen von Individuen	bestes Kindindividuum geht in Statistik ein	wird durch Populationsstatistik ersetzt	benötigte Individuen werden aus der Statistik zufällig erzeugt
Differentialevolution	$\mathbb{R}^\ell$	Mischoperator	Mischoperator	Kind ersetzt Elter bei Verbesserung	klein bis mittelgroß	Operator nutzt Populationsinformation
Scatter Search	$\mathbb{R}^\ell$ und andere	keine	Teilmengengenerator und Kombination	Selektion der Besten	mittelgroß	viele Varianten, deterministisches Verfahren
Kultureller Algorithmus	$\mathbb{R}^\ell$ (und andere) mit Strategieparametern	nutzt Information des Überzeugungsraums	keine	Umweltselektion	mittelgroß	Überzeugungsraum speichert normatives und situationsbezogenes Wissen
Ameisenkolonie	verschiedene	jede Ameise konstruiert einen Lösungskandidaten	keine	Güte bestimmt Einfluss auf die globale Pheromonmenge	Anzahl der Ameisen pro Iterationsschritt	kein EA-Schema, globale Pheromonmengen repräsentieren Lösungskandidaten ähnlich zur Statistik in PBIL
Partikelschwarm	$\mathbb{R}^\ell$ mit Strategieparametern	basiert auf Trägheit und Orientierung an den Nachbarn	keine	Orientierung am Besten (Population/eigene Historie)	klein bis mittelgroß	kein EA-Schema, eher: synchrones Durchkämmen des Suchraums

Tabelle 4.17.: Vergleich der Standardalgorithmen (Teil 2)

Übungsaufgaben

Übung 4.1   Genetischer Algorithmus

Implementieren Sie die Verfahren GENETISCHER-ALGORITHMUS (Algorithmus 3.15) und STEADY-STATE-GA (Algorithmus 4.1) mit binärer Standardkodierung und Turnierselektion. Wenden Sie die Algorithmen auf die Ackley-Funktion (vgl. Anhang A) an.

Übung 4.2   Abbildungsrekombination

Wandeln Sie die ABBILDUNGSREKOMBINATION (Algorithmus 4.7) in einen Operator um, der zwei Kindindividuen erzeugt. Betrachten Sie zunächst ein Beispiel und formulieren Sie dann den Algorithmus.

Übung 4.3   Evolutionsstrategie

Implementieren Sie die Evolutionsstrategie mit der 1/5-Erfolgsregel (ES-ADAPTIV in Algorithmus 4.8) und mit Selbstanpassung (ES-SELBSTADAPTIV in Algorithmus 4.9). Wenden Sie die Algorithmen auf die Ackley-Funktion (vgl. Anhang A) an und vergleichen Sie die Ergebnisse.

Übung 4.4   Evolutionäres Programmieren

Untersuchen Sie an einem kleinen Beispiel für die unterschiedlichen Mutationen des ursprünglichen evolutionären Programmierens (Algorithmen 4.13 bis 4.17), inwieweit eine kleine Veränderung am Genotyp einer kleinen Veränderung am Phänotyp (d. h. der Approximation einer Zeitreihe) entspricht.

Übung 4.5   Grammatikevolution

Führen Sie die Grammatikevolution aus Beispiel 4.14 für das Individuum (2, 1, 1, 0, 0, 1, 0, 3) durch.

Übung 4.6   Simuliertes Abkühlen

Implementieren Sie simuliertes Abkühlen (Algorithmus 4.26) und wenden es auf eine Instanz des Handlungsreisendenproblems an. Vergleichen Sie das jeweilige Verhalten mit unterschiedlichen Abkühlungsplänen.

Übung 4.7   Schwellwertakzeptanz

Führen Sie Aufgabe 4.6 für Schwellwertakzeptanz (Algorithmus 4.27) durch. Vergleichen Sie die benötigte Rechenzeit mit der Anzahl der ausgewerteten Individuen in beiden Aufgaben.

Übung 4.8   Ablaufschemata

Implementieren Sie einen evolutionären Algorithmus mit dem Ablauf der genetischen Algorithmen (Bild 4.1) und der Mutation und Rekombination der Evolutionsstrategie. Implementieren Sie analog den Ablauf der Evolutionsstrategie mit den Operatoren des genetischen Algorithmus. Vergleichen Sie die Ergebnisse mit denen in den Aufgaben 4.1 und 4.3. Was können Sie in Ihren Experimenten beobachten? Wie erklären Sie sich die Ergebnisse?

Übung 4.9   Populationsbasiertes inkrementelles Lernen

Implementieren Sie das populationsbasierte inkrementelle Lernen PBIL (Algorithmus 4.32) und testen Sie es auf der Royal-Road-Funktion (vgl. Anhang A). Lassen sich Unterschiede im Vergleich zu GENETISCHER-ALGORITHMUS (Algorithmus 3.15) auf demselben Problem feststellen?

Übung 4.10   Differentialevolution

Veranschaulichen Sie sich die Arbeitsweise des Operators DE-OPERATOR (Algorithmus 4.33) aus der Differentialevolution nochmals bildlich. Diskutieren Sie, unter welchen Umständen eine differenzbasierte Mutation wesentliche Vorteile gegenüber der GAUSS-MUTATION (Algorithmus 3.4) hat. Betrachten Sie hierfür ein geeignetes Problem mit vielen (natürlichen) lokalen Optima.

Übung 4.11   Scatter Search

Diskutieren Sie, an welchen Stellen in SCATTER-SEARCH (Algorithmus 4.35) die Diversität erhalten wird und eine Erforschung (*exploration*) bzw. Feinabstimmung (*exploitation*) stattfindet. Was sind Vor- bzw. Nachteile im Vergleich zu einem evolutionären Algorithmus.

Übung 4.12   Ameisenkolonieoptimierung

Betrachten Sie das Maschinenbelegungsproblem mit einer Maschine: Für n verschiedene Aufträge ist die Bearbeitungszeit t_i, der früheste Fertigstellungstermin a_i, der letztmögliche Fertigstellungstermin b_i und eine Strafgebühr s_i ($1 \leq i \leq n$) gegeben. Ein Maschinenbelegungsplan mit minimalen Konventionalstrafen

$$\sum_{i=1}^{n} \Delta_i \cdot s_i \qquad \text{mit } s_i = \begin{cases} 0, & \text{falls } a_i \leq x_i \leq b_i \\ a_i - x_i, & \text{falls } x_i < a_i \\ x_i - b_i, & \text{falls } b_i < x_i \end{cases}$$

bei den Fertigstellungszeiten x_i ($1 \leq i \leq n$) ist gesucht. Geben Sie eine Kodierung für die Optimierung mit Ameisenkolonien an.

Historische Anmerkungen

Die genetischen Algorithmen gehen auf die Betrachtungen von Holland (1973, 1975, 1992) zu adaptiven Systemen zurück. Weitere Katalysatoren in der Entwicklung der genetischen Algorithmen waren sowohl die Arbeit von De Jong (1975), die demonstriert hat, dass Optimierungsprobleme mit einfachen genetischen Algorithmen gelöst werden können, als auch das Lehrbuch von Goldberg (1989), das diesen Ideen eine größere Verbreitung ermöglicht hat. Der Übergang zur Betrachtung von reellwertigen Darstellungen des Problemraums in genetischen Algorithmen wurde als erstes von Davis (1989, 1991a), Janikow & Michalewicz (1991) und Wright (1991) geleistet. Permutationen als Repräsentation wurden noch früher von Goldberg & Lingle, Jr. (1985), Grefenstette et al. (1985) und Davis (1985) betrachtet. Die üblichen Selektionsmechanismen und Standardoperatoren für genetische Algorithmen wurden bereits in den Anmerkungen zum vorigen Kapitel diskutiert. Die Urheber der weiteren Operatoren lassen sich wie folgt zuordnen:

De Jong (1975) für den K-PUNKT-CROSSOVER (Algorithmus 4.2), Davis (1989) für die GLEICH-VERTEILTE-REELLWERTIGE-MUTATION (Algorithmus 4.4), Syswerda (1991a) für die VERSCHIE-BENDE-MUTATION (Algorithmus 4.5), Davis (1991a) und Syswerda (1991a) für die MISCHENDE-MUTATION (Algorithmus 4.6) sowie Goldberg & Lingle, Jr. (1985) für die ABBILDUNGSREKOM-BINATION (Algorithmus 4.7). Die »optimale« Mutationsrate für die BINÄRE-MUTATION (Algorith-mus 3.3) wurde von Mühlenbein (1992) und Bäck (1993) gezeigt.

Die ersten Ideen der Evolutionsstrategien haben Rechenberg (1964), Schwefel und Bienert bei der Optimierung des Designs einer Düse bzw. der Krümmung eines Rohrs entwickelt. Die Vision war dabei die Entwicklung eines Forschungsroboters, der solche Aufgaben im Ingenieursbereich selbstständig experimentell lösen kann. Die ersten Experimente wurden als $(1 + 1)$-Strategie ma-nuell durchgeführt und später auf den Rechner übertragen. Die BESTEN-SELEKTION (Algorith-mus 3.7), die Mutation mittels einer Normalverteilung in Form der GAUSS-MUTATION (Algorith-mus 3.4) ebenso wie die $\frac{1}{5}$-Erfolgsregel ADAPTIVE-ANPASSUNG (Algorithmus 3.18) reichen bis in diese Anfangszeit zurück (vergleiche Rechenberg, 1973). Die selbstanpassenden Mutationsope-ratoren SELBSTADAPTIVE-GAUSS-MUTATION (Algorithmus 3.19) finden sich bei Schwefel (1977). Die Arbeit von Herdy (1991) enthält verschiedene Beispiele wie die Evolutionsstrategie für nicht-reellwertige Phänotypen genutzt werden kann. Die DERANDOMISIERTE-ES (Algorithmus 4.12) stammt von Ostermeier et al. (1995). Der erwähnte Algorithmus CMA-ES wurde von Hansen & Ostermeier (2001) publiziert.

Das evolutionäre Programmieren wurde zunächst in seiner klassischen Form für endliche Au-tomaten von Fogel et al. (1965, 1966) eingeführt. Ziel waren Vorhersagen für Zeitreihen durch endliche Automaten (vgl. Übersichtsartikel von Fogel & Chellapilla, 1998). Ende der 80er Jahre wurden die Ideen vom evolutionären Programmieren auf andere Repräsentationen verallgemei-nert. Dabei wurde unter anderem die q-stufige zweifache Turnierselektion und eine Mutation ähnlich zu den Evolutionsstrategien entwickelt (Fogel & Atmar, 1990). Den Selbstanpassungsme-chanismus von EP (SELBSTADAPTIVE-EP-MUTATION in Algorithmus 4.19) hat Fogel et al. (1991) eingeführt.

Genetisches Programmieren hat Koza (1989, 1992) eingeführt, wobei baumartige Strukturen schon früher (z. B. von Cramer, 1985; Antonisse & Keller, 1987) als Repräsentation betrachtet wurden. Koza (1992) definierte die präsentierten Operatoren auf den Bäumen. Die Implemen-tation der Bäume als Zeichenketten flexibler Länge beruht auf den Ausführungen von Keith & Martin (1994). Das Verfahren der Einkapselung wurde ebenfalls von Koza (1992) vorgestellt, wie auch die automatisch definierten Unterprogramme (Koza, 1994). Das Problem der Introns wur-de erstmals von Angeline (1994) erkannt und beschrieben. Unabhängig davon hat Tackett (1994) die Beobachtung gemacht, dass sich Individuen während des Optimierungsvorgangs immer mehr aufblähen. Von Tackett (1994) stammt ebenfalls der Lösungsansatz der Brutrekombination. Als Beispiel für einen intelligenten Crossover-Operator kann die Arbeit von Teller (1996) dienen. Andere Repräsentationen als die der Syntaxbäume sind beispielsweise Sequenzen von Maschi-neninstruktionen (z. B. bei Nordin & Banzhaf, 1995) oder Graphen (z. B. bei Teller & Veloso, 1996). Grammatikevolution wurde erstmals von Ryan et al. (1998) eingeführt.

Der lokale Suchalgorithmus Hillclimbing (Algorithmus 4.25) lässt sich historisch nur schwer zuordnen. Die erste groß angelegte Untersuchung war die von Ackley (1987b). Das simulierte Abkühlen (Algorithmus 4.26) stammt von Kirkpatrick et al. (1983). Dueck & Scheuer (1990) haben die Schwellwertakzeptanz (Algorithmus 4.27) und Dueck (1993) den Sintflutalgorithmus (Algorithmus 4.28) und das rekordorientierte Wandern (Algorithmus 4.29) beschrieben.

Klassifizierende Systeme gehen auf die Arbeit von Holland (1976) zur Theorie der Adaptation zurück. Das erste programmierte (Michigan) Classifier System wurde von Holland & Reitman (1978) präsentiert und die erste industrielle Anwendung stammt von Goldberg (1983). Die hier vorgestellte Variante ZCS beruht im Wesentlichen auf der Arbeit von Wilson (1994). Die komplexere, moderne Variante XCS wurde ebenfalls von Wilson (1995) entwickelt. Die Pittsburgh-CS hat Smith (1980) eingeführt. Mögliche Anwendungen wie die hier angerissene Steuerung eines mobilen Roboters können beispielsweise der Arbeit von Hurst et al. (2002) oder Studley (2006) entnommen werden.

Die TABU-SUCHE (Algorithmus 4.30) wurde von Glover (1986, 1990) entwickelt. Das Beispiel für die Graphenfärbung stammt von Hertz & de Werra (1987).

Der Begriff der memetischen Algorithmen wurde von Moscato (1989) geprägt und hat sich zunächst auf die Optimierung der Individuen durch lokale Suche oder Heuristiken bezogen, bevor sie miteinander rekombiniert werden. In diesem strengen Sinn werden die memetischen Algorithmen auch in diesem Kapitel beschrieben, wobei inzwischen zum Teil auch jegliche Inkorporation von Problemwissen in die Algorithmen als memetisch bezeichnet wird. Der präsentierte Beispielalgorithmus MEMETISCHER-ALGORITHMUS (Algorithmus 4.31) stammt von Brown et al. (1989).

Das präsentierte populationsbasierte inkrementelle Lernen (PBIL in Algorithmus 4.32) wurde erstmals in der Arbeit von Baluja (1994) vorgestellt. Die Approximation einer Verteilung der guten Lösungskandidaten im Suchraum wurde maßgeblich von Mühlenbein & Paaß (1996) weiter entwickelt. Darauf aufbauend ist insbesondere die Arbeit von Pelikan et al. (1999) zu nennen, der sog. *Bayesian optimization algorithm* (BOA).

In ihrem technischen Bericht haben Storn & Price (1995) erstmals die DIFFERENTIALEVOLUTION (Algorithmus 4.34) vorgestellt. Berichte über verschiedene erfolgreiche Anwendungen der Technik folgten von Storn (1996, 1999) und Price (1996). Adaptive und selbstadaptive Varianten der Differentialevolution wurden von (Brest et al., 2007) vorgestellt und untersucht.

SCATTER-SEARCH (Algorithmus 4.35) wurde erstmals von Glover (1977) für ganzzahlige lineare Optimierungsprobleme entwickelt. Scatter Search als generelles Muster zur Lösung beliebiger Optimierungsprobleme hat Glover (1998) erst später gemeinsam mit dem sog. *path relinking* als noch allgemeinerem Konzept vorgestellt. Eine aktuellere Übersicht einschließlich verschiedener Anwendungen stammt von Glover et al. (2000). Der hier dargestellte Artikel orientiert sich an der Arbeit für reellwertige Probleme von Herrera et al. (2006).

CULTURAL-ALGORITHM (Algorithmus 4.36) wurden von Reynolds (1994) eingeführt. Der hier vorgestellte konkrete Algorithmus für reellwertige Suchräume stammt von Chung & Reynolds (1997). Übersichten zu unterschiedlichen Anwendungen finden sich bei Reynolds (1999) und Franklin & Bergerman (2000).

Die Optimierung durch Ameisenkolonien wurde von Dorigo et al. (1991, 1996) zunächst für das Handlungsreisendenproblem (AMEISENKOLONIE-TSP in Algorithmus 4.38) entwickelt. Ein Überblick über weitere Anwendungen kann beispielsweise dem Artikel von Dorigo & Di Caro (1999) entnommen werden. Eine Untersuchung der Parameter wurde von Gaertner & Clark (2005) durchgeführt.

Der PARTIKELSCHWARM (Algorithmus 4.39) wurde von Kennedy & Eberhart (1995) eingeführt. Eine Übersicht stammt von Eberhart & Shi (1998). Konkrete Aussagen zu den günstigen Parameterbereichen findet man in den Arbeiten von Shi & Eberhart (1998, 1999) und Trelea (2003).

5.   Techniken für spezifische Problemanforderungen

Dieses Kapitel befasst sich mit Grundlagen und Methoden, um evolutionäre Algorithmen an die Anforderungen besonderer Problemklassen anzupassen. Dabei handelt es sich um zusätzliche Randbedingungen, Mehrzieloptimierung, zeitabhängige Bewertungsfunktionen und Probleme, bei denen nur ein angenäherter Gütewert bestimmt werden kann.

Lernziele in diesem Kapitel

▷ Die neuen zusätzlichen Anforderungen durch praxisrelevante Probleme werden erfasst und können in neuen Optimierungsproblemen erkannt werden.

▷ Die vorgestellten Techniken werden als Erweiterung des Methodenrepertoires aufgefasst, welches eigenständig durch eigene Erfahrungen bewertet wird.

▷ Die im vorigen Kapitel vorgestellten Standardverfahren können durch die hier präsentierten Techniken eigenständig erweitert werden.

Gliederung

5.1.   Optimieren mit Randbedingungen

Es wird ein Überblick über die unterschiedlichen Methoden für den Umgang mit Randbedingungen gegeben. Dabei ist insbesondere die Behandlung innerhalb der Bewertungsfunktion von Interesse.

Randbedingungen (engl. *constraints*) schränken den Bereich der möglichen Lösungen zusätzlich zu eventuell vorgegebenen Bereichsgrenzen ein. Damit wird ein weiteres Kriterium neben der Bewertungsfunktion F eingeführt, mit dem Lösungskandidaten beurteilt werden.

Definition 5.1 (Randbedingung):

Für einen gegebenen Suchraum Ω ist eine *Randbedingung* eine Funktion

$$Rand : \Omega \to \{wahr,\ falsch\}.$$

Muss *Rand* zwingend erfüllt sein, spricht man von einer *harten Randbedingung*, ist die Erfüllung nur erwünscht von einer *weichen Randbedingung*. Bei harten Randbedingungen $Rand_1, \ldots, Rand_k$ werden die Individuen auch in *gültige* bzw. *ungültige* Individuen gemäß der Erfüllung aller Randbedingungen eingeteilt.

Beispiel 5.1:

An einem Beispiel zur Erstellung von Maschinenbelegungsplänen lassen sich beide Arten von Randbedingungen leicht illustrieren. Verschiedene Aufträge müssen auf mehreren Maschinen in einer jeweils vorgegebenen Reihenfolge bearbeitet werden. Gesucht ist eine zeitliche Zuordnung der Aufträge zu den Maschinen. Die Bewertungsfunktion lässt sich über den Durchsatz oder die benötigte Zeit für die Abarbeitung aller Aufträge definieren. Triviale harte Randbedingungen sind beispielsweise die Tatsache, dass die Reihenfolge der Maschinen für jeden Auftrag eingehalten wird oder dass zu jedem Zeitpunkt jede Maschine nur einen Auftrag bearbeitet. Ebenso können Rüstzeiten an den Maschinen als harte Randbedingungen definiert werden, bei denen zwischen zwei Aufträgen mit unterschiedlichen technischen Anforderungen ein »Umbau« notwendig ist. Als weiche Randbedingungen werden häufig Obergrenzen für Leerlaufzeiten einer Maschine zwischen zwei Aufträgen angegeben. Würden diese als harte Randbedingung formuliert werden, wäre das Problem evtl. nicht lösbar.

 Um bei einem ganz alltäglichen Beispiel zu bleiben: Wenn ich mit dem Auto von Leipzig nach Stuttgart fahre, um dort einen Vortrag zu halten, ist die Ankunft vor Beginn des Vortrags eine harte Randbedingung, eine Höchstgeschwindigkeit von 130 km/h eine weiche Randbedingung.

Im Weiteren werden in diesem Abschnitt unterschiedliche Verfahren vorgestellt, wie die evolutionären Algorithmen Randbedingungen berücksichtigen können. Die Wahl einer geeigneten Technik hängt von den folgenden Charakteristika der Randbedingungen ab.

(a) *Graduierbarkeit:* Ist es ein boolesches Kriterium oder lässt sich der Grad der Verletzung der Randbedingung feststellen?

(b) *Bewertbarkeit:* Lässt sich die Bewertungsfunktion für ein ungültiges Individuum berechnen?

(c) *Schwierigkeit:* Wie schwierig ist es überhaupt, ein gültiges Individuum zu finden, d. h. wie ist das quantitative Verhältnis von gültigen zu ungültigen Individuen?

(d) *Reparierbarkeit:* Lässt sich ein ungültiges Individuum in ein gültiges überführen?

(e) *Bekanntheit:* Ist die Grenze zwischen gültigen und ungültigen Individuen (in Ω) vorab bekannt?

Zwei Extremsituationen werden wir dabei im Weiteren nicht mehr betrachten. Das sind einerseits die Erfüllungsprobleme, die durch eine hohe Schwierigkeit gekennzeichnet sind und deren Randbedingungen in der Regel nicht graduierbar und reparierbar geschweige denn ihre Grenze bekannt ist. Falls überhaupt eine reguläre Bewertungsfunktion vorgegeben wird, ist diese häufig nachrangig, da das wesentliche Problem die Erfüllung der Randbedingungen ist. Andererseits sind viele weiche Randbedingungen durch eine hohe Graduierbarkeit und geringe Schwierigkeit gekennzeichnet. Diese Probleme bedürfen meist nicht der hier besprochenen Techniken, sondern sind besser durch eine Erweiterung der Bewertungsfunktion(en) zu behandeln.

 Die entsprechenden Techniken zur Erweiterung der Bewertungsfunktion werden dann im nachfolgenden Abschnitt 5.2 zur Mehrzieloptimierung vorgestellt.

5.1.1. Übersicht über die Methoden

Es gibt drei unterschiedliche Herangehensweisen, die Erfüllung zusätzlicher Randbedingungen zu erzwingen:

- Restriktive Methoden: Es wird zwar auf dem unbeschränkten Suchraum Ω optimiert, aber zusätzliche Maßnahmen verhindern das Vorkommen ungültiger Individuen in der Population. Beispieltechniken sind der Krippentod, das genetische Reparieren und die Methode der gültigen Individuen.
- Tolerante Methoden: Ungültige Individuen werden in der Population zugelassen, sind allerdings in der simulierten Evolution benachteiligt. Beispieltechniken sind die legale Elternselektion, legales Ersetzen, Anpassung der Mutation durch Adaptation, die legale Dekodierung und die Modifikation der Bewertungsfunktion durch Straffunktionen.
- Dekoder-Ansatz: Die Optimierung erfolgt per Standardverfahren auf einem neuen Genotyp, der im Rahmen der Bewertung in ausschließlich gültige Lösungskandidaten des Suchraums Ω überführt wird.

Bild 5.1 zeigt, wo die verschiedenen Techniken im evolutionären Algorithmus ansetzen, um die Randbedingungen zu berücksichtigen.

Die drei grundsätzlichen Herangehensweisen werden zusammen mit ihren Techniken in den Abschnitten 5.1.2 bis 5.1.4 besprochen. Den Straffunktionen ist als populärster Technik ein eigener Abschnitt (5.1.5) gewidmet.

5.1.2. Dekoder-Ansatz

Zunächst behandeln wir knapp den dritten Ansatz, von dem wir zwei unterschiedliche Vertreter vorstellen. Lassen sich die Randbedingungen im Raum Ω durch eine (oder mehrere) mathematische Funktion(en) beschreiben, kann dies in der Dekodierung berücksichtigt werden. Hierfür ist die Eigenschaft der Bekanntheit eine zwingende Grundvoraussetzung.

Beispiel 5.2:

Wird beispielsweise in einem Suchraum $\Omega = [0,\ 6] \times [0,\ 4]$ der grau gefärbte Bereich in Bild 5.2 durch eine harte Randbedingung ausgeschlossen, dann werden durch die folgende Dekodiervorschrift

$$dec(x,y) = \begin{cases} (x,y) & \text{falls } y < 1 \\ \left(\frac{4}{3} \cdot (y-1) + \frac{7-y}{6} \cdot x,\, y\right) & \text{falls } y \geq 1 \end{cases}$$

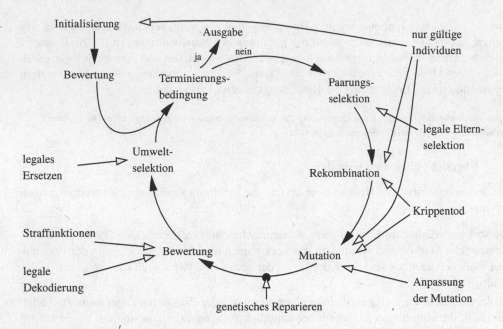

Bild 5.1. Ebenen zum Umgang mit Randbedingungen.

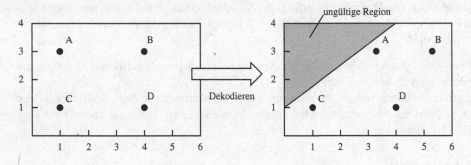

Bild 5.2. Behandlung von bekannten Randbedingungen mit dem Dekoder-Ansatz.

aus einem unbeschränkten genotypischen Suchraum $\mathscr{G} = \Omega$ ausschließlich gültige Individuen erzeugt. Die vier Individuen in Bild 5.2 werden entsprechend der Formel so parallel zur x-Achse verschoben, dass nach dem Dekodieren kein Individuum im ungültigen Bereich liegt.

Dieselbe Technik kann eingesetzt werden, wenn ein Konstruktionsalgorithmus existiert, mit dem aus einer Menge von Parametern ein vollständiger Lösungskandidat erzeugt wird. Dann kann man den Genotyp als die Menge aller möglichen Parameterkombinationen $\mathscr{G} \neq \Omega$ definieren. Der Optimierungsalgorithmus verändert die Parameter im Genotyp eines Lösungskandidaten und die Dekodierungsfunktion nutzt den Konstruktionsalgorithmus, um als Phänotyp ein Element aus Ω zu erzeugen.

Beispiel 5.3:

Betrachten wir das Problem der Erstellung eines Grundrisses für eine Wohnung gemäß spezieller Anforderungen an die Räume und ihre Anordnung. Dann besteht eine Lösung des Problems aus verschiedenen Mauern und Türen, die als harte Randbedingung die gewünschten Räume definieren sollen. Falls nun in einem evolutionären Algorithmus im Genotyp jeder Raum durch seine Koordinaten kodiert wäre, entstünden fast ausschließlich ungültige Lösungskandidaten, da sich die Räume überlappen würden. Ähnliche Probleme ergeben sich, wenn die Koordinaten der Wände kodiert werden, da dann nur selten richtige Räume entstehen. Stattdessen kann als Repräsentation beispielsweise ein Tupel gewählt werden in dem jeder einzelne Raum durch einen »Mittelpunkt« (x_i, y_i) kodiert wird und ein Attribut α_i gibt an, in welche Richtung eine Tür vorgesehen wird. Dann ergibt sich der Genotyp als

$$A.G = (x_1, y_1, \alpha_1, \ldots, x_n, y_n, \alpha_n) \in (\mathbb{R} \times \mathbb{R} \times [0, 2\pi])^n.$$

Dieser kann sehr einfach durch Standardoperatoren bearbeitet werden. Dann können aus diesen Raummittelpunkten bei der Anwendung einer geeigneten Dekodierungsvorschrift die Räume langsam wachsen, bis sie an andere Raumgrenzen stoßen. Die Geschwindigkeit, mit der Räume wachsen, kann aus der Spezifikation der einzelnen gewünschten Räume abgeleitet werden oder sie werden von weiteren Attributen im Genotyp bestimmt. So entstehen aus jedem Individuum immer vollständig baubare Räume, die dann bezüglich ihrer Zweckmäßigkeit für die gestellte Aufgabe und ihrer Kosten durch die Gütefunktion bewertet werden. Entwürfe mit unverbundenen Räumen werden über die normale Bewertungsfunktion benachteiligt. Bild 5.3 zeigt ein Beispiel für die Erzeugung eines Grundrisses.

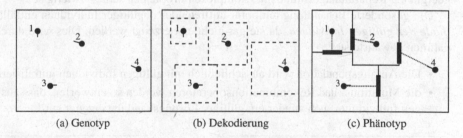

(a) Genotyp	(b) Dekodierung	(c) Phänotyp

Bild 5.3. Beispiel für das Wachsen von Räumen: aus den Mittelpunkten, gespeichert im (a) Genotyp, entfalten sich per (b) Dekodierung die Räume und der gesamte Grundriss als (c) Phänotyp.

Der Einsatz eines Konstruktionsalgorithmus birgt jedoch auch Nachteile: Meist sind nicht mehr alle möglichen gültigen Lösungskandidaten erreichbar, da sich der Konstruktionsalgorithmus auf eine Teilmenge des gültigen Suchraums beschränkt. Daraus resultieren Schwierigkeiten für den evolutionären Algorithmus, falls z.B. das gesuchte Optimum in dieser Teilmenge nicht mehr enthalten ist oder gute Regionen nicht mehr über die verwendeten Operatoren erreichbar sind. Ist dagegen das gesuchte Optimum erreichbar und kleine Änderungen am Genotyp wirken sich als kleine Änderungen im Phänotyp aus – d. h. gilt eine gewisse Stetigkeitseigenschaft für die Dekodierungsfunktion –, liefert dieser Ansatz oft sehr gute Ergebnisse.

5.1.3.   Restriktive Methoden

Die restriktiven Methoden verhindern die Erzeugung ungültiger Individuen, indem sie diese löschen, sie in gültige Individuen umwandeln oder durch modifizierte Operatoren im gültigen Bereich bleiben.

Der *Krippentod* ist der einfachste Umgang mit ungültigen Individuen: Sie werden sofort nach ihrer Erzeugung wieder gelöscht. Dies liefert oft erstaunlich gute Ergebnisse bei Problemen mit einfach strukturierten Randbedingungen. Ist hingegen der Raum der gültigen Lösungskandidaten sehr zerklüftet, ist die beliebige Erreichbarkeit aller Lösungskandidaten fraglich. Bild 5.4 (a) zeigt einen beispielhaften Lösungsraum, bei dem es eventuell schwierig ist, die Kluft zwischen den beiden gültigen Teilgebieten in einem Operatorschritt zu überwinden. Der Verbleib des Individuums *B* in der Population könnte eventuelle den Weg zum Optimum ermöglichen. Daher kann es sinnvoll sein, ungültige Individuen als mögliche Eltern zuzulassen, da sonst bestimmte gültige Lösungskandidaten nie gefunden werden. Grundsätzlich sollten die Randbedingungen beim Einsatz des Krippentods eine geringe Schwierigkeit aufweisen. Andernfalls sind sehr viele Iterationen notwendig, bis in einer Generation hinreichend viele gültige Kindindividuen erzeugt werden, und der Algorithmus ist entsprechend langsam.

Gilt die Reparierbarkeit der Randbedingungen, können ungültige Individuen beim *genetischen Reparieren* mittels eines Reparaturalgorithmus solange modifiziert werden, bis sie einen gültigen Lösungskandidaten darstellen. Verglichen mit dem Verfahren des Krippentods müssen nicht mehr so viele Individuen erzeugt werden, da jedes neue Individuum auch in einem gültigen Individuum resultiert. Aber bezüglich der Diskussion um die unzusammenhängenden Bereiche gültiger Lösungskandidaten im Suchraum hat dieser Ansatz keinen entscheidenden Vorteil gebracht, da immer noch die Kluft zum richtigen Einzugsbereich zu überwinden ist, in dem der Reparaturalgorithmus zum Optimum führt (vgl. Bild 5.4 (b)). Zudem kann der Entwurf eines geeigneten Reparaturalgorithmus bei komplexen Problemen sehr schwierig sein.

Die gesonderte Behandlung temporär auftretender ungültiger Individuen entfällt bei der *Methode der gültigen Individuen*, da sie gar nicht erst erzeugt werden. Dies wird durch zwei Maßnahmen gewährleistet:

- Die Anfangspopulation wird ausschließlich mit gültigen Individuen initialisiert und
- die Mutations- und Rekombinationsoperatoren werden so entworfen, dass aus jedem gültigen Individuum auch wieder ein gültiger Lösungskandidat erzeugt wird.

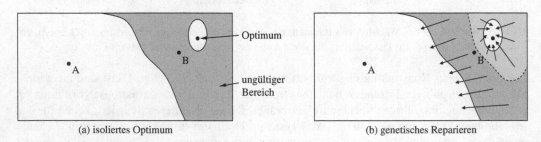

(a) isoliertes Optimum   (b) genetisches Reparieren

Bild 5.4. Problem der unzusammenhängenden gültigen Gebiete: (a) Kluft zwischen dem aktuellen Individuum *A* und dem Optimum sowie (b) die Schwierigkeit diese Kluft mit Reperaturalgorithmen zu überwinden.

Dieser Ansatz stellt sehr große Anforderungen an den Entwickler von evolutionären Algorithmen, da die Operatoren sehr gut aufeinander abgestimmt werden müssen, um eine sinnvolle Suchdynamik zu erzeugen.

Beispiel 5.4:

Bei den Maschinenbelegungsplänen können beispielsweise durch einen einfachen Konstruktionsalgorithmus bei der Initialisierung gültige Individuen erstellt werden. Die Mutation kann dann die Startzeit eines Auftrags auf einer Maschine gemäß der vorhandenen Lücken verschieben bzw. einzelne Aufträge in ihrer Reihenfolge vertauschen, solange die weiteren Randbedingungen dadurch nicht verletzt werden.

Häufig sind solche Operatoren für die Mutation einfach zu definieren, während die Rekombination kritischer ist. Ein anderes Problem ist die Frage, ob die Operationen alle (gültigen) Bereiche des Lösungsraums erreichen können. Falls dies gewährleistet wird, liefert auch dieser Ansatz meist sehr gute Resultate.

 Diese Technik ist die konsequente Fortführung der Dekodierungstechnik. Während dort der Konstruktionsalgorithmus der Dekodierung und die Mutation die Nachbarschaft von Lösungskandidaten bestimmen, hängt die Nachbarschaft bei der Methode der gültigen Individuen direkt von der Mutation auf dem Phänotyp ab. Bei beiden Ansätzen können keine ungültigen Individuen entstehen.

5.1.4. Tolerante Methoden

Die toleranten Methoden lassen ungültige Individuen in der Population zu, benachteiligen sie aber durch Maßnahmen in der Selektion, Mutation, Dekodierung oder in der Bewertung. Letzteres wird im Abschnitt 5.1.5 ausführlich behandelt.

Die *legale Elternselektion* benachteiligt ungültige Individuen vergleichsweise stark: Bei der Selektion werden zunächst nur Individuen als Eltern berücksichtigt, die alle Randbedingungen erfüllen. Falls es keine solchen Individuen gibt, werden bevorzugt Individuen mit wenigen Verletzungen der Randbedingungen ausgewählt. Damit ist die Methode geeignet, falls die Randbedingungen eine hohe Schwierigkeit besitzen, wie es etwa bei Erfüllungsproblemen der Fall ist. Hilfreich kann die Graduierbarkeit der Randbedingungen bei der Auswahl von ungültigen Individuen sein. Bei Populationen, die nur sehr wenige gültige Individuen aufweisen, konzentriert sich die legale Elternselektion jedoch auf diese wenigen Individuen, was hinsichtlich der Suchdynamik kritisch sein kann. Dann entspricht das Verfahren dem Krippentod mit einer stark reduzierten Populationsgröße.

Etwas weniger restriktiv ist das *legale Ersetzen* für Basisalgorithmen mit einem überlappenden Populationskonzept, d. h. jedes neu erzeugte Individuum wird wieder direkt in die Elternpopulation eingefügt. Die Auswahl, welches Individuum dafür aus der Population gelöscht wird, berücksichtigt die Verletzung der Randbedingungen. So werden etwa zunächst diejenigen Individuen ersetzt, welche die meisten Randbedingungen verletzen. Falls alle Individuen bereits im gültigen Bereich sind, kann zufällig oder güteorientiert ersetzt werden. Es sollte allerdings immer noch eine zusätzliche Quelle des Selektionsdrucks geben (z. B. die Elternselektion), in der lediglich die Güte als Kriterium benutzt wird. Dies ist ein recht universelles Verfahren, das insbesondere dann eingesetzt werden kann, wenn wenig vorab über die Charakteristika der Randbedingungen bekannt ist.

Die *Anpassung der Mutation* verändert die Arbeitsweise der Mutation so, dass vornehmlich gültige Individuen entstehen. Dies wird im Weiteren beispielhaft an der Mutation der kulturellen Algorithmen (vgl. ab S. 174) erläutert. Im normativen Wissen wird, wie im dort beschriebenen Algorithmus, für jede der Suchraumdimensionen eine obere und eine untere Grenze gespeichert. Zusätzlich werden diese Intervalle jeweils in s gleiche Abschnitte eingeteilt, sodass insgesamt s^n Parzellen entstehen. Für jede Parzelle wird Wissen über die Gültigkeit des Suchraums in diesem Bereich gesammelt. Ein neu erzeugtes Individuum wird in der zugehörigen Parzelle als gültiges oder ungültiges Individuum verbucht. Aufgrund der Anzahl der so registrierten Individuen wird der Typ der Parzelle gemäß der Tabelle 5.1 bestimmt.

Beispiel 5.5:

In Bild 5.5 wird ein Suchraum mit verschiedenen Individuen dargestellt. Die neun Parzellen werden gemäß der Regeln aus Tabelle 5.1 kategorisiert.

Die Mutation ist nun identisch zu CA-MUTATION (Algorithmus 4.37) außerhalb der durch das normative Wissen beschriebenen Bereiche. Innerhalb des normativen Bereichs wird die Mutationsschrittweite in unbekannten, gültigen und halbgültigen Parzellen entsprechend klein gewählt, um möglichst innerhalb der Parzelle zu bleiben. Und in ungültigen Zellen wird zur nächstgelegenen halbgültigen Zelle gesprungen (falls existent – andernfalls wird die nächstgelegene gültige Parzelle oder gar ein beliebiger Punkt innerhalb des Bereichs des normativen Wissens gewählt). Die Anpassung des normativen Wissens findet in größeren zeitlichen Abständen statt und es werden nur gültige Individuen zur Modifikation der Bereichsgrenzen herangezogen. Der Ansatz ist geeig-

Anzahl gültige Individuen	Anzahl ungültige Individuen	
	$= 0$	> 0
$= 0$	unbekannt	ungültig
> 0	gültig	halbgültig

Tabelle 5.1.
Einteilung der Parzellen bei der Anpassung der Mutation.

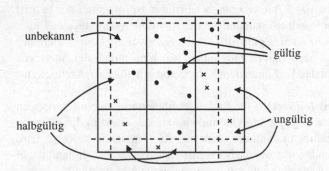

Bild 5.5. Anpassung der Mutation: Das Bild zeigt die Einteilung des zweidimensionalen Suchraums in je $s = 3$ Abschnitte pro Dimension. Aus den als Punkt dargestellten gültigen Individuen und den als Kreuz eingetragenen ungültigen Individuen folgt die Kategorisierung der Parzellen. Die gestrichelten Linien markieren den Bereich des normativen Wissens. In der Parzelle rechts oben wird das Individuum normal mutiert, da es außerhalb des normativen Bereichs liegt.

net für Probleme mit geringer Schwierigkeit – insbesondere wird dabei keine Bekanntheit oder Bewertbarkeit vorausgesetzt, was den Ansatz für Probleme mit unwägbarer Form der gültigen Bereiche interessant macht.

Die tolerante Variante des genetischen Reparierens ist die *legale Dekodierung*. Auch hier kommt ein Reparaturalgorithmus zum Einsatz, der aus einem ungültigen Lösungskandidaten einen gültigen erzeugt – nur dass dieser Algorithmus lediglich im Rahmen der Bewertung der Individuen zum Einsatz kommt und nicht den Genotyp verändert. D. h. es wird nicht der tatsächliche Genotyp bewertet, sondern ein gültiger Lösungskandidat, der sich daraus erzeugen lässt. Im Gegensatz zum genetische Reparieren sollte ein solcher Dekoder immer deterministisch sein, damit gut bewertete Individuen auch nach geringfügigen Modifikationen in den nächsten Generationen auf dieselbe Art und Weise wieder repariert werden und zu denselben oder ähnlichen guten Lösungskandidaten führen. Bei vielen Problemen kann es dabei von Vorteil sein, dass ungültige Individuen dennoch in der Population bestehen bleiben und so unabhängig von den gültigen Bereichen den Suchraum erforschen können. Auch hier ist die Reparierbarkeit eine zwingende Voraussetzung für die Anwendung dieser Technik.

5.1.5. Straffunktionen

Der populärste Ansatz für die Behandlung von Randbedingungen belässt ungültige Lösungskandidaten in der Population und berücksichtigt die Verletzung der Randbedingungen innerhalb der Bewertungsfunktion. Meist findet dies in der Form von zusätzlichen Straftermen oder *Straffunktionen* statt.

Wir betrachten drei verschiedene Szenarios, die in der weiteren Diskussion des Kapitels wieder aufgegriffen werden.

- Es ist nicht möglich, bei verletzten Randbedingungen, die Bewertungsfunktion zu berechnen. Ein Beispiel hierfür ist die Evaluation eines Individuums an einem technischen System oder einer Simulationssoftware, die aufgrund der fehlerhaften Eingabeinformationen nicht durchführbar ist. Deswegen erhalten die ungültigen Individuen einen Gütewert, der unabhängig von der normalen Bewertung ist.

$$\widetilde{f}(x) = \begin{cases} f(x) & \text{falls } x \text{ gültig} \\ f'(x) & \text{falls } x \text{ ungültig.} \end{cases}$$

Man spricht dann auch von einer Straffunktion f'.

- Die Bewertungsfunktion f wird nicht durch verletzte Randbedingungen beeinflusst. Ein Beispiel hierfür wäre die Einstellung eines Produktionsverfahrens, bei dem grundsätzlich bezüglich der Kosten minimiert wird, aber eine Mindestqualität als Randbedingung nicht unterschritten werden darf – die Kosten lassen sich in der Regel unabhängig von der Produktqualität berechnen. Damit lässt sich als Alternative zu obigem Ansatz die Bewertungsfunktion normal berechnen und durch einen zusätzlichen Strafterm $Straf : \Omega \to \mathbb{R}$ (mit $0 \succ Straf(x)$ für alle ungültigen $x \in \Omega$) modifizieren.

$$\widetilde{f}(x) = \begin{cases} f(x) & \text{falls } x \text{ gültig} \\ f(x) + Straf(x) & \text{falls } x \text{ ungültig.} \end{cases}$$

- Die Bewertungsfunktion f lässt sich zwar berechnen, ist aber u.U. in ihrem Ergebnis durch die verletzten Randbedingungen beeinflusst. Ein Beispiel wäre etwa die Bewertung von Lösungskandidaten durch eine Computer-Simulation, die zwar ein Ergebnis liefert, aber so nicht auf die Realität übertragen werden kann. Hier sind beide Ansätze einfach möglich, allerdings ist bei der Verwendung von Straftermen abzuwägen, inwieweit die resultierende Kostenfunktion durch falsche Gütewerte verfälscht wird.

Unabhängig davon, welcher der beiden Ansätze gewählt wird, stellt sich die Frage, wie sich die Bewertung gültiger und ungültiger Individuen zueinander verhalten soll. In jedem Fall muss bei der Maximierung

$$\forall \text{ ungültiges } x \in \Omega : \widetilde{f}(x) < \max_{\text{gültiges } y \in \Omega} \widetilde{f}(y)$$

gelten, da sonst das globale Maximum der modifizierten Gütelandschaft ein ungültiges Individuum ist. Manchmal findet man auch die Empfehlung

$$\forall \text{ ungültiges } x \in \Omega \ \forall \text{ gültiges } y \in \Omega : \widetilde{f}(y) \succ \widetilde{f}(x),$$

die alle ungültigen Individuen schlechter als die gültigen bewertet.

Beispiel 5.6:

Werden Strafterme benutzt, können die beiden Formeln leicht an der Gütelandschaft in Bild 5.6 illustriert werden. Ohne Strafterm hat die Gütelandschaft in Bild 5.6 (a) ein ungültiges Maximum, das ohne weitere Maßnahmen vermutlich auch Ergebnis einer Optimierung wäre. Die erste Bedingung verlangt, dass der Strafterm so gewählt wird, dass das Maximum der veränderten Gütelandschaft auf ein gültiges Individuum fällt. Dies ist der Fall in den Bildern 5.6 (b) und (c). Allerdings nur (c) erfüllt die zweite Bedingung. Soll nun ein von rechts kommendes Individuum mit einem phänotypisch lokalen Mutationsoperator den Weg zum Optimum finden, kann der tiefe Graben als

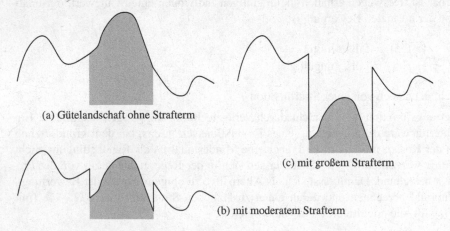

(a) Gütelandschaft ohne Strafterm

(c) mit großem Strafterm

(b) mit moderatem Strafterm

Bild 5.6. Für die markierte ungültige Region wird die Veränderung der Gütelandschaft durch verschiedene Strafterme demonstriert.

Barriere fungieren. Ein moderater Strafterm wie in Bild 5.6 (b) bettet die ungültige Region besser in die Gütelandschaft ein. Es kann jedoch auch hier der Fall sein, dass das ungültige Maximum immer noch zu gut bewertet wird, sodass die ungültige Region nicht verlassen wird.

Allgemeingültige Kriterien für den Entwurf von Straffunktionen können daher kaum aufgestellt werden und müssen immer auf das betrachtete Problem abgestimmt werden. Falls ein Strafterm $Straf : \Omega \to \mathbb{R}$ benutzt wird und die Randbedingungen graduierbar sind, kann sich die Höhe des Strafterms auch daran orientieren, wie viele Randbedingungen oder wie stark selbige verletzt werden. Falls die Anzahl der verletzten Randbedingungen nur ein unzureichendes Kriterium ist – etwa beim Vorhandensein von nur wenigen gültigen Lösungen und wenigen Randbedingungen –, kann das Ausmaß der Verletzung u.U. durch die erwarteten Kosten geschätzt werden, die für die Reparatur des Individuums benötigt würden. Dies ist nur möglich, wenn die Reparierbarkeit gilt.

Beispiel 5.7:

Die Schwierigkeit, ungültige Individuen sinnvoll zu bewerten, soll kurz an der Pfadplanung für einen mobilen Roboter demonstriert werden. Es werden unterschiedliche Pfade zwischen zwei Punkten erzeugt. Die Kollision mit Hindernissen ist zu vermeiden. Werden nun zum Beispiel die beiden in Bild 5.7 dargestellten Pfade erzeugt und bewertet, so verletzen sie beide die Randbedingung der Kollisionsfreiheit. Der direkte Pfad wird dabei besser bewertet, wenn

- die Anzahl der Kollisionen,
- die Länge des Pfads in den Hindernissen oder
- der prozentuale Anteil des Pfads in Hindernissen

als Kriterium herangezogen wird. Da jedoch der durchgezogene Pfad sehr viel leichter in einen gültigen Pfad verwandelt werden kann, sollte ein Weg gefunden werden, wie dieser im Rahmen der Bewertung auch tatsächlich besser bewertet wird.

Bisher sind wir implizit davon ausgegangen, dass jedes Individuum bezüglich seiner Randbedingungen immer gleich bewertet wird. Da am Ende die Gültigkeit der Individuen wichtiger als am Anfang ist, liegt es nahe, den Strafterm während der Optimierung zu variieren oder sich adaptiv

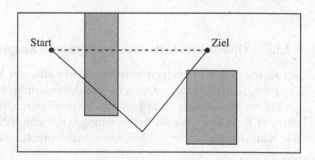

Bild 5.7. Ein möglichst kurzer Pfad zwischen dem Start und dem Zielpunkt ist gesucht, wobei die Randbedingung der Kollisionsfreiheit eingehalten werden soll.

anpassen zu lassen. Als einfache Möglichkeit kann die Straffunktion in Abhängigkeit vom Generationenzähler verändert werden: Wir erhöhen beispielsweise den Strafterm quadratisch proportional zur aktuellen Generation t

$$\widetilde{Straf}(x) = \left(\frac{t}{maxGen}\right)^2 \cdot Straf(x),$$

wobei *maxGen* die maximale Anzahl an Generationen ist. Als adaptive Variante kann der Strafterm genau dann vergrößert werden, wenn sehr viele Indivduen ungültig sind, um die Suche mehr zu fokussieren; bei vielen gültigen Individuen wird er verringert, um eine Erforschung der Randgebiete zu ermöglichen:

$$\widetilde{Straf}^{(t)}(x) = \eta^{(t)} \cdot Straf(x), \text{ wobei}$$

$$\eta^{(t+1)} = \begin{cases} \frac{1}{\alpha_1} \cdot \eta^{(t)}, & \text{falls alle besten Individuen der letzten } k \text{ Generationen gültig} \\ \alpha_2 \cdot \eta^{(t)}, & \text{falls alle besten Individuen der letzten } k \text{ Generationen ungültig} \\ \eta^{(t)}, & \text{sonst} \end{cases}$$

mit $\alpha_1, \alpha_2 > 1$.

Abschließend sei noch kurz angemerkt, dass im Falle mehrerer Randbedingungen $Rand_1, \ldots,$ $Rand_k$ diese üblicherweise durch das gewichtete Aufsummieren der Strafterme

$$Straf(x) = \sum_{i=1,\ldots,k} \eta_i \cdot Straf_i(x)$$

erfasst werden.

⚠ Im nachfolgenden Abschnitt zur Mehrzieloptimierung wird ausführlich dargelegt, warum das gewichtete Aufsummieren nicht immer eine gute Idee ist.

5.2. Mehrzieloptimierung

In Anwendungsproblemen sind mehrere (sich evtl. sogar widersprechende) Zielgrößen die Regel. Dieser Abschnitt stellt hierfür verschiedene Techniken vor.

5.2.1. Optimalitätskriterium bei mehreren Zielgrößen

Bei nahezu allen Problemen in der Industrie oder der Wirtschaft ist mehr als eine Eigenschaft einer möglichen Lösung relevant für die Optimierung. So reicht es beispielsweise nicht, die Kosten bei der Herstellung eines Produkts zu minimieren, gleichzeitig muss auch das Risiko für die Firma (z.B. in Form von Garantieleistungen bei mangelhafter Qualität) minimal gehalten werden. Wie man sich leicht klar machen kann, widersprechen sich diese Ziele meist.

Beispiel 5.8:

Dies kennt man natürlich auch aus dem täglichen Leben. Wenn ich mir ein Auto zulege, möchte ich möglichst das qualitativ beste Produkt zum niedrigsten Preis. Dass der

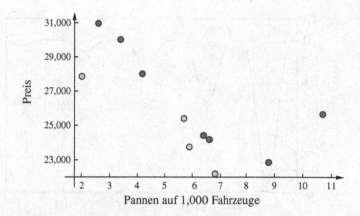

Bild 5.8. Bewertung der Mittelklassewagen von 11 PKW-Herstellern nach Preis (für ähnliche Leistungs-
merkmale ohne Berücksichtigung der Ausstattungsqualität) und Pannenstatistik.

attraktive Sportwagen allerdings nicht zum Preis eines Kleinwagens zu haben ist, ist
jedem klar – und so macht man sich beim Kauf eines Fahrzeugs auf die Suche nach
dem bestmöglichen Kompromiss. Wenn ich nun beispielhaft zwei Kriterien meinem
Kauf zugrundelegen möchte, dann soll sowohl der Preis als auch die Pannenstatistik
als Indikator für gute Qualität minimal sein. Beides habe ich für Mittelklassefahrzeu-
ge von elf Herstellern in Bild 5.8 eingetragen (Stand: 2006). Wie man sofort erkennt,
befände sich mein Wunschfahrzeug in der linken unteren Ecke. Es kommen also eigentlich die vier heller markierten Fahrzeuge in Betracht – je nachdem welche der
Preis/Risiko-Kombinationen mir am meisten zusagt. Alle anderen Fahrzeuge würde
ich nicht berücksichtigen, da ich ein Fahrzeug gleicher Qualität zum besseren Preis
oder ein gleich teures Fahrzeug mit besserer Qualität bekommen kann.

 Auch meine Fahrt von Leipzig nach Stuttgart aus dem vorigen Abschnitt lässt sich auch leicht als Mehr-
zielproblem auffassen, indem ich mein Ziel schnell erreichen, aber gleichzeitig möglichst viele Kilometer
Panoramastrecke erleben möchte.

Um die zusätzlichen Anforderungen, die aus mehreren einander widersprechenden Zielen resultieren, zu verstehen, abstrahieren wir vom eigentlichen Suchraum. Stattdessen betrachten wir den
Raum, der durch die Wertebereiche der unterschiedlichen Bewertungsfunktionen aufgespannt
wird. Die evolutionären Operatoren arbeiten nach wie vor auf dem Genotyp und es gelten die
Aussagen zur Suchdynamik aus Kapitel 3. Allerdings wird die Güte der Individuen mehrdimen-
sional bestimmt.

Beispiel 5.9:

In Bild 5.9 sind im oberen Teil zwei gleichzeitig zu minimierende, eindimensionale
Zielfunktionen f_1 und f_2 über dem Suchraum $\Omega = [0, 1]$ dargestellt. Der untere Teil
des Bildes zeigt, welche Gütewertkombinationen auftreten. Dabei fällt auf, dass in
diesem Fall nur eine Spur von auftretenden Kombinationen existiert. Bei mehrdimensionalen Suchräumen sind die Kombinationen meist wesentlich flächiger verteilt, aber

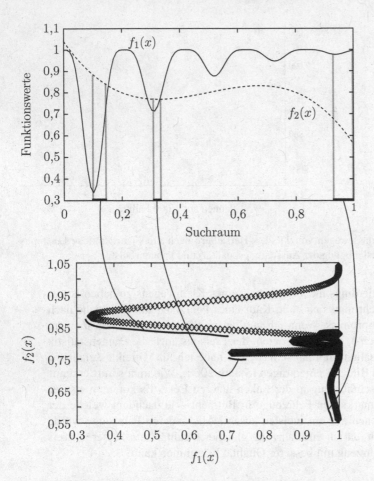

Bild 5.9. Der obere Teil der Abbildung zeigt den Verlauf der beiden eindimensionalen, zu minimierenden Bewertungsfunktionen über dem Suchraum. Im unteren Teil sind die auftretenden Wertekombinationen in den Raum der Bewertungsfunktionswerte eingetragen. Die optimalen, nicht weiter verbesserbaren Individuen sind in beiden Bildern markiert.

es werden bei weitem nicht alle Kombinationen abgedeckt. Da ein gemeinsames Minimum der Funktionen f_1 und f_2 gesucht wird, ist das Optimum möglichst weit in der linken, unteren Ecke des unteren Teils von Bild 5.9 zu suchen.

Wir halten also fest:

- Es kann große Teile im Raum der Bewertungsfunktionswerte geben, die nicht durch Lösungskandidaten abgedeckt sind.
- Liegen Individuen im Raum der Bewertungsfunktionswerte nahe beieinander, so können sie im Suchraum weit voneinander entfernt sein.
- Die möglichen Kompromisslösungen nahe dem idealen »Optimum« liegen meist sehr weit im Suchraum auseinander.

- Die Wege im Suchraum verlaufen hinsichtlich der Funktionswerte nicht zwingend auf das ideale »Optimum« zu.

Die Anforderungen an einen Optimierungsalgorithmus sind also noch komplexer als bei einer einzelnen Zielfunktion – insbesondere, wenn die Anzahl der Dimensionen im Suchraum zunimmt. Dies wird durch ein weiteres Beispiel veranschaulicht.

Beispiel 5.10:

Im zweidimensionalen Suchraum liegen die beiden relativ einfachen zu minimierenden Bewertungsfunktionen f und g in den Bildern 5.10 (a) und (b) vor. Werden die einzelnen Punkte des Suchraums entlang des jeweils eingezeichneten 10×10-Gitters in den Raum der Zielfunktionswerte übertragen, resultiert Bild 5.10 (c). Die benachbarten Punkte werden wie in den beiden anderen Abbildungen durch ein Netz verbunden. Trotz der Einfachheit der einzelnen Funktionen ist es schwierig, das gefaltete Netz gedanklich zu sortieren. Leicht kann man die in der Abbildung markierten Eckpunkte identifizieren. Der gebogene Schlauch in der Mitte des Bildes entspricht der mittleren Welle von g. Der so gefaltete Suchraum unterstreicht die besonderen Anforderungen –

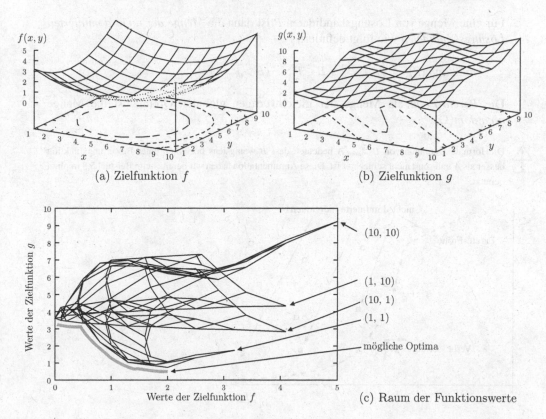

(a) Zielfunktion f (b) Zielfunktion g

(c) Raum der Funktionswerte

Bild 5.10. Zwei zweidimensionale Bewertungsfunktionen in (a) und (b) resultieren in der gefalteten Fläche im Raum der Zielfunktionswerte in (c).

insbesondere den, dass benachbarte Punkte im Raum der Zielfunktionswerte oft weit im Suchraum voneinander entfernt sind.

Eine automatisierte Suche nach einer optimalen Gesamtlösung ist schwierig, da verschiedene Lösungskandidaten nicht mehr vergleichbar sind. Als Kompromiss kommen diejenigen Punkte im Suchraum in Frage, bei denen alle anderen Elemente des Suchraums nur dann bezüglich einer Bewerungsfunktion besser sind, wenn dies eine Verschlechterung bezüglich wenigstens einer anderen Bewertungsfunktion bedeutet. Die Menge dieser Lösungskandidaten wird auch *Pareto-Front* genannt. Die Elemente der Pareto-Front liegen an der Grenze zu den günstigen Kombinationen von Zielgrößen, die nicht auftreten; alle Lösungskandidaten bleiben aus Sicht des theoretischen Optimums hinter oder auf dieser Front (vgl. Bild 5.11).

Definition 5.2 (Pareto-Dominanz und Pareto-Front):

Für die Bewertungsfunktionen F_i ($1 \leq i \leq k$) gilt, dass das Individuum B das Individuum A *dominiert*, wenn die folgende Bedingung gilt:

$$B >_{dom} A := \forall\, 1 \leq i \leq k : F_i(B.G) \succeq F_i(A.G) \wedge \exists\, 1 \leq i \leq k : F_i(B.G) \succ F_i(A.G).$$

Für eine Menge von Lösungskandidaten P ist dann die *Menge der nicht-dominierten Lösungskandidaten* wie folgt definiert:

$$nichtdom(P) := \Big\{ A \in P \mid \forall\, B \in P : \neg\, (B >_{dom} A) \Big\}.$$

Die *Pareto-Front* als Menge der gleichwertigen globalen Optima ist die Menge $nichtdom(\Omega)$.

 Die formale Definition von $B >_{dom} A$ bedeutet, dass B wenigstens bezüglich einer Bewertungsfunktion besser als A und sonst nicht schlechter ist. Diese Argumentation haben wir bereits beim Beispiel 5.8 implizit benutzt.

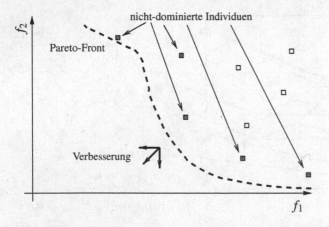

Bild 5.11. Beispielhafter Verlauf einer Pareto-Front im Raum der Bewertungsfunktionswerte. Die Menge der nicht-dominierten Lösungkandidaten in der Population nähern die Pareto-Front an.

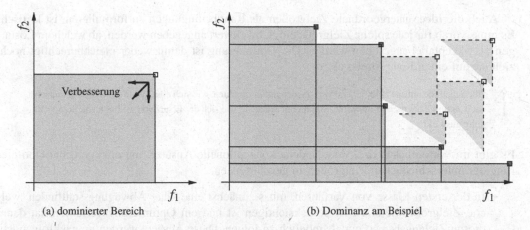

(a) dominierter Bereich   (b) Dominanz am Beispiel

Bild 5.12. Links wird der Bereich der Werte gezeigt, die ein Individuum annehmen kann, um das abge-
bildete Individuum zu dominieren – dabei ist die Position des abgebildeten Individuums ausgenommen. Rechts wird für das Beispiel aus Bild 5.11 die Dominanz bzw. Nicht-Dominanz aller
Individuen gezeigt.

Bild 5.12 veranschaulicht diese Definition. Damit der Lösungskandidat in Bild 5.12 (a) nicht-dominiert ist, darf kein anderer Lösungskandidat in dem grauschraffierten Teil liegen. Bild 5.12 (b)
demonstriert, welche Individuen aus Bild 5.11 nicht-dominiert sind bzw. durch welches Individuum die anderen dominiert werden. Zwei Individuen A und B mit $F_i(A) \succ F_i(B)$ und $F_k(B) \succ F_k(A)$
sind unvergleichbar miteinander. Dies erschwert die Selektion in einem evolutionären Algorithmus, da es keinen Grund gibt, warum ein Individuum dem anderen vorgezogen werden sollte.

Beispiel 5.11:
Im bereits vorgestellten Beispiel in Bild 5.9 ist die Pareto-Front explizit sowohl im
Raum der Bewertungsfunktionswerte als auch im Suchraum markiert. Dabei wird ins-
besondere deutlich, dass sogar stetige Zielfunktionen zu einer stark unterbrochenen
Pareto-Front führen können.

5.2.2. Überblick der Techniken zur Mehrzieloptimierung

Eine Optimierung soll ein Element aus der Pareto-Front liefern, das einen »vernünftigen« Kompromiss darstellt – d. h. alle Zielgrößen sollen gleichberechtigt (wenn auch evtl. mit unterschiedlichen Gewichtungen) berücksichtigt werden.

Intuitive Ansätze wie die, zunächst nach einem Kriterium und dann nach dem nächsten Kriterium zu optimieren, werden den Wünschen einer gleichberechtigten Optimierung der unterschiedlichen Zielfunktionen meist nicht gerecht. Sucht man in der zweiten Phase nur lokal in der
direkten Nachbarschaft des Optimums hinsichtlich der ersten Bewertungsfunktion, wird sehr oft
kein richtiger Kompromiss gefunden, sondern die erste Bewertungsfunktion diktiert das Ergebnis. Falls man andererseits erlaubt, sich sehr weit vom gefundenen Optimum weg zu bewegen,
verliert man die Kontrolle darüber, ob tatsächlich eine Lösung aus oder nahe der Pareto-Front
gewählt wird: Ein in allen Belangen suboptimaler Wert kann resultieren.

Auch die Idee, untergeordnete Zielgrößen als Randbedingungen zu formulieren, ist kritisch. Es muss vorab für jede solche Zielgröße ein Schwellwert angegeben werden, ab welchem Lösungen als akzeptabel angesehen werden. Die Optimierung ist damit weder gleichberechtigt noch zielt sie auf einen Kompromiss ab.

 Überlegen Sie anhand Bild 5.9 und verschiedenen Startpunkten, wie sich eine lokale Optimierung zunächst nach f_2 und dann nach f_1 auswirkt. Simulieren Sie auch, wie sich der Ersatz von f_2 durch eine Randbedingung auswirkt.

Es gibt im Wesentlichen drei verschiedene konzeptionelle Ansätze, um eine gerechte Optimierung der unterschiedlichen Zielgrößen zu gewährleisten.

- In der ersten Klasse von Verfahren, muss zunächst eine klare Abwägung stattfinden, welche Zielgröße wie stark zu berücksichtigen ist und ein Optimierungsverfahren hat dann diesen Zielangaben so gut als möglich zu folgen. Diese Ansätze werden im nachfolgenden Abschnitt 5.2.3 vorgestellt.
- Ein alternativer Ansatz besteht darin, einen evolutionären Algorithmus grundsätzlich so zu entwerfen, dass er ein möglichst breites Spektrum an Pareto-optimalen Individuen liefert. Anschließend kann ein Anwender diese Vorschläge abwägen und einen geeigneten Lösungskandidaten auswählen. Dies ist das Thema von Abschnitt 5.2.4.
- Der dritte Ansatz besteht aus einer iterativen Interaktion zwischen dem evolutionären Algorithmus und dem Anwender, in dem vom Algorithmus vorläufige Lösungen präsentiert werden und der Anwender noch während des Optimierungsvorgangs Entscheidungen trifft, welche Lösungskandidaten seinen Vorstellungen am nächsten kommen, sodass die Optimierung in dieser Richtung vertieft werden kann. Dieser Ansatz wird in diesem Buch nicht weiter betrachtet.

5.2.3. Modifikation der Bewertungsfunktion

Aggregierende Verfahren werden hier als Beispiel für den Ansatz betrachtet, bei dem zunächst eine Entscheidung bezüglich der Wichtigkeit der Kriterien gefällt wird und dann mit dieser Gewichtung eine Suche stattfindet. Die Zielfunktionen werden zu einer Bewertungsfunktion zusammengefasst. Verschiedene Kombinationen der Zielfunktionswerte werden dabei auf einen gemeinsamen Gütewert abgebildet. Der häufigste Ansatz für eine derartige Projektion ist die Bildung einer Linearkombination

$$f(x) = \sum_{i=1}^{k} \eta_i \cdot f_i(x) \qquad (x \in \Omega)$$

mit den Gewichtungsfaktoren η_i ($1 \leq i \leq k$). Wird $\eta_i > 0$ für zu minimierende $f_i(x)$ bzw. $\eta_i < 0$ für zu maximierende $f_i(x)$ gewählt, muss $f(x)$ minimiert werden. Bild 5.13 zeigt an zwei Beispielen, wie durch die Gewichtung unterschiedliche Kombinationen der Funktionswerte auf einen identischen Gütewert abbildet werden. Dabei wird deutlich, dass gerade die Punkte im oberen konkaven Teil der Pareto-Front bei einer erfolgreichen Optimierung nicht gefunden werden, da immer andere Wertekombination als besser eingestuft werden. Dies ist natürlich eine kritische Eigenschaft, insbesondere wenn wir den Verlauf der Pareto-Front nicht vorab kennen.

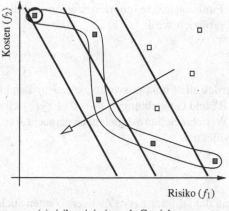

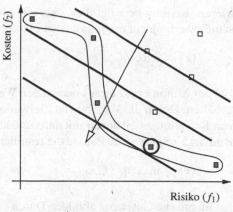

(a) risikominimierende Gewichtung   (b) kostenminimierende Gewichtung

Bild 5.13. Die dickeren Linien visualisieren diejenigen Linearkombinationen der beiden Funktionswerte,
die auf den selben Gütewerte abgebildet werden. In Richtung des Pfeils werden die Gütewerte
besser. Die Gewichtung in (a) räumt f_1 eine höhere Priorität ein, während (b) eher ausgeglichen
ist bzw. f_2 leicht bevorzugt.

Als Alternative kann bei zu maximierenden Bewertungsfunktionen auch mit einem Produkt
statt einer Summe gearbeitet werden, wodurch Ausreißer stärker geahndet werden. Einen ähnlichen Ansatz stellt die Vorgabe eines Zielvektors im Raum der Zielgrößen dar, bei dem die
Entfernung zum Zielvektor $y^* \in \mathbb{R}^k$

$$f(x) = \sqrt{|f_1(x) - y_1^*|^2 + \ldots + |f_k(x) - y_n^*|^2}$$

minimiert wird. Dadurch ergibt sich die Projektion identisch bewerteter Individuen in Bild 5.14.
Auch hier können ähnliche Probleme hinsichtlich unerreichbarer Punkte der Pareto-Front wie bei
der Verwendung von Linearkombinationen auftreten.

Eine weitere Möglichkeit, mehrere Bewertungsfunktionen auf eine Dimension zu reduzieren
stellt die *Minimax-Methode* dar. Bei einem Problem mit zu minimierenden Bewertungsfunktionen könnte man sich auf die bisher am wenigsten berücksichtigte Bewertungsfunktion konzen-

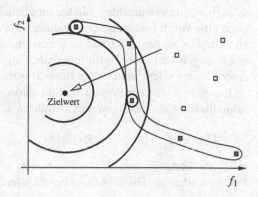

Bild 5.14.
Projektion auf identische Gütewerte bei der Betrachtung der Distanz zu einem Zielvektor.

trieren. Konkret bedeutet dies, dass alle kleineren Funktionswerte ignoriert werden und die Gesamtbewertung auf den maximalen Funktionswert projiziert wird:

$$f(x) = \max_{1 \leq i \leq k} f_i(x).$$

Bei der Minimierung dieses maximalen Wertes werden alle Funktionswerte gleichermaßen klein gehalten. Durch die Vorgabe von Zielwerten $y^* \in \mathbb{R}^k$ und Gewichtungen $\eta_i > 0$ $(1 \leq i \leq k)$ können Bewertungsfunktionen mit unterschiedlichen Wertebereichen vergleichbar gemacht werden. Bild 5.15 zeigt, welche Punkte die resultierende Projektion

$$f(x) = \max_{1 \leq i \leq k} \eta_i \cdot |f_i(x) - y_i^*|$$

auf identische Gütewerte abbildet. Durch den Betrag der Differenz zum Zielwert können auch zu maximierende Funktionen berücksichtigt werden (ebenfalls mit $\eta_i > 0$).

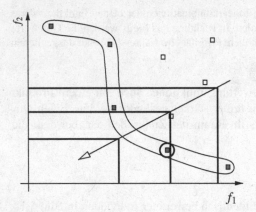

Bild 5.15.
Projektion auf identische Gütewerte bei der Minimax-Methode mit $y^* = (0, 0)$.

5.2.4.   Berechnung der Pareto-Front

Die bisher vorgestellten Verfahren haben durchweg den Nachteil, dass ohne genaue Kenntnis der Pareto-Front eine Einstellung der Methode nicht möglich ist. Damit sind jederzeit die bereits beschriebenen unerwünschten Effekte möglich. Die Verfahren in diesem Abschnitt haben das Ziel, ohne eine vorab bestimmte Gewichtung die Population möglichst breit entlang der Pareto-Front zu verteilen, so dass am Ende viele verschiedene, gleichwertige und miteinander unvergleichbare Lösungen vorliegen. Dafür muss allerdings mit speziellen Techniken die Konvergenz auf nur einer Lösung oder einem engen Bereich verhindert werden.

Ein sehr einfacher Ansatz besteht darin, nacheinander mehrere Optimierungen mit unterschiedlichen Gewichtungen durchzuführen, also z. B. bei zwei Zielfunktionen

$$f(x) = \eta \cdot f_1(x) + (1 - \eta) \cdot f_2(x)$$

mit verschiedenen Werten $\eta \in [0, 1]$, um so eine ganze Reihe·von Elementen aus der Pareto-Front zu erhalten. Dieser Ansatz beruht allerdings implizit auf der Annahme einer konvexen Pareto-Front, da – wie bereits oben beschrieben – Individuen in konkaven Teilbereichen der Pareto-Front benachteiligt werden.

Damit ein mehrzieliger Optimierungsalgorithmus unabhängig von der Form der Pareto-Front ist, dürfen die unterschiedlichen Funktionswerte nicht zueinander in Bezug gesetzt werden. Dies macht das *VEGA-Verfahren*, bei dem jede Zielgröße isoliert in die Selektion eingeht. Bei k Bewertungsfunktionen wird im Rahmen einer Elternselektion jeweils der k-te Teil der Eltern durch die Selektion bezüglich der k-ten Funktion bestimmt. Dies ist einfach zu implementieren und der Selektionsdruck mit unterschiedlichen Kriterien soll zu einer guten Mittelung der Kriterien führen. Allerdings hat man sich hierbei vor Augen zu führen, dass jedes Individuum in der Population aufgrund einer Überlegenheit in einem Attribut übernommen wurde. Dies führt nun häufig dazu, dass vorrangig die Extremwerte in der Population vertreten sind (vgl. Bild 5.16) und die erwünschte Mittelung entlang der Pareto-Front ausbleibt.

Damit tatsächlich jedes Individuum aus der Pareto-Front gleich behandelt wird, ist es notwendig, die eingangs vorgestellte Definition der Pareto-Dominanz direkt für die Bewertung der Individuen zu benutzen. Hierfür können sehr unterschiedliche Techniken angewandt werden. Eine Möglichkeit besteht darin, allen nicht-dominierten Individuen die Güte 1 zuzuweisen und sie für die weitere Berechnung der Gütewerte temporär zu entfernen. Von den verbleibenden, dann nicht mehr dominierten Individuen bekommen alle die Güte 2 zugewiesen. Dieses Verfahren wird iterativ fortgesetzt. Formal ist die Güteberechnung wie folgt mittels der Partitionierung $Part_i$ ($1 \leq i \leq n$) von P definiert.

$$Part_1 := \{A \in P \mid \forall B \in P : \neg(B >_{dom} A)\}$$

$$Part_i := \left\{ A \in P \setminus \bigcup_{1 \leq j < i} Part_i \mid \forall B \in P \setminus \bigcup_{1 \leq j < i} Part_i : \neg(B >_{dom} A) \right\}$$

$$F(A.G) := \begin{cases} 1 & \text{falls das zugehörige } A \in Part_1 \\ \vdots & \vdots \\ n & \text{falls das zugehörige } A \in Part_n. \end{cases}$$

Die neue Güte ist zu minimieren. Durch dieses Verfahren werden die Individuen wie die Schichten einer Zwiebel gruppiert – wie im Beispiel in Bild 5.17 dargestellt. Dies funktioniert völlig unabhängig von der Form der Pareto-Front.

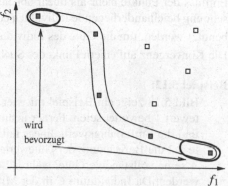

Bild 5.16.
Wird bei der Mehrzieloptimierung jedes Individuum immer nur bezüglich eines Kriteriums selektiert (VEGA-Verfahren), tendiert die Optimierung oft zu Extremwerten, aber eine Mittelung entlang der Pareto-Front findet nur bedingt statt.

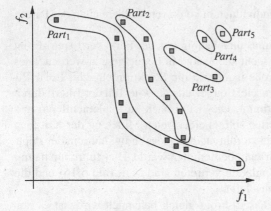

Bild 5.17.
Durch Partitionieren werden die Individuen in Schichten angeordnet. Alle Individuen einer Schicht erhalten prinzipiell dieselbe Güte.

Allerdings bleibt dabei noch ein Problem unberücksichtigt: Wenn sehr viele gleich gute Individuen in einer Population enthalten sind, tendieren evolutionäre Algorithmen zum Gendrift, d. h. einzelne Individuen setzen sich durch Zufallseffekte stärker durch und andere gehen verloren. Gendrift wurde bereits im Kontext der Biologie in Kapitel 1 diskutiert. Man benötigt also einen weiteren Mechanismus, der für eine möglichst gleichmäßige Verteilung der Individuen entlang der Pareto-Front sorgt. Dies wird durch *nischenbildende Techniken* erreicht. Ein Beispiel für eine solche Technik ist das *Teilen der Güte* in Nischen. Individuen, deren Kombination von Funktionswerten gehäuft auftreten, sollen eine geringere Güte erhalten. Dadurch wird eine isoliert auftretende Kombination bei der fitnessproportionalen Selektion gleich wahrscheinlich ausgewählt wie alle Vertreter der gehäuft vorkommenden Kombination zusammen. Konkret wird eine monoton fallende Funktion *Teile* : $\mathbb{R} \to [0,\, 1]$ mit $\mathit{Teile}(0) = 1$ und $\lim_{d \to \infty} \mathit{Teile}(d) = 0$ benutzt, die auf den Abstand von Individuen angewandt wird. Damit lässt sich die Anzahl der Individuen in der Nische eines Individuums A durch $m_{A,P} = \sum_{B \in P} \mathit{Teile}(\widehat{d}(A, B))$ annähern, wobei $\widehat{d}$ die Entfernung im Raum der Funktionswerte ist. Konkret kann man die Funktion wie folgt wählen:

$$\mathit{Teile}(d) = \begin{cases} 1 - \left(\frac{d}{\varepsilon}\right)^{\beta}, & \text{falls } d < \varepsilon \\ 0, & \text{sonst.} \end{cases}$$

Dann lässt sich mit ε die Größe der berücksichtigten Nische angeben und mit $\beta \geq 1$, ob der Einfluss der Punkte mehr als linear abnehmen soll. Für ein isoliertes A ist $m_{A,P} = 1$, während k sehr eng beieinanderliegende Individuen etwa einen Wert um k erhalten. Diese Maßzahl kann nun benutzt werden, um die Güte des Individuums entsprechend zu modifizieren als $A.F = \frac{F(A.G)}{m_{A,P}}$. Die Konvergenz auf einem Punkt des Suchraums wird dadurch künstlich verhindert.

Beispiel 5.12:

Bild 5.18 zeigt ein Beispiel mit vier Individuen A, B, C und D, die alle mit dem Gütewert 1 bewertet seien. Ferner nehmen wir an, dass der Nischenradius $\varepsilon = 3$ beträgt und die Entfernungswerte linear mit $\beta = 1$ berücksichtigt werden. Dann zeigt Tabelle 5.2 die Berechnung der Gütewerte. Wie man sieht, behält das isolierte Individuum A seine vollständige Güte, während die Gütewerte der anderen Individuen verringert werden. Da Individuum C in der Mitte der Nische steht, wird sein Wert fast halbiert,

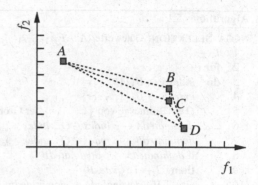

Bild 5.18.
Beispiel für die Technik des Güteteilens in Beispiel 5.12.

Indivi-duum	Distanz zum Individuum				Güte
	A	B	C	D	
A	0	$\sqrt{2^2+8^2}>3$ $\rightarrow 0$	$\sqrt{3^2+8^2}>3$ $\rightarrow 0$	$\sqrt{5^2+9^2}>3$ $\rightarrow 0$	$\frac{1}{1}=1$
	$\rightarrow 1$				
B	$\sqrt{2^2+8^2}>3$ $\rightarrow 0$	0 $\rightarrow 1$	1 $\rightarrow 1-\frac{1}{3}=\frac{2}{3}$	$\sqrt{3^2+1^2}>3$ $\rightarrow 0$	$\frac{1}{1+\frac{2}{3}}=0{,}6$
C	$\sqrt{3^2+8^2}>3$ $\rightarrow 0$	1 $\rightarrow 1-\frac{1}{3}=\frac{2}{3}$	0 $\rightarrow 1$	$\sqrt{2^2+1^2}$ $\rightarrow 1-\frac{\sqrt{5}}{3}\approx 0{,}254$	$\frac{1}{1{,}92}\approx 0{,}52$
D	$\sqrt{5^2+9^2}>3$ $\rightarrow 0$	$\sqrt{3^2+1^2}>3$ $\rightarrow 0$	$\sqrt{2^2+1^2}$ $\rightarrow 0{,}254$	0 $\rightarrow 1$	$\frac{1}{1{,}254}\approx 0{,}797$

Tabelle 5.2. Berechnung der geteilten Gütewerte.

währende die Individuen B und D am Rand der Nische einen kleineren Anteil ihrer
Güte verlieren.

 Statt entlang der Pareto-Front breit zu streuen, kann man das Güteteilen auch benutzen, um bei Problemen
mit nur einer Bewertungsfunktion aber mit sehr vielen gleichwertigen Optima die Konvergenz zu verhindern.
Dann muss allerdings der Abstand im genotypischen Raum $\mathscr{G}$ benutzt werden.

Da die Berechnung der Partitionen im gerade beschriebenen Algorithmus sehr zeitaufwändig ist,
sind Ansätze willkommen, die diesen Aufwand reduzieren. Ein Beispiel ist die NSGA-SELEKTION
in Algorithmus 5.1, die ebenfalls die Pareto-Optimalität und eine Einnischungstechnik verwendet. Dabei wird im Rahmen einer Turnierselektion ein Individuum genau dann ausgewählt, wenn
es auf einer Stichprobe nicht von einem anderen Individuum dominiert wird. Falls beide Individuen dominiert oder nicht dominiert werden, wird dasjenige Individuum akzeptiert, welches weniger Individuen in seiner Nische hat. Dabei wird im Gegensatz zu obigem güteteilenden Ansatz
nicht die zunehmende Entfernung mit fallender Gewichtung benutzt, sondern die Nische ist strikt
durch einen Radius ε definiert (vgl. Bild 5.19).

Trotz der diversitätserhaltenden Maßnahmen haben die beiden zuletzt betrachteten Algorithmen teilweise Schwierigkeiten, die Pareto-Front gleichmäßig abzudecken. Dies liegt einerseits

---

Algorithmus 5.1

NSGA-SELEKTION(Gütewerte $\langle A^{(i)}.F_j \rangle_{1 \leq i \leq r, 1 \leq j \leq k}$)

```
 1   I ← ⟨⟩
 2   for i ← 1,...,s
 3   do ⌈ indexA ← U({1,...,r})
 4       indexB ← U({1,...,r})
 5       Q ← Teilmenge von {1,...,r} der Größe N_dom (⟦Stichprobengröße⟧)
 6       dominatedA ← ∃ index ∈ Q : index >_dom indexA
 7       dominatedB ← ∃ index ∈ Q : index >_dom indexB
 8       if dominatedA ∧ ¬dominatedB
 9       then ⌊ I ← I ∘ ⟨indexB⟩
10       else ⌈ if ¬dominatedA ∧ dominatedB
11              then ⌊ I ← I ∘ ⟨indexA⟩
12              else ⌈ nischeA ← #{1 ≤ index ≤ r | d̂(A^(index), A^(indexA)) < ε (⟦Nischengröße⟧)}
13                     nischeB ← #{1 ≤ index ≤ r | d̂(A^(index), A^(indexB)) < ε}
14                     if nischeA > nischeB
15                     then ⌊ I ← I ∘ ⟨indexB⟩
16       ⌊      ⌊   ⌊ else ⌊ I ← I ∘ ⟨indexA⟩
17   return I
```

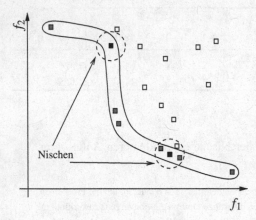

Bild 5.19.
Verdeutlichung des Nischenbegriffs in Algorithmus 5.1

an Einstellungsschwierigkeiten (z. B. die Wahl eines guten Werts für das ε in beiden Verfahren), andererseits aber auch daran, dass die Population für zwei unterschiedliche Zwecke benutzt wird:

- als Speicher für die nicht-dominierten Individuen zur Näherung der Pareto-Front und
- als lebendige Population, die insbesondere auch hinsichtlich der Erforschung des Suchraums tätig ist.

Diese Zwecke können sich widersprechen – ähnlich zu den memetischen Algorithmen kann aus verschiedenen lokalen Optima (bzw. hier: nicht-dominierten Individuen) nur dann ein anderes gutes lokales Optimum erreicht werden, wenn die Struktur der Bewertungsfunktion und die evolutionären Operatoren zueinander passen. Dies ist häufig schon für einfache Probleme nicht gegeben.

Konsequenterweise ist es eine gute Idee, das Archiv der nicht-dominierten Individuen von der Population zu trennen, was in modernen mehrzieligen Optimierungsalgorithmen in der Regel geschieht. Das Archiv für die nicht-dominierten Individuen hat meist eine vorgegebene endliche Größe. Dies ist aus Effizienzgründen notwendig, da bei jedem Individuum als Kandidaten für das Archiv geprüft werden muss,

- ob es nicht bereits von einem Individuum im Archiv dominiert wird und – falls dies nicht der Fall ist –
- welche Individuen von dem neuen Element im Archiv dominiert werden und damit zu entfernen sind.

Es gibt viele Vorschläge, wie dies erreicht werden kann. Zwei davon werden zum Abschluss besprochen.

SPEA2 (Algorithmus 5.2) enthält einen normalen evolutionären Algorithmus mit TURNIER-SELEKTION zur Erzeugung neuer Individuen. Lediglich der Gütewert setzt sich ähnlich zum vorletzten Beispielalgorithmus aus einer Dominanzinformation (hier: wie viele Individuen werden von den dieses Individuum dominierenden Individuen dominiert) und einer Näherung dafür, wie viele Individuen sich in der Nähe aufhalten (hier: als Kehrwert der Distanz zum $\sqrt{\mu + \mu_a}$-nächsten Individuum). Der als Summe entstehende Gütewert muss minimiert werden.

Beispiel 5.13:

Bild 5.20 illustriert die Bewertung des Individuums A. Die beiden Individuen B und C in Bild 5.20 (a) dominieren A und die Dominanzmetrik setzt sich aus der Anzahl

---

Algorithmus 5.2

SPEA2(Zielfunktionen $f_1, \ldots, f_m$)

```
 1   t ← 0
 2   P(t) ← erzeuge Population mit μ ⦇Populationsgröße⦈ Individuen
 3   R(t) ← ∅ (Archiv der Größe μ_a⦇ Archivgröße ⦈ )
 4   while Terminierungsbedingung nicht erfüllt
 5   do ⌜ bewerte P(t) durch f_1, …, f_m
 6       for each A ∈ P(t) ∪ R(t)
 7       do ⌞ AnzDom(A) ← #{B ∈ P(t) ∪ R(t) | A >_dom B}
 8       for each A ∈ P(t) ∪ R(t)
 9       do ⌜ dist ← Distanz von A und seinem √(μ + μ_a)-nächsten Individuum in P(t) ∪ R(t)
10          ⌞ A.F ← (∑_{B∈P(t)∪R(t) mit B>_dom A} AnzDom(B)) + 1/(dist+2)
11       R(t + 1) ← {A ∈ P(t) ∪ R(t) | A ist nicht-dominiert}
12       while #R(t + 1) > μ_a
13       do ⌞ entferne dasjenige Individuum aus R(t + 1) mit dem kürzesten/zweitkürzesten Abstand
14       if #R(t + 1) < μ_a
15       then ⌞ fülle R(t + 1) mit den gütebesten dominierten Individuen aus P(t) ∪ R(t)
16       if Terminierungsbedingung nicht erfüllt
17       then ⌜ Selektion aus P(t) mittels TURNIER-SELEKTION
18            P(t + 1) ← wende Rekombination und Mutation an
19            u ← wähle Zufallszahl gemäß U([0,1))
20       ⌞ ⌞ t ← t + 1
21   return nicht-dominierte Individuen aus R(t + 1)
```

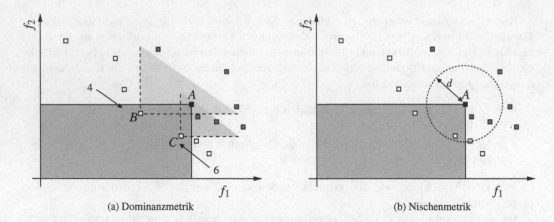

(a) Dominanzmetrik   (b) Nischenmetrik

Bild 5.20. Die Bewertung der Individuen setzt sich bei SPEA zusammen aus einer (a) Dominanzmetrik und (b) der Schätzung der Größe der Nische des Individuums.

der von B und C dominierten Individuen zusammen. Also ergibt sich $4 + 6 = 10$. Dazu kommt eine Schätzung der Größe der Nische: Da es insgesamt 14 Individuen im Bild sind, wäre die Entfernung zum $\sqrt{14}$-nächsten Individuum die gesuchte Distanz d – konkret ist dies hier das viertnächste Individuum. So würde die zu minimierende Fitness $10 + \frac{1}{d}$ minimiert werden.

Interessant ist, dass die Güteberechnung auch die Individuen aus dem Archiv berücksichtigt. Das Archiv enthält grundsätzlich die nicht-dominierten Individuen. Sind dies zu wenig, werden die restlichen Plätze durch die gütebesten dominierten Individuen belegt. Gibt es zu viele nicht-dominierte Individuen, wird iterativ dasjenige Individuum entfernt, das die kürzeste (bzw. bei Gleichheit: zweitkürzeste etc.) Entfernung zu einem anderen Individuum hat. Es resultiert ein Algorithmus, bei dem sich die Population zwar freier bewegen kann, aber die besten Individuen zur Bewertung herangezogen werden.

Im zweiten Beispielalgorithmus ermöglicht die Abtrennung des Archivs von der Population die Evolution mit nur einem aktiven Individuum. PAES (Algorithmus 5.3) nutzt als Basisalgorithmus eine $(1 + 1)$-Evolutionsstrategie. Ein neu erzeugtes Individuum wird genau dann als neues Elternindividuum übernommen, wenn es nicht durch ein Element aus dem Archiv dominiert wird und eine der folgenden Bedingungen erfüllt:

- Es dominiert mindestens ein Individuum im Archiv oder
- das Individuum dominiert kein anderes Individuum – ist aber in einem weniger frequentierten Bereich der Funktionswertkombinationen.

Die Anzahl der Individuen in einem Bereich (oder einer Nische) wird mithilfe der besonderen Organisation des Archivs als Gridfile abgeleitet. Das ist eine Hashtabelle, die das Eintragen von Objekten mit mehrdimensionalen Schlüsseln und die Suche nach jedem der Kriterien erlaubt. Damit lässt sich die Anzahl der Individuen in der Nische eines anderen Individuums durch die Anzahl der Individuen in der betreffenden Zelle des Gridfiles annähern. Beim Aktualisieren des Archivs werden nur nicht-dominierte Individuen berücksichtigt. Dominiert das neue Individuum

---

Algorithmus 5.3

PAES(Zielfunktionen $f_1, \ldots, f_m$)
1    $A \leftarrow$ erzeuge ein zufälliges Individuum
2   bewerte A durch $f_1, \ldots, f_m$
3    $Archiv \leftarrow \langle A \rangle$ als Gridfile organisiert
4   **while** Terminierungsbedingung nicht erfüllt
5   **do** $\ulcorner$ $B \leftarrow$ Mutation auf A
6   bewerte B durch $f_1, \ldots, f_m$
7   **if** $\forall\, C \in Archiv \circ \langle A \rangle : \neg(C >_{dom} B)$
8   **then** $\ulcorner$ **if** $\exists\, C \in Archiv : B >_{dom} C$
9   **then** $\ulcorner$ $Archiv \leftarrow$ entferne alle durch B Individuen aus $Archiv$
10               $Archiv \leftarrow$ füge B in $Archiv$ ein
11               $\llcorner A \leftarrow B$
12   **else** $\ulcorner$ **if** $\#Archiv = \mu_a (\text{Archivgröße})$
13   **then** $\ulcorner$ $g^* \leftarrow$ Grid-Zelle mit den meisten Einträgen
14                   $g \leftarrow$ Grid-Zelle für B
15   **if** Einträge in $g <$ Einträge in g^*
16   **then** $\ulcorner$ $Archiv \leftarrow$ entferne einen Eintrag aus g^*
17                       $\llcorner$ $\llcorner Archiv \leftarrow$ füge B in $Archiv$ ein
18   **else** $\llbracket Archiv \leftarrow$ füge B in $Archiv$ ein
19               $g_A \leftarrow$ Grid-Zelle für A
20               $g_B \leftarrow$ Grid-Zelle für B
21   **if** Einträge in $g_B <$ Einträge in g_A
22       $\llcorner$ $\llcorner$ **then** $\llbracket A \leftarrow B$
23    $\llcorner$
24   **return** nicht-dominierte Individuen aus $Archiv$

---

archivierte Individuen, so werden diese entfernt und das neue Individuum aufgenommen. Ist das Archiv voll und es wird kein dominiertes Individuum entfernt, wird eines der Individuen aus der vollsten Zelle des Gridfiles gelöscht.

Beispiel 5.14:

> Bild 5.21 zeigt die verschiedenen Möglichkeiten, wie das Archiv mit einem neuen Kindindividuum B verfahren kann. Falls es nicht besser als ein vorhandenes Individuum im Archiv ist, wird es verworfen (Bild 5.21 (a)). Ein nicht dominiertes Individuum wird in jedem Fall aufgenommen, allerdings darf die Größe des Archivs nicht überschritten werden. Werden Individuen, wie in Bild 5.21 (b) entfernt, weil sie dominiert werden, ist in jedem Fall Platz für das neue Individuum. Ist dies nicht der Fall (Bild 5.21 (c)), so wird ein Individuum einer gut im Archiv repräsentierten Region verworfen.

Zusammenfassend lässt sich auch mit den fortgeschrittenen Verfahren die Pareto-Front von Problemen mit mehr als drei Bewertungsfunktionen kaum vollständig approximieren. Um die verfügbare Rechenzeit in die Detektion von sinnvollen und gewünschten Lösungsvorschlägen zu investieren, bietet sich daher die iterative Herangehensweise an, bei der während der Optimierung vom Anwender Entscheidungen gefällt werden, die die Richtung der Suche beeinflussen.

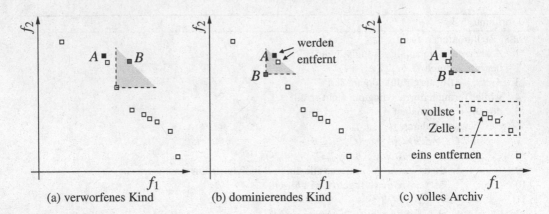

(a) verworfenes Kind   (b) dominierendes Kind   (c) volles Archiv

Bild 5.21. Drei Fälle für neu erzeugte Kinder: (a) dominierte Kinder werden verworfen, (b) dominierende
Kinder ersetzen die dominierten Individuen und (c) weder dominierte noch dominierende Individuen werden aufgenommen und ggf. ein Individuum aus der vollsten Archivzelle gelöscht.

Beispielsweise kann hierbei eine vorläufige Menge nicht-dominierter Lösungskandidaten berechnet werden, welche dem Anwender als Entscheidungsgrundlage dient, um die Suche auf einen
begrenzten Teilbereich der möglichen Kombinationen der Funktionswerte zu konzentrieren.

5.3.   Zeitabhängige Optimierungsprobleme

*Falls das zu optimierende Problem nicht konstant ist, sondern sich während der Optimierung ver-
ändert, werden andere Anforderungen an den Optimierungsalgorithmus gestellt, die gemeinsam
mit Lösungsansätzen in diesem Abschnitt diskutiert werden.*

In der Praxis gibt es immer wieder Optimierungsprobleme, deren Bewertung von Lösungskandidaten fortlaufenden Änderungen unterworfen ist. Ein Beispiel ist eine Produktionsanlage, in der
interne Prozesse und Abnutzung das Produktionsverhalten verändern. Die Optimierung soll dann
beständig den optimalen Betriebspunkt ermitteln, mit dem die Anlage eingestellt wird. Ein anderes Beispiel ist eine Erweiterung der Erstellung von Maschinenbelegungsplänen aus Beispiel 5.1:
Sind die einzelnen Aufträge mit einem Lieferzeitpunkt ausgestattet, muss jeder Auftrag vor diesem Zeitpunkt gefertigt sein. Das Problem kann nun so formuliert werden, dass die Planung ein
fortlaufender Optimierungsprozess ist, bei dem fertige Aufträge herausfallen und ständig neue
Aufträge kontinuierlich eingetaktet werden.

Definition 5.3 (Zeitabhängiges Optimierungsproblem):
Ein *zeitabhängiges Optimierungsproblem* besteht aus einer Folge $Opt^{(t)}$ ($t \in \mathbb{N}$) von
statischen Optimierungsproblemen $Opt^{(t)} = (\Omega, f^{(t)}, \succ)$. Gesucht ist für jedes $t \in \mathbb{N}$
eine möglichst gute Approximation der globalen Optima $\mathscr{X}^{(t)}$.

 Inwieweit jeder Zeitpunkt t gleich wichtig in einer zeitabhängigen Optimierung ist, hängt von der jeweiligen Anwendung ab. Angenommen wir steuern die Zusammensetzung unseres Aktiendepots. Dann kann
einerseits die Zielsetzung sicherheitsbetont sein, d. h. ich möchte zu jedem Zeitpunkt in der Lage sein, mit

möglichst maximalem Gewinn zu verkaufen – jedes t hat dasselbe Gewicht. Andererseits kann ich evtl. nur zum jeweiligen Monatsende einen Verkauf in Erwägung ziehen, dann ist in der restlichen Zeit eine größere Schwankung möglich – Hauptsache zum richtigen Zeitpunkt stimmt der mögliche Ertrag.

Beispiel 5.15:

Zur besseren Veranschaulichung gehen wir im Weiteren von einer Gütelandschaft über einer zweidimensionalen reellwertigen Fläche als Suchraum aus. Bild 5.22 zeigt zwei beispielhafte zeitabhängige Veränderungen der Gütelandschaft.

Wie man aus diesem Beispiel leicht erkennt, gehen wir von einer gewissen Kontinuität aus, da chaotisches Verhalten nicht mehr durch einen Optimierungsalgorithmus handhabbar ist. Kontinuität kann dabei durch ausschließlich kleine Veränderungen gegeben sein oder durch lange statische Phasen vor einer größeren Veränderung. Es ergeben sich neue Anforderungen durch zeitabhängige Probleme:

- Sich bewegende lokale Optima müssen verfolgt werden wie in Bild 5.22 (a).
- Neu entstehende lokale Optima müssen entdeckt werden wie in Bild 5.22 (b).
- Bei zu starken Veränderungen ist streng genommen eine komplett neue Optimierung notwendig.

Oft genügen die in Kapitel 4 vorgestellten Standardalgorithmen diesen neuen Anforderungen nicht, da ihre Konvergenz der benötigten ständigen Anpassungsfähigkeit abträglich ist.

 Die Autofahrt von Leipzig nach Stuttgart an einem Freitagnachmittag wird zum zeitabhängigen Optimierungsproblem, wenn ich während der Fahrt alle aktuellen Staumeldungen einfließen lassen und so beständig meine Wegeplanung anpasse.

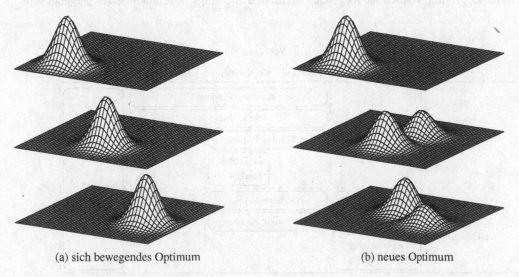

(a) sich bewegendes Optimum   (b) neues Optimum

Bild 5.22. Beispiele für zeitabhängige Optimierungsprobleme: (a) zeitlicher Verlauf einer Gütelandschaft mit nur einem sich bewegeneden lokalen Optimum und (b) zwei wandernde lokale Optima, die sich durch Änderung der Höhe als globales Optimum abwechseln.

Bevor wir einzelne Techniken vorstellen, mit denen die Anpassungsfähigkeit verbessert werden kann, wird eine genauere Kategorisierung der zeitabhängigen Optimierungsprobleme (eingeschränkt auf reellwertige Bewertungsfunktionen) vorgenommen. Hierfür unterscheiden wir zwei verschiedene Veränderungen, die eine Gütelandschaft erfahren kann: Die reine Verschiebung eines lokalen Optimums (wie in Bild 5.22 (a)) und die Änderung der Güte an einem Punkt (in Bild 5.22 (b) kombiniert mit einer Verschiebung). Hinsichtlich der Verschiebung können die folgenden Fälle unterschieden werden:

- keine Veränderung,
- eine langsam wandernde Bewegung,
- eine drehende Bewegung,
- eine schnell wandernde Bewegung und
- eine abrupte, große Veränderung.

Hinsichtlich der Veränderung der Güte können die folgenden Fälle identifiziert werden:

- keine Veränderung oder
- Vergrößerung oder Verkleinerung in meist kleinen Schritten.

Naturgemäß sind noch weitere Fälle möglich, die hier jedoch nicht betrachtet werden. Die im Weiteren präsentierten Techniken werden diesen Kategorien zugeordnet. Eine Übersicht ist in Bild 5.23 dargestellt.

Bei sehr abrupten Änderungen im Wechsel mit hinreichend langen, stabilen Phasen ist der *Neustart* eine akzeptable – manchmal sogar die einzig mögliche – Technik. Sobald andere Charakteristika greifen, können die folgenden Methoden allerdings wesentlich besser geeignet sein.

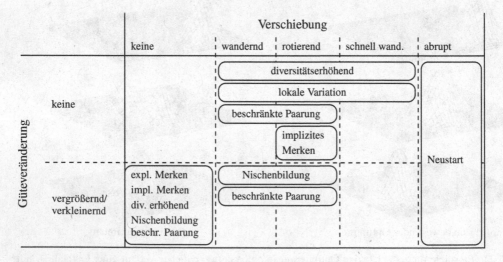

Bild 5.23. Zuordnung der Charakteristika zeitabhängiger Probleme zu den unterschiedlichen Spezialtechniken (auf Basis der Erfolgsmeldungen aus der wissenschaftlichen Literatur).

Grundsätzlich kann man versuchen, eine große Vielfalt in der Population zu erhalten und damit der Konvergenz gegenzuwirken. Dadurch soll die Population schnell auf Änderungen reagieren können – z. B. neu entstehende globale Optima entdecken oder leichter einem sich bewegenden Optimum folgen. Diese Maßnahmen lassen sich in zwei Kategorien einteilen: die diversitätserhöhende Technik, die neue Individuen einfügt, und die Verfahren, die im Rahmen der Selektion der Konvergenz gegenwirken – dazu gehören Techniken zur Nischenbildung und die beschränkte Paarung.

Zur *diversitätserhöhenden Technik* zählen die zufälligen Einwanderer, die in jeder Generation einen bestimmten Prozentsatz der Individuen durch neue zufällig erzeugte Individuen ersetzt. In der Literatur finden sich dabei ein Richtwert von 10–30% als zu ersetzendem Anteil. Allerdings ist dieses Verfahren oft nur schwer einstellbar: Werden zu viele Individuen zufällig gesetzt, können sie eine erfolgreiche Optimierung manchmal ganz verhindern. Auch kann man beobachten, dass die zufälligen Individuen sich meist nur sehr schwer in der Population etablieren können. Bei einem starken Selektionsdruck beruht das Auffinden von neu entstandenen guten Nischen im Suchraum also eher auf einer reinen Zufallssuche. Eine Variante ist die Hypermutation, deren biologisches Vorbild Zellen sind, die auf umweltbedingten Stress durch eine erhöhte Mutationsrate reagieren. Dies wird nahezu identisch auf die evolutionären Algorithmen übertragen: Wenn eine Veränderung in der Umwelt beobachtet wird, z. B. indem die durchschnittliche Güte in der Population abfällt, wird kurzzeitig die Mutationsrate drastisch erhöht. Dieser Ansatz hat jedoch einen entscheidenden Nachteil: Falls die Population vornehmlich in einem Optimum konvergiert ist, findet nur dann eine Reaktion statt, wenn die Güte dieses Optimums abfällt. Die Hypermutation reagiert nicht, wenn in einem anderen Bereich des Suchraums ein neues globales Optimum entsteht und das bisherige globale Optimum lokal wird. Daher sind solche reaktiven Verfahren nur eingeschränkt bei Dynamik mit sich verändernder Struktur des Suchraums anwendbar.

Die *Einnischungstechniken* wurden bereits bei der Mehrzieloptimierung in Abschnitt 5.2 auf Seite 210 vorgestellt. Während allerdings dort die Vielfalt bezüglich des Raums der Gütewerte gesucht war, geht hier der Abstand im genotypischen oder phänotypischen Suchraum als Nachbarschaftsbegriff in die Berechnung ein. So sollen sich die Individuen gleichmäßiger verteilen. Verwandt damit ist auch der thermodynamische genetische Algorithmus, der in der Selektion direkt eine der Diversitätsmetriken (siehe Seite 63) benutzt, um Individuen in der Umweltselektion zu wählen. Konkret wird für die Minimierung von F ein genetischer Algorithmus so abgeändert, dass fitnessproportionale Selektion, Mutation und Rekombination doppelt so viel Individuen (also $2 \cdot \mu$) als benötigt erzeugen. In der Umweltselektion wird in μ Iterationen jeweils dasjenige Individuum A ausgewählt, für das die damit entstehende Population der bisher gewählten Individuen $P' \leftarrow P' \circ \langle A \rangle$ den Wert $\widehat{F}(P') = \overline{F}(P') - \eta \cdot Divers(P')$ minimiert. Der Parameter η gibt an, wie stark die Diversität berücksichtigt wird, und als Diversitätsmaß wird die Shannon-Entropie (siehe S. 63) benutzt. Mit allen im Abschnitt zu Mehrzieloptimierung diskutierten Nachteilen der aggregierenden Verfahren werden beide Ziele, die Verbesserung der Güte und der Erhalt der Vielfalt, verfolgt. Bemerkenswert ist dennoch, dass über eine quantifizierbare Formel die Diversität direkt berücksichtigt und nicht über indirekte Maßnahmen beeinflusst wird.

Die Techniken der *beschränkten Paarung* versuchen ebenfalls, unterschiedliche Individuen in verschiedenen Teilen der Gesamtpopulation zu etablieren – allerdings bei weitem nicht so gezielt wie die diversitätserhöhenden Maßnahmen. Durch spezielle Markierungen an Individuen oder auch eine entfernungsbasierte Zuordnung werden Teilpopulationen gebildet, in denen die Rekombination erlaubt ist. Durch die Einschränkung der Rekombination sollen die Kindindividuen stärker in der Gegend ihrer Eltern bleiben – ebenfall mit dem Ziel, Konvergenz zu vermeiden. Parallelisierte evolutionäre Algorithmen beinhalten ebenfalls häufig eine beschränkte Paarung (siehe S. 227).

Werden nur sich bewegende Optima verfolgt, ohne dass durch Güteverschiebungen neue globale Optima entstehen können, ist die *lokale Variation* eine der effizientesten Techniken. Diesen Zweck erfüllen direkt die Mutationsalgorithmen SELBSTADAPTIVE-GAUSS-MUTATION (Algorithmus 3.19) der Evolutionsstrategie und die SELBSTADAPTIVE-EP-MUTATION (Algorithmus 4.19) des evolutionären Programmierens. Während diese beide auf einem reellwertigen Genotyp arbeiten, existiert kein solcher Standardoperator auf einem binären Genotyp, der phänotypisch lokal arbeitet. In diesem Fall kann die *variable lokale Suche* eingesetzt werden. Dieser Operator wird ähnlich wie die Hypermutation genau dann aufgerufen, wenn die durchschnittliche Güte in der Population abfällt. Zunächst werden in einem lokalen Suchschritt die niederwertigen Bits einer standardbinär kodierten reellwertigen Komponente gezielt verändert, um lokal benachbarte neu Individuen zu erzeugen. Der Suchbereich kann dann inkrementell vergrößert werden (vgl. Bild 5.24), um von zunächst sehr lokalen Modifikationen zu einer globaleren Suche überzugehen.

Falls durch die Verschiebung lokaler Optima bzw. das Auf- und Abschwellen einzelner lokaler Optima Situationen entstehen, in denen das globale Optimum an einer Stelle steht, an der es sich bereits zu einem früheren Zeitpunkt befunden hat, sind Techniken geeignet, die sich alte Zustände merken. Das *explizite Merken* speichert frühere Lösungen in einem externen Speicher. Auf diese kann im Verlauf der Evolution zurückgegriffen werden – beispielsweise kann in jeder Generation eine Auswahl der gemerkten Individuen wieder in die Population integriert werden. Alternativ wird ähnlich zum Einsatz der Hypermutation auf die gespeicherten früheren Lösungen nur bei einem Güteabfall der Population zurückgegriffen.

Das alternative *implizite Merken* ahmt das Konzepts der Diploidität (vgl. natürliche Evolution in Kapitel 1) nach. In der Natur werden durch den doppelten Chromosomensatz rezessive Merkmale zwar weitervererbt, treten phänotypisch allerdings nur selten in Erscheinung. Sie erhalten jedoch die Anpassungsfähigkeit und kommen eventuell bei einer Veränderung der Umwelt wieder positiv zum Tragen. Durch ein solches Konzept können einerseits Teile von Individuen später wieder leichter in die Evolution eingehen und andererseits wird auf jeden Fall die genotypische Diversität in der Population durch rezessive Allele erhöht. Die einfachste Variante als Erweiterung der genetischen Algorithmen auf binären Zeichenketten verdoppelt den Genotyp

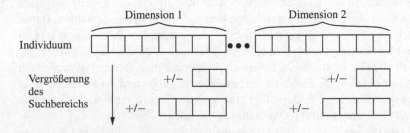

Bild 5.24. Bei der variable lokalen Suche werden Bits in einem Vektor zufällig gesetzt und zum Individuum hinzuaddiert. Dabei umfasst dieser Additionsvektor zunächst nur die niederwertigen Bits. Falls diese lokale Suche nicht erfolgreich ist, wird inkrementell der Suchbereich durch Erweiterung des Additionsvektors vergrößert.

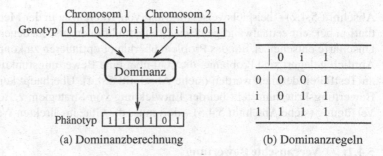

(a) Dominanzberechnung   (b) Dominanzregeln

Bild 5.25. Diploidität mit einem rezessiven Allel i für die 1: (a) Bildung des Phänotyps aus zwei Chromosomen gemäß der (b) Dominanzregeln.

und bestimmt jeweils aus zwei Bits ein phänotypisches Bit wie dies in Bild 5.25 dargestellt ist. Ein zusätzliches Allel i wird als rezessive 1 eingeführt. In Bild 5.25 (a) wird eine phänotypisch wirksame binäre Zeichenkette gemäß der Dominanzregel in Bild 5.25 (b) berechnet. Das häufigere Vorkommen der 1 in den Dominanzregeln wird durch veränderte Wahrscheinlichkeiten bei der Mutation ausgeglichen. Dabei wird eine 0 mit der Wahrscheinlichkeit 0,5 erzeugt und i und 1 mit jeweils 0,25. Auf verwandte Ansätze mit zwei rezessiven Allelen gehen wir hier nicht näher ein. Die Stärke der diploiden evolutionären Algorithmen liegt vermutlich in erster Linie in dem Erhalt der Vielfalt in der Population. Die erfolgreiche Wiederverwendung von rezessiven Teillösungen bei einer Optimierung lässt sich nur schwer beurteilen.

Wie bei den Randbedingungen und den Problemen mit mehreren Zielfunktionen gilt auch bei den zeitabhängigen Problemen, dass die Techniken sehr genau an die Eigenschaften des Problems angepasst werden müssen, um eine erfolgreiche Optimierung zu ermöglichen.

5.4.   Approximative Bewertung

In vielen Anwendungen können Lösungskandidaten nicht exakt bewertet werden, da die Bewertungsfunktion fehlerbehaftet oder rechenintensiv ist – im Extremfall existiert gar keine eindeutig definierbare Bewertungsfunktion. Dieser Abschnitt präsentiert Methoden, die für solche Umstände geeignet sind.

In den bisherigen Kapiteln wurde davon ausgegangen, dass die Bewertungsfunktion eindeutig definiert ist, d. h. die Auswertung eines Lösungskandidaten ergibt immer denselben Wert. Wie bereits bei den zeitabhängigen Problemen ist diese Annahme auch hier nicht erfüllt. Allerdings gibt es jetzt keinen Ablauf, der den Veränderungen in der Bewertungsfunktion zugrunde liegt, sondern die Bewertungsfunktion kann unabhängig von der Zeit verschiedene Gütewerte für dasselbe Individuum liefern – sprich: Es kann nur mit angenäherten Gütewerten gearbeitet werden.

Eine mögliche Ursache hierfür sind Toleranzen bei messungsbasierten Bewertungen (siehe Abschnitt 5.4.1) – dies ist insbesondere der Fall beim Einsatz von Sensoren für physikalische, chemische oder biochemische Vorgänge, aber auch bei stochastischen Simulationen (z. B. von Verbrennungsvorgängen). Verwandt dazu sind Probleme, bei denen die Werte eines Lösungskandidatens etwa an einem technischen System nicht exakt eingestellt werden können (siehe

Abschnitt 5.4.2) – beispielsweise aufgrund von Toleranzen in der Mechanik. Anders sieht die Situation bei sehr zeitaufwändigen Bewertungsfunktionen aus, bei denen man sich bewusst für eine Unschärfe entscheidet, um das Problem überhaupt optimieren zu können (siehe Abschnitt 5.4.3). Ähnlich gelagert sind Probleme, die statt über eine Bewertungsfunktion nur durch eine Vielzahl an Testfällen definiert werden (siehe Abschnitt 5.4.4). Überhaupt kein eindeutig berechenbares Bewertungskriterium steht bei der Entwicklung von Strategien, z. B. für Spiele wie Dame, zur Verfügung (siehe Abschnitt 5.4.5) – dort muss die Güte im direkten Wettbewerb ermittelt werden.

5.4.1. Verrauschte Bewertung

Bei verrauschten Zielfunktionen ist die Zuverlässigkeit und Objektivität der Bewertungsfunktion nicht mehr gegeben. Das Standardbeispiel sind Messungen an technischen Systemen bzw. Software, die gewissen Messfehlern bzw. zufälligen Einflüssen unterliegen.

Beispiel 5.16:

Werden an einem Motorprüfstand die Parameter zur Steuerung des Motors eingestellt (Zündwinkel etc.), kann der Verbrauch des Motors durch die Messung des Kraftstoffgewichts vor und nach der Testzeit ermittelt werden. Die Analyse der Abgase ist aufwendiger, da dort beispielsweise zur Ermittelung des CO- und CO_2-Gehalts die Absorption von Infrarotstrahlen im Abgas gemessen wird.

Wann immer ein Lösungskandidat gut bewertet wird, stellt sich die Frage, ob es sich tatsächlich um ein gutes Individuum handelt, oder ob diese positive Bewertung nur aufgrund des Rauschens zustande kam. Dieselbe Frage stellt sich bei schlecht bewerteten Individuen mit umgekehrtem Vorzeichen. Einerseits können dadurch gute Individuen nur sehr schwer identifiziert werden, da ein Vergleich mehrerer Individuen nicht repräsentativ ist. Dies kann entweder das Auffinden einer akzeptablen Lösung komplett verhindern oder die Lösungszeit wesentlich verlängern. Andererseits können solche Fehlbewertungen auch dazu führen, dass leichter Wege aus lokalen Optima heraus gefunden werden. Allerdings überwiegen in der Praxis meist die negativen Effekte des Rauschens, die daher möglichst verringert werden sollen.

 Beim Versuch den zeitlich kürzesten Weg von Leipzig nach Stuttgart zu finden, stellen wir bereits nach dem zweiten Versuch auf derselben Strecke fest, dass das Problem hochgradig verrauscht ist: Durch die jeweilige Verkehrssituation ergeben sich erhebliche Abweichungen in der Fahrtzeit.

Bei der Standardvorgehensweise wird jedes Individuum mehrfach bewertet und die Güte ergibt sich als Mittelwert dieser Bewertungen. Wenn die Anzahl der Bewertungen gegen Unendlich strebt, nähert sich der Mittelwert aufgrund des Gesetzes der großen Zahlen aus der Wahrscheinlichkeitsrechnung der objektiven Güte an. Genauer gilt bei K Auswertungen eines Individuums, dass die Standardabweichung σ pro Auswertung auf eine Abweichung $\frac{\sigma}{\sqrt{K}}$ verringert wird. Wenn für jedes Individuum die Zielfunktion jedoch mehrmals berechnet werden muss, bedeutet dies einen enormen zusätzlichen Aufwand und zusätzliche Kosten. Daher sollten zusätzliche Auswertungen nur wohlbedacht eingesetzt werden, da sie sich nicht linear in einer Verbesserung der resultierenden Abweichung niederschlagen. Im nächsten Absatz werden diese Kosten, unter denen in der Regel die benötigte Zeit verstanden wird, für die weitere Argumentation modelliert.

Sei μ die Populationsgröße und K die Anzahl der Evaluationen pro Individuum. Um nun die Gesamtkosten solcher Mehrfachbewertungen aufzustellen, unterscheiden wir in zwei unterschiedliche Kostenfaktoren: die Kosten *KostEval*, die pro Gütebewertung anfallen, und die Kosten *KostVerw*, die zur Verwaltung eines Individuums notwendig sind, aber nicht von der Anzahl der Bewertungen abhängen. Dann können die Kosten einer Generation als

$$Kosten = (KostVerw + KostEval \cdot K) \cdot \mu$$

formuliert werden und die Gesamtkosten als

$$Kosten = (KostVerw + KostEval \cdot K) \cdot \mu \cdot MaxGen,$$

wobei *MaxGen* die Anzahl der Generationen ist. Falls nun feste Kosten, d. h. eine maximale Zeitspanne, für eine Optimierung vorgegeben sind, muss man sich entscheiden, wie K und μ gewählt werden sollen, damit diese Kosten eingehalten werden. Werden mehr Auswertungen für die Bewertung eines Individuums eingeräumt, stehen entweder weniger Generationen für die Berechnung zur Verfügung oder die Populationsgröße muss verringert werden. Da sehr oft die Anzahl der Generationen als fest betrachtet wird, um eine bestimmte Lösungsqualität zu erreichen, muss damit die Populationsgröße kleiner gewählt werden. Daher ist im nächsten Absatz insbesondere das Verhältnis von K zu μ von Interesse.

Es gibt unterschiedliche, sich teilweise stark widersprechende Untersuchungen, wie dieses Verhältnis zu wählen ist. Konsens ist, dass lokale Suchverfahren weit stärker von Rauschen beeinträchtigt werden als populationsbasierte Verfahren, da sich hier zu gut bewertete Individuen natürlich sehr viel stärker auswirken. Daher hat ein größeres K meist auch sehr positive Auswirkungen bei der lokalen Suche. Bei den evolutionären Algorithmen kann, wie bereits gesagt, die Populationsgröße zusätzlich verändert werden – und gute Einstellungen hängen sehr stark vom Optimierungsverfahren ab. Grundsätzlich scheint eine Vergrößerung von K meistens sinnvoll zu sein – insbesondere wenn die Kosten für jede Evaluation nicht so sehr ins Gewicht fallen ($KostVerw/KostEval > 1$). Allerdings ist beispielsweise bei den genetischen Algorithmen, die stark auf der Rekombination beruhen, für geringe evaluationsunabhängige Kosten ($KostVerw \ll KostEval$) die Vergrößerung der Populationsgröße μ eine sinnvolle Alternative. Dies lässt sich dadurch begründen, dass bei den genetischen Algorithmen die in der Population gespeicherte Information in der Form von Schemata in großem Maß durch die Rekombination genutzt wird – ist die Population größer, ist die gespeicherte Information in ihrer Gesamtheit auch wesentlich robuster gegen einzelne falsch bewertete Individuen. Bei den Evolutionsstrategien kann ein ganz ähnlicher Effekt (wenn auch nicht im selben Ausmaß) durch eine Vergrößerung der Elternpopulation μ erreicht werden, da dann bei einer uniformen Auswahl der Eltern Ausreißer nicht so stark die Erzeugung der weiteren Individuen beeinflussen oder gar durch die Rekombination GLOBALER-ARITHMETISCHER-CROSSOVER (Algorithmus 4.11) echt gemittelt wird.

Offensichtlich zahlen sich Mehrfachauswertungen aus. Wenn nun allerdings die Bewertungsfunktion sehr zeitintensiv und stark verrauscht ist, werden ggf. mehr Mehrfachauswertungen benötigt, als wir investieren wollen. Es stellt sich die Frage, wie diese Kosten verringert werden können, ohne die Qualität des Ergebnisses zu beeinträchtigen.

Falls die Umweltselektion deterministisch durch eine (μ, λ)-Selektion stattfindet, müssen wir nur herausfinden, welches die μ besseren Individuen sind. Dann kann folgendermaßen vorgegangen werden. Es werden zunächst wenige Auswertungen für alle Individuen vorgenommen. Dann werden paarweise statistische Tests durchgeführt, um festzustellen, bei welchen Individuen bezüglich ihrer Rangfolge bereits eine Aussage möglich ist, ob sie zu den μ besten Individuen der Population gehören können oder nicht. Daraus ergibt sich eine (partielle) Ordnung der Individuen. Bei denjenigen Individuen, für die die Einordnung in wahrscheinlich brauchbare und nicht brauchbare Individuen noch nicht mit der gewünschten Konfidenz getroffen werden konnte, werden weitere Auswertungen vorgenommen, bis genügend Informationen vorliegen oder der Vorgang abgebrochen wird – dann wird eine Entscheidung mit geringerer Konfidenz getroffen. Diese Herangehensweise kann die Anzahl der notwendigen Auswertungen signifikant reduzieren, da zusätzliche Auswertungen nur bei Bedarf vorgenommen werden.

Bislang ist die Überbewertung von schlechten Individuen ausschließlich bezüglich der Frage diskutiert worden, ob das Durchreichen schlechter Individuen das Optimierungsergebnis negativ beeinflusst. Darüberhinaus können verrauschte Lösungskandidaten in selbstadaptiven Algorithmen auch die Selbstanpassungsmechanismen beeinträchtigen: Schlimmstenfalls werden sie so drastisch gestört, dass ein sinnvolles Optimieren nicht mehr möglich ist. Als Schrittweitenanpassung bei der reellwertigen Mutation (mittels der Gaußverteilung) wurden zwei verschiedene Abläufe für die Modifikation der Strategievariablen in Kapitel 4 vorgestellt. Bei den Evolutionsstrategien geschieht dies in der Regel durch

$$B.S_i \leftarrow A.S_i \cdot \exp\left(\frac{1}{\sqrt{2\ell}} \cdot u + \frac{1}{\sqrt{2\sqrt{\ell}}} \cdot u_i' \right)$$

mit Zufallszahlen $u, u_1', \ldots, u_\ell' \sim \mathcal{N}(0, 1)$ (vgl. Seite 136). Beim evolutionären Programmieren wird die Schrittweite durch

$$B.S_i \leftarrow A.S_i + u_i$$

mit Zufallszahlen $u_i \sim \mathcal{N}(0, \alpha \cdot A.S_i)$ für $1 \leq i \leq \ell$ angepasst (vgl. SELBSTADAPTIVE-EP-MUTATION in Algorithmus 4.19). Zusätzlich findet die Anpassung bei den Evolutionsstrategien direkt vor der Mutation des eigentlichen Genotyps statt, während beim evolutionären Programmieren die vom Elternteil geerbten Schrittweiten benutzt werden. Meist erlaubt die Anpassungsregel der Evolutionsstrategien eine schnellere Anpassung und findet somit schneller das Optimum findet. Mit zunehmendem Rauschen kann diese Anpassungsregel jedoch leichter in die Irre geführt werden. Dann erweist sich oft die beim evolutionären Programmieren übliche Regel als stabiler.

Eine alternative Modifikation der bei den Evolutionsstrategien benutzten Regel stellt die *Kappa-Ka-Methode* dar, bei der Veränderungen an den Strategieparameter und den Objektvariablen nur gedämpft an die Kinder weitergegeben werden, um den Einfluss von falsch bewerteten Individuen zu verringern. Konkret wird (bei der uniformen Schrittweitenanpassung) mit Zufallszahlen $u, u_1, \ldots, u_\ell \in \mathcal{N}(0, 1)$ und den Parametern $k, \kappa > 1 \ (\in \mathbb{R})$ das folgende Individuum

$$\widehat{B}.S \leftarrow A.S \cdot \left(\exp\left(\frac{1}{\sqrt{\ell}} \cdot u \right) \right)^\kappa \qquad\qquad \widehat{B}_i \leftarrow A_i + \widehat{B}.S \cdot k \cdot u_i$$

erzeugt und bewertet. Falls es sich im Rahmen der üblichen Selektion bewährt und übernommen wird, werden die Veränderungen am Individuum nur abgeschwächt weitergegeben, und zwar als

$$B.S \leftarrow A.S \cdot \exp\left(\frac{1}{\sqrt{\ell}} \cdot u \right) \qquad\qquad B_i \leftarrow A_i + \widehat{B}.S \cdot u_i.$$

Diesem Verfahren liegt die Vorstellung einer überwiegend glatten Gütelandschaft zugrunde: Falls das Individuum tatsächlich gut ist, bewegen wir uns leicht abgeschwächt in die richtige Richtung – falls das Individuum überbewertet wurde, werden die eigentlichen Verschlechterungen etwas abgemildert und kommen nicht im selben Ausmaß zum Tragen wie bei der normalen Vorgehensweise.

5.4.2.   Stabile Lösungen

Nach einer erfolgreichen Optimierung liegt das Ergebnis A^* im globalen Optimum. Bei den meisten Optimierungsproblemen kann man A^* benutzen und weiterverarbeiten. Probleme mit zusätzlichen Stabilitätsanforderungen haben die Eigenheit, dass A^* zwar genutzt werden kann, aber in der Realität ein leicht von A^* abweichender Wert zur Anwendung kommt. Mit diesem Wissen wäre es u. U. sinnvoller gewesen, ein A' zu berechnen, das zwar in einem schlechteren lokalen Optimum platziert ist, deren Bewertung aber bei Abweichungen weniger anfällig ist. Dies ist in Bild 5.26 veranschaulicht.

Beispiel 5.17:

Werden Maschinenbelegungspläne für einen manuell operierenden Betrieb wie z. B. eine Stuhlfabrik erstellt, kann es aus aktuellen betriebsbedingten Problemen immer wieder zu einer leichten Variation in der Reihenfolge an den einzelnen Arbeitsstationen kommen. Sind die präsentierten Maschinenbelegungspläne nicht stabil, kann dies einen erheblichen Einfluss auf den Durchsatz haben. Daher sind Pläne gesucht, die eine gewisse Variation bei nur geringfügig verlängerter Produktionszeit tolerieren.

Der Unterschied zwischen stabilen Lösungen und Lösungen bei verrauschten Optimierungsproblemen ist in Bild 5.27 dargestellt. Beim Rauschen werden unterschiedliche Werte bei der mehrfachen Bewertung desselben Individuums beobachtet. Dies ist bei der Suche nach stabilen Lösungen nicht der Fall. Vielmehr möchte man die Abweichungen in der Bewertung bei leicht variierten Individuen möglichst klein halten.

 In meinem Bestreben, auf alle Eventualitäten vorbereitet zu sein, ist die Suche nach einer geschickten Autoroute von Leipzig nach Stuttgart auch ein Optimierungsproblem mit einer stabilen Anforderung: Für jeden möglichen Autobahnabschnitt berücksichtige ich, wie viel länger ich mit der ausgewiesenen Umleitung bei einer Vollsperrung brauche.

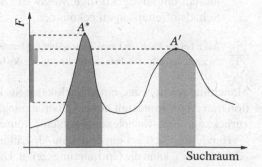

Bild 5.26.
Die grauen Bereiche unter den beiden lokalen Optima kennzeichnen den möglichen Varianzbereich. Dann ist beim eher instabilen globalen Optimum A^* die Bandbreite zwischen guten und schlechten Gütewerten auf der y-Achse wesentlich größer als bei A'.

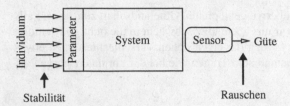

Bild 5.27. Die Stabilität einer Lösung wird durch die Bewertungsinvarianz gegenüber kleinen Abweichungen an den Eingängen bestimmt, während das Rauschen eine kleine Abweichung bei der Bewertung am Ausgang eines Systems ist.

Als Grundtechnik kann hierbei das Repertoire der verrauschten Zielfunktionen benutzt werden, wobei man bei der Bewertung eines Individuums mehrere geringfügige Variationen des Genotyps – also quasi ein künstliches Rauschen – erzeugt und ebenfalls den Mittelwert betrachtet. Dabei gelten alle Vor- und Nachteile aus Abschnitt 5.4.1.

Insbesondere ist auch zu beachten, dass gemittelte Gütewerte nur eine bedingte Aussage zur Stabilität machen, da große positive und negative Abweichungen zum selben Ergebnis führen wie kleine positive und negative Abweichungen. Daher wurde in jüngerer Zeit vorgeschlagen, als zusätzliches Kriterium die Varianz der Gütewerte zu betrachten. Mit den Methoden der Mehrzieloptimierung kann dann die Parto-Front hinsichtlich der Güte der Lösung und der Stabilität berechnet werden.

5.4.3. Zeitaufwändige Bewertung

Evolutionäre Algorithmen sind weniger gut für Optimierungsprobleme mit zeitaufwändigen Bewertungsfunktionen geeignet, da durch den populationsbasierten Ansatz häufig weitaus mehr Bewertungen benötigt werden, als Zeit zur Verfügung steht.

Beispiel 5.18:

Bei dem in Beispiel 5.16 vorgestellten Problem der Kalibrierung eines Motorsteuergeräts, muss der Motor zunächst einen eingeschwungenen Zustand erreichen. Andernfalls wäre der Einfluss zu groß, ob beispielsweise der Zündwinkel gerade vergrößert oder verkleinert wurde. Anschließend muss der Motor am Prüfstand eine gewisse Zeit laufen, um aussagekräftige Messwerte hinsichtlich des Kraftstoffverbrauchs und der Schadstoffemission zu bekommen.

 Auch bei der Fahrt von Leipzig nach Stuttgart handelt es sich um ein zeitaufwändiges Optimierungsproblem, da nicht einfach 1 000 Fahrten zur Ermittlung des besten Wegs durchgeführt werden können.

Manchmal reicht es aus, auf einen lokalen Suchalgorithmus (vgl. Abschnitt 4.5) oder einen evolutionären Algorithmus mit hohem Überlappungsgrad (z. B. STEADY-STATE-GA in Algorithmus 4.1) zurückzugreifen. Komplexere Probleme können damit allerdings kaum gelöst werden.

Handelt es sich um ein Problem/Algorithmus mit einem diskreten Suchraum, z. B. $\mathscr{G} = \mathbb{B}^n$ oder $\mathscr{G} = \mathscr{S}_n$, kann die Optimierungszeit u. U. dadurch drastisch verkürzt werden, dass für jedes neu bewertete Individuum die Güte unter dem Genotyp als Schlüssel in einer Hash-Tabelle abgelegt wird. So kann schnell bei jedem Individuum geprüft werden, ob es bereits bekannt ist. Die Bewertungsfunktion wird so für jeden auftretenden Genotyp nur einmal berechnet.

Eine mögliche fortgeschrittene Technik bewertet nur einen sehr geringen Prozentsatz der Individuen am »echten« Problem und schätzt den Rest. Hierfür wird ein Modell des Problems erstellt, das dann als kostengünstige alternative Bewertungsfunktion bereitgestellt wird. In der Literatur finden sich insbesondere neuronale Netze (vgl. Seite 146), RBF-Netze, polynomielle Regressionsmodelle und Gauß-Prozesse. Damit können am Modell interessante Gebiete des Suchraums identifiziert werden, die entsprechenden Lösungskandidaten werden am realen System geprüft und mit den Ergebnissen wird das Modell weiter verbessert.

Eine einfachere Variante verschiebt die eigentliche Optimierung vollständig auf die Modellebene. Die gefundenen Optima können dann am echten System bewertet werden. Da jedoch immer mit einem Fehler in den Modellen zu rechnen ist, muss meist das Verfahren iteriert werden: Ein genaueres Modell im identifizierten Zielgebiet wird erstellt, eine erneute Optimierung durchgeführt und wieder am echten System bewertet.

 Ein Beispiel für die reine Optimierung auf einem Modell mit nachgeschalteter manueller Verifikation am echten System wird detailliert in der Fallstudie im Abschnitt 6.6 vorgestellt.

Die Integration eines Modells in einen evolutionären Algorithmus ist oft ein schwieriges Vorhaben. Ist dies nicht möglich, bleibt bei zeitaufwändigen Bewertungsfunktionen die pure Rechenleistung und Nutzung möglichst vieler Computerprozessoren eine gangbare Alternative. Hierfür ist es notwendig, einen evolutionären Algorithmus zu parallelisieren.

Die einfachste Möglichkeit stellt die *globale Parallelisierung* (engl. *farming-model*) dar, bei der die Güteberechnung der Individuen und z.T. die Anwendung der Mutationsoperatoren parallelisiert wird. Die Verwaltung der Population, Selektion und Rekombination finden im Master-Prozessor statt, jeder Slave-Prozessor bewertet ein Individuum. Ablauf und Aufbau eines evolutionären Algorithmus werden dadurch nicht beschränkt. Der Flaschenhals dieses Modells liegt in der Selektion, die globale Informationen benötigt. Diese Art der Parallelisierung ist einfach umzusetzen und lohnt sich, wenn die Güteberechnung sehr aufwändig ist. Interessant ist sie insbesondere auch für Mehrprozessorrechner mit gemeinsamem Speicher, da dann kein Kommunikationskosten anfallen. Bild 5.28 skizziert die globale Parallelisierung.

Die *grobkörnige Parallelisierung* (engl. *coarse grained model*) unterteilt die Population in wenige, relativ große Unterpopulationen, die getrennt optimiert werden. Zusätzlich wird ein *Migrationsoperator* eingeführt, der einzelne Individuen zwischen den Unterpopulation austauscht. Diese Parallelisierung wird auch Inselmodell genannt und ist auch für Cluster gewöhnlicher PCs oder Workstations geeignet. Entscheidende Einflussfaktoren sind hierbei

- die Topologie (wie sind die Unterpopulationen miteinander verbunden),
- die Migrationsrate (wie viele Individuen wandern zwischen den Unterpopulationen),

Bild 5.28.
Bei der globalen Parallelisierung wird die Bewertung der Individuen parallelisiert.

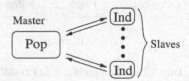

- das Migrationsintervall (wie oft tritt eine Migration ein),
- die Migrationsauswahl (welche Individuen einer Unterpopulation werden migriert) und
- die Migrationsart (migriert ein Individuum selbst oder nur seine Kopie).

Die Topologie hat entscheidenden Einfluss darauf, wie schnell sich ein guter Lösungskandidat in den Unterpopulationen ausbreiten kann. Sind die Unterpopulationen eng miteinander verknüpft, wird sich ein guter Lösungskandidat schnell in den Unterpopulationen verteilen. Ist dagegen die Verbindung lose, können sich verschiedene Lösungskandidaten parallel entwickeln und erst durch einen späteren Austausch zu eventuell besseren Lösungskandidaten kombiniert werden. Hier greifen die im Kapitel 1 beschriebenen biologischen Evolutionsfaktoren Gendrift und Genfluss. Übliche Topologien sind Hypercubes, uni- und bidirektionale Ringe und vollständige Graphen. In Bild 5.29 (a) ist ein unidirektionaler Ring dargestellt, in Bild 5.29 (b) eine vollständige Verknüpfung. Üblicherweise werden die Migrationsintervalle fest gewählt oder von der Konvergenz in den Unterpopulation abhängig gemacht. Im zweiten Fall kann in jeder Unterpopulation zunächst isoliert optimiert werden. Im Falle einer Konvergenz der Unterpopulation wird durch Migration frisches genetisches Material eingebracht. Interessant kann insbesondere auch eine unterschiedliche Parametrisierung der evolutionären Algorithmen in den Teilpopulationen sein.

Im Gegensatz zur groben Aufteilung in relativ isolierte Unterpopulationen teilt die *feinkörnige Parallelisierung* (engl. *fine grained model*) die Population in viele, kleine, sich überlappende Unterpopulationen. Rekombination und Selektion findet in den einzelnen Unterpopulation getrennt statt. Durch die Überlappung gibt es Individuen, die zu mehr als einer Unterpopulation gehören. Der Informationsaustausch zwischen den Unterpopulationen findet über die gemeinsamen Individuen statt. In diesem massiv parallelen Modell, auch Diffusionsmodell genannt, verwaltet jeder Prozessor genau ein Individuum. Bild 5.30 zeigt zwei mögliche zweidimensionale Nachbarschaftsstrukturen. Dabei stellen die grauen Individuen die Nachbarn des Individuums in ihrem Zentrum dar. Parallel für alle Individuen werden die folgenden Schritte ausgeführt: Mittels eines Selektionsoperators wird jeweils ein Individuum aus der Nachbarschaft in die aktuelle Position übernommen, dieses wird mit einem (beispielsweise uniform ausgewählten) Partner aus der Nachbarschaft rekombiniert, das resultierende Individuum wird zusätzlich noch mutiert und an der jeweiligen Position in der Populationsstruktur gespeichert.

In der jüngeren Zeit haben sich auch hierarchische Parallelisierungsformen herausgebildet, in denen beispielsweise verschiedene größere Populationen grobkörnig miteinander verknüpft sind, jede dieser Populationen allerdings selbst feinkörnig organisiert ist.

Viele dieser parallelen Berechnungsmodelle sind nicht nur bei teuren Bewertungsfunktionen sinnvoll. Vielmehr kann damit auch gezielt die Diversität bei der Optimierung länger erhalten

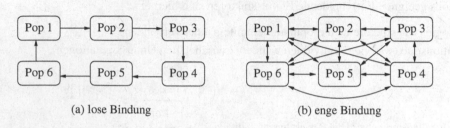

(a) lose Bindung   (b) enge Bindung

Bild 5.29. Zwei grobkörnige Parallelisierungen.

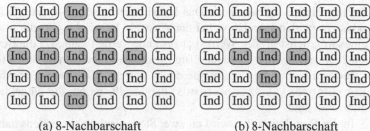

(a) 8-Nachbarschaft   (b) 8-Nachbarschaft

Bild 5.30. Zwei feinkörnige Parallelisierungen mit (a) größerer und (b) kleinerer Nachbarschaft.

werden – so können sich mit geeigneten Migrationsmechanismen Teilpopulationen der grobkörnigen Parallelisierung auf unterschiedliche Bereiche des Suchraums konzentrieren.

5.4.4.   Bewertung durch Testfälle

Bei vielen Problem in der Praxis ist es nahezu unmöglich, eine exakt definierte Bewertungsfunktion zu formulieren. Stattdessen stehen beispielsweise verschiedene Testszenarios zur Verfügung,
in denen sich eine Lösung bewähren muss.

Beispiel 5.19:

> Für eine Stadt sollen die Intervalle der Ampelschaltungen so eingestellt werden, dass
> in allen auftretenden Verkehrssituationen die Wartezeiten an den Ampeln möglichst ge
> ring sind. Hierzu stehen Daten aus verschiedenen Verkehrssituationen zur Verfügung,
> auf deren Basis mehrere Zyklen der Ampeln simuliert werden.

Der intuitive Ansatz ist, alle Testfälle heranzuziehen und mit dem Mittel- oder Maximalwert
entsprechend das jeweilige Individuum zu bewerten.

 Falls ich (als Gewohnheitstier) für meine Fahrten nach Stuttgart eine Standardroute suche, die für alle unterschiedlichen Situationen geeignet ist, wären verschiedene Testfälle zu formulieren (Feierabendverkehr,
Nacht, Wochenende etc.), für die eine Route im Mittel nahezu optimal sein soll.

Ähnlich zu den Problemen im vorigen Abschnitt ist die Bewertung aller Individuen bzgl. aller
Testfälle meist zu kostspielig. Daher muss man sich auf wenige Testfälle beschränken. Dabei
konzentrieren sich die Individuen ausschließlich auf diese Testfälle – die angestrebte Generalisierung auf die ausgelassenen Testfälle geschieht nur in Ausnahmefällen.

Als Lösung für dieses Dilemma bieten sich koevolutionäre Verfahren an, bei denen die sich
gegenseitig beeinflussende Entwicklung mehrerer Spezies in der Biologie (vgl. Abschnitt 1.3.2)
nachempfunden wird.

Während in einer Population $P^{(L)}$ Individuen zur Lösung des Problems evolviert werden, repräsentiert die Population $P^{(T)}$ die Testfälle zur Bewertung der Individuen. Dabei nehmen wir
zunächst an, dass die Gesamtmenge der möglichen Testfälle gegeben ist und die Evolution sich
auf die Population $P^{(L)}$ konzentriert. Bei jedem Test wird ein Individuum bzgl. eines Testfalls
bewertet. Sei $x \in [0, 1]$ das Ergebnis dieses Tests, wobei das Individuum den Test umso besser

bewältigt hat, je größer x ist. Das Individuum wird mit x und der Testfall mit $1 - x$ bewertet, sodass in beiden Population bei der Auswahl beispielsweise die fitnessproportionale Selektion (eines möglichst großen Wertes) angewandt werden kann. Da die Bewertung durch einen einzelnen Tests nur bedingt aussagekräftig ist, speichert jedes Individuum und jeder Testfall die letzten v Bewertungen – die Gesamtgüte ergibt sich als Mittelwert. Der Ablauf ist in Algorithmus 5.4 (KOEVOLUTIONÄRER-ALGORITHMUS) dargestellt, wobei die eingeklammerten Anweisungen zu ignorieren sind.

In der Population $P^{(L)}$ wird an zwei Stellen selektiert: erstens haben die besseren Individuen mehr Nachkommen und zweitens werden die besseren Individuen auch öfter gegen die gerade aktuellen Testfälle geprüft. Die Selektion in der Testpopulation $P^{(T)}$ dient dem Zweck, dass sich die Evolution auf die gerade als schwierig angesehenen Testfälle konzentrieren kann.

Dieses Konzept kann noch durch eine weitere Evolution auf den Testfällen (wie in Algorithmus 5.4 durch die eingeklammerten Kommandos angedeutet) erweitert werden. Dadurch können auch die Testfälle aktiv die Schwachstellen in den aktuell besten Individuen suchen. Dieses Vorgehen ist nur für Probleme geeignet, bei denen viele durch Eigenschaften charakterisierte Testfälle zur Verfügung stehen oder Testfälle parametrisierbar sind. Bild 5.31 illustriert den Ablauf des Algorithmus.

Beispiel 5.20:

Sortiernetzwerke können durch die gleichzeitige Evolution von Lösungen und Testfällen erzeugt werden. Als Ziel soll ein Sortiernetzwerk durch eine Anordnung von z. T. parallelen paarweise Vergleichs-/Vertauschoperationen alle Eingabefolgen sortieren. Die Testfälle entsprechen dann unsortierten Eingabefolgen.

Algorithmus 5.4

KOEVOLUTIONÄRER-ALGORITHMUS(Zielfunktion F)

```
 1   t ← 0
 2   P^(L)(t) ← erzeuge Population mit Lösungskandidaten
 3   P^(T)(t) ← erzeuge Population mit Testfällen
 4   bewerte alle Individuen in P^(L)(t)  v Mal (wie in Zeilen 7–12 mit A^(L) fest)
 5   bewerte alle Individuen in P^(T)(t)  v Mal (wie in Zeilen 7–12 mit A^(T) fest)
 6   while  Terminierungsbedingung nicht erfüllt
 7   do ⌐ for i ← 1,..., v (|Stichprobengröße|)
 8       do ⌐ A^(L) ← selektiere ein Individuum aus P^(L)(t)
 9            A^(T) ← selektiere einen Testfall aus P^(T)(t)
10            x ← F(A^(L), A^(T))
11            beziehe x in Güte von A^(L) mit ein
12          ∟ beziehe 1 − x in Güte von A^(T) mit ein
13       B^(L) ← erzeuge neues Individuum aus P^(L)(t)
14       bewerte B^(L) v Mal (wie in Zeilen 7–12 mit B^(L) statt A^(L) fest)
15       t ← t + 1
16       P^(L)(t) ← ersetze schlechtestes Individuum in P^(L)(t − 1) durch B^(L)
17       (B^(T) ← erzeuge Individuum aus P^(T)(t − 1))
18       (bewerte B^(T) v Mal (wie in Zeilen 7–12 mit B^(T) statt A^(T) fest))
19     ∟ (P^(T)(t) ← ersetze schlechtestes Individuum in P^(T)(t − 1) durch B^(T))
20   return bestes Individuum aus P^(L)(t)
```

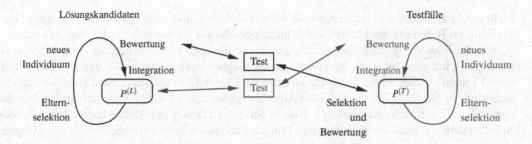

Bild 5.31. Ablauf des Algorithmus 5.4 (KOEVOLUTIONÄRER-ALGORITHMUS): Links ist die Evolution des Lösungskandidaten und rechts der Testdaten gezeigt. Beide Evolutionen sind durch die gemeinsame Bewertung miteinander verknüpft. Ohne die Evolution der Testdaten fallen die grauen Teile weg.

Im Idealfall stellt sich bei den koevolutionären Algorithmen ein Wettkampfverhalten ein – d. h. in einem Wettrüsten werden immer neue Eigenschaften in den Individuen und neue schwierigere Testfälle entwickelt. Geschieht dies allerdings nicht, bewegen sich die evolutionären Prozesse in Zyklen, ohne dass eine Weiterentwicklung eintritt.

5.4.5. Bewertung von Spielstrategien

Große Ähnlichkeiten zur Bewertung mit Testfällen hat die Evolution von (Spiel-)Strategien. Auch dort gibt es keine klar definierte Bewertungsfunktion. Vielmehr müssen sehr viele unterschiedliche Spielsituationen beachtet werden.

Beispiel 5.21:
> Für ein Brettspiel wie Schach, Dame oder Go soll ein intelligenter Computergegner erzeugt werden.

 Was die Fahrt von Leipzig nach Stuttgart mit Spielstrategien zu tun haben kann, möchte ich hier Ihrer eigenen Fantasie überlassen...

Im Gegensatz zum vorherigen Abschnitt kann keine feste Menge mit Testfällen vorgehalten werden, da die Anzahl der möglichen Spielsituationen zu groß ist. Da sich die Spieler immer intelligent verhalten und auf die Aktionen des Gegners reagieren sollen, wäre ein Fokussieren auf wenige Situationen fatal und so evolvierte Spieler wären leicht austricksbar. Doch zunächst beantworten wir zwei Fragen:

1. Wie können überhaupt Spielstrategien als Individuen dargestellt werden?
2. Wie lassen sich die Spielstrategien bewerten?

Zur Beantwortung der ersten Frage eignen sich alle Darstellungen, die eine Aktion aus gewissen Kennzahlen hinsichtlich der aktuellen Situation des Spiels, z.B. die Positionen der Spielsteine auf dem Brett, ableiten können. Das können einerseits regelbasierte Darstellungen wie in den klassifizierenden Systemen (Abschnitt 4.6.1) aber auch Funktionen als Syntaxbäume (vgl. genetisches Programmieren in Abschnitt 4.4) oder neuronale Netze (vgl. Seite 146) sein. Meist wird nicht direkt eine Aktion berechnet, sondern die evolvierte Funktion wird nur zur Bewertung einer Stellung im Rahmen einer klassischen Minimax-Suche aus der künstlichen Intelligenz benutzt.

Für die Bewertung einer Spielstrategie ist meist die erste Idee, die eigenen evolvierten Spieler gegen eine gute bekannte Spielstrategie als Gegner antreten zu lassen und die Bewertung vom Ergebnis dieses Spiels abhängig zu machen. Dieser Lösungsansatz birgt jedoch einen entscheidenden Nachteil: Der evolutionäre Algorithmus wird sich bemühen, die Schwachstellen der speziellen Teststrategie auszunutzen. Solche Strategien lassen sich durch leicht abweichendes Spielverhalten schnell aus dem Konzept bringen und stellen keinen wettbewerbsfähigen Gegner dar.

Daher nutzt man denselben Trick wie bei den Testfällen: Die simulierte Evolution selbst soll die Schwachstellen der evolvierten Spielstrategien entdecken und so zu immer besserem und komplexerem Spielverhalten führen. Dies wird dadurch erreicht, dass die Individuen der Population direkt im Spiel gegeneinander antreten. Dabei wird auch oft von einer Koevolution innerhalb einer Population (engl. *single population coevolution*) gesprochen.

Zur Bewertung bietet sich die Q-STUFIGE-TURNIER-SELEKTION (Algorithmus 3.8) an, da sie jeweils zwei Individuen direkt vergleicht und gleichzeitig mehrere solche Wettkämpfe in die Selektion einfließen. Dabei gibt es Varianten, bei denen neue Individuen gegen alle anderen aktuellen Individuen antreten – in anderen nur gegen eine zufällige Auswahl oder die Besten. Teilweise werden auch echte K.O.-Turniere durchgeführt.

Insgesamt lässt sich die Evolution von Spielstrategien bzgl. ihres Endergebnisses nur schlecht bewerten: Es gibt kein objektives Maß, wie gut eine Strategie ist. Daher ist auch aus Entwicklungskurven kein Trend abzulesen. Wegen der großen Varianz bei der Bewertung ist ein zusätzlicher Speicher sinnvoll, in dem die besten gefundenen Individuen gesichert werden und der auch zur Bewertung neuer Individuen mit herangezogen wird. Eine Aussage zum Evolutionsprozess kann man daraus ablesen, wie lange einzelne Individuen in diesem Speicher verbleiben bzw. wie schnell sie von »besseren« Individuen verdrängt werden.

Übungsaufgaben

Übung 5.1   Bewertung bei Randbedingungen

Betrachten Sie das Pfadplanungsproblem aus Abbildung 5.7. Diskutieren Sie, welche Eigenschaften eine gute Bewertungsfunktion haben sollte. Geben Sie eine solche Bewertungsfunktion an und finden positive wie negative Beispielinstanzen für das Problem.

Übung 5.2   Pareto-Dominanz bei Randbedingungen

Können die Überlegungen zur Pareto-Dominanz und den aggregierenden Verfahren bei der Mehrzieloptimierung auf Straffunktionen bei Randbedingungen übertragen werden? Argumentieren Sie mit einem Beispiel.

Übung 5.3   Mehrzieloptimierung

Bei der Diskussion der Mehrzieloptimierung bleibt die Nachbarschaft der Punkte im Suchraum unberücksichtigt. Diskutieren Sie, welche Effekte bei den unterschiedlichen Verfahren auftreten können, wenn benachbarte Gütekombinationen im Suchraum nicht benachbart sind.

Übung 5.4   Mehrzieloptimierung

Im Rahmen der aggregierenden Verfahren wurde kurz angerissen, dass auch eine Multiplikation der verschiedenen Gütewerte benutzt werden kann. Skizzieren Sie die Gütewertkombinationen, die dadurch auf denselben Wert abgebildet werden.

Übung 5.5   Diploide Repräsentationen

Die in Bild 5.25 (S. 221) vorgestellte diploide Repräsentation hat lediglich für den Wert »1« ein rezessives Allel. Entwerfen Sie einen Dominanzmechanismus mit einem zusätzlichen rezessiven Allel für die »0«.

Übung 5.6   Zeitabhängige Funktion

Diskutieren Sie, wann der thermodynamische genetische Algorithmus mit der Shannon-Entropie (vgl. Seite 63) sinnvoll ist. Eignen sich hier auch andere Diversitätsmaße? Kann ein solches Verfahren auch zum Erhalt der Diversität in der Mehrzieloptimierung genutzt werden?

Übung 5.7   Springer-Problem

Es sollen auf einem $n \times n$-Schachbrett maximal viele Springer so platziert werden, dass sich keine Springer schlagen können. Die Bewertungsfunktion sei die Anzahl der platzierten Springer (ohne Berücksichtigung der Frage, ob ein Springer einen anderen schlagen kann). Formulieren Sie die Zusatzbedingung als Randbedingung. Welche Methoden zum Umgang mit Randbedingungen sind für dieses Problem geeignet? Programmieren Sie ein Verfahren und optimieren Sie damit für verschiedene Werte n.

Übung 5.8   Verrauschte Funktionen

Wenden Sie einen Standardalgorithmus auf die Rastrigin-Funktion (vgl. Anhang A) und die Sphäre an. Verwandeln Sie beide Probleme in verrauschte Probleme, indem Sie normalverteiltes Rauschen hinzuaddieren und wenden Sie den Standardalgorithmus erneut auf die verrauschten Probleme an. Vergleichen Sie die Resultate.

Übung 5.9   Tic Tac Toe

Betrachten Sie das einfach Spiel »Tic Tac Toe« und überlegen sich, wie Sie eine Spielstrategie darstellen können. Entwerfen Sie einen evolutionären Algorithmus, der durch Turniere ein gute Spielstrategie evolviert.

Historische Anmerkungen

Randbedingungen werden seit jeher bei Optimierungsproblemen betrachtet (vgl. z. B. lineare Programmierung). Für die Behandlung von Randbedingungen durch Konstruktionsalgorithmen und Evolvieren von passenden Parametereinstellungen findet sich ein Beispiel in der Arbeit von Gero & Kazakov (1998). Die hier präsentierte Evolution von Grundrissen beruht auf einem bisher unveröffentlichten Projekt des Buchautors. Die Methode der gültigen Individuen ist ein relativ weitverbreiteter Ansatz und findet sich beispielsweise auch bei den im vorigen Kapitel diskutierten Operatoren auf Permutationen oder auf Syntax-Bäumen in einer linearen Darstellung wieder.

Die Beschränkung der Elternselektion auf gültige Individuen wurde erstmals von Hinterding & Michalewicz (1998) verwendet. Der Krippentod als Mittel um Randbedingungen einzuhalten, wurde von Michalewicz (1995) vorgeschlagen, ist aber z. B. bei der Evolutionsstrategie auf beschränkten Suchräumen schon länger üblich. Reparaturalgorithmen und legale Dekodierung gehören zu den populäreren Methoden für Randbedingungen. Sie lassen sich daher nicht so leicht historisch einordnen – eine Übersicht findet man in der Arbeit von Michalewicz (1997). Das legale Ersetzen ist eine gängige Technik im Rahmen von überlappenden Populationen. Straffunktionen wurden bereits ausführlich von Goldberg (1989) sowie Richardson et al. (1989) diskutiert und zählen zu den populären Techniken. Eine vordefinierte nicht konstante Straffunktionen für ungültige Individuen wurde von Kazarlis & Petridis (1998) betrachtet. Bean & Hadj-Alouane (1992) haben die hier präsentierte adaptive Anpassung der Gewichtung eines Strafterms vorgestellt. Eine Übersicht zu Methoden für Randbedingungen ist in dem Artikel von Michalewicz & Schoenauer (1996) enthalten. Die Einteilung der Methoden in diesem Buch wurde von der Veröffentlichung von Yu & Bentley (1998) beeinflusst.

Bei der Mehrzieloptimierung geht die Definition der Pareto-Dominanz und der Pareto-Front auf die Arbeit von Pareto (1896) zurück. Die Technik, die Mehrzieloptimierung auf eine Zielfunktion zu beschränken und die anderen Zielfunktionen in Randbedingungen umzuwandeln, wurde beispielsweise in der Arbeit von Simpson et al. (1994) benutzt. Für die lineare Aggregation, d. h. die gewichtete Aufsummierung der verschiedenen Zielfunktionen, kann die Arbeit von Syswerda & Palmucci (1991) als eine der ersten Arbeiten angesehen werden. Wienke et al. (1993) wählen statt einer Aufsummierung die Distanz zu einem Zielvektor im Raum der Zielfunktionen. Die Minimax-Methode wurde beispielsweise von Srinivas & Deb (1995) verwendet. Bei den Verfahren, die eine komplette Pareto-Front berechnen sollen, hat Chieniawski (1993) in einer aggregierenden Funktion die Gewichtung variiert, um den Verlauf der Front zu berechnen. Der VEGA-Ansatz, d. h. die Aufteilung der Population unter den Zielfunktionen zur Bewertung und Selektion durch nur eine Funktion, wurde von Schaffer (1985) eingeführt. Der Ansatz, die Definition der Pareto-Dominanz direkt für die Bewertung der Individuen zu benutzen, geht auf Goldberg (1989) zurück. Der hier präsentierte Ansatz stammt jedoch von Fonseca & Fleming (1993). Die Technik des Teilens der Güte innerhalb einer Nische, um eine möglichst breitgestreute Verteilung der Individuen zu erreichen, stammt von Goldberg & Richardson (1987) bzw. Deb & Goldberg (1989). Die präsentierte Turnierselektion für die Mehrzieloptimierung stammt von Horn & Nafpliotis (1993). Übersichten zur Thematik der Mehrzieloptimierung können den Publikationen von Fonseca & Fleming (1997), Horn (1997) und Coello (1999) oder dem Buch von Deb (2001) entnommen werden. Bei den modernen Verfahren wurde SPEA2 von Zitzler et al. (2001) und PAES von Knowles & Corne (1999) eingeführt. Bei PAES kann die Beschreibung des zur Implementation benötigten Gridfiles der Standardliteratur zu Algorithmen und Datenstrukturen (Ottmann & Widmayer, 2002) entnommen werden.

Die Betrachtung von zeitabhängigen Problemen und evolutionären Algorithmen reicht bis zur Arbeit von Goldberg & Smith (1987) zurück. Seit dieser Zeit wurden sehr viele unterschiedliche Arten von Dynamik betrachtet. Eine Klassifizierung kann beispielsweise dem Artikel von De Jong (2000) oder der Veröffentlichung von Weicker (2000) entnommen werden. Die Hypermutation wurde von Cobb (1990) eingeführt und in der Folgezeit mit unterschiedlichen Varianten betrachtet (Cobb & Grefenstette, 1993; Grefenstette, 1999). Die Methode der zufälligen Einwanderer stammt ebenfalls von Cobb & Grefenstette (1993). Die oben bereits angeführte Technik des Güteteilens von Goldberg & Richardson (1987) wird auch für zeitabhängige Probleme benutzt – ebenso wie andere Techniken zur Nischenbildung (z. B. bei Cedeño & Vemuri, 1997), auf die hier jedoch nicht näher eingegangen wird. Der thermodynamische GA wurde von Mori et al. (1996) entwickelt. Verfahren mit einer beschränkten Paarung wurden beispielsweise mit Markierungen von Liles & De Jong (1999) bzw. abstandsbasiert von Ursem (1999) betrachtet. Diploide evolutionäre Algorithmen wurden als erstes von Goldberg & Smith (1987) betrachtet und in der Folgezeit auf unterschiedliche Art und Weise modifiziert (vgl. die Arbeiten von Ng & Wong, 1995; Lewis et al., 1998). Zur Verwendung von lokalen Mutationsoperatoren gibt es eine ganze Reihe an Arbeiten (Angeline, 1997; Bäck, 1998; Arnold & Beyer, 2002, 2006; Weicker, 2005). Die variable lokale Suche für genetische Algorithmen geht auf die Arbeit von Vavak et al. (1996) zurück. Eine Übersicht zu den unterschiedlichen Techniken, mit dynamischen Problemen umzugehen, kann auch dem Bericht von Branke (1999) entnommen werden. Die Zuordnung der Techniken zur den Problemcharakteristika stammt vom Autoren (Weicker, 2003).

Die erste Arbeit, die sich mit verrauschten Zielfunktionen beschäftigt stammt von Fitzpatrick & Grefenstette (1988). Dort findet sich auch bereits der Lösungsansatz der Mehrfachbewertungen im Kontext von genetischen Algorithmen wieder. Die Veränderung der Standardabweichung durch Mehrfachbewertungen ist ein Resultat der statistischen Stichprobentheorie. In der Arbeit von Hammel & Bäck (1994) wurden Mehrfachbewertungen für Evolutionsstrategien untersucht, was zu wesentlich anderen Resultaten als bei genetischen Algorithmen geführt hat. Einen Vergleich zwischen lokaler Suche und populationsbasierten Verfahren kann dem Artikel von Nissen & Propach (1998) entnommen werden. Weitere Arbeiten, die sich mit der Populationsgröße bei genetischen Algorithmen (und der Bedeutung von Schemata) beschäftigen, sind von Goldberg et al. (1992) und von Miller (1997). Der Ansatz zur Reduktion der Auswertungen durch statistische Tests stammt von Stagge (1998). Ganz ähnliche Techniken werden auch in Aizawa & Wah (1994) beschrieben. Der Vergleich der unterschiedlichen Selbstanpassungsregeln geht auf Angeline (1996) zurück. Die präsentierte Kappa-Ka-Methode wurde erstmals in dem Buch von Rechenberg (1994) publiziert und theoretisch von Beyer (1998) untersucht.

Eine kurze Übersicht zu stabilen Lösungen kann dem Artikel von Branke (1998) entnommen werden. Die Nutzung der Mehrzieloptimierung zur Erzeugung stabiler Lösungen stammt von Jin & Sendhoff (2003). Einen Überblick zu Rauschen und Stabilität findet der Leser auch in dem Artikel von Jin & Branke (2005).

Zur Optimierung zeitaufwändiger Bewertungsfunktionen wurden erste Ideen von Ratle (1998) präsentiert. Eine der frühen Anwendungen mit neuronalen Netzen wurde von Weicker et al. (2000) durchgeführt. Eine Übersicht über das Gebiet kann dem Artikel von Jin (2002) entnommen werden. Regis & Shoemaker (2004) haben einen Ansatz mit den k-nächsten Nachbarn zur Aktualisierung der Modelle vogestellt. Die ersten Ansätze für die Parallelisierung evolutionärer Algorithmen sind in der Arbeit von Grefenstette (1981) enthalten, in der sich schon wesentliche Charakteristika der späteren Implementierungen wiederfinden. Frühe Beispiele für die globale Parallelisierungsstrategie stellen die Arbeiten von Fogarty & Huang (1991) und Punch et al. (1993) dar. Die grobkörnige Parallelisierung wurde u.a. zunächst von Tanese (1987) implementiert. Andere wichtige Arbeiten zu dieser Technik stammen von Starkweather et al. (1991) und Mühlenbein (1989). Die ersten Arbeiten zu feinkörnigen parallelen evolutionären Algorithmen gehen auf Robertson (1987) und Gorges-Schleuter (1989) zurück. Mehr zu diesem Thema kann beispielsweise den Übersichtsartikeln von Cantú-Paz (1999), Tomassini (1999) und Alba & Troya (1999) entnommen werden.

Die Diskussion der Behandlung von Testfällen findet sich so in der Arbeit von Paredis (1994, 1997) wieder. Generell wurden koevolutionäre Algorithmen mit mehreren Populationen ohne direkten genetischen Austausch erstmals von Hillis (1992) betrachtet, der dort auch insbesondere das Beispiel der Sortiernetzwerke vorgestellt hat. Koevolutionäre Ideen wurden dabei auch in anderen Zusammenhängen immer wieder benutzt. Besonders interessant sind dabei kooperative/symbiotische koevolutionäre Algorithmen (Potter & De Jong, 1994, 2000; Watson & Pollack, 2000). Die entstehende Suchdynamik wurde beispielsweise von Wiegand et al. (2003) untersucht.

Die koevolutionäre Erzeugung von Spielstrategien wurde erstmals von Axelrod (1987) anhand des iterierten Gefangenendilemmas thematisiert. Mit einem K.O.-Turnier haben Angeline & Pollack (1993) zu Tic Tac Toe experimentiert. Mit Varianten der Turnierselektion wurde für eine Vielzahl von Spielen gearbeitet: Dame (Chellapilla & Fogel, 2000), Backgammon (Pollack & Blair, 1998) und Go (Lubberts & Miikkulainen, 2001).

6. Anwendung evolutionärer Algorithmen

Dieses Kapitel liefert eine Baustein zur vorgehensweise bei der Bearbeitung eines eigenen Anwendungsproblems. Mehrere Fallstudien runden das Kapitel ab.

Lernziele in diesem Kapitel

▷ Empirische Methoden können zur Beurteilung von evolutionären Algorithmen eingesetzt werden.

▷ Die grundsätzlichen Arbeitsschritte bei der eigenen Anwendung und Entwicklung von evolutionären Algorithmen sind verinnerlicht.

▷ Die Möglichkeiten, Problemwissen zu integrieren, sind bekannt und ihr Einsatz kann abgewogen werden.

▷ Durch die Fallstudien können eigene Probleme bei der Gestaltung von evolutionären Algorithmen leichter eingeordnet werden, was zu einer verbesserten Handlungskompetenz hinsichtlich der Verbesserung der Algorithmen führen soll.

Gliederung

Werden evolutionäre Algorithmen auf neue Optimierungsprobleme angewandt, können meist die bisherigen Vorgehensweisen und Algorithmen nicht uneingeschränkt übernommen werden. Daher präsentiert dieses Kapitel einen Satz an allgemeingültigen Regeln zum Vergleich und der Anpassung evolutionärer Algorithmen, den Versuch einer Entwurfsmethodik sowie einige Fallstudien.

6.1.   Vergleich evolutionärer Algorithmen

Aussagen zum Vergleich von Algorithmen sind essentiell für die Anwendung evolutionärer Algorithmen. Dies wird hier anhand der Frage der Parametereinstellung und Hypothesentests diskutiert.

Die Vielzahl der unterschiedlichen evolutionären Algorithmen und der speziellen Techniken macht das Grunddilemma der Anwendung evolutionärer Algorithmen deutlich, welches sich aus dem theoretischen »No Free Lunch«-Theorem (siehe Seite 118) ergibt: Welcher Algorithmus ist am besten für ein Problem geeignet? In diesem Abschnitt reduzieren wir die Frage zunächst darauf, wie ein Algorithmus optimal eingestellt werden kann. Anschließend betrachten wir Methoden, mit denen der Vergleich von Algorithmen auf eine objektive Basis gestellt werden kann.

Wie wir bereits erwähnt haben, zeichnen sich evolutionäre Algorithmen durch eine Vielzahl an einstellbaren Parametern aus. Hierzu zählen die Wahl einer geeigneten Darstellung für das Problem, die Wahl der verschiedenen evolutionären Operatoren mitsamt ihren Parametern, der Selektionsmechanismus, die richtige Populationsgröße, aber auch die Bewertungsfunktion selbst. Die Parameter erlauben einerseits eine hohe Anpassbarkeit des Algorithmus an das vorliegende Problem, können den Algorithmus allerdings auch sehr empfindlich gegenüber veränderten Eigenschaften des zu optimierenden Problems gestalten.

Diese Parameter können meist nicht als einzelne, voneinander unabhängige Regler aufgefasst werden, sondern bilden ein verwobenes Netzwerk. Die Abhängigkeiten zwischen Parametern sind in Bild 6.1 beispielhaft für das Einsenzählproblem auf einer binären Zeichenkette bestehend aus 32 Bits dargestellt. Das gesuchte Optimum ist dabei die Zeichenkette mit 32 Einsen. Die Abbildung zeigt die Anzahl der Einsen in dem besten gefundenen Individuum gemittelt über 200 unabhängige Experimente für jede Parameterkombination. Ein GENETISCHER-ALGORITHMUS (Algorithmus 3.15) mit K-PUNKT-CROSSOVER (Algorithmus 4.2 mit $k = 2$), BINÄRE-MUTATION (Algorithmus 3.3) und TURNIER-SELEKTION (Algorithmus 3.11) wurde dabei benutzt. Die Crossoverwahrscheinlichkeit wurde fest als 0,9 gewählt. Die Mutationsrate variiert zwischen 0,005

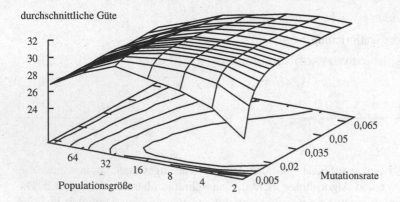

Bild 6.1. Abhängigkeiten zwischen der Populationsgröße und der Mutationsrate: Die Abbildung zeigt die durchschnittlich erzielte Güte bzgl. des Einsenzählproblems.

und 0,065 (in 0,005-Schritten). Jedem Experiment stehen 512 Auswertungen der Zielfunktion zu. Da Populationsgrößen die Werte 2, 4, 8, 16, 32 und 64 annehmen können, nimmt die Anzahl der Generationen jeweils die Werte 256, 128, 64, 32, 16 und 8 an. Wenn man nun für alle Kombinationen der Mutationsrate und der Populationsgröße Experimente durchführt und das durchschnittliche Ergebnis aufträgt, erhält man Bild 6.1.

Diese Abbildung verdeutlicht die Schwierigkeit der Parametereinstellung: Je kleiner die Populationsgröße gewählt wird, desto größer muss die Mutationsrate sein. Stellt man die verschiedenen Parameter nacheinander ein, hängt das Ergebnis von der Ausgangseinstellung ab und ist in der Regel suboptimal.

Das bedeutet, die Veränderung jedes Parameters hat eine wesentliche Auswirkung auf die Wirkungsweise der anderen Parameter. Gute Parametereinstellung sind ferner für jedes Problem unterschiedlich und können auch nicht auf andere Algorithmen mit anderen evolutionären Operatoren übertragen werden.

Theoretische Untersuchungen sind in erster Linie für einzelne Parameter vorhanden, wie z. B. die optimale Mutationsrate für einen speziellen Algorithmus und ein spezielles Problem. Diese Resultate sind nicht allgemeingültig. Darüberhinaus ist alles weitere Wissen von heuristischer Natur und das Ergebnis empirischer Untersuchungen.

Da keine generellen Aussagen möglich sind, bleibt nur ein direkter Vergleich zweier Algorithmen (oder verschiedener Parametrisierungen eines Algorithmus) zur Einstellung oder Auswahl eines evolutionären Algorithmus. Allerdings bekommt man so klare Trends wie in Bild 6.1 nur, wenn man für jede Parametrisierung mehrere Experimenten durchführt – bei nur einem Experiment würde das Bild eher zufällig und chaotisch aussehen. Als Kriterien für den Vergleich von Algorithmen werden üblicherweise die beste gefundene Güte, die durchschnittliche Güte über alle Generationen, die Anzahl der Generationen bis das bekannte Optimum gefunden wurde oder eines der vielen anderen Merkmale herangezogen.

Doch wann kann man nun sicher sein, dass ein Algorithmus tatsächlich besser als ein anderer ist? Betrachten wir beispielhaft die beiden Vergleichskurven in Bild 6.2.

> Lesen Sie an dieser Stelle bitte nicht weiter. Sondern versuchen Sie selbst zu beurteilen, welchem der beiden Vergleiche Sie mehr trauen würden. Wo ist der Unterschied zwischen den Algorithmen deutlicher?

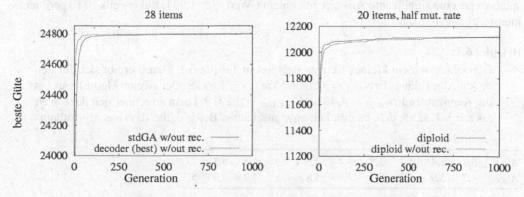

Bild 6.2. Zwei Beispiele für den Vergleich zweier Algorithmen anhand der Güte über die Zeit – gemittelt über jeweils 50 unabhängige Experimente. (Mit freundlicher Genehmigung von ©Elsevier.)

Auf den ersten Blick erkennt man keinen wesentlichen Unterschied zwischen den beiden Bildern. Genauer betrachtet sind im rechten Diagramm immer wieder größere Lücken zwischen den Kurven, während die Kurven im linken Diagramm ab Generation 250 aufeinander liegen. Dies kann zur Annahme führen, dass sich die beiden Algorithmen rechts stärker unterscheiden.

Um jedoch tatsächlich festzustellen, ob zwei Algorithmen sich unterschiedlich verhalten, ist die reine Betrachtung von Durchschnittswerten mehrerer Experimente ungeeignet. Stattdessen sollte immer ein statistischer Hypothesentest durchgeführt werden. Dazu wird eine Hypothese formuliert, die wir widerlegen möchten – nämlich dass es keinen Unterschied zwischen dem Verhalten der beiden Algorithmen gibt, d. h. die beobachteten Differenzen wären rein zufällig und könnten bei neuen Experimenten wieder ganz anders ausfallen.

Der t-Test ist hierfür eine mögliche mathematische Technik. Er benötigt die Anzahl v der für jeden der beiden Algorithmen durchgeführten Experimente $X_{Alg1,1}, \ldots, X_{Alg1,v}$ und $X_{Alg2,1}, \ldots, X_{Alg2,v}$, sowie den Erwartungswert und die Varianz der Experimente:

$$\text{Erw}_{Alg1} = \frac{1}{v} \cdot \sum_{i=1,\ldots,v} X_{Alg1,i} \qquad \text{Var}_{Alg1} = \frac{1}{v-1} \cdot \sum_{i=1,\ldots,v} (X_{Alg1,i} - \text{Erw}_{Alg1})^2$$

$$\text{Erw}_{Alg2} = \frac{1}{v} \cdot \sum_{i=1,\ldots,v} X_{Alg2,i} \qquad \text{Var}_{Alg2} = \frac{1}{v-1} \cdot \sum_{i=1,\ldots,v} (X_{Alg2,i} - \text{Erw}_{Alg2})^2.$$

Dann ergibt sich der sog. t-Wert wie folgt:

$$t = \frac{\text{Erw}_{Alg1} - \text{Erw}_{Alg2}}{\sqrt{\frac{\text{Var}_{Alg1} + \text{Var}_{Alg2}}{v}}}.$$

Je größer der Betrag des t-Wertes ist, desto sicherer kann man sein, dass die Hypothese abzulehnen ist, d.h. dass die beiden Algorithmen tatsächlich unterschiedlich sind. Über kompliziertere Formeln kann man sich ferner ausrechnen oder in Tabellen nachschlagen, wie groß die Fehlerwahrscheinlichkeit ist. Dabei bezeichnet man eine Aussage als signifikant, wenn sie höchstens eine Fehlerwahrscheinlichkeit von 0,05 aufweist, und als sehr signifikant bei einer Fehlerwahrscheinlichkeit kleiner 0,01. Bei jeweils 50 Experimenten für jeden Algorithmus hat man beispielsweise eine signifikante Aussage mit einem t-Wert $|t| > 1,984$. Bei jeweils 10 Experimenten müsste $|t| > 2,101$ sein.

Beispiel 6.1:

Betrachten wir ein kleines fiktives Beispiel in Tabelle 6.1. Damit ergibt sich für den ersten Algorithmus $\text{Erw}_{Alg1} = 3,86$ und $\text{Var}_{Alg1} = 1,8938$. Der zweite Algorithmus hat die Kennzahlen $\text{Erw}_{Alg2} = 4,48$ und $\text{Var}_{Alg2} = 0,2929$. Dann errechnet sich der t-Wert als $t = -1,3258$, d. h. es gibt keinen signifikanten Beleg dafür, dass ein Algorithmus

Alg1	3,7	1,4	5,2	3,8	4,4	3,5	2,9	4,2	6,5	3,0
Alg2	4,2	3,9	4,7	5,1	4,1	4,8	3,8	4,9	4,0	5,3

Tabelle 6.1. Diese Daten von jeweils 10 Experimenten mit zwei Algorithmen werden in Beispiel 6.1 betrachtet.

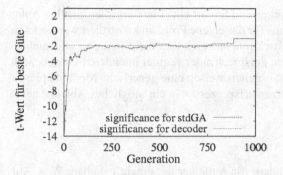
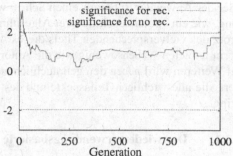

Bild 6.3. Ergebnis des generationsweise angewandten t-Test auf die zwei Beispiele aus Bild 6.2. (Mit freundlicher Genehmigung von ©Elsevier.)

besser als der andere ist. Tatsächlich entspricht der Wert einer Fehlerwahrscheinlichkeit von etwa 0,2.

 Dieses Beispiel muss mit Vorsicht genossen werden, da der t-Test eigentlich von gleichen Varianzen in den Verteilungen ausgeht, was hier nicht der Fall ist. Tests, die unterschiedliche Varianzen erlauben, kommen bei diesem Beispiel zu einem ganz ähnlichen Ergebnis – diese Tests können der Fachliteratur entnommen werden. Insgesamt gilt der t-Test auch bei unterschiedlichen Varianzen als recht robust – das Ergebnis sollte allerdings dann nicht unreflektiert akzeptiert werden.

Wird diese Technik auf die Beispieldaten aus Bild 6.2 angewandt, erhält man für jede Generation der Optimierung einen t-Wert. Die Ergebnisse sind in Bild 6.3 dargestellt. Wie man nun überraschend feststellt, ist der Unterschied im linken Vergleich bis etwa Generation 750 signifikant, während der rechte Vergleich nur in den ersten wenigen Generationen eine Signifikanz zeigt. Unser erster Versuch der Interpretation von Bild 6.2 war also fehlerhaft und hätte zu falschen Schlussfolgerungen geführt.

Daher sollte hier als Grundregel festgehalten werden, dass jeder Vergleich zweier Algorithmen nicht nur auf einer hinreichend großen Anzahl an Experimenten, sondern auch auf einem entsprechenden Hypothesentest beruhen sollte. Darüberhinaus ist zu beachten, dass man nicht einen gutparametrierten Algorithmus mit einem schlechtparametrierten vergleicht. Bevor also zwei unterschiedliche Algorithmen verglichen werden, sollten alle Anstrengungen unternommen werden, gute Parametereinstellungen für beide Algorithmen zu wählen. Für den Vergleich zweier Parametereinstellungen eines Algorithmus gilt natürlich ebenfalls, dass die Anzahl der Experimente angemessen sein und der Vergleich über einen Hypothesentest gestützt werden sollte.

6.2.   Entwurf evolutionärer Algorithmen

Es wird eine generische, prototypische Vorgehensweise für die Entwicklung evolutionärer Algorithmen vorgestellt.

Wann immer man mit Anwendern von evolutionären Algorithmen diskutiert, erfährt man entweder den Frust, dass der benutzte Standardalgorithmus nicht das gewünschte Ergebnis produziert, oder der Anwender ist bereits einen Schritt weiter und fordert eine klare ingenieurmäßige Anleitung, wie ein »guter« evolutionärer Algorithmus für das eigene Problem konstruiert werden kann. Trotz des vielversprechenden Titels dieses Abschnitts kann ich dies nicht in dieser allgemeinen Form anbieten – ebensowenig wie die Autoren entsprechender Kapitel in anderen Lehrbüchern. Im Weiteren wird neben den gebräuchlichen Vorgehensweisen eine generische Methode präsentiert, die alle wichtigen Teilaspekte und des Entwurfsprozesses in ein mögliches Ablaufschema bringt.

6.2.1. Der wiederverwendungsbasierte Ansatz

Dieser Ansatz ist weitverbreitet und insbesondere für Anfänger der einzig gangbare Weg. Aufgrund einer Empfehlung oder der Kenntnis nur eines Grundalgorithmus wird dieser als Kern für die eigene Anwendung gewählt. Bild 6.4 zeigt den Ablauf dieser Vorgehensweise. Die Anpassung an das Optimierungsproblem findet vor allem bei der Wahl der Parameter und gelegentlich auch der evolutionären Operatoren statt. Die Wahl der Bewertungsfunktion wird i. d. R. nicht in Frage gestellt, sondern zu Beginn einmal durchgeführt – sie spielt damit keine aktive Rolle im Entwurfsprozess.

Es gibt zwei Ausprägungen der Wiederverwendung, die sich im ersten und dritten Schritt des Ablaufes aus Bild 6.4 äußert:

1. Es wird auf einen Standardalgorithmus aus einer der vielen bekannten EA-Bibliotheken zurückgegriffen.

2. Ein der Literatur entnommenes Entwurfsmuster bietet eine Empfehlung, welche Art von Algorithmus für ein Problem mit den vorliegenden Charakteristika besonders geeignet ist.

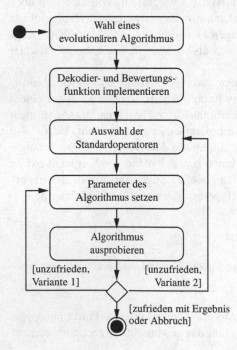

Bild 6.4.
Der Ablauf des wiederverwendungsbasierten Ansatzes zum Entwurf evolutionärer Algorithmen.

In der ersten Variante findet die Wahl des Algorithmus meist unreflektiert statt. Dabei wird die universelle Anwendbarkeit mit der Idee des universellen Optimierers verwechselt, welcher beliebige Probleme effizient lösen kann. Obwohl dies im Einzelfall erfolgreich sein kann, belegt das in Abschnitt 3.6 diskutierte »No Free Lunch«-Theorem, dass es sich dabei um keinen generell wirksames Vorgehen handelt. Kreative Arbeit ist nur bei der Gestaltung der Bewertungsfunktion möglich – wobei auch hierfür häufig ein Standardansatz gewählt wird. Die Anpassung an das zu lösende Optimierungsproblem findet i. d. R. nur in Form der Parametereinstellung statt. Das Ergebnis dieser Entwurfsmethode sind meist Algorithmen, die entweder mangelhafte Lösungskandidaten liefern oder hohe Rechenzeiten benötigen (dank der Notwendigkeit mehrfacher Iterationen bei der Optimierung mit vorzeitiger Konvergenz).

⚠ Wieviel Vertrauen hätten Sie in eine Brücke, deren Architektur eigentlich für einen Turm gedacht war, dann aber solange manipuliert wurde, bis die Brücke stabil aussah?

Die zweite Variante kommt den Wünschen der Ingenieure nach klaren Regeln entgegen. Der Vorteil ist wie bei der ersten Variante eine schnelle Umsetzbarkeit, wobei die meiste Zeit mit der Parametrisierung eines häufig nicht ganz passenden Algorithmus verbracht wird. Die Schwierigkeit dieser Methode liegt in der Charakterisierung der Problemklassen. Die existierenden Klassifikationen sind zu grob gefasst (z. B. »globale Optimierung für reellwertige Parameter technischer Systeme«), ohne die darin verborgene Vielfalt mit allen erdenklichen Schwierigkeitsgraden zu berücksichtigen. Alle Versuche, feinere Klassifikationen zu entwickeln, sind bisher gescheitert, da es keine funktionierende Menge an Metriken gibt (bzw. keine solche bekannt ist), welche die Eigenarten und Schwierigkeiten eines Optimierungsproblems hinreichend beschreiben.

6.2.2. Der Forma-basierte Ansatz

Bei dem Forma-basierten Ansatz (bzw. Radcliffe-Surry-Methode) handelt es sich um einen mehr formalen Ansatz zur Beurteilung verschiedener Repräsentationen und der darauf definierten Operatoren für ein vorgegebenes Optimierungsproblem. Er beruht auf der Forma-Theorie, die in Abschnitt 3.3.3 vorgestellt wurde.

Als Grundidee sollen die so entworfenen Algorithmen das Schema-/Forma-Wachstum im Sinne des Schema-Theorems unterstützen. Hierfür ist es notwendig, dass die Repräsentation des Genotyps eine sinnvolle Clusterung der Individuen erlaubt. In Abschnitt 3.3.3 wurden bereits die folgenden Regeln aufgestellt, die wir nun in diesem Kontext als Entwurfsregeln bezeichnen können:

- minimale Redundanz der Kodierung,
- Ähnlichkeit der Formae hinsichtlich der Güte und
- Abschluss gegen den Schnitt von Formae.

Für ein gutes Zusammenspiel des Rekombinationsoperators mit den Formae werden weiterhin die folgenden Entwurfsregeln gefordert:

- Verträglichkeit der Formae mit dem Rekombinationsoperator,
- Übertragung von Genen und
- die Verschmelzungseigenschaft.

Da es nun an dieser Stelle nicht um eine theoretische Überlegung geht, sondern der Entwurf geleitet werden soll, fordern wir noch zusätzlich die *Erreichbarkeit aller Punkte im Suchraum* durch den Mutationsoperator. Dies ist wichtig, um überhaupt eine Konvergenz im gesuchten Optimum unabhängig von der Anfangspopulation zu ermöglichen.

Zur Beurteilung der »Ähnlichkeit der Formae hinsichtlich der Güte« soll hier noch kurz eine Metrik, die *Forma-Güte-Varianz*, erwähnt werden, die anhand einer Stichprobe für eine Forma Δ erhebt, wie ähnlich die Gütewerte der Individuen in dieser Forma sind. Für $P = \langle A^{(1)}, \ldots, A^{(n)} \rangle$ mit $A^{(i)}.G \in \mathscr{I}(\Delta)$ für alle $i \in \{1, \ldots, n\}$ sei die Forma-Güte-Varianz definiert als

$$FGV(\Delta, P) = \frac{1}{n} \cdot \sum_{i \in \{1,\ldots,n\}} \left(F(A^{(i)}.G) - \frac{1}{n} \cdot \sum_{k \in \{1,\ldots,n\}} F(A^{(k)}.G) \right)^2. \tag{6.1}$$

Besonders für Formae kleiner Ordnung sollte die Forma-Güte-Varianz möglichst klein sein. Dann werden die richtigen Individuen zusammengefasst und es kann eine sinnvolle Rekombination darauf gesucht werden.

Dieser Ansatz wurde für verschiedene Optimierungsprobleme bereits erfolgreich durchgeführt, allerdings ist er nicht für jedes beliebige Problem gut geeignet. Nachteilig ist die Tatsache, dass der Ansatz wenig anleitend-konstruktiv ist – die Eingebung des Entwicklers ist von wesentlicher Bedeutung für eine erfolgreiche Anwendung. Auch muss man beachten, dass der Forma-basierte Ansatz von einer festen Aufgabenverteilung der Operatoren im Gefüge der evolutionären Algorithmen ausgeht. Folglich kann auch nur eine entsprechend eingeschränkte Vielfalt an Algorithmen das Ergebnis eines solchen Vorgehens sein.

6.2.3.   Der analysebasierte Ansatz

Die analysebasierte Ansatz (bzw. modifizierte Fischer-Methode) ist der erste Versuch, einen generischen Ablauf für den Entwurf evolutionärer Algorithmen zu beschreiben. Sie beinhaltet sowohl Aspekte des üblichen Wiederverwendungsansatzes als auch Techniken der Radcliffe-Surry-Methode und ist von den Vorgehensmodellen der Softwaretechnik inspiriert. Ein Überblick über den groben Ablauf ist in Bild 6.5 dargestellt. Die einzelnen Schritte werden im Weiteren genauer beschrieben.

Die erste Phase der Entwurfsmethodik befasst sich mit der *Anforderungsanalyse*, in der die wichtigsten Aspekte der Optimierungsaufgabe erarbeitet und dokumentiert werden. Die verschiedenen Tätigkeiten dieser Phase sind in Bild 6.6 dargestellt. Bei der *Erstellung des Problemmodells* steht zunächst eine mathematische exakte Beschreibung des phänotypischen Suchraums Ω im Mittelpunkt – d. h. die Fragestellung, welche Größen ein späterer Optimierungsalgorithmus überhaupt verändern kann. Ferner müssen die harten Randbedingungen beschrieben werden, die den Raum Ω weiter beschränken. Beim anschließenden *Festlegen der Optimierungsziele* werden alle Kriterien identifiziert, die für eine Bewertung der Güte eines Lösungskandidaten wichtig sind. Diese müssen jeweils als Funktion $f : \Omega \to \mathbb{R}$ einschließlich einer Richtungsvorgabe (maximieren oder minimieren) formuliert werden (sofern dies möglich ist). Bei mehreren Zielgrößen muss ferner geklärt werden, ob Prioritäten vorliegen und ob die Optimierung einen Lösungskandidaten oder eine Menge von alternativen Lösungskandidaten ermitteln soll. Bei der Ermittlung weiterer *Anforderungen an die Optimierung* werden alle Aspekte erfasst, die nicht direkt mit dem eigentlichen Optimierungsvorgang zu tun haben:

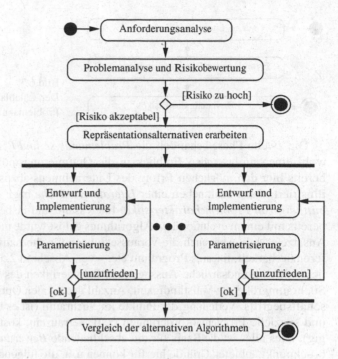

Bild 6.5. Der Ablauf des analysebasierten Ansatzes zum Entwurf evolutionärer Algorithmen.

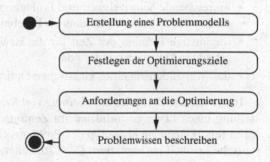

Bild 6.6.
Der Teilablauf des analysebasierten Ansatzes für die
Anforderungsanalyse.

- Wie häufig soll der Algorithmus angewendet werden? (genau einmal oder mehrfach)
- Gibt es Qualitätserwartungen? (nur globales Optimum, Mindestgüte etc.)
- Gibt es Zeit- oder Speicherbeschränkungen?
- Wann werden Ergebnisse benötigt? (erst am Ende oder bereits während der Optimierung)

Die erste Phase wird durch die *Beschreibung des Problemwissens* abgeschlossen. Hierbei ist alles interessant, was die Eigenschaften des Problems oder dessen Lösung betrifft. So ist eine genaue Charakterisierung von einfachen und schwierigen Probleminstanzen, die Betrachtung von existierenden Lösungskandidaten oder existierende Benchmarks ebenso relevant wie existierende Heuristiken.

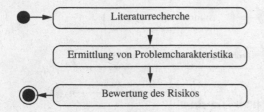

Bild 6.7.
Der Teilablauf des analysebasierten Ansatzes für die
Problemanalyse und Risikobewertung.

Die zweite Phase behandelt die *Problemanalyse und Risikobewertung*, deren Ziel es ist, sowohl einen umfassenden Einblick in die Optimierungsmöglichkeiten zu bekommen als auch bereits hier den möglichen Erfolg des Unternehmens abzuschätzen. Der Ablauf ist in Bild 6.7 illustriert. Dazu zählt neben einer *Literaturrecherche* bzgl. des »State-of-the-art« auch eine *Ermittlung von Problemcharakteristika*. Interessant sind insbesondere Aussagen, ob das Problem bereits mit einem evolutionären Algorithmus gelöst wurde und, falls ja, welche unterschiedlichen Ansätze es gab. Aber auch die Voraussetzungen für alternative Optimierungsverfahren (z. B. Differenzierbarkeit, lineares Programm etc. – vgl. Abschnitt 2.5) sind genau zu prüfen. Und schließlich sollten grundsätzliche Aussagen zur Schwierigkeit des Problems gesucht werden – wie die Suchraumgröße, NP-Vollständigkeit, Anzahl der lokalen Optima bzgl. eines natürlichen Nachbarschaftsbegriffs, Verteilung der Punkte im Suchraum (ist es ein Nadel-im-Heuhaufen-Problem?) und spezielle Problemanforderungen (z. B. verrauscht, kostspielige Bewertung oder zeitabhängig). Dies alles ist die Basis für die abschließende *Bewertung des Risikos*, die einen frühen Abbruchpunkt anbietet. Gründe hierfür können u. a. die folgenden sein:

- Nadel-im-Heuhaufen-Problem mit großem Suchraum,
- hinreichende Schwierigkeit und Problemgröße verbunden mit der Forderung nach der Lieferung des globalen Optimums als Ergebnis,
- ungünstige Relation der Zeit für die Bewertung eines Lösungskandidaten zur insgesamt erlaubten Optimierungszeit oder
- das Vorhandensein eines klassischen Optimierungsalgorithmus.

In der dritten Phase, der *Erarbeitung von Repräsentationsalternativen*, steht die logische Darstellung eines Lösungskandidaten im Zentrum der Überlegungen. Diese logische Darstellung sollte relativ nahe am Phänotyp des Problems formuliert sein, wobei er häufig schon eine genotypische Darstellung impliziert. Die Tätigkeiten dieser Phase sind in Bild 6.8 dargestellt.

Beispiel 6.2:

Zwei Beispiele für die logische Repräsentation von Lösungskandidaten sind beim Handlungsreisendenproblem die Darstellung als Reihenfolge der besuchten Städte und alternativ die Menge der benutzten Kanten im Graphen. Die erste logische Idee führt im Weiteren direkt zum Tausch zweier Städte als Mutationsoperator (VERTAUSCH-ENDE-MUTATION in Algorithmus 2.1), während die zweite auf der logischen Ebene

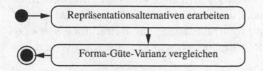

Bild 6.8.
Der Teilablauf des analysebasierten Ansatzes für die
Erarbeitung von Repräsentationsalternativen.

den Tausch zweier Kanten (INVERTIERENDE-MUTATION in Algorithmus 2.2) impliziert. Diese logische Ebene kann völlig von der späteren Darstellung im Genotyp getrennt sein, die in Abschnitt 2.3 für beide Möglichkeiten als Permutation gewählt wurde.

 So manche Entwurfsentscheidung im einführenden Abschnitt 2.3 wurde vor dem Leser verborgen, sollte aber spätestens vor dem Hintergrund dieser späten Auflösung klarer nachvollziehbar sein.

Da später zu formulierende Operatoren auf der logischen Ebene der Repräsentation agieren, macht der nächste Teilschritt als *Vergleich der Forma-Güte-Varianz* (vgl. Gleichung (6.1), Seite 244) eine essentielle Aussage darüber, ob überhaupt die für die Bewertung der Lösungskandidaten wichtigen Aspekte durch die Repräsentation explizit gemacht werden. Dafür ist es notwendig die Repräsentation als Formae zu formulieren. Üblicherweise wird diese Metrik für Stichproben von Formae unterschiedlicher Ordnung durchgeführt. Je kleiner die Werte der *FGV* sind, desto ähnlichere Lösungskandidaten werden durch eine Forma beschrieben. Diese Ergebnisse werden dann für eine Entscheidung herangezogen, mit welchen Repräsentationen weitergemacht werden soll. Da diese Metrik eine große Anzahl an Stichproben für verlässliche Werte benötigt, muss mit einem hohen zeitlichen Aufwand gerechnet werden.

Die nun folgenden zwei Phasen (*Entwurf und Implementierung* sowie *Parametrisierung*) müssen für alle verschiedenen Repräsentationen durchgeführt werden – tatsächlich können sie auch in mehreren Varianten für eine Repräsentation umgesetzt werden. Zunächst steht in der Phase *Entwurf und Implementierung* (vgl. den Ablauf in Bild 6.9) als Grundsatzentscheidung die *Wahl eines Entwurfsmusters* an. Hierbei handelt es sich um einen Grobentwurf, der vorschreibt, welcher Operator welche »Rolle« in der Optimierung übernehmen soll. Günstigstenfalls wurde der Grobentwurf erfolgreich auf andere Probleme mit ähnlichen Eigenschaften bereits angewandt und gewisse Merkmale hinsichtlich der Suchdynamik werden mit dem Entwurfsmuster verbunden. Diese können im letzten Teilschritt der Phase überprüft werden. Die verschiedenen Standardalgorithmen aus Kapitel 4 geben beispielsweise jeweils verschiedene Grobentwürfe vor, aus den speziellen Techniken in Kapitel 5 folgen weitere. Leider gelten für die Zuordnung zu Problemeigenschaften dieselben Beschränkungen, die bereits in Abschnitt 6.2.1 diskutiert wurden. Daher ist dieses Wissen derzeit nur in sehr »schwammiger Form« in den Köpfen der Experten vorhan-

Bild 6.9.
Der Teilablauf des analysebasierten Ansatzes für den Entwurf und die Implementierung.

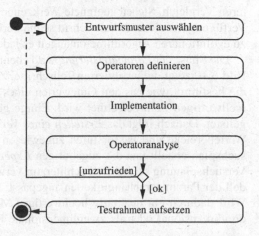

Aspekt	Beschreibung
Name des Muster	eindeutiger Bezeichner
Kontext	Problemstellungen, die eine Anwendbarkeit des Musters nahe legen
Mutationsrolle	Vorgaben zur Wahl oder zum Entwurf des Mutationsoperators (oder der Mutationsoperatoren)
Rekombinationsrolle	Vorgaben zur Wahl oder zum Entwurf des Rekombinationsoperators (oder der Rekombinationsoperatoren)
Selektionsrolle	Vorgaben zur Wahl oder zum Entwurf des Selektionsoperators (oder der Selektionsoperatoren)
Erfolgsfaktoren	Konkrete Eigenschaften des Optimierungsproblems oder sonstiger Anforderungen, die nach bisherigen Erfahrungen das Entwurfsmuster positiv beeinflussen
Metriken zum Test	konkrete Angaben zu Messungen, die dieses Muster aufweisen sollte, wenn die Operatoranalyse durchgeführt wird

Tabelle 6.2. Aspekte in der Beschreibung eines Entwurfsmusters.

den. Visionär sollten die Informationen in Tabelle 6.2 zu jedem Entwurfsmuster aufgezeichnet werden. Anschließend folgt die *Definition der Operatoren*, wozu hier Mutation, Rekombination und Selektion gehören. Diese Arbeit ist insbesondere bei komplexen Problemen der kreative Teil des Entwurfsprozesses, für den lediglich die Vorgaben des Entwurfsmusters sowie der Anforderungen an die Optimierung als Leitkriterien dienen. Anschließend folgt die *Implementation* der physischen Repräsentation im Genotyp, der Operatoren und der Bewertungsfunktion. Danach kann die *Operatoranalyse* durchgeführt werden, um festzustellen, ob die Operatoren auf der Bewertungsfunktion Entwurfsmuster-konform arbeiten. Tabelle 6.3 zeigt einige Kriterien und Metriken, die bei dieser Analyse hilfreich sein können. Mangelhafte Ergebnisse können zu einer Iteration der Arbeitsschritte führen, die im Regelfall bei der Definition der Operatoren ansetzt. Im Einzelfall kann auch das komplette Entwurfsmuster ausgetauscht werden. Wenn die Ergebnisse der Operatorenanalyse zufriedenstellen sind, folgt noch das *Aufsetzen des Testrahmens*. Dieser sollte die Kalibrierung der Parameter in der nächsten Phase ebenso unterstützen wie auch den späteren Vergleich. Stehen geeignete Werkzeuge zur Analyse und zur statistischen Auswertung zur Verfügung, ist dieser Arbeitsschritt schnell erledigt. Den meisten Bibliotheken und Programmen zu evolutionären Algorithmen mangelt es jedoch an einer derartigen Werkzeugunterstützung.

Die Phase der *Parametrisierung* wird ebenfalls für jede gewählte Repräsentation durchgeführt. Bild 6.10 zeigt die involvierten Teilschritte. Zunächst erfolgt die *Definition der Leistungsmetrik*, die bestimmt, wie aus den Gütewerten eines Experiments eine Bewertung in Form einer meist reellwertigen Zahl berechnet wird. Einige gängige Leistungsmetriken sind in Tabelle 6.4 aufgelistet. Danach folgt das *Erstellen eines Versuchsplans*, wofür zunächst den freien Parametern Wertebereiche und Faktorstufen zugewiesen werden. Anschließend wird ein statistischer Versuchsplan erstellt und die zugehörigen *Experimente durchgeführt*. Für Details der statistischen Versuchsplanung sei auf die Fachliteratur verwiesen. Im Regelfall wird zunächst ein internes Modell der Parameterabhängigkeiten angepasst; daraus folgt die *Identifikation guter Wertebereiche*. Wird dadurch ein qualitativ hochwertiges Modell gewonnen, können die Ergebnisse geeignet dreidimensional oder als zweidimensionale Projektion (vgl. Bild 6.1) visualisiert werden. Die

Metrik	Kurzbeschreibung
induzierte Optima	Es wird geschätzt, wieviele lokalen Optima der Mutations-operator induziert. Dies kann durch eine hinreichend große Zahl an Hillclimbing-Läufen mit breit verteilten Startpunkten angenähert werden.
Isoliertheit lokaler Optima	Es wird geschätzt, wie stark die lokalen Optima im Durchschnitt getrennt sind. Durch ein umgekehrtes Hillclimbing (sozusagen ein Valleydescending) wird das schlechteste Individuum im Einzugsbereich jedes lokalen Optimums gesucht.
Verbesserungswahrscheinlichkeit	Es wird durch Stichproben die Verbesserungswahrscheinlichkeit (der Kinder über die Eltern) in Abhängigkeit eines Parameterwertes oder der Elterngüte erhoben.
erwartete Verbesserung	Der durchschnittliche Güteunterschied, falls das Kind eine Verbesserung darstellt.
Korrelation der Elter-/Kindgüte	Die Korrelation kann für Mutationen über Eltern-Kind-Paare – evtl. auch unter Berücksichtigung mehrer Mutationsschritte – als Autokorrelation erhoben werden. Für die Rekombination entspricht dies dem Kovarianzterm im »fehlenden« Schema-Theorem aus Abschnitt 3.3.4.

Tabelle 6.3. Metriken für die Operatoranalyse.

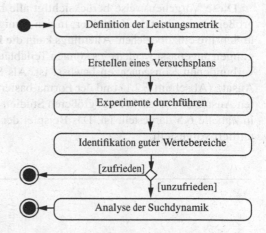

Bild 6.10.
Der Teilablauf des analysebasierten Ansatzes für die Parametrisierung des Algorithmus.

guten Wertebereiche können entsprechend extrahiert werden. Zusätzlich gewinnen wir aus der umfassenden Menge an Experimenten einen ersten verlässlichen Einblick in das Leistungsvermögen des entworfenen Ansatzes. Falls dieses bereits an dieser Stelle weit hinter den Erwartungen zurückbleibt, ist ggf. eine genauere *Analyse der Suchdynamik* notwendig, um die Ursachen zu ergründen und damit Hinweise für eine Überarbeitung der Entwurfsaspekte in einer weiteren Iteration zu erhalten.

Abschließend erfolgt der *Vergleich der alternativen Algorithmen*, um den Sieger zu bestimmen. Im Falle, dass nur ein Algorithmus entwickelt wurde, bietet sich ebenfalls ein Vergleich

Leistungsmetrik	Beschreibung
beste Güte	Der beste Gütewert in allen betrachteten Generationen.
mittlere beste Güte	In jeder Generation wird der beste Gütewert bestimmt, aus denen dann der Mittelwert berechnet wird. Dies betont die Konvergenzgeschwindigkeit, falls evtl. nur wenig Zeit für eine Optimierung zur Verfügung steht.
durchschnittliche Güte	Der Durchschnitt über die Güte aller evaluierten Individuen wird berechnet. Zusätzlich zur Konvergenzgeschwindigkeit wird noch die Anzahl der evaluierten Individuen mitberücksichtigt.
Erfolgswahrscheinlichkeit	Es wird in mehreren Experimenten gemessen, wieviel Prozent davon einen vorgegebenen Gütewert erreichen konnten.
benötigte Bewertungen	Es wird gemessen, wieviele Individuen bewertet werden mussten, bis ein vorgegebener Gütewert erreicht wurde.

Tabelle 6.4. Metriken für die Bewertung der Leistung eines evolutionären Algorithmus.

mit verschiedenen Varianten der identifizierten sinnvollen Parametern an. Diese Vergleiche sollten immer über Hypothesentests abgewickelt werden, wie es in Abschnitt 6.1 beschrieben wurde.

Diese Vorgehensweise berücksichtigt alle bisher in diesem Buch vorgestellten Aspekte. Ihr großer Nachteil ist der Zeitfaktor: In den wenigsten Anwendungen ist die Zeit vorhanden, um alle Schritte einzubeziehen. Allerdings kann die Entwurfsmethodik leicht an andere Rahmenbedingungen angepasst werden – es können Teilabläufe weggelassen werden, wenn man sich der damit verbundenen Konsequenzen bewusst ist. Als Spezialfälle sind der wiederverwendungsbasierte Ansatz (Abschnitt 6.2.1) und der Forma-basierte Ansatz (Abschnitt 6.2.2) in dem analysebasierten Ansatz enthalten. In zwei größeren Studien wurde dieser Prozess ansatzweise umgesetzt, was in Tabelle 6.5 dargestellt ist. Das Beispiel der Antennenoptimierung wird im Abschnitt 6.5 detailliert vorgestellt.

	Anforderungsanalyse	Problemanalyse	– Risikoanalyse	Repräsentations-alternativen	– Forma-Güte-Varianz	Entwurf	– Operatoranalyse	Parametrisierung	– Versuchsplan	– Suchdynamikanalyse	Vergleich	– Hypothesentest
Antennenoptimierung (Weicker et al., 2003)	×	×		×		×	×	×		×	×	×
Handlungsreisendenproblem (Fischer, 2004)	×	×	×	×	×	×	×	×	×		×	

Tabelle 6.5. Zwei Beispiele für die umfangreiche Umsetzung der Entwurfsmethodik.

6.3.   Nutzung von Problemwissen

Es wird ein kurzer Überblick darüber gegeben, wie Problemwissen und heuristische Methoden in einen evolutionären Algorithmus integriert werden können.

Eines der wichtigsten Ergebnisse des »No Free Lunch«-Theorems aus Abschnitt 3.6 ist die Folgerung, dass für ein neues Problem die Standardverfahren nur bedingt als gute Optimierungsverfahren herangezogen werden können. Für besser angepasste Algorithmen ist ein Vorgehensmodell wie in Abschnitt 6.2.3 notwendig. Dabei bleibt die Frage offen, wie man tatsächlich das Wissen über ein Optimierungsproblem in den Algorithmus einfließen lassen kann.

Problemwissen kann sehr unterschiedliche Formen besitzen. Neben den bisher besten bekannten Lösungen in Form von Lösungskandidaten ist z. T. Hintergrundwissen über Zusammenhänge innerhalb des Problems vorhanden, z. B. als physikalische/chemische Gesetzmäßigkeiten oder als Erfahrungsschatz der Experten. Ebenso werden die Optimierungsprobleme oft bereits ansatzweise manuell von Menschen gelöst oder angegangen – daraus lassen sich häufig Heuristiken ableiten.

Eine der ersten Entscheidungen beim Entwurf eines evolutionären Algorithmus betrifft die Wahl der Repräsentation für das Problem. Bei vielen praxisnahen Problemen bietet sich der wiederverwendungsbasierte Ansatz (Abschnitt 6.2.1) nicht an, da die Standardrepräsentationen nur bedingt geeignet sind. Stattdessen werden oft komplexere Strukturen benötigt. Ein Beispiel ist die Stundenplanung für eine Schule. Je nach Blickwinkel auf das Problem werden andere Repräsentationen erreicht. Beim Beispiel der Stundenplanung ist es einerseits möglich, die Stundenpläne direkt als Tabellen abzulegen. Andererseits kann mit einer guten Heuristik im Hinterkopf, welche aus einer Liste von Veranstaltungen einen Stundenplan soweit wie möglich erstellt, die Repräsentation auf die Liste der Veranstaltung reduziert werden. Jede der Repräsentationen hat unterschiedliche Vor- und Nachteile: Bei der Tabellendarstellung können direkt Manipulationen am Stundenplan vorgenommen werden, was in der Listendarstellung nicht möglich ist. Allerdings können in der letzteren Darstellung leicht Standardrekombinations- und -mutationsoperatoren benutzt werden, während die Tabellendarstellung den Entwurf neuer Operatoren benötigt. Dieses Beispiel verdeutlicht, wie eng die Wahl der Repräsentation mit der Wahl der Operatoren verknüpft ist.

Falls bekannte Heuristiken im Rahmen der evolutionären Algorithmen genutzt werden sollen, bietet es sich an, eine Darstellung zu wählen, auf der diese Heuristiken einfach durchführbar sind. Gerade in Projekten in der Industrie oder Wirtschaft fördert die Nutzung einer bereits etablierten Repräsentation die Akzeptanz der evolutionären Algorithmen bei Entscheidungsträgern. Ebenso kann dann in der Repräsentation enthaltenes Expertenwissen leichter genutzt werden. Nachteilig an solchen angepassten Repräsentationen sind die bereits angesprochenen fehlenden Standardoperatoren – sehr viel Aufwand ist in die Entwicklung von speziellen, angepassten Operatoren zu investieren.

Falls wie oben angedeutet Heuristiken zur Optimierung einzelner Individuen genutzt werden, sollte dies bei der Wahl der Repräsentation zwingend berücksichtigt werden. Heuristiken arbeiten meist auf dem Phänotyp. Falls ein andersgearteter Genotyp gewählt wurde, kann durch eine bijektive Kodierungsfunktion gewährleistet werden, dass Veränderungen durch die Heuristik sich im Genotyp wiederfinden. Eine derartige Heuristik kann als lokale Suche verstanden werden, die wie in den memetischen Algorithmen (Abschnitt 4.6.3) eingesetzt wird.

Heuristiken können jedoch nicht nur bei der parameterbasierten Erzeugung oder Optimierung von einzelnen Individuen benutzt werden. Oftmals gibt es technische Details in den Heuristiken, die in einen anderen Ablauf eingebettet einen neuartigen Rekombinations- oder Mutationsoperator ergeben. Ein Beispiel eines neuen Mutationsoperators für das Stundenplanungsproblem ergibt sich aus der Beobachtung, wie der Stundenplaner einer Schule manuell in der folgenden Situation vorgeht: Er hat einen fast vollständigen Plan, kann aber ein paar wenige Unterrichtsstunden nicht mehr unterbringen, weil sie immer Klassen-, Lehrer- oder Raumkonflikte aufweisen. Dann führt er ein Random-Shifting durch, indem er eine der unverplanten Stunden einfach setzt und die damit kollidierende bereits geplante Stunde entfernt. Für diese Stunde wird geprüft, ob sie konfliktfrei planbar ist, wenn nicht verfährt man weiter analog. Nach einigen Iterationen passt plötzlich alles. Bei einem geeigneten Genotyp kann dieses Vorgehen genau so in einem Mutationsoperator gekapselt werden.

Während der Mutationsoperator eine kleine aber bezüglich des Problems sinnvolle Veränderung am Individuum vornimmt, soll der Rekombinationsoperator Eigenschaften der Elternindividuen kombinieren. Ein Beispiel für einen solchen Rekombinationsoperator ist die Erstellung von Prüfungsstundenplänen im Hochschulbereich: Innerhalb eines begrenzten Zeitraums ist zu jeder Vorlesung eine Prüfung durchzuführen. Abhängig davon, welche Vorlesungskombinationen von Studenten belegt wurden, dürfen bestimmte Prüfungen nicht gleichzeitig stattfinden bzw. sollten möglichst auch nicht direkt nacheinander abgehalten werden. Zur Erstellung solcher Prüfungsstundenplänen gibt es die einfache PRÜFUNGSPLAN-HEURISTIK (Algorithmus 6.1).

Diese Heuristik liefert immer einen korrekten Stundenplan – allerdings ist offen, ob alle Prüfungen in die vorhandenen k Zeitschienen gepackt werden können bzw. ob die Konflikte zwischen angrenzenden Prüfungen tatsächlich minimal sind. Daher bietet sich die Kombination evolutionärer Algorithmen mit der bewährten Heuristik an. Die PRÜFUNGS-REKOMBINATION (Algorithmus 6.2) überträgt die Grundidee der PRÜFUNGSPLAN-HEURISTIK in einen Rekombinationsoperator, der die Stundenpläne der Elternindividuen für die Wahl der konfliktfreien Prüfungen benutzt.

Der Rekombinationsoperator verfährt nahezu identisch zur Heuristik – nur werden Prüfungen, die bei beiden Eltern in gemeinsamen Schienen liegen, sicher in das Kindindividuum übernommen (vgl. Bild 6.11). Weitere Prüfungen für Schiene i werden aus den bisher unverplanten Prüfungen der Schienen $1, \ldots, i$ der Eltern ausgewählt. Dabei gibt es die folgenden Strategien, welche Prüfungen bevorzugt werden:

- Prüfungen mit der größten Anzahl an Konflikten insgesamt,
- Prüfungen mit ähnlichen Konflikten wie die der bereits verplanten Prüfungen,
- Prüfungen, die im anderen Elternteil sehr spät verplant sind, oder
- diejenigen Prüfungen mit einer möglichst minimalen Anzahl von Konflikten zur vorherigen Zeitschiene.

Algorithmus 6.1

PRÜFUNGSPLAN-HEURISTIK(Prüfungsmenge M)
1   **for** Zeitschiene $i = 1, \ldots, k$
2   **do** ⌐ **repeat** ⌐ wähle eine konfliktfreie Menge von Prüfungen
3   ∟ suche Räume mit passender Größe für Zeitschiene i
4   ∟ **until** ausgewählte Prüfungen können komplett verplant werden

---

Algorithmus 6.2

PRÜFUNGS-REKOMBINATION(Individuen A, B wobei $A.G$ und $B.G$ Stunden pro Zeitschiene enthalten)
1    $verschoben \leftarrow \emptyset$
2    $verplant \leftarrow \emptyset$
3   **for** Zeitschiene $i \leftarrow 1, \ldots, k$
4   **do** $\ulcorner C.G_i \leftarrow A.G_i \cap B.G_i$
5        $verplant \leftarrow verplant \cup C.G_i$
6        $verschoben \leftarrow (verschoben \cup A.G_i \cup B.G_i) \setminus verplant$
7        $dazu \leftarrow strat$ (|Auswahlstrategie|) wählt zu $C.G_i$ konfliktfreie Menge aus $verschoben$
8        $C.G_i \leftarrow C.G_i \cup dazu$
9        $verplant \leftarrow verplant \cup dazu$
10       $\llcorner verschoben \leftarrow veschoben \setminus dazu$
11   **return** C

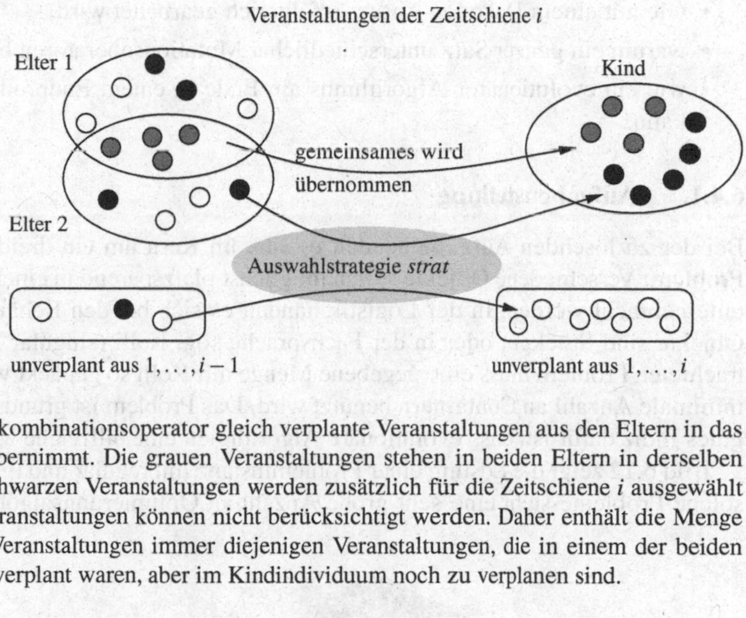

Bild 6.11. Skizze, wie der Rekombinationsoperator gleich verplante Veranstaltungen aus den Eltern in das Kindindividuum übernimmt. Die grauen Veranstaltungen stehen in beiden Eltern in derselben Zeitschiene, die schwarzen Veranstaltungen werden zusätzlich für die Zeitschiene i ausgewählt und die weißen Veranstaltungen können nicht berücksichtigt werden. Daher enthält die Menge der unverplanten Veranstaltungen immer diejenigen Veranstaltungen, die in einem der beiden Elternteile bereits verplant waren, aber im Kindindividuum noch zu verplanen sind.

Auch in diesen Auswahlstrategien schlagen sich Erfahrungswerte aus der Praxis nieder, die im evolutionären Algorithmus genutzt werden sollen.

Eine weitere Möglichkeit zur Nutzung von Heuristiken ist die Erstellung der Anfangspopulation (Initialisierung). So kann der evolutionäre Algorithmus bereits auf einer Population mit sehr guten Individuen aufsetzen. Wird dann ein elitärer Selektionsmechanismus genutzt, bleibt die beste Lösung – also auch das beste Ergebnis der Heuristik – immer in der Population erhalten. Gerade in industriellen Projekten kann eine Garantie, dass immer ein mindestens so gutes Ergebnis wie mit der Heuristik gefunden wird, die Akzeptanz wesentlich erhöhen. Hinsichtlich der Suchdynamik des evolutionären Algorithmus muss jedoch darauf geachtet werden, dass die Anfangspopulation nicht zu speziell ist und dadurch die simulierte Evolution einschränkt.

6.4. Fallstudie: Beladung von Containern

Der Transport von Waren in Containern ist das logistische Rückgrat der Weltwirtschaft – allein am Hamburger Hafen werden jährlich ca. 9 Millionen Standardcontainer umgeschlagen. Der in diesem Abschnitt vorgestellte evolutionäre Algorithmus wurde speziell für die Beladung von Containern mit Stückgut ungewöhnlicher Form entwickelt.

Die Arbeit in dieser Fallstudie wurde in wesentlichen Teilen von Philipp Nebel im Rahmen seiner Diplomarbeit durchgeführt. Es handelte sich dabei um eine Kooperation mit der Firma ccc software gmbh für deren Software cargomanager. Die folgenden Details könnten für den Leser interessant sein:

* Wie die Bewertungsfunktion gestaltet wird und dabei zahlreiche Randbedingungen berücksichtigt,
* wie mit einem Dekoder-Ansatz erfolgreich gearbeitet wird,
* warum ein ganzer Satz unterschiedlicher Mutationsoperatoren benötigt wird und
* wie ein evolutionärer Algorithmus am Ende in einem Endprodukt seine Nische ausfüllen kann.

6.4.1. Aufgabenstellung

Bei der zu lösenden Aufgabe handelt es sich im Kern um ein dreidimensionales Bin-Packing-Problem: Verschiedene Objekte sollen möglichst platzsparend in einem oder mehreren Behältern untergebracht werden. In der Logistik handelt es sich bei den Behältern um Container und die Objekte sind Stückgut oder in der Fachsprache sog. Kolli (singular Kollo). In dem von uns betrachteten Problem muss eine gegebene Menge mit Kolli so gepackt werden, dass eine möglichst minimale Anzahl an Containern benutzt wird. Das Problem ist grundsätzlich NP-schwer, was ein gutes Indiz dafür ist, dass evolutionäre Algorithmen eine hilfreiche Methode sein könnten.

Bild 6.12 zeigt die Lösung einer Probleminstanz mit regulär und uniform geformten Kolli. Für solche Probleme steht eine sehr große Anzahl an Optimierungsalgorithmen zur Verfügung, die

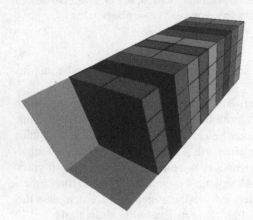

Bild 6.12.
Optimale Packung eines Containers mit regulären Packstücken. (Mit freundlicher Genehmigung der ACM-Press.)

solche Regelmäßigkeiten erkennen und ausnutzen können. Daher standen diese Probleminstanzen auch nicht im Fokus der Arbeit. Die Vorgabe waren Packungsprobleme mit sehr individuell geformten Kolli – insbesondere zählen dazu auch konkave Objekte, die ggf. sogar unterpackt werden können. Bild 6.13 zeigt ein solches Beispiel, bei dem der große helle Kollo im Hintergrund einen Überhang hat.

Zunächst führen wir die involvierten Betrachtungsgegenstände formal in den folgenden beiden Definitionen ein.

Definition 6.1 (Kollo):

Ein Packstück bzw. *Kollo* ist definiert

1. als Quader i mit Höhe h_i, Breite w_i, Tiefe ℓ_i und Gewicht γ_i oder
2. als aus verschiedenen Quadern zusammengesetzter Gegenstand – jeweils mit den oben genannten Attributen sowie der Eigenschaft, dass die überschneidungsfrei angeordneten Quader über Kontaktflächen zusammenhängend sind.

Bild 6.14 (a) zeigt den Quader als Basiselement, aus dem alle Kolli zusammengesetzt sind.

Bild 6.13.
Beladung eines Containers mit unregelmäßig geformten Packstücken. Hinten ist ein großes Packstück mit einem Überhang zu sehen, welcher mit kleinere Packstücken »unterpackt« werden darf. (Mit freundlicher Genehmigung der ACM-Press.)

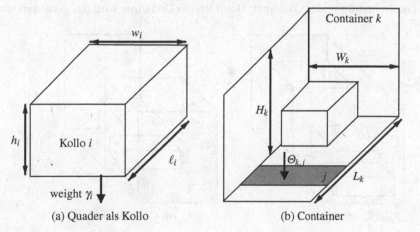

(a) Quader als Kollo   (b) Container

Bild 6.14. Veranschaulichung der Betrachtungsgegenstände: (a) Quader als Kollo oder Bestandteil eines komplexeren Kollo und (b) Container.

Definition 6.2 (Container):

> Ein *Container* k wird durch seine Ausmaße (Höhe H_k, Breite W_k und Tiefe L_k) sowie die maximal mögliche Belastung $\Theta_{k,j}$ für jeden Längenabschnitt j definiert.

Bild 6.14 (b) zeigt einen beispielhaften Container mit seinen beschreibenden Eigenschaften und einem bereits platzierten Kollo. Die nächste Definition beschreibt nun das eigentliche Ergebnis einer Optimierung: den Stauplan.

Definition 6.3 (Stauplan):

> Zu einer Menge an Packstücken (Kolli) P und der Beschreibung eines Standardcontainers wird die Menge der benötigten Kontainer C (mit $|C| = n$) und ein *Stauplan* $S(P,C)$ berechnet, der die Packstücke auf die n Container aufteilt,
>
> $$P = P_1 \dot{\bigcup} \ldots \bigcup P_n,$$
>
> und jedem Kollo $i \in P$ seine Position (x_i, y_i, z_i) für die linke, untere, hintere Ecke des Kollo im Container zuordnet. Grundsätzlich können Kollo auch gedreht werden. Die Kolli müssen in jedem Container überschneidungsfrei gepackt sein.

Auf der Basis dieser Definitionen lässt sich jetzt das wichtigste Optimierungsziel als Packungsdichte (*volume utilization*) formulieren, die eine möglichst kompakte Beladung der Container erzwingt:

$$f_{\widetilde{\mathrm{vu}}}(S(P,C)) = \frac{\sum_{i \in P} \ell_i \cdot w_i \cdot h_i}{\sum_{k \in C(k<n)} L_k \cdot W_k \cdot H_k + W_n \cdot H_n \cdot \max_{i \in P_n}(x_i + \ell_i)}.$$

In der hier formulierten Version sollen die Container $1, \ldots, n-1$ vollständig gepackt werden und gehen daher mit ihrem kompletten Volumen ein, während beim letzten Container n nur die belegten laufenden Meter des Containers berücksichtigt werden. Bild 6.15 zeigt die unterschiedliche Behandlung der Container: Beim letzten Container wird das grau markierte Volumen bei der

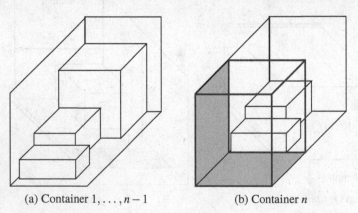

(a) Container $1, \ldots, n-1$ (b) Container n

Bild 6.15. Bei der Berechnung der Packungsdichte berücksichtigtes Volumen: (a) vollständig und (b) nur partiell beim letzten Container ohne den grau unterlegten Raum.

Berechnung nicht benutzt. Diese Definition der Packungsdichte weicht von der in der Literatur üblichen Definition ab, da explizit gewünscht war, dass restliche Raummeter im letzten Container ggf. weiterverkauft werden sollen. Wird auch das Volumen des letzten Containers vollständig berücksichtigt, sei f_{vu} die entsprechende Packungsdichte.

Typischerweise reicht für Anwendungsproblemen aus der Praxis ein einzelnes Kriterium nicht aus, um die gewünschte Lösung hinreichend zu beschreiben. Zwei weitere Kriterien, die wir hier nicht genauer beschreiben wollen, sind das Gleichgewicht aller Container $f_{bal}(s(P,C))$ sowie die Berücksichtigung der maximal möglichen Belastung pro Abschnitt $f_{over}(S(P,C))$.

Die Bewertungsfunktion wurde für diese Anwendung als gewichtete Summe der drei Zielkriterien formuliert:

$$f(P) = \alpha_1 \cdot f_{\widetilde{vu}}(P) + \alpha_2 \cdot f_{bal}(P) + \alpha_3 \cdot f_{over}(P)$$

Darüberhinaus müssen die folgenden harten Randbedingungen bei der Optimierung berücksichtigt werden:

- stabile Platzierung jedes Kollo,
- Berücksichtigung der maximalen Tragfähigkeit eines Kollo, falls er mit anderen Kolli beladen wird,
- ggf. für jeden Kollo spezifizierte Restriktionen, ob der Kollo nicht auf anderen Kolli platziert werden darf, selbst nicht als Unterlage für Kolli dienen darf oder die Verstauung mit durch Rotationen veränderter Ausrichtung verboten ist.

6.4.2. Entwurf des evolutionären Algorithmus

Würde man einen evolutionären Algorithmus formulieren, der durch direkte Manipulation der Koordinaten eines Kollo in seinem Container arbeitet, würden wir aus zwei Gründen schlechte oder gar unzureichende Ergebnisse erwarten:

1. Es würde sehr häufig zu Überschneidungen von Packstücken kommen – folglich müssten wir entweder (häufig) Individuen verwerfen, was keinesfalls effizient wäre, oder Operatoren müssten die bereits vorhandenen Packstücke berücksichtigen, was vermutlich zu einem komplexeren Regelsystem führen würde.

2. Ein optimaler Stauplan beruht in der Regel darauf, dass Kolli nahtlos aneinander gestellt werden, um die verbleibende zusammenhängende Restfläche möglichst groß zu halten. Auch dies müsste explizit im Entwurf der Operatoren berücksichtigt werden.

Da in jedem Fall viel heuristisches Wissen sowie ein Regelwerk für die Erzeugung legaler Individuen zu berücksichtigen ist, hat sich ein Dekoder-Ansatz für die Generierung der Staupläne angeboten. Als Genotyp wird eine Packliste gewählt, die der Permutation der zu verstauenden Kolli entspricht. Zusätzlich werden an jedem Kollo Informationen zur Drehung bei der Platzierung gespeichert.

Die konzeptuelle Idee ist in Bild 6.16 dargestellt: Die Packliste wird linear von vorn nach hinten abgearbeitet und jeder Kollo wird aufgrund eines Regelwerks im letzten noch offenen Container verstaut. Kann ein Kollo nicht mehr untergebracht werden, wird der Container geschlossen und ein neuer leerer Container zur Verfügung gestellt.

Packliste als
Permutation der Kolli

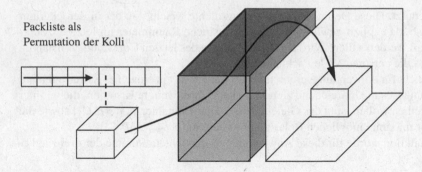

Bild 6.16. Dekoder-Ansatz, der aus einer Permutation die Containerbeladung über Packregeln erzeugt.

Lädt der Dekoder einen Kollo in den Container, ergeben sich aus den bisher verstauten Kolli bevorzugte Punkte, an denen die hintere, linke, untere Ecke platziert werden kann – hierfür werden die Ecken der verstauten Kolli berücksichtigt. Dies ist an einem Beispiel in Bild 6.17 (a) dargestellt. Es ergeben sich die Eckpunkte 1, 2 und 5 durch den Hauptquader des Packstücks – wird dort platziert, grenzt das neue Packstück nahtlos an den Hauptquader. Der zusätzliche kleine Überhang darf im Beispiel nicht beladen werden, weswegen kein Eckpunkt darauf platziert wurde. Aber die Eckpunkte 3 und 4 stellen das projizierte Äquivalent zu 2 und 5 des Hauptquaders dar. Die Nummerierung entspricht der priorisierten Reihenfolge (X später als Y und Y später als Z verändern), die in Bild 6.17 (b) visualisiert wird.

Wir stellen zunächst gewisse Basisoperatoren vor, mit denen die Packliste verändert werden kann und die im Folgenden durch die Mutationsoperatoren benutzt werden.

Rotation (ROT): Mit der Wahrscheinlichkeit 0,1 wird jeder Kollo in der Packliste in seiner gewünschten Ausrichtung verändert.

Vertauschung (RSW, *random swap*): Zwei Kolli vertauschen ihre Positionen in der Packliste.

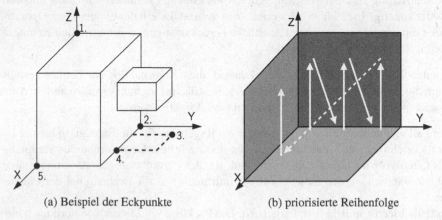

(a) Beispiel der Eckpunkte   (b) priorisierte Reihenfolge

Bild 6.17. Platzierung der Packstücke an (a) klar definierten Eckpunkten der bereits geladenen Container. Es wird der erste passende Eckpunkt gemäß der Priorisierung in (b) benutzt. (Mit freundlicher Genehmigung der ACM-Press.)

Verschiebung (RMV, *random move*): Ein Abschnitt mit mehreren Kolli wird aus der Packliste entfernt und an einer anderen Stelle eingefügt.

Verschiebung zu ähnlichem Kollo (MTS, *move to sibling*): Zu einem Kollo werden Kolli mit einer ähnlichen Form in der Packliste gesucht und der Kollo wird neben die Position eines dieser Kolli geschoben.

Gruppe verschieben (MEG, *move entire group*): Ein Kollo wird zufällig gewählt und alle Kolli mit einer ähnlichen Form werden gleichermaßen in der Packliste verschoben und rotiert.

Als Mutationsoperatoren ergeben sich dann die folgenden Kombinationen, die unterschiedlich häufig im Algorithmus zum Einsatz kommen.

ROT+RMV: Die Rotation wird mit einer Wahrscheinlichkeit von 0,5 angewandt und anschließend ein Abschnitt mit mehreren Kolli verschoben. Diese Operation ist sehr hilfreich und wird in $\frac{4}{7}$ aller Mutationen benutzt.

ROT+RSW: Nach der Rotation mit Wahrscheinlichkeit 0,5 werden zwei Kolli vertauscht. Gerade in lokalen Optima ist diese Operation, die in $\frac{1}{7}$ aller Mutationen angewandt wird, nützlich.

ROT+MTS: Nach der Rotation mit Wahrscheinlichkeit 0,5 werden ähnliche Kolli aneinander gerückt. Für bestimmte eher reguläre Probleminstanzen ist dieses Vorgehen hilfreich, wobei es häufig zu lokalen Optima mit guter Güte führt. Diese Kombination wird ebenfalls in $\frac{1}{7}$ aller Mutationen benutzt.

MEG: Diese mit Wahrscheinlichkeit $\frac{1}{7}$ angewandte Mutation kann ebenfalls bei Probleminstanzen mit vielen ähnlichen Kolli sehr zielgerichtet Verbesserungen erreichen.

Darüber hinaus werden die einzelnen Veränderungen aus den Basisoperationen in einer Tabu-Liste verwaltet, um zu verhindern, dass die Optimierung einen Schritt schnell wieder rückgängig macht.

Für die Rekombination wurde ein gängiger 2-Punkt-Crossover gewählt. Die Verwendung eines Standardoperators ist ja der große Vorteil des Dekoder-Ansatzes.

Die Selektion hat sich in diesem Projekt als kritischer Faktor herausgestellt. Einerseits muss durch die meist negativen Veränderungen der Operatoren die Elternselektion so gewählt werden, dass die besseren Individuen häufig genug herangezogen werden. Andererseits sollte die Suche nicht zu stark auf wenige gute Lösungskandidaten fokussieren. Daher wird sowohl eine Elternselektion in Form einer Turnierselektion benutzt als auch eine Umweltselektion. Letztere ist so entworfen, dass zwar in der Regel die besseren Individuen übernommen werden – liegen allerdings die Lösungskandidaten sehr dicht beieinander, wird zufällig gewählt. Konkret wird das beste mit dem schlechtesten Individuum verglichen, danach das zweitbeste mit dem zweitschlechtesten etc. Ist das schlechtere Individuum im Gütebereich

$$[P[best].fitness, (1 + maxLoss) \cdot P[best].fitness)$$

mit dem Parameter *maxLoss*, der die erlaubte Verschlechterung beschreibt, wird mit einer Wahrscheinlichkeit $(1 - p_{elite})$ das schlechtere Individuum gewählt. Gerade gegen Ende der Optimierung wird die Diversität wesentlich besser durch diesen Mechanismus erhalten.

Tabelle 6.6 zeigt die Einstellungen des Algorithmus, die dann für die Experimente und auch die spätere Integration in der produktiven Umgebung benutzt wurden.

Parameter	Wert
Mutationswahrscheinlichkeit	$p_m=0{,}3$
Rekombinationswahrscheinlichkeit	$p_x=0{,}9$
Größe der Elternpopulaton	$\mu=45$
Anzahl der Kindindividuen	$\lambda=50$
Turniergröße	$ts=5$
Elitismuswahrscheinlichkeit	$p_{elite}=0{,}8$
erlaubte Verschlechterung	$maxloss=0{,}2$
Länge der Tabu-Liste	$tabulist=100$

Tabelle 6.6. Parameterwerte für die Optimierung der Containerbeladung.

Im Weiteren wird dieser Algorithms als GAMCL bezeichnet, was für *genetic algorithm for multi-container loading* steht.

6.4.3.   Ergebnisse

Obwohl der evolutionäre Algorithmus ganz bewusst dafür entworfen wurde, spezielle Probleme mit unregelmäßigen Packstücken zu lösen, wurde zunächst untersucht, wie gut »normale« Probleme aus verschiedenen Benchmarks bewältigt werden.

Die sieben Problemklassen BR1–BR7 von Bischoff and Ratcliff enthalten jeweils 100 Probleminstanzen und gelten als Benchmark für das Verladen von vielen gleichförmigen Colli. Jede Probleminstanz verfügt über eine individuelle Anzahl zu verladender Colli, wobei in der Klasse BR1 nur drei Formen auftreten. Die Anzahl der Formen nimmt mit der Nummer der Klasse zu – bei BR7 sind es 20. Tabelle 6.7 zeigt die Ergebnisse von GAMCL im Vergleich mit anderen Algorithmen. Zusammenfassend lässt sich feststellen, dass die Ergebnisse von GAMCL mittelmäßig sind. Sie entsprechen dem Stand der späten 1990er Jahre.

Üblicherweise bilden unterschiedliche Benchmarks veschiedene Anforderungen an einen Optimierungsalgorithmus ab. Die Probleminstanzen von Loh und Nee zeichnen sich dadurch aus, dass Packungsdichten über 70–80% nicht erreichbar sind. Auf diesen Problemen konnte GAMCL durchweg wettbewerbsfähige Lösungen produzieren.

Der Fokus soll nun jedoch auf unregelmäßig geformten Packstücken liegen. Hierfür lagen uns 20 Beispielprobleme mit echten Daten vor, für die wir GAMCL mit dem Constraint-Programming-Algorithmus der Software cargomanager vergleichen. Die Ergebnisse werden in Tabelle 6.8 dargestellt und zeigen, dass auf fast allen Problemen entweder die Anzahl der Container verringert oder die Packungsdichte (und damit der weiterverkaufbare Restplatz) vergrößert wurde. Bild 6.18 zeigt ein Ergebnis für die Probleminstanz cm5, bei der verschiedene Randbedingungen bezüglich der Stapelung und der Rotation zu berücksichtigen sind.

Allerdings sind die Laufzeiten des gewählten Ansatzes eher hoch, wie man in Tabelle 6.9 erkennt. Daher kann der evolutionäre Algorithmus nicht als grundsätzliche Lösung in eine kommerziell genutzte Software integriert werden. Allerdings ist er eine interessante Option und wird den Benutzern dann empfohlen, wenn

- der Constraint-Programming-Algorithmus eine Lösung produziert, bei welcher der letzte Container eine sehr schlechte Packungsdichte aufweist,

Benchmark		Algorithmus					
Name	Boxformen	B&R	CBGAT	CBUSE	CBGAS	GRASP	GAMCL
BR1	3	83.37	85.80	92.41	87.29	93.85	88.72
BR2	5	83.57	87.26	92.33	89.13	94.22	88.36
BR3	8	83.59	88.10	91.57	90.19	94.25	87.76
BR4	10	84.16	88.04	91.26	90.30	94.09	87.25
BR5	12	83.89	87.86	90.40	90.49	93.87	86.56
BR6	15	82.92	87.85	89.57	90.38	93.52	85.93
BR7	20	82.14	87.68	88.18	89.90	92.94	85.05
Durchschnitt		83.38	87.51	90.87	89.65	93.82	87.09

Tabelle 6.7. Durchschnittliche Packungsdichte f_{vu} für die Probleminstanzen BR1–BR7 in %.

Problem	Colli	Anzahl Container	Pack.dichte $f_{\widetilde{vu}}$	Problem	Colli	Anzahl Container	Pack.dichte $f_{\widetilde{vu}}$
cm1	5	±0	±0%	cm11	37	±0	+8%
cm2	6	−1	+56%	cm12	40	±0	−0.2%
cm3	9	±0	±0%	cm13	42	−1	+3%
cm4	16	±0	+1%	cm14	58	±0	+3%
cm5	19	±0	+1%	cm15	67	±0	+2%
cm6	21	±0	+17%	cm16	98	−1	+7%
cm7	24	±0	+2%	cm17	103	−1	+2%
cm8	25	±0	+14%	cm18	118	±0	+5%
cm9	25	±0	+0.6%	cm19	191	−3	+22%
cm10	30	±0	+1%	cm20	223	−3	+4%

Tabelle 6.8. Ergebnisse auf Industriedaten im Vergleich mit der Lösung des proprietären Constraint-Programming-Algorithmus.

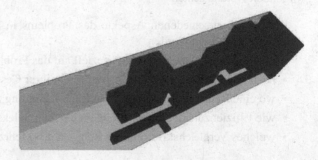

Bild 6.18. Ein Beispiel der Testdaten aus der Industrie. Das lange Packstück darf weder nicht mit anderen Packstücken beladen noch auf andere Packstücke gestellt werden. (Mit freundlicher Genehmigung der ACM-Press.)

Problem	Colli	Laufzeit [sec]	Problem	Colli	Laufzeit [sec]
cm1	5	0,5	cm11	37	12,0
cm2	6	3,1	cm12	40	18,9
cm3	9	3,0	cm13	42	22,2
cm4	16	3,4	cm14	58	70,8
cm5	19	5,6	cm15	67	56,2
cm6	21	2,7	cm16	98	30,1
cm7	24	8,4	cm17	103	41,2
cm8	25	8,6	cm18	118	10,1
cm9	25	9,0	cm19	191	23,6
cm10	30	3,4	cm20	223	46,2

Tabelle 6.9. Laufzeit der Industrieprobleme auf einem *Intel Core2 Quad*-Prozessor unter Nutzung parellelisierter Schleifen.

- zusätzliche optionale Colli hinzugefügt werden können oder
- die Transportkosten den wesentlichen Anteil der involvierten Gesamtkosten ausmachen.

6.5. Fallstudie: Platzierung von Mobilfunkantennen

Die hier vorgestellte Anwendung evolutionärer Algorithmen hatte das Ziel, für ein vorgegebenes Gebiet, Mobilfunkantennen so zu platzieren, zu dimensionieren und mit Frequenzen zu versehen, dass der Bedarf gedeckt werden kann.

Die Arbeit in dieser Fallstudie wurde gemeinsam mit Dr. Nicole Weicker (Universität Stuttgart), Dr. Gábor Szabó und Prof. Peter Widmayer (beide ETH Zürich) durchgeführt. Dabei handelt es sich um eine »*real world*«-Anwendung, deren Lösungsalgorithmus zumindest in einigen Aspekten entlang des analysebasierten Ansatzes gestaltet wurde. Sie sollten daher besonders auf die folgenden Details achten:

- Wie die verschiedenen Aspekte des Problems in Bewertungsfunktionen und Randbedingung formuliert wurden,
- wie die einzelnen Operatoren speziell auf das Problem zugeschnitten wurden,
- nach welchen Kriterien die Operatoren in ihrer Gesamtheit zusammengestellt wurden,
- wo eine Reparaturfunktion für die Randbedingung zum Einsatz kommt,
- wie Effizienzüberlegungen zu einem eigenen Selektionsmechanismus geführt haben und
- welches Vergleichskriterium im Rahmen der Mehrzieloptimierung genutzt wurde.

6.5.1. Aufgabenstellung

Die Architektur von großen Mobilfunknetzen ist eine komplizierte Aufgabe, die sich direkt in der Netzverfügbarkeit beim Endnutzer, den Kosten beim Provider und der Umweltbelastung durch

Elektrosmog niederschlägt. Daher muss eine Lösung mindestens durch die beiden Kriterien Kosten und Netzverfügbarkeit bewertet werden.

Die Gestaltung der Architektur findet üblicherweise in zwei Schritten statt, die nacheinander ausgeführt werden:

1. Die Basisantennen werden platziert und in ihrer Größe und Reichweite so konfiguriert, dass sie den anfallenden Bedarf grundsätzlich abdecken können.

2. Entsprechend der Antennenkapazität müssen ausreichende Frequenzen den einzelnen Antennen zugewiesen werden, wobei Interferenzen zwischen den Antennen auftreten können, wenn gleiche oder zu eng beieinander liegende Frequenzen an einem Punkt von zwei oder mehr Antennen bedient werden. Diese sind durch geeignete Auswahl der Frequenzen minimal zu halten, um Probleme beim späteren Betrieb zu vermeiden.

Beide Aufgaben sind NP-hart und es gibt für beide sowohl Heuristiken als auch evolutionäre Ansätze. Üblicherweise werden die beiden Optimierungen hintereinander ausgeführt, was jedoch kritisch ist, da eine ungeschickte Platzierung und Dimensionierung der Antennen im ersten Schritt die Lösbarkeit des zweiten Problems stark einschränken kann. Auch Iterationen durch beide Phasen sind nicht üblich, weil die Ergebnisse der zweiten Phase nur bedingt in eine erneute Optimierung der ersten Phase einfließen können. Daher war von Anfang an das Ziel dieses Projekts zu zeigen, dass beide Optimierungsaufgaben gleichzeitig gelöst werden können.

Die Anwendung betrachtet ein vorgegebenes, rechteckiges Gebiet definiert durch zwei gegenüberliegende Ecken (x_{min}, y_{min}) und (x_{max}, y_{max}). Die Punkte des Gebiets werden nur in einer Rasterung *res* betrachtet. Damit ergibt sich die Menge der Positionen als

$$Pos = \left\{ (x_{min} + i \cdot res, y_{min} + j \cdot res) \mid 0 \leq i \leq \frac{x_{max} - x_{min}}{res} \text{ und } 0 \leq j \leq \frac{y_{max} - y_{min}}{res} \right\}.$$

Ein Teil dieser Positionen bezeichnet die Zellen *zelle* $\in Pos$, für die ein statistisch ermitteltes Gesprächsaufkommen *bedarf*(*zelle*) $\in \mathbb{N}$ (Gespräche pro Zeiteinheit) bekannt ist. Das Gesprächsaufkommen für die betrachtete Beispielanwendung in Zürich ist in Bild 6.19 dargestellt. Die Positionen in *Pos* stellen ferner die möglichen Positionen für die Basisantennen dar.

Die Aufgabe besteht darin, Antennen $t = (pow, cap, pos, frq)$ zu platzieren, wobei die Sende-/ Empfangsstärke $pow \in [MinPow, MaxPow] \subset \mathbb{N}$, die Gesprächskapazität $cap \in [0, MaxCap] \subset \mathbb{N}$,

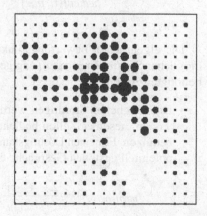

Bild 6.19.
Zellen der Region Zürich mit ihrem Gesprächsbedarf. Je größer ein Punkt im Raster der Zellen ist, desto größer ist der Bedarf. (Mit freundlicher Genehmigung von ©IEEE.)

die Position $pos \in Pos$ und eine Menge an Frequenzen/Kanälen $frq \subset Frequ$ mit $|frq| \leq cap$ zugewiesen wird. Konkret steht für alle Antennen nur eine beschränkte Menge an Frequenzen $Frequ = \{f_1, \ldots, f_k\}$ zur Verfügung. Die Menge aller Antennenkonfigurationen ergibt sich als

$$T = [MinPow, MaxPow] \times [0, MaxCap] \times Pos \times Frequ.$$

Es folgt mit der Entscheidung für einen sehr problemnahen Genotypen die folgende Darstellung des Lösungsraums als mögliche Individuen:

$$\Omega = \mathscr{G} = \left\{ \{t_1, \ldots, t_k\} \mid k \in \mathbb{N} \text{ und } \forall 1 \leq i \leq k : t_i \in T \right\}.$$

Dabei handelt es sich um einen Genotypen mit variabler Länge.

Da die Netzverfügbarkeit oberste Priorität hat, wird die vollständige Abdeckung des Gesprächsaufkommens als harte Randbedingung formuliert. Dabei wurde im Rahmen dieser Fallstudie zunächst mit einem sehr einfachen Wellenverbreitungsmodell $wp : Pos \times [MinPow, MaxPow]$ $\rightarrow \mathscr{P}(Pos)$ gearbeitet, das zu jeder Basisantenne $t = (pow, cap, pos, frq)$ die erreichbaren Positionen $wp(t) \subset Pos$ liefert. Dieses Modell hängt hier nur von der Position der Antenne pos und deren Stärke pow ab. Ein Lösungskandidat A mit $A.G = (t_1, \ldots, t_k)$ heißt gültig, wenn für jede Antenne t_i und jede Position $zelle \in Pos$ eine Zuordnung der bedienten Gespräche $bedient(t_i, zelle) \in \mathbb{N}$ bekannt ist, sodass die folgenden Bedingungen erfüllt sind:

- Die Basisantenne bedient nur erreichbare Zellen, d. h. für alle Antennen t_i ($1 \leq i \leq k$) und für alle Zellen $zelle \in Pos$ gilt

$$bedient(t_i, zelle) > 0 \;\Rightarrow\; zelle \in wp(t_i),$$

- in jeder Zelle $zelle \in Pos$ wird der Bedarf vollständig gedeckt

$$\sum_{i \in \{1, \ldots, k\}} bedient(t_i, zelle) \geq bedarf(zelle) \text{ und}$$

- jede Antenne $t_i = (pow, cap, pos, frq)$ ($1 \leq i \leq k$) bleibt innerhalb ihrer Kapazität

$$\sum_{zelle \in Pos} bedient(t_i, pos) \leq cap.$$

Die eigentlichen Bewertungsfunktionen ergeben sich dann einerseits aus der Minimierung möglicher Störungen durch zu eng gewählte Frequenzen und andererseits aus den Kosten für die benötigten Antennen.

- Die möglichen Störungen werden als Interferenzen bezeichnet. Sie treten auf, wenn Antennen dieselben Zellen bedienen und gleiche oder eng beieinander liegende Frequenzen benutzen. Für einen Lösungskandidaten A mit Antennen $t_1, \ldots, t_k$ wird dabei der Anteil der potentiell gestörten Gespräche ermittelt

$$f_{interferenz}(A) = \frac{\sum_{i \in \{1, \ldots, k\}} \#\text{gestörteGespräche}(t_i)}{\sum_{zelle \in Pos} bedarf(zelle)}.$$

- Die Kosten $kosten(pow_i, cap_i)$ bestimmen sich für jede Antenne $t_i = (pow_i, cap_i, pos_i, frq_i)$ aus der Stärke und der Kapazität. Womit sich die Gesamtkosten für einen Lösungskandidaten A mit Antennen $t_1, \ldots, t_k$ wie folgt ergeben:

$$f_{kosten}(A) = \sum_{i \in \{1,\ldots,k\}} kosten(pow_i, cap_i) \qquad \text{mit } t_i = (pow_i, cap_i, pos_i, frq_i).$$

Beide Bewertungsfunktionen müssen minimiert werden.

6.5.2.   Entwurf des evolutionären Algorithmus

Der Entwurf des evolutionären Algorithmus orientiert sich an einem »Entwurfsmuster«, das durch die folgenden Prinzipien umrissen werden kann.

- Die harten Randbedingungen sollen in einer Population mit nur gültigen Individuen immer erfüllt sein. Auch die Operatoren sollen nach Möglichkeit nur gültige Individuen produzieren. Falls dies nicht möglich ist, muss eine Reparaturfunktion zur Verfügung stehen.
- Jede Antennenkonfiguration des Suchraums muss zu jeder Zeit der Optimierung durch die evolutionären Operatoren erreichbar sein.
- Da es sich um Genotypen variabler Länge handelt, müssen sich verlängernde und verkürzende Operatoren die Waage halten. Oder allgemeiner ausgedrückt: Jeder Operator kann durch einen anderen wieder rückgängig gemacht werden.
- Feinabstimmung und Erforschung des Suchraums müssen ausgeglichen sein, d. h. neben sehr speziellen problemspezifischen Operatoren müssen auch zufällige Operatoren vorhanden sein.

Da die Definition rein legaler Operatoren in einer so komplexen Anwendung nahezu aussichtslos ist, wurde eine Reparaturfunktion definiert. Um festzustellen, ob ein Individuum gültig ist oder nicht, muss zunächst überprüft werden, welche Frequenzen der einzelnen Antennen welchen Zellen zugeordnet werden. Die Reparaturfunktion erledigt diese Zuordnung und führt auf einem ungültigen Individuum für alle Zellen mit ungedecktem Bedarf (in einer zufälligen Reihenfolge) die folgenden Veränderungen durch:

1. Falls es eine Basisantenne mit freier Kapazität gibt, wird diejenige mit dem stärksten Signal gewählt und soviele Frequenzen wie möglich/nötig zugewiesen.
2. Falls der Bedarf noch nicht (komplett) gedeckt ist, wird geprüft, ob es eine Basisantenne gibt, die freie Kapazität hat und durch Erhöhung der Stärke die Zelle bedienen kann. Können mehrere Antennen so erweitert werden, wird diejenige gewählt, für die die entstehenden Mehrkosten minimal sind. Die Änderung der Stärke und der Kapazität wird jedoch nur durchgeführt, wenn es eine billigere Lösung darstellt als die Einführung einer komplett neuen Antenne im letzten Schritt.
3. Falls keine der oberen Möglichkeiten den Bedarf decken konnte, wird eine neue Basisantenne mit minimaler Konfiguration an oder in unmittelbarer Nähe der Zelle hinzugefügt.

Die Reparaturfunktion wird nicht nur während der simulierten Evolution benutzt, sondern sie wird auch zur Initialisierung der Anfangspopulation auf vollständig leere Individuen angewandt.

Damit ist die Anzahl der unterschiedlichen Individuen in der Anfangspopulation allerdings auf $2^{|Pos|}$ durch die möglichen zufälligen Reihenfolgen der Bedarfszellen beschränkt.

Es wurden insgesamt sechs Mutationsoperatoren gefunden, die gezielt Problemwissen benutzen. Dadurch sind sie nur unter bestimmten Bedingungen anwendbar, um den Lösungskandidaten aktiv zu verbessern.

DM1: Gibt es eine Antenne mit unbenutzten Frequenzen, dann wird die Kapazität entsprechend reduziert. Dadurch werden die Kosten reduziert.

DM2: Gibt es eine Antenne mit vollständiger Kapazität, die auch komplett benutzt wird, dann wird eine weitere Antenne mit Standardeinstellungen in der Nähe platziert. Dadurch sollen Regionen mit sehr hohem Gesprächsaufkommen bedient werden.

DM3: Gibt es Antennen mit großen überlappenden Regionen, wird eine Antenne entfernt. Dadurch soll die Gefahr der Interferenz reduziert werden.

DM4: Gibt es Antennen mit großen überlappenden Regionen, wird die Stärke einer Antenne so reduziert, dass dennoch alle Anrufe bedient werden. Dies reduziert sowohl Interferenzen als auch Kosten.

DM5: Falls Interferenzen vorkommen, werden involvierte Frequenzen verändert. Dadurch sollen die Interferenzen reduziert werden.

DM6: Gibt es Antennen, die nur eine kleine Anzahl an Anrufen bedienen, wird eine solche Antenne gelöscht. Das Ziel ist dabei, die Kosten zu verringern.

Da die Veränderungen dieser Mutationen nur von speziellen Gedankengängen gestützt werden, wie eine Lösung verbessert werden kann, ist der Einsatz von zufälligeren Veränderungen notwendig, die ohne Vorbedingungen angewandt werden.

RM1: Die Position einer Antenne wird geringfügig verändert – ihre Stärke und Kapazität wird beibehalten. Die Zuordnung der Frequenzen zu einzelnen Zellen muss durch die Reparaturfunktion neu vorgenommen werden.

RM2: Es wird ein zufälliges Individuum (wie in der Initialisierung) eingefügt, um die Diversität in der Population zu erhöhen.

RM3: Die Stärke einer Antenne wird zufällig verändert. Diese Operation ist notwendig, um DM4 auszugleichen.

RM4: Die Kapazität einer Antenne wird zufällig verändert. Diese Operation ist notwendig, um DM1 auszugleichen.

RM5: Die zugeordneten Frequenzen einer Antenne werden verändert. Diese Operation ist notwendig, um DM5 auszugleichen.

Mit einem Rekombinationsoperator sollen die Antennenkonfigurationen und Platzierungen für verschiedene Regionen aus unterschiedlichen Lösungskandidaten zusammengefügt werden. Hierfür wird das Gesamtgebiet in zwei Hälften (horizontal oder vertikal) unterteilt. Von zwei Individuen werden jeweils die Antennen einer Hälfte übernommen, wobei Antennen nahe der teilenden Grenze ausgelassen werden. Die dann noch bestehenden Lücken werden durch den Reparaturalgorithmus gefüllt. Dies ist in Bild 6.20 veranschaulicht.

Für die Selektion wurden verschiedene Selektionsoperatoren für mehrere Zielfunktionen getestet – darunter auch SPEA2 (Algorithmus 5.2). Dieser Operator ist jedoch mit einem relativ

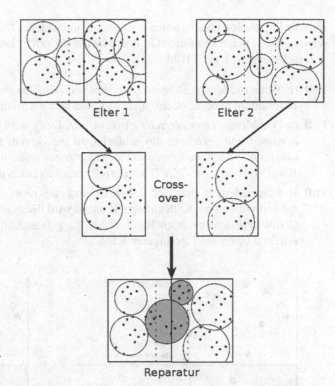

Bild 6.20.
Arbeitsweise der Rekombination am Beispiel einer vertikalen Teilung des betrachteten Gebiets. (Mit freundlicher Genehmigung von ©IEEE.)

großen Zeitaufwand verbunden: $\mathscr{O}(\tilde{\mu}^2)$ um ein neues Individuum in das Archiv der Größe $\tilde{\mu}$ zu integrieren. Da in Anbetracht des zukünftigen Rechenaufwands für wesentlich zeitaufwändigere Wellenverbreitungsmodelle die Grundsatzentscheidung getroffen wurde, jedes neu erzeugte Individuum sofort in den Genpool der Population (und evtl. auch in das Archiv) zu übernehmen, wurde eine eigene schnellere Selektion entwickelt.

Dafür wird jedem Individuum A ein Rang zugewiesen, der auf den folgenden Mengen beruht:

- *Dominiert*(A), der Menge der von A dominierten Individuen in der Population, und
- *WirdDominiert*(A), der Menge der Individuen in der Population, die A dominieren.

Wird für zwei Zielfunktionen ein zweidimensionaler Bereichsbaum als Datenstruktur für die Population benutzt, können Individuen in $\mathscr{O}(\log^2 \mu)$ Zeit gesucht, eingefügt und gelöscht werden. Bereichsanfragen, die alle Individuen in einem zweidimensionalen Bereich liefern, sind mit $\mathscr{O}(k + \log^2 \mu)$ möglich, wobei k die Anzahl der zurückgegebenen Individuen ist. Der Rang berechnet sich dann als

$$Rang(A) = \#WirdDominiert(A) \cdot \mu + \#Dominiert(A).$$

Der erste Anteil sorgt für das Annähern an die Pareto-Front und der zweite Anteil bevorzugt, weniger beliebte Regionen. Einzig, wenn alle Individuen gleichwertig sind, setzt zufälliger Gendrift ein, der einzelne Teile der Pareto-Front in der Population aussterben lässt.

Nun wird die Elternselektion als Turnierselektion auf Basis dieses Rangs durchgeführt. Die Operatoren werden angewandt und es stellt sich die entscheidende Frage, ob das neue Individuum

B in die Population übernommen werden soll und welches Individuum dafür gelöscht wird. Dafür werden die Mengen *Dominiert*(*B*) und *WirdDominiert*(*B*) berechnet und die folgenden vier Fälle unterschieden (vgl. auch Bild 6.21).

Fall 1: Wenn die Menge *Dominiert*(*B*) leer und *WirdDominiert*(*B*) nicht leer ist, bleibt das neue Individuum unberücksichtigt, da es keine Verbesserung darstellt.

Fall 2: Die Menge *Dominiert*(*B*) ist nicht leer. Dann wird *B* ebenfalls in die Population übernommen und verdrängt das schlechteste Individuum *C* aus der Menge *Dominiert*(*B*). *B* bekommt seinen neu errechneten Rang zugewiesen und alle Individuen aus der Menge *WirdDominiert*(*C*) \ *WirdDominiert*(*B*) erhalten einen um 1 geringeren Rang.

Fall 3: Beide Mengen sind leer, d. h. *B* ist ein neues nicht-dominiertes Individuum, und es gibt ein Individuum mit schlechterem Rang. *B* wird übernommen und verdrängt das Individuum *C* mit dem schlechtesten Rang. *B* hat Rang 0 und alle Individuen in *WirdDominiert*(*C*) erhalten einen um 1 geringeren Rang.

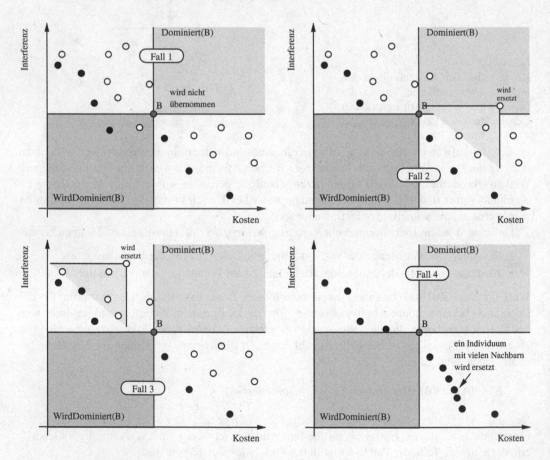

Bild 6.21. Ersetzungsstrategie für die Integration eines neuen Kindindividuums in die Population des Antennenproblems.

Algorithmus 6.3

ANTENNEN-OPTIMIERUNG(Antennenproblem)

 1   $t \leftarrow 0$
 2   $P(t) \leftarrow$ initialisiere μ Individuen mit der Reparaturfunktion
 3   berechne den Rang für die Individuen in $P(t)$
 4   **while** $t \leq G$ (maximale Generationenzahl)
 5   **do** $\ulcorner A, B \leftarrow$ selektiere aus $P(t)$ gemäß Rang und TURNIER-SELEKTION
 6       $C \leftarrow$ wende einen Operator auf A (und bei der Rekombination auf B) an
 7   berechne die Mengen $Dominert(C)$ und $WirdDominiert(C)$
 8       $P(t+1) \leftarrow$ integriere C in $P(t)$ und aktualisiere die Ränge
 9   $\llcorner t \leftarrow t + 1$
10   **return** nicht-dominierte Individuen aus $P(t)$

Fall 4: Sind beide Mengen leer und es wird kein Individuum von einem anderen dominiert, dann wird das zu löschende Individuum gemäß eines Maßes für die Nischenbildung ausgewählt. Bei ausreichend großer Population ist dieser Fall sehr unwahrscheinlich.

Der resultierende Ablauf der ANTENNEN-OPTIMIERUNG ist in Algorithmus 6.3 dargestellt. Dabei ist zu beachten, dass ähnlich zum genetischen Programmieren immer nur ein Operator benutzt wird, um ein neues Individuum zu erzeugen. Die Häufigkeit kann über die Wahrscheinlichkeiten $p_{DM} \geq 0$, $p_{RM} \geq 0$ und $p_{Rek} \geq 0$ mit $p_{DM} + p_{RM} + p_{Rek} = 1$ eingestellt werden.

6.5.3.   Ergebnisse

Die hier vorgestellten Ergebnisse beruhen auf dem in Bild 6.19 vorgestellten Gesprächsbedarf eines $9 \times 9 km^2$ Gebiets. Dabei beträgt die Rasterung für den Bedarf 500m und für die Platzierung von Antennen 100m. Es wird von einem Gesprächsaufkommen von insgesamt 505 Anrufen ausgegangen. Ferner wurden #*Frequ* = 128 Frequenzen, die maximale Kapazität *MaxCap* = 64, Werte für die Stärke zwischen *MinPow* = 10dBmW und *MaxPow* = 130dBmW sowie Kosten einer Antenne als $kosten(pow_i, cap_i) = 10 \cdot pow_i + cap_i$ angenommen.

Hinsichtlich der Einstellung des Algorithmus wurden umfangreiche Experimente mit verschiedenen Werten durchgeführt. Dies hat letztendlich zu einer Populationsgröße $\mu = 80$, einer Turniergröße $q = 5$ und einem Terminationskriterium bei 64 000 Bewertungen geführt. Für den Algorithmus SPEA2 wurde zusätzlich eine Archiv für 80 Individuen benutzt. Sowohl die Wahl der Technik zur Mehrzieloptimierung als auch die Wahrscheinlichkeiten zur Anwendung der verschiedenen Rekombinations- und Mutationsoperatoren waren dann Gegenstand noch ausführlicherer Untersuchungen.

Wie man sich leicht vorstellen kann, sind die gerichtete Mutationsoperatoren und die Rekombination zu einseitig, so dass Algorithmen ohne zufällige Mutationsoperatoren zu oft in lokalen Optima stecken bleiben. Während die ausschließliche Nutzung der zufälligen Operatoren bereits für bessere Ergebnisse sorgt, werden diese von der Kombination mit gerichteten Mutationsoperatoren noch weiter in den Schatten gestellt. Die Werte für die Zielfunktionen sind für jeweils 16 Experimente und die beiden betrachteten Mehrzieltechniken in Bild 6.22 und Bild 6.23 dargestellt – dabei wurde zwischen gerichteten und zufälligen Mutationsoperatoren mit gleicher Wahrscheinlichkeit gewählt.

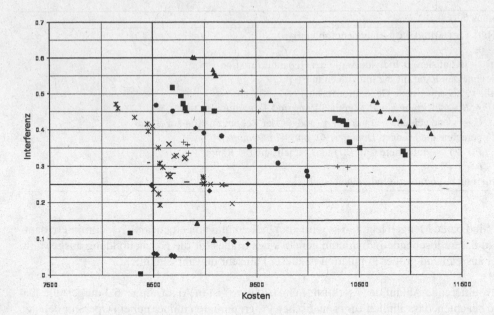

Bild 6.22. Nichtdominierte Individuen aus 16 Experimenten mit SPEA2, $p_{RM} = p_{DM} = 0{,}5$ und $p_{Rek} = 0$. (Mit freundlicher Genehmigung von ©IEEE.)

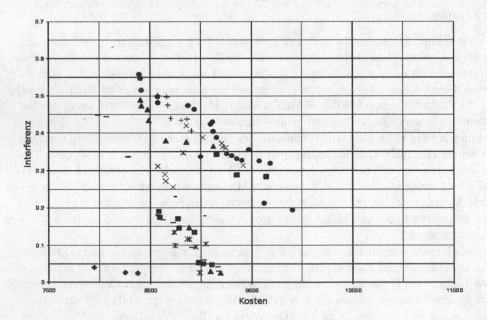

Bild 6.23. Nichtdominierte Individuen aus 16 Experimenten mit der eigenen Selektion, $p_{RM} = p_{DM} = 0{,}5$ und $p_{Rek} = 0$. (Mit freundlicher Genehmigung von ©IEEE.)

Da der rein visuelle Vergleich dieser Bilder nahezu unmöglich ist, wurde nach einer Möglichkeit gesucht, eine statistische Aussage über die Qualität der Ergebnisse zu machen. Hierfür ist es sinnvoll, jedes einzelne Experiment auf eine Vergleichszahl abzubilden. Basierend auf der Beobachtung, dass die Pareto-Fronten eine annähernd konvexe Form haben, wurde dafür die gewichtete Summe auf wie folgt normierten Werten benutzt.

$$\widehat{f_{\text{interferenz}}}(A) = \frac{f_{\text{interferenz}}(A)}{0{,}7},$$

$$\widehat{f_{\text{kosten}}}(A) = \frac{f_{\text{kosten}}(A) - 7\,500}{4\,500} \text{ und}$$

$$\text{Qual}(P) = \min_{A \in P} \left(\alpha \cdot \widehat{f_{\text{interferenz}}}(A) + (1 - \alpha) \cdot \widehat{f_{\text{kosten}}}(A) \right).$$

Um einen Algorithmus als besser einzustufen, musste der t-Test auf den Zahlenreihen mit jeweils 16 Werten – für jedes Experiment einen Wert – eine Signifikanz ergeben, egal welcher Wert $\alpha \in \{0{,}1;\ 0{,}2;\ 0{,}3;\ 0{,}4;\ 0{,}5;\ 0{,}6;\ 0{,}7;\ 0{,}8;\ 0{,}9\}$ benutzt wird. Während ein signifikanter Unterschied zwischen der rein zufälligen Mutationsvariante und den beiden Kombinationseinstellungen zu beobachten ist, kann keine Differenz zwischen Bild 6.22 und Bild 6.23 gezeigt werden.

Da die Bilder nicht wirklich eine Aussage darüber erlauben, welche Parametrisierung besser ist, hat sich obiges Kriterium zum Vergleich zweier Algorithmen als ausgesprochen nützlich erwiesen. Konkret konnte als bestes Verfahren die Variante mit der Technik SPEA2 und den Anwendungswahrscheinlichkeiten $p_{\text{RM}} = p_{\text{DM}} = 0{,}3$ und $p_{\text{Rek}} = 0{,}4$ gefunden werden. Damit wurden nicht nur die Ergebnisse in Bild 6.24 berechnet; es zeigt sich auch, dass sich mit diesen

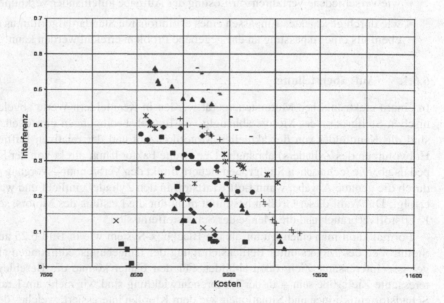

Bild 6.24. Nichtdominierte Individuen aus 16 Experimenten mit SPEA2, $p_{\text{RM}} = p_{\text{DM}} = 0{,}3$ und $p_{\text{Rek}} = 0{,}4$. (Mit freundlicher Genehmigung von ©IEEE.)

Einstellungen das zeitintensivere Verfahren SPEA2 statt der vorgeschlagenen Mehrzieltechnik in ANTENNEN-OPTIMIERUNG lohnt, falls die zusätzliche Laufzeit investiert werden kann.

Dieses Ergebnis scheint nicht mit einem visuellen Vergleich von Bild 6.23 und Bild 6.24 konform zu sein. Aber die meist breitere Verteilung der Individuen bei SPEA2 ist für dieses Resultat verantwortlich. Das insgesamt beste Individuum wurde übrigens mit der hier beschriebenen effizienteren Technik gefunden (vgl. Bild 6.23). Dies kann jedoch nur als einmaliger Glücksfall und nicht als Aussage bei der Bewertung der Algorithmen herangezogen werden.

6.6.   Fallstudie: Motorenkalibrierung

Diese Anwendung hatte das Ziel, durch den Einsatz von evolutionären Algorithmen, den Kalibrierungsprozess elektronischer Steuergeräte in Verbrennungsmotoren zu unterstützen und nachhaltig zu verbessern.

Die Arbeit in dieser Fallstudie wurde gemeinsam mit Prof. Andreas Zell (Universität Tübingen), Thomas Fleischhauer, Dr. Alexander Mitterer und Dr. Frank Zuber-Goos (alle BMW AG) durchgeführt. Dabei handelt es sich um eine industrielle Anwendung, die direkt in der Motorenentwicklung umgesetzt wurde. Im Rahmen dieses Buchs sind die folgenden Details interessant:

* Wie die approximativen Aspekte, insbesondere die zeitaufwändige Bewertung und die unscharfen Gütewerte, umgesetzt wurden,
* wie technische vorab nicht bekannte Randbedingungen berücksichtigt werden,
* wie verschiedene Verfahren zur Lösung der Aufgabe miteinander verknüpft werden und
* wie durch geschicktes Einpassen eines evolutionären Standardalgorithmus in einen Prozess ebenfalls eine Anpassung an das gegebene Problem erreicht werden kann.

6.6.1.   Aufgabenstellung

In einem elektronischen Motorsteuergerät werden in Kennfeldern Werte abgelegt, die die technischen Stellgrößen des Motors abhängig von Betriebsbedingungen einstellen. Typischerweise sind die Kennfelder von der aktuellen Motordrehzahl und der relativen Luftmasse (d. h. dem Hubvolumen des Zylinders) abhängig. Der zweite Faktor hängt direkt von der Stellung des Gaspedals ab. Die technischen Stellgrößen steuern direkt den Verbrennungsvorgang – beispielsweise durch die genaue Angabe, wann Luft/Kraftstoff in den Zylinder einfließt und wann die Zündung erfolgt. Die Wahl dieser Größen bestimmt nicht nur die Leistung des Motors, sondern auch den Kraftstoffverbrauch und die Menge der Schadstoffemission.

Formal kann man einen Motor als ein Blackbox-System wie in Bild 6.25 auffassen, das die Stellgrößen des Motors unter Berücksichtigung der Umgebungsbedingungen als Störgrößen in gewisse interessante Zielgrößen abbildet. Für den Fahrer könnte die Beschleunigung eine interessante Zielgröße sein – in der Motorenentwicklung sind wir mehr am Kraftstoffverbrauch, Schadstoffemissionen und Situationen wie dem Klopfen interessiert, welches den Motor schädigen kann. Grundsätzlich muss zusätzlich noch ein interner Systemzustand berücksichtigt werden. Im Rahmen der stationären Optimierung an einem Motorenprüfstand wird jedoch vereinfachend

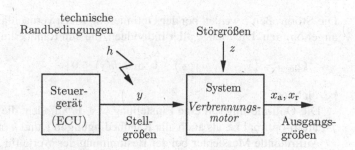

Bild 6.25. Der Verbrennungsmotor als Blackbox-System.

angenommen, dass das System nicht von einem inneren Zustand abhängt bzw. zu jedem Zeitpunkt ein eingeschwungener Systemzustand vorliegt. Die einzelnen Bestandteile des Systems sind:

- Stellgrößen $y \in \mathbb{R}^{n_y}$, wie z. B. der Zündzeitpunkt (Zündwinkel) und die Verstellung der Steuerzeiten für das Einlass- bzw. Auslassventil (Einlass- bzw. Auslassspreizung),
- Störgrößen $z \in \mathbb{R}^{n_z}$, z. B. Umgebungsbedingungen wie Luftfeuchtigkeit, -temperatur, -druck und Kraftstofftemperatur sowie
- Ausgangsgrößen $x_a \in \mathbb{R}^{n_a}$ und $x_r \in \mathbb{R}^{n_r}$ – dies sind im Fall von x_a die direkten Zielgrößen der Optimierung, während die Ausgangsgrößen x_r Randbedingungen bei der Optimierung darstellen. Direkte Zielgrößen sind beispielsweise der Kraftstoffverbrauch und die Schadstoffemissionen. Die unkontrollierte Verbrennung (Klopfen) oder die Abgastemperatur sind entsprechende Randbedingungen.

Der Suchraum ist $\Omega = \mathbb{R}^{n_y + n_z}$ und dem komplexen System unterliegen »unbekannte« Funktionen, welche die verschiedenen Eingangsgrößen auf die beobachtbaren Ausgangsgrößen abbilden:

$x_a = f(y, z)$ mit $f : \mathbb{R}^{n_y + n_z} \to \mathbb{R}^{n_a}$ und

$x_r = g(y, z)$ mit $g : \mathbb{R}^{n_y + n_z} \to \mathbb{R}^{n_r}$.

Im Rahmen der Optimierung sind nur jene Lösungskandidaten von Interesse, die den folgenden zwei Arten von Randbedingungen genügen:

- Technische Randbedingungen stellen feste Beschränkungen bezüglich des Suchraums $\mathbb{R}^{n_y}$ dar. Diese werden einerseits durch die vorgegebenen physikalischen Grenzen der Stellgrößen und andererseits durch experimentell ermittelte unerlaubte Stellgrößenkombinationen definiert. Alle solche Bedingungen werden in der Funktion h mit

  $h(y) \leq \mathbf{0}$

  zusammengefasst.
- Randbedingungen, die von der Systemreaktion abhängen, werden ausschließlich aus den Messgrößen am Prüfstand abgelesen. Vereinfachend wird hierbei angenommen, dass sie der folgenden Ungleichung genügen:

  $x_r = g(y, z) \leq \mathbf{0}$.

Die Störgrößen z werden bei der Optimierung meist vernachlässigt bzw. als konstanter Vektor z' angenommen. Die Menge aller Individuen, die den Randbedingungen genügen, wird dann mit

$$\Omega_{\text{legal}} = \left\{ y \in \Omega \mid g(y, z') \leq \mathbf{0} \text{ und } h(y) \leq \mathbf{0} \right\}$$

bezeichnet.

Die Optimierung soll eine Einstellung $y^* \in \mathbb{R}^{n_y}$ finden, die sowohl bezüglich der Zielgrößen f Pareto-optimal ist, als auch alle Randbedingungen g und h erfüllt.

Auftretende Messfehler bei der Bestimmung der Werte für x_a, x_r und z' bzw. bei der Vorgabe der Stellgrößen y bleiben in dieser formalen Beschreibung unberücksichtigt.

Bei der Applikation von Motorsteuergeräten entspricht ein gefundener Stellgrößenvektor y^* den Einstellungen für einen Betriebspunkt bestehend aus der aktuellen Drehzahl und der spezifischen Luftmasse. Um die Steuerung im gesamten Betriebsbereich zu optimieren, ist der Vektor y^* für ein komplettes Raster von Betriebspunkten zu optimieren und in Kennfeldern abzulegen.

Die Ermittlung der Kennfelder wird konventionell durch eine manuelle Optimierung am Motorenprüfstand vorgenommen. Seit jedoch die Anzahl der Stellgrößen bei modernen Motoren auf $n_y > 5$ angewachsen ist, lässt sich der mit der Einstellung der Kennfelder verbundene exponentielle Aufwand selbst bei großer Automatisierung am Prüfstand nicht mehr bewerkstelligen. Die vorhandenen Alternativen zur Ermittlung der Kennfelder sind in Bild 6.26 dargestellt. Simulatiosmodelle wie die Software PROMO (Bild 6.26 Mitte) beruhen auf physikalischen Gleichungen. Allerdings werden dabei keine Schadstoffemissionen betrachtet und die Modelle können nur bedingt an spezielle Fragestellungen angepasst werden. Auch die automatisierte Online-Optimierung wie in den damals verfügbaren Produkten CAMEO und VEGA ist nur bedingt geeignet. Schwachpunkte sind Restriktionen hinsichtlich der Anzahl der Stellgrößen und des zugrundeliegenden Modells, aber auch in der mangelhaften Möglichkeit zur Anpassung an spezifische Firmenprozesse.

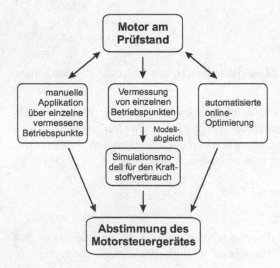

Bild 6.26. Bestehende Optimierungsansätze zur Steuergeräteapplikation. (Mit freundlicher Genehmigung des Oldenbourg Verlags.)

6.6.2. Entwurf des evolutionären Algorithmus

In Anbetracht der sehr kostspieligen und verrauschten Bewertungsfunktion wurde ein Ansatz gewählt, der zunächst ein Modell des Motorverhaltens erstellt, um damit schnell mit einer Evolutionsstrategie die interessanten Motoreinstellungen zu entdecken. Das Vorgehen ist in Bild 6.27 dargestellt und umfasst die folgenden Schritte:

1. Zur Modellerstellung sollen vor der Optimierung möglichst wenig Messungen am Motorenprüfstand durchgeführt werden. Daher wird ein statistischer Versuchsplan erstellt, der die benötigten Stichproben vorgibt. Dabei gehen die Vorgaben des jeweiligen Stellgrößenbereichs, Erfahrungen von Vorgängermotoren sowie die Ergebnisse aus Voruntersuchungen ein.

2. Entsprechend dem statistischen Versuchsplan wird der Motor auf dem Prüfstand vermessen. Aufgrund der kurzen kompakten Messphase wird der Einfluss systematischer Fehlerquellen, wie der Alterungsprozess des Motors oder die wechselnden Umweltbedingungen, gering gehalten. Die resultierenden Messdaten bilden die Grundlage für die nachfolgende Modellierung und Optimierung.

3. Im Rahmen der Modellbildung werden die Daten zunächst analysiert und vorverarbeitet. Konkret werden die Eingangsdaten um 0 zentriert und mittels der Standardabweichung skaliert. Die Ausgangsdaten werden auf den Bereich $[-0{,}9,\ 0{,}9]$ skaliert. Die so vorverarbeiteten Messdaten bilden die Grundlage für die Modellierung des Systemverhaltens mit künstlichen neuronalen Netzen und anderen Modellierungsmethoden wie der multivariaten Regression an Polynommodellen. Durch eine mehrfache Modellbildung des Systemverhaltens (konkurrierende Modellierung) werden auftretende Modellungenauigkeiten kompensiert. Als Lernverfahren werden Gradientenabstieg (*Resilient Propagation* und *Scaled Conjugate Gradient*) für die neuronalen Netze sowie zwei Varianten des Gauß-Newton-Verfahrens (rekursiv und Levenberg-Marquardt) für die Polynommodelle eingesetzt. Um sicherzustellen, dass das Modell gut zwischen den Messwerten vom Prüfstand interpoliert, sind Übertrainingseffekte zu vermeiden. Hierfür wurden mit der n-Segment-Kreuzvalidierung sehr gute Ergebnisse erzielt.

4. Anschließend werden die konkurrierenden Modellsysteme, bestehend aus Ziel- und Randwertfunktionen, zur Optimierung der Stellgrößen an den untersuchten Betriebspunkten ver-

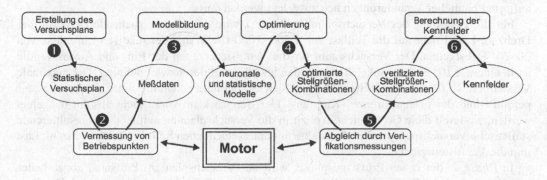

Bild 6.27. Ablauf der Steuergeräteapplikation. (Mit freundlicher Genehmigung des Oldenbourg-Verlags.)

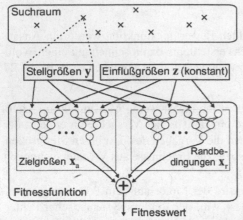

Bild 6.28.
Optimierung unter Berücksichtigung der Suchraumbeschränkungen in Form einer Straffunktion. (Mit freundlicher Genehmigung des Oldenbourg-Verlags.)

wendet. Es resultieren verschiedene Vorschläge für optimale Stellgrößenkombinationen. Konkret werden Evolutionsstrategien mit separater Schrittweitenanpassung sowie *Sequential Quadratic Programming* benutzt. Dabei gehen die Randbedingungen wie in Bild 6.28 dargestellt als Strafterme in die Bewertungsfunktion ein. Meist wurde mit einer mittleren Populationsgrößen (z. B. (10, 50)-Evolutionsstrategie) gearbeitet.

5. Die Resultate der Optimierung sind am Motorprüfstand zu verifizieren. So werden frühzeitig Modellungenauigkeiten erkannt. Ferner ist so eine Auswahl aus den verschiedenen Stellgrößenkombinationen unter realen Bedingungen möglich.

6. Abschließend werden die jeweiligen Kennfelder mit den ausgewählten Optimakandidaten modifiziert.

In den im Rahmen dieser Arbeit durchgeführten Studien wurde immer nur der Kraftstoffverbrauch optimiert. Durch die vorgestellten Mehrzieltechniken aus Abschnitt 5.2 ist dies jedoch keine Einschränkung.

6.6.3.   Ergebnisse

Konkret betrachten wir hier einen Motor, für den bereits alle Kennfelder vorliegen, der aber aufgrund baulicher Veränderungen neu ausgelegt werden muss.

Für die Erstellung des Versuchsplans in *Phase 1* wird das zu untersuchende Gebiet in der Drehzahl-Last-Ebene auf die Teillast von 1 500–5 000 U/min und der relativen Luftmasse von 20–70 % festgelegt. Der Versuchsraum für die Ventilsteuerzeiten der Ein- und Auslassventile ist in einem $\pm 10°$ Kurbelwinkel-Band um den jeweiligen Referenzwert definiert. Der maximale Verstellbereich für den Zündzeitpunkt ergibt sich aus der unteren Grenze »maximale Abgastemperatur« und der oberen Grenze »Klopfen«. Der Bereich kann vorab nicht absolut festgelegt werden, wodurch diese Größe nicht explizit in die Versuchsplanung einfließt. Der resultierende statistische Versuchsplan umfasst 35 Punkte mit unterschiedlichen Sollwerten für Drehzahl, Last und die Ventilsteuerzeiten.

In *Phase 2*, der ersten Prüfstandsphase, wird der Versuchsplan am Prüfstand abgearbeitet, wobei an jedem der Punkte der Zündzeitpunkt-Bereich mit 3 Punkten abgetastet wird. Damit ergeben sich $3 \cdot 35 = 105$ Einzelmessungen. Ferner werden 30 weitere Betriebspunkte vermessen, um in der nachfolgenden Modellbildung die Modelle hinsichtlich ihrere Generalisierungsfähigkeit beurteilen zu können.

In der Modellbildung (*Phase 3*) werden die 105 Punkte als Trainingsdaten zur Approximation der Zielfunktionen verwendet. Bild 6.29 zeigt die Güte der Modellprognosen für ein Kraftstoffmodell. Neben den Trainingsdaten sind auch die 30 zusätzlichen Punkte als Validierungsdaten eingetragen. Mit einem mittleren relativen Fehler (MEAN) von knapp 1% auf den Trainingsdaten und 1,2% auf den Validierungsdaten ist die Modellgüte sehr hoch. Ebenso werden Modelle für verschiedene Randbedingungen erstellt, um den sinnvollen und erlaubten Bereich für die Optimierung einzuschränken. Daher werden anhand der Messdaten noch die Klopfgrenze, Laufruhe, Abgastemperatur sowie die Emissionswerte approximiert. Bild 6.30 stellt in einem einfachen Modellsystem das Verhalten des obigen Kraftstoffmodells gemeinsam mit der Ausgabe des Klopfmodells dar.

Als Ergebnis der modellbasierten Optimierung (*Phase 4*) wird an den 30 Betriebspunkten die optimale Stellgrößenkombination in Bezug auf die wesentliche Zielgröße »spezifischer Kraftstoffverbrauch« unter Berücksichtigung der modellierten Randbedingungen bestimmt. Um ggf. auftretende Modellungenauigkeiten basierend auf der geringen Datenbasis und ein damit verbundenes iteratives Vorgehen (viele Messblöcke) zu vermeiden, werden drei verschiedene miteinander konkurrierende Modelle ausgewertet. Damit ergeben sich für den zweiten Messblock $3 \cdot 30 = 90$ Sollwertvorgaben, die in *Phase 5* zu verifizieren sind.

Für die abschließende Berechnung der Kennfelder (*Phase 6*) liegen nun pro Betriebspunkt mindestens 4 Messungen vor. Zusätzlich zu den 3 Verifikationsmessungen und dem Referenz-

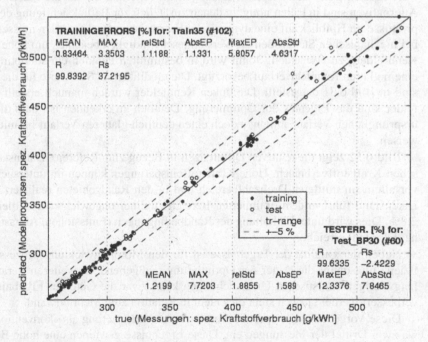

Bild 6.29. Vergleich der tatsächlichen Messwerte für den spezifischen Kraftstoffverbrauch mit den Ausgaben des Neuronalen-Netz-Modells. (Mit freundlicher Genehmigung des Oldenbourg-Verlags.)

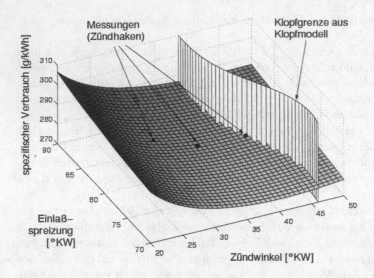

Bild 6.30. Modellprognosen für Kraftstoffmodell mit Suchraumbeschränkung durch Klopfmodell. (Mit freundlicher Genehmigung des Oldenbourg-Verlags.)

wert können ggf. Versuchsplan-Messungen als Alternativen für die Auslegung dienen. Diese Alternativen sind in Fällen nötig, in denen zusätzlich zur Berücksichtigung der Zielgrößen Kompromisse im Hinblick auf eine dynamische Fahrweise gemacht werden müssen. Folglich werden bei mechanischen Stellgrößen die Verstellgeschwindigkeit beachtet, um hohe Gradienten in den Kennfeldern zu vermeiden. Somit wird in bestimmten Punkten ein suboptimales Ergebnis mit einem glatten Kennfeldverlauf bevorzugt. Die modifizierten Stellwerte für die Ventilspreizungen sind in Bild 6.31 dargestellt. Die linken Kennfelder wurden manuell erstellt, die rechten Kennfelder sind das Ergebnis der Optimierung. Deutlich zu erkennen ist, dass die Kennfelder dem ursprünglichen Verlauf ähneln, jedoch einen deutlich glatteren Verlauf im mittleren Bereich aufweisen.

Bild 6.32 zeigt die relativen Differenzen in Bezug zum Referenz-Datenstand für den spezifischen Kraftstoffverbrauch. Hohe Kraftstoffeinsparungen können im untersuchten Teillastgebiet vor allem im mittleren Drehzahlbereich und in den Randgebieten realisiert werden. Der neue Datenstand führt in dem optimierten Bereich zu einer ungewichteten mittleren Reduktion um 2,8%. Dies wird unter Einhaltung der Randbedingungen (Emissionen, Abgastemperatur, Laufruhe, Klopfen) erreicht.

Neben der Qualität der Ergebnisse ist für den Motorentwicklungsprozess vor allem die Effizienz und damit die Dauer der Optimierung maßgebend. In weiteren Iterationsschleifen und langwierigen statistischen Untersuchungen kann zwar die Güte der Ergebnisse noch marginal verbessert werden, jedoch steht dies nicht in Relation zum Mehraufwand.

Diese Vorgehensweise spart im Vergleich zur Vollrasterung als »konventionelle Strategie« etwa zwei Drittel der Messungen ein. Diese Ergebnisse gewinnen eine hohe Bedeutung vor dem Hintergrund, dass pro Messung (mit Zündzeitpunkt-Optimierung) durchschnittlich ca. 10 Minuten effektive Prüfstandszeit benötigt werden.

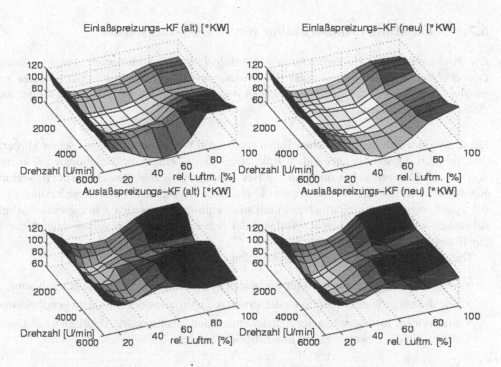

Bild 6.31. Vergleich der Kennfelder: links alter und rechts optimierter Stand. (Mit freundlicher Genehmigung des Oldenbourg-Verlags.)

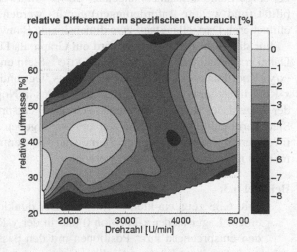

Bild 6.32. Vergleich der Datenstände: Kraftstoffeinsparungen in der Drehzahl-Last-Betriebsebene. (Mit freundlicher Genehmigung des Oldenbourg-Verlags.)

6.7.   Fallstudie: Konstruktion von LEGO®-Bauwerken

Die Fallstudie dieses Abschnitts ist dem Spezialgebiet des »evolutionary design« entnommen: Der evolutionäre Algorithmus muss die Struktur von Bauwerken aus LEGO®-Steinen so optimieren, dass die Konstruktionen bestimmten Anforderungen hinsichtlich der Stabilität und der Belastung stand halten.

Diese Arbeit wurde in wesentlichen Teilen von Martin Waßmann im Rahmen seiner Masterarbeit durchgeführt. Obwohl bereits andere Ansätze aus der Literatur zur evolutionären Konstruktion von LEGO®-Bauwerken bekannt sind, hat Herr Waßmann als zentrales Thema die Bewertung der Konstruktionen mittels einer Maximalen-Fluss-Modellierung bearbeitet. Diese Resultate können der zugehörigen wissenschaftlichen Publikation entnommen werden – in diesem Abschnitt beschränken wir uns auf ein »Nebenprodukt« der Arbeit, nämlich den evolutionären Algorithmus zur Erzeugung der LEGO®-Bauwerke.

Die folgenden Details könnten dabei für den Leser interessant sein:

- Wie die Bewertungsfunktion für die beiden betrachteten Teilprobleme gewählt wird,
- wie die eingeführten Operatoren die strukturelle Variation der Lösungen gewährleisten und
- mit welcher methodischen Sorgfalt der entstandene evolutionäre Algorithmus und insbesondere auch die Bewertungsfunktion kalibriert wurde.

6.7.1.   Aufgabenstellung

Konkret muss der in diesem Abschnitt betrachtete evolutionäre Algorithmus in der Lage sein, beliebige Pläne zusammenhängender LEGO®-Bauwerke zu erstellen, welche dann auf ihre Stabilität (und weitere Anforderungen) geprüft werden. Dabei wollen wir uns (aus Gründen der einfacheren Darstellung) auf zweidimensionale Bauwerke beschränken.

Für die Wahl des Genotyps wird ein Graph als Darstellung der LEGO®-Strukturen gewählt. Dabei entspricht jeder Knoten einem LEGO®-Stein und es wird gespeichert, an welcher relativen (x/y)-Koordinate das linke Ende des Steins liegt und wie lang der Stein ist. Dabei werden die x-Koordinate und die Länge des LEGO®-Steins in Noppen gemessen, während die y-Koordinate der Anzahl der Reihen (von unten nach oben) entspricht. Die Kanten des Graphen zeigen eine Steckverbindung von zwei Steinen an – sie ergeben sich letztendlich aus den Koordinaten der involvierten Steine. Bestimmte Steine sind fest verankert – diese Lager einer Struktur können nicht in ihrer Position verändert werden.

Beispiel 6.3:

> Bild 6.33 zeigt ein kleines Beispiel. Der dunkle Stein mit der Nummer 1 entspricht einem Lager an der x-Position 0 und in der y-Reihe 0. Die vier anderen Steine werden entsprechend ihrer Positionen mit den passenden Attributen sowie den Kanten zwischen ihren Knoten versehen.

Um die Stabilität eines LEGO®-Bauwerks zu bestimmten, werden die Kräfte genauer analysiert, die innerhalb der Struktur wirksam werden. Dabei handelt es sich um die Gravitationskraft, die aus dem Gewicht jedes Steins resultiert, sowie ggf. weitere externe Kräfte, die auf die Struktur

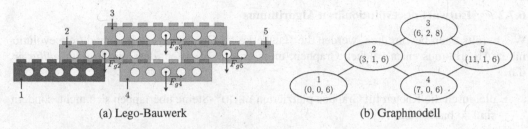

(a) Lego-Bauwerk   (b) Graphmodell

Bild 6.33. Beispiel für eine (a) Lego-Struktur mit dem dunklen Stein als fest verankertes Lager und die zugehörige (b) Modellierung als Graph.

einwirken. Die folgenden Situationen müssen dabei beachtet werden (vgl. auch den Überblick in Bild 6.34):

Druckkräfte: Liegt ein Stein auf einem anderen, wirkt seine Gravitationskraft auf den unteren Stein. Aus den Materialeigenschaften ergibt sich dabei die Randbedingung, dass maximal $F_C = 5.44$kN auf einer Noppenbreite des Steins ruhen dürfen, da sonst der Stein zerstört wird. Da diese Kraft dem Gewicht von etwa $1{,}5 \cdot 10^6$ Steinen entspricht, kann diese Beschränkung unberücksichtigt bleiben.

Zugkräfte: Sind die Steine u und v durch eine Steckverbindung mit k(u, v) Noppen verbunden und der untere Stein hängt an dem fest gelagerten oberen Stein, dann kann man die maximale Belastung berechnen, die von der Steckverbindung getragen wird. Konkret darf maximal eine Kraft von k$(u, v) \cdot F_B$ mit $F_B = 2.5N$ wirken.

Ein Simulationsalgorithmus bestimmt eine mögliche Verteilung der Kräfte in der Struktur, woraus eine Vorhersage der Druck- und Zugkräfte an allen Steckverbindungen resultiert. Mit diesem Zwischenergebnis werden die Drehmomente berechnet.

Drehmomente: Wirken auf einen Stein mehrere Zug- oder Druckkräfte an verschiedenen Stellen, wird der Stein in eine Drehbewegung versetzt (vgl. Bild 6.34 (c)). Diese Kräfte können durch Hebelwirkungen relativ groß werden und müssen immer bei einer Verbindung mit k(u, v) Noppen kleiner als $\frac{k(u,v)^2}{2} \cdot F_B$ bleiben.

Zu große Drehmomente sind der Hauptgrund für die Instabilität von LEGO®-Bauwerken.

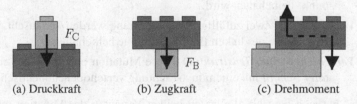

(a) Druckkraft   (b) Zugkraft   (c) Drehmoment

Bild 6.34. Überblick über die Kräfte, die in Lego-Bauwerken wirken können.

6.7.2.   Entwurf des evolutionären Algorithmus

Wie bereits oben beschreiben, werden die Bauwerke als Graph dargestellt. Erstellt ein evolutionärer Algorithmus einen solchen Graphen, muss er gewährleisten, dass die Struktur *gültig* ist, d.h.

- die durch die Knoten im Graphen platzierten LEGO®-Steine überlappen sich nicht, sondern sind so baubar und

- die Struktur ist stabil in dem Sinne, dass jeder Stein mit (mindestens) einem fest verankerten Lager verbunden ist und die Belastungsgrenzen für die Kräfte eingehalten werden.

Die nachfolgend beschriebenen Operatoren können keine Bauwerke erzeugen, die gegen die erste Vorgabe verstoßen. Falls jedoch Steinen nicht mit einem Lager verbunden sind, werden die Kindindividuen verworfen. Die Belastungsgrenzen werden in der Bewertungsfunktion berücksichtigt.

Betrachten wir zunächst den Rekombinationsoperator LEGO-REKOMBINATION. Dieser wählt eine der folgenden Vorgehensweisen:

horizontaler Schnitt: Von einem Elternindividuum werden die Steine oberhalb einer zufällig gewählten horizontalen Linie und vom anderen Elternindividuum die Steine unterhalb der Linie übernommen.

vertikaler Schnitt: Es wird eine x-Koordinate gewählt. Das Kindindividuum enthält alle Steine des ersten Elternindividuums, deren linke Koordinate kleiner oder gleich der x-Koordinate ist, sowie alle nicht-überlappenden Steine des zweiten Elternindividuums.

Mischen: Es wird eine zufällige Steinmenge des ersten Individuum ausgewählt und um alle nicht-überlappenden Steine des zweiten Elternindividuums ergänzt.

Die ersten beiden Möglichkeiten werden jeweils mit der Wahrscheinlichkeit 0,4 gewählt. Das *Mischen* hat die Wahrscheinlichkeit 0,2, da dabei häufiger ungültige Individuen entstehen.

Innerhalb des Mutationsoperators LEGO-MUTATION werden immer kleine Veränderungen an einem Bauwerk vorgenommen. Eine der folgenden Möglichkeiten wird dabei ausgewählt:

Hinzufügen: Ein Stein wird direkt an einem existierenden Stein (oder Lager) hinzugefügt.

Löschen: Ein zufällig gewählter Stein wird entfernt.

Verschieben: Ein zufällig gewählter Stein wird horizontal um wenige Noppen verschoben.

Ersetzen: Ein Stein wird durch einen längeren oder kürzeren Stein ersetzt, wobei der Schwerpunkt beibehalten wird.

Vertauschen: Zwei zufällig gewählte Steine werden vertauscht. Bei der Platzierung wird die Koordinate des linken Endes der Steine beibehalten.

Verschieben einer Teilstruktur: Diese Mutation entspricht der ersten Rekombination *horizontaler Schnitt* mit einem in x-Richtung verschobenen identischen Individuum.

Es hat sich bewährt, die ersten beiden Varianten der Mutation mit der Wahrscheinlichkeit 0,1 auszuwählen; für die anderen Varianten gilt die Wahrscheinlichkeit 0,2.

Algorithmus 6.4

LEGO-EA()

  1    $P \leftarrow$ erzeuge Population mit leeren Individuen
  2   **while** Terminierungsbedingung ist nicht erfüllt
  3   **do** $\ulcorner A, B \leftarrow$ wähle zwei Eltern rangbasiert fitnessproportional aus P
  4        $C \leftarrow$ LEGO-REKOMBINATION(A, B)
  5   **if** C ist illegal
  6   **then** $\lfloor C \leftarrow A$
  7        $D \leftarrow$ LEGO-MUTATION(C)
  8   **if** D ist illegal
  9   **then** $\lfloor D \leftarrow C$
10      $\llcorner$ ersetze schlechtestes Individuum in P mit D

Da die rein zufällige Erzeugung von »geeigneten« LEGO®-Bauwerken sehr unwahrscheinlich ist, wurde hier ein ungewöhnlicher Ansatz für die Initialisierung der Population verfolgt: Zu Beginn startet der Algorithmus ausschließlich mit leeren Individuen, die nur die festen Lager enthalten. So wachsen langsam sinnvolle Strukturen. Nachteilig ist, dass am Anfang viele unveränderte bzw. leere oder fast leere Individuen erzeugt werden – diese sind allerdings auch in der Bewertung sehr günstig. Alternativ hätte man eine geeignete Initialisierungsprozedur entwerfen können.

Da die Bewertung größerer Bauwerke ein rechenintensiver Prozess ist, wurde ein Algorithmus mit hohem Überlappungsgrad gewählt, bei dem jedes stabile neue Individuum sofort in die Population integriert wird. Der Gesamtablauf ist in Algorithmus 6.4 dargestellt.

6.7.3. Ergebnisse

In diesem Abschnitt werden vor allem die Bewertungsfunktionen für zwei spezielle LEGO®-Optimierungsprobleme vorgestellt und diskutiert.

Das erste Problem wird durch ein Zieltupel ($länge^*$, $last^*$) definiert, bei dem ein Kranausleger konstruiert werden soll, der insgesamt $länge^*$ Noppen weit hinausreicht (vom Lager gemessen) und eine Last mit dem Gewicht $last^*$ an seinem Ende tragen kann.

Für das LEGO®-Bauwerk eines Individuums muss nun bestimmt werden, inwieweit es diesen Zielgrößen gerecht wird. Die Reichweite $länge$ des Auslegers kann direkt abgelesen werden. Schwieriger ist die Bestimmung des noch tragbaren Gewichts $last$: Für ein einzelnes Gewicht kann die Stabilität wie oben beschrieben berechnet werden, was in einer iterativen Suche nach dem maximalen noch tragbaren Gewicht benutzt wird.

Daraus resultiert die folgende zu maximierende Bewertungsfunktion, in der das Verhältnis der realen Größen zu den Zielgrößen genutzt wird:

$$f_{kran}(M) = \left(\min\left\{ 1, \frac{länge(M)}{länge^*} \right\} \right)^s \cdot \min\left\{ 1, \frac{last(M)}{last^*} \right\} \cdot (1 - c \cdot steinanzahl(M)).$$

Mit dem Faktor $s > 0$ lässt sich der Fokus zwischen den beiden Zielgrößen einstellen – ein Wert $s > 1$ begünstigt längere Kranausleger, die weniger Last tragen können. Durch den letzten Term können Strukturen mit weniger Steinen bevorzugt werden, je größer der Faktor $c > 0$ gewählt wird.

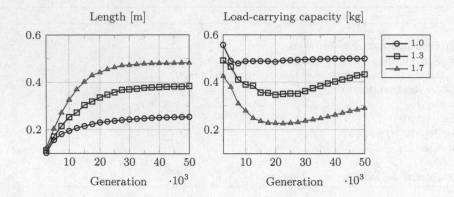

Bild 6.35. Untersuchung für die Kalibrierung des Faktors s in der Bewertungsfunktion. Links wird die erzielte Länge des Kranauslegers und rechts die Tragkraft jeweils in Abhängigkeit der Gesamtanzahl an Evaluationen gezeigt. Die drei Kurven entsprechen unterschiedlichen Werten von s. (Mit
freundlicher Genehmigung des ©Springer Verlags.)

Wie sich der Faktor s auf Länge und Last auswirkt, ist in Bild 6.35 dargestellt. Klar erkennt
man, wie sich Länge und Last für die drei verschiedenen Werte von s umkehren. Interessanterweise scheint ein eher höherer Wert von s dafür zu sorgen, dass (über die gesamte Optimierungszeit
gesehen) das Ziel der Lastmaximierung zunächst überproportional stark vernachlässigt wird und
die Optimierung sich später auf die Verstärkung der Struktur konzentriert, um mehr Last tragen
zu können. Die Ergebnisse in Bild 6.35 wurden mit einer Populationsgröße $\mu = 100$, Faktor
$c = 10^{-9}$ und 10 000 Bewertungen für die Probleminstanz $(0{,}5\text{m}, 0{,}5\text{kg})$ ermittelt.

Der Einfluss des Faktors c ist wesentlich geringer, wie Bild 6.36 zeigt. In Abhängigkeit von c
wird gezeigt, wie sich die Fitness, die maximalen Momente und die Anzahl der Steine verändern.
Werte $c \leq 10^{-5}$ haben kaum einen Einfluss. Bei leicht größeren Werten wird zunächst die Anzahl
der Steine wesentlich stärker verringert als die Fitness oder die Momente. Damit gibt es einen
schmalen Bereich zwischen $c = 10^{-4}$ und $c = 10^{-3{,}5}$, in dem vornehmlich die Anzahl der Steine abnimmt ohne dass die Qualität der Kranausleger übermäßig degradiert. Die Ergebnisse in

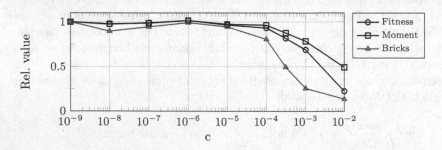

Bild 6.36. Untersuchung für die Kalibrierung des Faktors c in der Bewertungsfunktion. Es wird angezeigt,
wie sich die relative Größe der Gesamtfitness, der maximalen Momente und der Anzahl der
Steine durch den Faktor c ändert – »relativ« bedeutet dabei, eine Normierung zum maximal
aufgetretenen Wert. (Mit freundlicher Genehmigung des ©Springer Verlags.)

Bild 6.36 wurden mit einer Populationsgröße $\mu = 100$, Faktor $s = 1,2$ und $10\,000$ Bewertungen für die Probleminstanz $(0,5\text{m}, 0,5\text{kg})$ ermittelt.

Für die Kalibrierung des Algorithmus bleibt noch die wichtige Frage, wie groß die Population gewählt werden sollte, da die Bewertungsfunktion aufwändig und damit die Anzahl der möglichen Bewertungen beschränkt ist. Bild 6.37 zeigt, wie sich die Populationsgröße auf das Ergebnis (gemessen durch die Fitnessfunktion) auswirkt. Abhängig von der Anzahl der erlaubten Anzahl an Bewertungen bewegt sich die optimale Populationsgröße μ zwischen 100 und 400 Individuen. Die Probleminstanz war in diesem Experiment wieder $(0,5\text{m}, 0,5\text{kg})$ und der Faktor $c = 10^{-9}$ – lediglich die Einstellung für s wurde abhängig von der Anzahl der Evaluationen gewählt: $s = 1,2$ für $10\,000$ Bewertungen, $s = 1,3$ für $25\,000$ Bewertungen und $s = 1,4$ für $50\,000$ Bewertungen.

Auf Basis dieser Untersuchungen wurde mit den Parametereinstellungen aus Tabelle 6.10 für das Problem des Kranauslegers gearbeitet.

Wie gut der hier präsentierte Ansatz für die Konstruktion von Kranauslegern funktioniert, wird an zwei kleinen Beispielen illustriert.

Bild 6.38 zeigt einen Ausleger, der für die Zielgrößen $(1\text{m}, 0,25\text{kg})$ evolviert wurde. Die Struktur misst $0,664$ m vom Lager bis zur angebrachten Last (mit dem Gewicht $0,236$ kg). Bild 6.39 zeigt das Ergebnis der Kräftesimulation – je dicker eine Linie im Graphen ist, desto größer ist das wirksame Drehmoment. Hierbei erkennt man deutlich, wo die größte Spannung im Bauwerk herrscht. Weiterhin erkennt man hier deutlich die durch die Evolution gefundene (zugegebener-

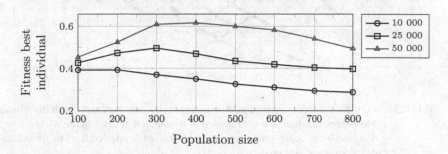

Bild 6.37. Untersuchung für die Kalibrierung der Populationsgröße. Es ist die jeweils beste gefundene Güte (im Durchschnitt) über der Populationsgröße aufgetragen. Die drei Kurven entsprechen jeweils einer anderen Gesamtanzahl erlaubter Evaluationen. (Mit freundlicher Genehmigung des ©Springer Verlags.)

Parameter	Wert
Populationsgröße	$\mu = 400$
Anzahl der Generationen	$t = 50\,000$
Wichtung Länge: Last in der Bewertungsfunktion	$s = 1,4$
Einfluss der Größe in der Bewertungsfunktion	$c = 10^{-9}$ oder $c = 10^{-3,5}$

Tabelle 6.10. Parameterwerte für die Optimierung der Kranausleger.

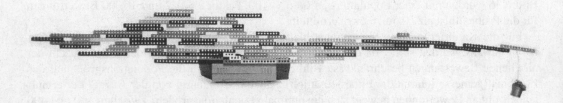

Bild 6.38. Durch den evolutionären Algorithmus erzeugter Kranausleger der Länge 0,664m für die Probleminstanz (1m, 0,25kg). Es wurde $c = 10^{-9}$ benutzt. (Mit freundlicher Genehmigung des
©Springer Verlags.)

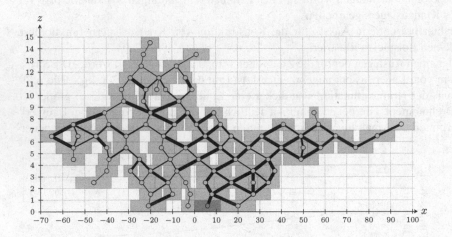

Bild 6.39. Zum Kranausleger in Bild 6.38 wird angezeigt, wie groß die durch die Simulation errechneten
Momente zwischen den verschiedenen Bindungen der Bausteine wirken – je dicker die Verbindungslinie ist, desto größer ist die potentiell wirkende Kraft. (Mit freundlicher Genehmigung
des ©Springer Verlags.)

maßen nicht wirklich überraschende) Konstruktionsidee: Das unstrukturierte Gebilde links vom
Lager wirkt als Gegengewicht, um die Momente auszugleichen.

Das zweite Beispiel in Bild 6.40 wurde durch einen größeren Wert für den Faktor $c = 10^{-3,5}$
bezüglich der Anzahl der verwendeten Steine minimiert. Als Probleminstanz diente (0,5m, 0,5kg),
wobei lediglich ein Ausleger mit der Länge 0,296 m erzeugt wurde. Hier ist deutlich ersichtlich,
dass durch die Parametrisierung der Bewertungsfunktion die Bauart der Kranausleger beeinflusst
werden kann.

Tabelle 6.11 zeigt einige Ergebnisse im Vergleich zu einer Vorgängerpublikation, die eine andere Bewertung und eine andere Repräsentation der LEGO®-Bauwerke (genauer: eine Baumdar-
stellung) benutzt hat. Die hier vorgestellten, durch Nachbau verifizierten Ergebnisse übertreffen
die der Vorgängerarbeit deutlich.

Weniger tiefgehend betrachten wir zum Abschluss dieses Kapitels noch ein weiteres LEGO®-
Optimierungsproblem, bei dem mehrere Lager zum Einsatz kommen. Es soll eine Brücke kon-

Bild 6.40. Durch den evolutionären Algorithmus erzeugter Kranausleger für die Probleminstanz (0,5m, 0,5kg). Es wurde $c = 10^{-3,5}$ benutzt. (Mit freundlicher Genehmigung des ©Springer Verlags.)

| | Funes/Pollack | | Waßmann/Weicker | |
	Länge	Belastbarkeit	Länge	Belastbarkeit
	0,5 m	0,148 kg	0,496 m	0,482 kg
			0,664 m	0,236 kg
	0,16 m	0,5 kg	0,256 m	1,0 kg

Tabelle 6.11. Vergleich der Ergebnisse für den Kranausleger mit früheren Publikationen der Autoren Funes/Pollack.

struiert werden, die an vier Punkten fest gelagert ist. Ferner muss eine ebene vorgegebene Fahrbahn gestützt werden und der schraffierte rechteckige Bereich unter dem mittleren Brückenbogen in Bild 6.41 ist frei zu halten.

Da eine gerade Fahrbahn auf der richtigen Höhe nur unter sehr großem Rechenaufwand durch einen evolutionären Algorithmus hervorgebracht wird, haben wir für dieses Problem einen zweistufigen Ansatz gewählt.

1. In einer ersten Phase wird die Verbindung zwischen den Lagern und den Steinen der Fahrbahn hergestellt.
2. In der zweiten Phase wird die Struktur bzgl. ihrer Tragkraft optimiert.

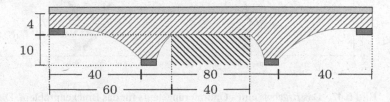

Bild 6.41. Anforderung an die zu evolvierende Brückenkonstruktion: Die vier dunklen Steine sind die Lager, eine ebene Fahrbahn muss gestützt werden und die rechteckige schraffierte Fläche unter dem mittleren Brückenbogen muss frei bleiben. (Mit freundlicher Genehmigung des ©Springer Verlags.)

Diese Idee bilden wir in die Bewertungsfunktion ab. Dabei wird die evolvierte Struktur schrittweise modifiziert und die Zwischenergebnisse zur Berechnung der Güte des Individuums benutzt – das Individuum selbst bleibt unverändert. Zunächst wird die evolvierte LEGO®-Struktur M um die Steine der Fahrbahn erweitert – das Resultat sei M'. Ist die Struktur nicht vollständig verbunden, sei f_{con} die minimale Distanz zwischen zwei unverbundenen Steinen. Falls alle Steine in M' mit Lagern verbunden sind, wird geprüft, welche Steine der Fahrbahn die minimal erforderliche Oberflächenlast tragen – die nicht tragfähigen werden iterativ entfernt, das Resultat sei M''. Daraus lässt sich als wichtige Kenngröße die Anzahl der entfernten Fahrbahnsteine *fahrbahnlücken*(M'') ableiten. Ferner wird geprüft, welche maximale Gesamtlast $p_{max}(M'')$ die Struktur M'' tragen kann. Insgesamt resultiert damit die folgende Formel als zu maximierende Bewertungsfunktion:

$$f_{\text{brücke}}(M) = \begin{cases} \frac{1}{1+f_{con}(M')}, & \text{falls } M' \text{ nicht zusammenhängend ist} \\ 1 + p_{max}(M'')^{\frac{1}{1+fahrbahnlücken(M'')}} \cdot c^{steinanzahl(M)}, & \text{sonst.} \end{cases}$$

Der Faktor c kontrolliert wieder die Anzahl der verbauten Steine. Im nachfolgend dargestellten Ergebnis wurd $c = 0{,}995$ benutzt.

Bild 6.42 zeigt eines der Ergebnisse für das Brückenproblem. Die natürlich gewachsene Struktur ist für die meisten Betrachter zunächst irritierend. Interessant wäre es zukünftig Techniken zu erproben, die eine stärker symmetrische oder reguläre Bauweise bevorzugen.

Insgesamt konnten mit dem hier präsentierten Ansatz erstmals Probleme mit mehreren Lagern betrachtet werden. Der Ansatz wurde auch bereits auf dreidimensonale Problemstellungen übertragen, bei dem die wirksamen Kräft in die (x/z)- bzw. (y/z)-Ebene projiziert werden.

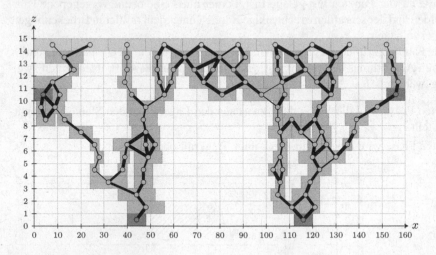

Bild 6.42. Das Ergebnis eines Optimierungslaufs für das Brückenproblem. Die dicke der Linien kennzeichnet wieder die Stärke der vermutlich wirksamen Momente. (Mit freundlicher Genehmigung des ©Springer Verlags.)

Übungsaufgaben

Übung 6.1   Vergleich von Algorithmen

Greifen Sie den Handlungsreisendenalgorithmus aus Kapitel 2 auf und experimentieren Sie, wieviele Optimierungen benötigt werden, um zu zeigen, dass die INVERTIERENDE-MUTATION (Algorithmus 2.2) bessere Ergebnisse liefert als die VERTAUSCHENDE-MUTATION (Algorithmus 2.1). Reichen 2, 5, 10 oder 50?

Übung 6.2   Algorithmenentwurf

Betrachten Sie das Layout-Problem für eine Seite einer Tageszeitung. Die Zeitung habe fünf Spalten gleicher Breite und es müssen Elemente (Text, Bilder, Anzeigen etc.) überschneidungsfrei und möglichst ohne größere Lücken platziert werden. Die Elemente haben eine beliebige Höhe und sind ein Vielfaches der Spaltenbreite weit. Versuchen Sie alle Schritte der Entwurfsmethodik für dieses Problem durchzuführen.

Übung 6.3   Antennenoptimierung

Betrachten Sie den Rekombinationsoperator der Antennenoptimierung nochmals genauer. Wie könnte der Operator verallgemeinert werden? Und warum ist er in der vorliegenden Form gerade für das Modell von Zürich besonders gut geeignet?

Übung 6.4   Randbedingungen

Sowohl in der Container-Beladung als auch der Motorenoptimierung wurden Randbedingungen u.a. durch Strafterme umgesetzt. Überlegen Sie jeweils, was andere sinnvolle Mechanismen sein könnten.

Übung 6.5   LEGO®-Bauwerke

Es soll eine Halterung für Deckenlampen evolviert werden. Dazu ist das Szenario in Bild 6.43 vorgegeben. Ein Raum der Breite b enthält zwei grau dargestellte Lager, an denen die Struktur aufgehängt wird. Es sind h_2 Einheiten tiefer an den Positionen $x_1,\dots,x_3$ Lampen mit dem Eigengewicht $F_1,\dots,F_3$ zu halten. Nach oben sind h_1 Einheiten über dem Lager ebenfalls nutzbar.

a) Entwerfen Sie eine Bewertungsfunktion, die für dieses Problem gut geeignet ist.

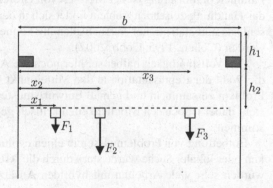

Bild 6.43.
Beleuchtungsszenario für die Evolution von LEGO®-Strukturen.

b) Entwerfen Sie eine Bewertungsfunktion, die eine Struktur evolviert, die mehrere »Beleuchtungsszenarien« (unterschiedliche Werte für x_i und F_i mit $1 \leq i \leq 3$) halten kann.

Historische Anmerkungen

Die vorgestellten Abhängigkeiten zwischen den Parametern eines evolutionären Algorithmus, die im Rahmen des Vergleichs von Algorithmen diskutiert wurden, sind nur selten expliziter Inhalt wissenschaftliche Literatur. Indirekt wird von solchen Abhängigkeiten allerdings bereits in den Arbeiten von De Jong (1975) und Grefenstette (1986) ausgegangen, die sich mit sinnvollen Parameterkombinationen für unterschiedliche Probleme beschäftigen. Die ausführlichste Arbeit zu diesem Thema stellt vermutlich der Beitrag von Deb & Agrawal (1999) dar, der auch das Beispiel in diesem Kapitel inspiriert hat. Hypothesentests finden sich in der gängigen mathematischen Literatur (Lehn & Wegmann, 2006; Press et al., 1988–92) – die Tabellen für die Fehlerwahrscheinlichkeit sind in jedem Tafelwerk enthalten.

Bei den Vorgehensmodellen sind grobe Entwurfsmuster beispielsweise in Kapitel 7 des Lehrbuchs von Pohlheim (2000) enthalten. Dort wird auch in Kapitel 8 eine Variante des wiederverwendungsbasierten Ansatzes vorgestellt. Die Schwierigkeit der Problemklassifikation wird beispielsweise von Naudts & Kallel (2000) und Merz (2000) thematisiert.

Der Forma-basierte Ansatz wurde von Radcliffe (1991a,b) und Surry (1998) begründet. Radcliffe & Surry (1995) veröffentlichten auch gemeinsam die Forma-Güte-Varianz. Diese Methode hat durchaus eine gewisse Verbreitung gefunden, wie die Anwendungen von Cotta & Troya (1998, 2001) zeigen.

Der analysebasierte Ansatz basiert in großen Teilen auf der Diplomarbeit von Fischer (2004). Bei den vorgestellten Metriken für die Operatoranalyse stammen die Begriffe induzierte Optima und deren Isoliertheit von Jones (1995). Die Verbesserungswahrscheinlichkeit von Rechenberg (1973) wurde zusammen mit der erwartete Verbesserung von Fogel & Ghozeil (1996) und Weicker & Weicker (1999) wieder aufgenommen. Hinter der Korrelation der Elter-/Kindgüte verbergen sich die Arbeiten von Weinberger (1990), Hordijk (1997) und Altenberg (1995). Bei den Leistungsmetriken sind insbesondere die durchschnittliche und die mittlere beste Güte zu erwähnen, die als *online* bzw. *offline performance* von De Jong (1975) vorgestellt wurden. Der erste Bericht über die Verwendung statistischer Versuchsplanung zur Einstellung der Parameterwerte stammt von Sugihara (1997). Eine wesentlich ältere, hier nicht behandelte Alternative zur Parameterkalibrierung ist der Meta-EA von Grefenstette (1986). Die Umsetzung des Ansatzes für das Handlungsreisendenproblem findet sich in der Diplomarbeit von Fischer (2004). Zu Hypothesentests und statistischer Versuchsplanung können weitere Details der Fachliteratur entnommen werden (Cohen, 1995; Cobb, 2002).

Der Vollständigkeit halber sei hier noch die Arbeit von Sharpe (2000) erwähnt, der ebenfalls die Wahl der Repräsentation in den Mittelpunkt stellt, um anschließend Informationen über das Problem zu sammeln und gemäß Entwurfsmustern einen passenden Algorithmus zu wählen. Er steht dabei jedoch den Möglichkeiten kritisch gegenüber, die Ähnlichkeit von Problemen zu bestimmen.

Einbettung von Problemwissen in einen evolutionären Algorithmus in der Form von Heuristiken oder lokaler Suche wurde stark durch die Arbeit von Davis (1991b) geprägt. In der Folgezeit wurden sehr viele Arbeiten mit hybriden Ansätzen veröffentlicht (siehe z. B. bei Michalewicz,

1992). Das Beispiel des hybriden Operators für das Stundenplanproblem stammt aus der Arbeit von Burke et al. (1995). Die Initialisierung der Anfangspopulation durch Heuristiken hat bereits Grefenstette (1987b) eingeführt.

Die Lösung des Container-Problems stammt aus der Diplomarbeit von Nebel (2010). Der Ansatz wurde später auf einer Tagung vorgestellt (Nebel et al., 2012). Für die große Klasse der Bin-Packing-Probleme finden sich in der Literatur sehr viele unterschiedliche evolutionäre Algorithem, u. a. Tabu-Suche (Bortfeldt & Gehring, 1998b), hybride genetische Algorithmen (Gehring & Bortfeldt, 1997; Martello et al., 2000; Karabulut & İnceoğlu, 2005) oder auch sehr speziell entworfene Algorithmen wie der Ansatz von Chen (2010), der mit diploiden Individuen arbeitet. Vom Container-Problem selbst gibt es sehr viele Varianten, wobei die starken Restriktionen und Besonderheiten des hier präsentierten Ansatzes eher untypisch sind. Beispiele für Rotationsbeschränkungen findet man auch bei Chen (2010); die nicht-konvexen Packstücke hat auch bereits Ikonen et al. (1997) betrachtet. Die Benchmarkdaten BR1–BR7 stammen aus der Arbeit von Bischoff & Ratcliff (1995), die auch für die Vergleichsalgorithmen CBGAT (Gehring & Bortfeldt, 1997) and CBGAS (Bortfeldt & Gehring, 1998a) als Varianten der genetischen Algorithmen bzw. CBUSE (Bortfeldt & Gehring, 1998b) als Vertreter der Tabu-Suche untersucht wurden. Die Ergebnisse des ausgesprochen starken Algorithmus GRASP stammen aus der Arbeit von Parreño et al. (2008).

Die Fallstudie zur Platzierung von Antennen basiert auf der Arbeit von Szabo et al. (2002). Der Aspekt der Mehrzieloptimierung wurde dann später genauer herausgearbeitet (Weicker et al., 2003). Das reine Platzierungsproblem wird beispielsweise auch durch die Heuristik von Galota et al. (2000) oder die Tabu-Suche (Vasquez & Hao, 2001) gelöst. Für die Frequenzzuweisung gibt es noch mehr Literaturstellen, z. B. die heuristische Lösung von Zhou & Nishizeki (2001) oder GA-Varianten (Crisan & Mühlenbein, 1998). Zu den wenigen Ansätzen, beide Probleme gleichzeitig zu lösen, zählen die Arbeiten von Gupta & Kalvenes (1999) und Mathar & Schmeink (2002). Für die vorgestellten Datenstrukturen wurde im Projekt die LEDA-Bibliothek (Mehlhorn & Näher, 1999) herangezogen. Das Modell für Zürich wurde gemäß der Vorgehensweise von Tutschku et al. (1997) erstellt.

Die Kennfeldoptimierung wurde im Detail in der zugehörigen Veröffentlichung (Weicker et al., 2003) beschrieben. Andere Aspekte der Arbeit wurden von Mitterer et al. (1999), Mitterer & Zuber-Goos (2000) und der Dissertation von Mitterer (2000) beschrieben. Bei den Lernverfahren für die neuronalen Netze sei hier insbesondere auf *Resilient Propagation* (Riedmiller & Braun, 1993) und *Scaled Conjugate Gradient* (Moller, 1993) verwiesen. Die Variante des Gauß-Newton-Verfahrens stammt von Levenberg (1944) und Marquardt (1963).

Konzept und Ergebnisse der LEGO®-Optimierungsprobleme stammen aus der Masterarbeit von Waßmann (2012). Teile daraus wurden auf zwei Tagungen vorgestellt (Waßmann & Weicker, 2012a,b). Das Problem der evolvierten LEGO®-Bauwerke ist bereits wesentlich älter. Die ersten Ergebnisse, die auch in diesem Kapitel zum Vergleich herangezogen werden, stammen von Funes & Pollack (1997, 1999) bzw. Funes (2007). In deren Arbeit wurden Baumstrukturen als Genotyp benutzt.

Anhang

A. Benchmark-Funktionen

Dieser Anhang fasst einige wenige Benchmark-Funktionen zusammen, die auch im Hauptteil des Buches benutzt wurden.

In der Literatur findet sich eine Vielzahl von so genannten *Benchmark-Funktionen*. Dabei handelt es sich um standardisierte Probleme, die für einen Leistungsvergleich verschiedener Optimierungsverfahren herangezogen werden.

Bei den Benchmark-Funktionen der Funktionsoptimierung wird eine mathematische Funktion auf einem mehrdimensionalen Wertebereich definiert und der minimale oder maximale Funktionswert gesucht. Diese Funktionen lassen sich bezüglich ihrer Separierbarkeit unterscheiden. Dabei heißt eine Funktion separierbar, wenn sie sich als Summe von Termen darstellen lässt, die jeweils nur von dem Wert einer Dimension des Suchraums abhängen. Eine weitere Unterscheidung kann mittels der Anzahl der lokalen und globalen Optima im Suchraum getroffen werden, wobei ein lokales Optimum als Extremum im mathematischen Sinn aufgefasst wird (d. h. bezüglich der natürlichen Nachbarschaft im Suchraum und nicht bezüglich einer durch Operatoren induzierte Nachbarschaftsstruktur). Existiert nur ein lokales (und gleichzeitig auch globales) Optimum, spricht man von einem unimodalen Problem – andernfalls von einem multimodalen. Insgesamt geht man davon aus, dass der Schwierigkeitsgrad von nicht separierbaren bzw. multimodalen Problemen größer ist als bei separierbaren bzw. unimodalen Problemen.

Ein Beispiel für ein separierbares, unimodales Minimierungsproblem ist die *Sphäre*

$$f(X) = \sum_{i=1}^{n} X_i^2,$$

die von Rechenberg (1973) und De Jong (1975) eingeführt wurde. Meist wird sie mit $n = 30$ und den Wertebereichen $-5{,}12 \leq X_i \leq 5{,}12$ für $1 \leq i \leq n$ benutzt. Der minimale Gütewert ist $f(0, \ldots, 0) = 0$.

Ein weiteres Beispiel ist die *gewichtete Sphäre* (vgl. Schwefel, 1995)

$$f(X) = \sum_{i=1}^{n} i^2 \cdot X_i^2,$$

die meist ebenfalls mit $n = 30$ und $-5{,}12 \leq X_i \leq 5{,}12$ für $1 \leq i \leq n$ optimiert wird. Ihr minimaler Gütewert ist ebenfalls $f(0, \ldots, 0) = 0$.

Ein Beispiel für ein separierbares, multimodales Minimierungsproblem ist die *Rastrigin-Funktion*

$$f(X) = 10 \cdot n + \sum_{i=1}^{n} (X_i^2 - 10 \cdot \cos(2 \cdot \pi \cdot X_i)),$$

die von Törn & Zilinskas (1989) eingeführt wurde. Analog zu den obigen Funktionen gilt auch hier meist $n = 30$ und $-5{,}12 \leq X_i \leq 5{,}12$ für $1 \leq i \leq n$, und die minimale Güte ist $f(0, \ldots, 0) = 0$.

Auch die *Sinus-Summe* von Schwefel (1995)

$$f(X) = 418{,}982\,89 \cdot n + \sum_{i=1}^{n} x_i \cdot \sin\left(\sqrt{|X_i|}\right)$$

ist ein separierbares, multimodales Minimierungsproblem – meist mit $n = 30$ und $-512{,}03 \leq X_i \leq 511{,}97$ für $1 \leq i \leq n$. Der optimale Gütewert ist $f(420{,}968\,746\,3, \ldots, 420{,}968\,746\,3) \approx 0$.

Ein Beispiel für ein nicht separierbares, unimodales Minimierungsproblem ist die *Doppelsumme* von Schwefel (1977)

$$f(X) = \sum_{i=1}^{n} \left(\sum_{j=1}^{i} X_j \right)^2.$$

Auch diese Funktion wird meistens für $n = 30$ und die Wertebereiche $-65{,}536 \leq X_i \leq 65{,}536$ für $1 \leq i \leq n$ optimiert. Die minimale Güte ist $f(0, \ldots, 0) = 0$.

Die *Rosenbrock-Funktion*

$$f(X) = \sum_{i=1}^{n-1} \left(100 \cdot \left(X_i^2 - X_{i+1} \right)^2 + (1 - X_i)^2 \right)$$

von De Jong (1975) ist ebenfalls eine nicht separierbare, unimodale Funktion mit $n = 30$ und $-2{,}048 \leq X_i \leq 2{,}048$ für $1 \leq i \leq n$. Das gesuchte Minimum ist $f(1, \ldots, 1) = 0$.

Ein Beispiel für ein nicht separierbares, multimodales Problem ist die *Ackley-Funktion*

$$f(X) = 20 + \exp(1) - 20 \cdot \exp\left(-\sqrt{\frac{1}{5 \cdot n} \cdot \sum_{i=1}^{n} X_i^2} \right) - \exp\left(\frac{1}{n} \cdot \sum_{i=1}^{n} \cos(2 \cdot \pi \cdot X_i) \right),$$

die von Ackley (1987a) eingeführt wurde und meist mit $n = 30$ und $-20 \leq X_i \leq 30$ $(1 \leq i \leq n)$ benutzt wird. Die minimale Güte beträgt $f(0, \ldots, 0) = 0$.

Ein weiteres nicht separierbares, multimodales Beispiel ist die *Griewank-Funktion* (vgl. Törn & Zilinskas, 1989)

$$f(X) = 1 + \sum_{i=1}^{n} \frac{X_i^2}{400 \cdot n} - \prod_{i=1}^{n} \cos\left(\frac{X_i}{\sqrt{i}} \right),$$

mit $n = 30$, $-512 \leq X_i \leq 511$ $(1 \leq i \leq n)$ und einem Minimum von $f(0, \ldots, 0) = 0$.

Neben den reellwertigen Testfunktionen ist das *Einsenzählproblem* ein Benchmark für den genetischen Algorithmus, das die binäre Entsprechung zur reellwertigen Sphäre darstellt. Es handelt sich dabei um die folgende zu maximierende Funktion

$$f(X) = \sum_{i=1}^{n} X_i$$

mit $X \in \mathbb{B}^n$. Die Dimension n kann beliebig gewählt werden.

Ein zweites binäres Benchmark-Problem ist die einfache *Royal-Road-Funktion*, die von Mitchell et al. (1992) eingeführt wurde. Sie fasst die Bits der Lösungskandidaten in Blöcken der

Stadt	Koord.		Stadt	Koord.		Stadt	Koord.		Stadt	Koord.		Stadt	Koord.	
1	41	49	22	45	10	43	23	3	64	15	77	85	16	22
2	35	17	23	55	5	44	11	14	65	62	77	86	4	18
3	55	45	24	65	35	45	6	38	66	49	73	87	28	18
4	55	20	25	65	20	46	2	48	67	67	5	88	26	52
5	15	30	26	45	30	47	8	56	68	56	39	89	26	35
6	25	30	27	35	40	48	13	52	69	37	47	90	31	67
7	20	50	28	41	37	49	6	68	70	37	56	91	15	19
8	10	43	29	64	42	50	47	47	71	57	68	92	22	22
9	55	60	30	40	60	51	49	58	72	47	16	93	18	24
10	30	60	31	31	52	52	27	43	73	44	17	94	26	27
11	20	65	32	35	69	53	37	31	74	46	13	95	25	24
12	50	35	33	53	52	54	57	29	75	49	11	96	22	27
13	30	25	34	65	55	55	63	23	76	49	42	97	25	21
14	15	10	35	63	65	56	53	12	77	53	43	98	19	21
15	30	5	36	2	60	57	32	12	78	61	52	99	20	26
16	10	20	37	20	20	58	36	26	79	57	48	100	18	18
17	5	30	38	5	5	59	21	24	80	56	37	101	35	35
18	20	40	39	60	12	60	17	34	81	55	54			
19	15	60	40	40	25	61	12	24	82	15	47			
20	45	65	41	42	7	62	24	58	83	14	37			
21	45	20	42	24	12	63	27	69	84	11	31			

Tabelle A.1. Koordinaten des Handlungsreisendenproblems eil101.

Länge k zusammen. Pro Block müssen alle Bits den Wert 1 haben, damit sie einen positiven Beitrag zur Güte des Individuums liefern. Für einen Genotyp $\mathscr{G} = \mathbb{B}^l$ mit $l = k \cdot m$ ist die Bewertungsfunktion dann wie folgt definiert.

$$f(X) = \sum_{i=0}^{m-1} \delta_i(X) \cdot k \qquad \text{wobei}$$

$$\delta_i(X) = \begin{cases} 1, & \text{falls } \forall j \in \{i \cdot k + 1, \ldots, (i+1) \cdot k\} : X_j = 1 \\ 0, & \text{sonst.} \end{cases}$$

Diese Funktion kann auch leicht über Schemata der Ordnung k definiert werden.

Zusätzlich sind auch kombinatorische Probleme sehr beliebt als Benchmarks, um unterschiedliche Algorithmen zu vergleichen. Das klassische Problem ist hierbei das Handlungsreisendenproblem, das im Beispiel 2.1 ausführlich eingeführt wurde. Das in diesem Buch verwendete Problem eil101 enthält die Städte in Tabelle A.1 und die Kosten einer Kante ergeben sich aus dem euklidischen Abstand der verbundenen Städte. Die optimale Tour hat die Länge 629.

Eine andere auf Permutationen definierte Funktion ist die so genannte *C-Funktion*, die von Claus (1991) eingeführt wurde. Es handelt sich dabei um ein Komplexitätsmaß

$$f(X) = 2 \cdot \sum_{i=1}^{n-1} \sum_{j=i+1}^{n} \frac{|X_j - X_i|}{j - i},$$

$n=2$	2,0	$n=7$	68,433	$n=12$	253,066
$n=3$	7,0	$n=8$	95,886	$n=13$	305,180
$n=4$	16,667	$n=9$	126,938	$n=14$	363,514
$n=5$	29,167	$n=10$	163,937		
$n=6$	47,4	$n=11$	205,463		

Tabelle A.2. Beste Funktionswerte für die C-Funktion.

mit dem die Permutation $X \in \mathscr{S}_n$ mit maximaler Komplexität gesucht wird. Bekannte Optima sind in Tabelle A.2 dargestellt.

Eine Übersicht zu Benchmark-Funktionen mit Randbedingungen kann der Arbeit von Michalewicz & Schoenauer (1996) entnommen werden. Ein einfaches Beispiel ist die folgende zu minimierende Funktion von Floudas & Pardalos (1990):

$$f(X) = (X_1 - 10)^3 + (X_2 - 20)^3,$$

mit den Randbedingungen

$$(X_1 - 5)^2 + (X_2 - 5)^2 - 100 \geq 0$$
$$-(X_1 - 6)^2 - (X_2 - 5)^2 + 82,81 \geq 0,$$

wobei $13 \leq X_1 \leq 100$ und $0 \leq X_2 \leq 100$. Das gesuchte Optimum ist $X^* = (14,095,\ 0,842\,96)$ mit dem Funktionswert $f(X^*) = -6\,961,814$.

Eine schwierigere, zu maximierende Funktion, bei welcher der gültige Bereich auf eine Hyperkugel reduziert wird, stammt von Michalewicz et al. (1996):

$$f(X) = (\sqrt{n})^n \cdot \prod_{i=1}^{n} X_i \qquad \text{mit der Randbedingung } \sum_{i=1}^{n} X_i^2 = 1,$$

wobei $0 \leq X_i \leq 1$ für $1 \leq i \leq n$. Das gesuchte Optimum ist $X^* = (\frac{1}{\sqrt{n}}, \ldots, \frac{1}{\sqrt{n}})$ mit dem Funktionswert $f(X^*) = 1$.

Auch für die Techniken der Mehrzieloptimierung steht eine ganze Reihe an Benchmark-Funktionen zur Verfügung. Eine Übersicht kann der Arbeit von Zitzler et al. (2000) entnommen werden, aus der auch die folgenden zwei Funktionen stammen.

$$f_1(X) = X_1$$
$$f_2(X) = g(X) \cdot \left(1 - \sqrt{\frac{X_1}{g(X)}}\right) \qquad \text{mit } g(X) = 1 + 9 \cdot \sum_{i=2}^{n} \frac{X_i}{n-1}.$$

Die vorstehende Funktion hat eine konvexe Pareto-Front, während die folgende Funktion konkav ist.

$$f_1(X) = X_1$$
$$f_2(X) = g(X) \cdot \left(1 - \left(\frac{X_1}{g(X)}\right)^2\right) \qquad \text{mit } g(X) = 1 + 9 \cdot \sum_{i=2}^{n} \frac{X_i}{n-1}.$$

B.   Notation der Algorithmen

Die Notation der Algorithmen orientiert sich an der Darstellung im Standardwerk zu Algorithmen und Datenstrukturen von Cormen et al. (2004), da sie extrem kompakt ist und dadurch Übersichtlichkeit mit leichter Lesbarkeit verbindet. Zur Strukturierung stehen die folgenden Elemente mit der üblichen Semantik zur Verfügung:

- bedingte Verzweigung: »**if**... **then**... « und »**if**... **then**... **else**... «,
- mehrfach bedingte Verzweigung: »**switch case**... ... «,
- abweisende Schleife: »**while**... **do**... «,
- nichtabweisende Schleife: »**repeat**... **until**... « und
- vorgegebene Anzahl an Iterationen: »**for**... **do**... «.

Die Anzahl der Anweisungen, die nach einem **then**, **else**, **do** oder **repeat** ausgeführt werden, wird durch die Einrückung kenntlich gemacht. Alle Anweisungen, die gleich tief oder tiefer eingerückt sind, zählen zum selben Block mit Anweisungen. Diese Blöcke werden zusätzlich durch die Markierungen ⌐ und ∟ verdeutlicht, wie Bild B.1 am Beispiel zeigt.

Für Zuweisungen wird die Schreibweise $A \leftarrow Ausdruck$ benutzt, wobei der Wert von *Ausdruck* der Variablen A zugewiesen wird. Bei der **for**-Schleife werden zwei Varianten unterschieden: Ist die Reihenfolge der Iterationen grunsätzlich beliebig, wird mit **for each** $x \in M$ für eine Menge M angezeigt, welche Berechnungen vorgenommen werden. Ansonsten soll durch **for** $x \leftarrow 1, \ldots, 10$ die Reihenfolge der Abarbeitung verdeutlicht werden.

Da unterschiedliche Arten von Pseudozufallszahlen eine große Rolle in den evolutionären Algorithmen spielen, wird bei jeder Pseudozufallszahl die zugrundeliegende Verteilung der Zufallszahlen angegeben: $U(M)$ steht für die gleichverteilte Wahl einer Zahl aus der Menge M, die sowohl ein reellwertiges Intervall als auch eine diskrete Menge sein kann. Ferner sind die normalverteilten Zahlen $\mathcal{N}(0, \sigma)$ mit Standardabweichung σ um den Erwartungswert 0 von Interesse.

Viele der Algorithmen können über Parameter eingestellt werden. Diese Parameter werden in den Algorithmen nach ihrem ersten Vorkommen in geschlossenen Klammern genauer beschrieben – Beispiel: s ⟨Anzahl der zu wählenden Individuen⟩ .

Algorithmus B.1 (»Sortieren durch Auswählen«). Die Einrückungstiefe gibt an, welche Anweisungen innerhalb einer Schleife oder einer **if**-Verzweigung ausgeführt werden. Der dabei entstehende Block ist jeweils zusätzlich durch eine Klammerung von ⌐ bis ∟ markiert.

AUSWAHLSORT$(A[])$

```
1   for i = A.length, ... ,2
2   do ⌐ pos ← i
3       for j = 1, ... , i−1
4       do ⌐ if A[j] > A[pos]
5          ∟ then ⌐ pos ← j
6       if pos ≠ i
7       ∟ then ⌐ VERTAUSCHE(A, pos, i)
```

Die Algorithmen in diesem Buch sind auf eine möglichst einfache Darstellung der wesentlichen Vorgänge ausgelegt. Für die Implementation sind gegebenenfalls Veränderungen bezüglich der Effizienz vorzunehmen – so kann durch andere Handhabung von Zwischenergebnissen der Algorithmus effizienter hinsichtlich Platz oder Zeit werden, wäre dann allerdings länger in der Pseudo-Code-Notation.

An einigen Stellen werden Angaben zur asymptotischen Laufzeit von Algorithmen gemacht, d.h. es wird nur das grundsätzliche Verhalten für eine größer werdende Eingabe ohne Berücksichtigung von Konstanten betrachtet. Dies geschieht in der üblichen Landau-Notation.

In Abschnitt 6.2 werden Vorgehensweisen zum Entwurf von Algorithmen diskutiert. Diese werden als Aktivierungsdiagramm aus der *Unified Modeling Language* (UML) notiert.

Literaturverzeichnis

Aarts EHL & Korst J (1991). *Simulated Annealing and Boltzmann Machines: A Stochastic Approach to Combinatorial Optimization and Neural Computing*, Wiley & Sons, Chichester, UK.

Ackley DH (1987a). *A Connectionist Machine for Genetic Hillclimbing*, Kluwer, Boston, MA.

— (1987b). *Stochastic Iterated Genetic Hillclimbing*, Doktorarbeit, Carnegie Mellon University, Pittsburgh, PA.

Aizawa AN & Wah BW (1994). Scheduling of genetic algorithms in a noisy environment, *Evolutionary Computation*, 2(2), S. 97–122.

Alba E & Troya JM (1999). A survey of parallel distributed genetic algorithms, *Complexity*, 4(4), S. 31–52.

Altenberg L (1995). The schema theorem and Price's theorem, in: (Whitley & Vose, 1995), S. 23–49.

Angeline PJ (1994). Genetic programming and emergent intelligence, in: (Kinnear, 1994), S. 75–98.

— (1996). The effects of noise on self-adaptive evolutionary optimization, in: (Fogel et al., 1996), S. 433–439.

— (1997). Tracking extrema in dynamic environments, in: PJ Angeline, RG Reynolds, JR McDonnell & R Eberhart (Hrsg.), *Evolutionary Programming VI*, S. 335–345, Springer, Berlin.

Angeline PJ (Hrsg.) (1999). *1999 Congress on Evolutionary Computation*, IEEE Press, Piscataway, NJ.

Angeline PJ & Pollack JB (1993). Competitive environments evolve better solutions for complex tasks, in: (Forrest, 1993), S. 264–270.

Antonisse HJ & Keller KS (1987). Genetic operators for high-level knowledge representations, in: (Grefenstette, 1987a), S. 69–76.

Arnold DV & Beyer HG (2002). Random dynamics optimum tracking with evolution strategies, in: (Merelo Guervós et al., 2002), S. 3–12.

— (2006). Optimum tracking with evolution strategies, *Evolutionary Computation*, 14, S. 291–308.

Axelrod R (1987). The evolution of strategies in the iterated prisoner's dilemma, in: (Davis, 1987), S. 32–41.

Bäck T (1993). Optimal mutation rates in genetic search, in: (Forrest, 1993), S. 2–8.

Bäck T (Hrsg.) (1997). *Proc. of the Seventh Int. Conf. on Genetic Algorithms*, Morgan Kaufmann, San Francisco, CA.

Bäck T (1998). On the behavior of evolutionary algorithms in dynamic environments, in: (Fogel, 1998b), S. 446–451.

302   Literaturverzeichnis

Bäck T, Fogel DB & Michalewicz Z (Hrsg.) (1997). *Handbook of Evolutionary Computation*, Institute of Physics Publishing and Oxford University Press, Bristol, UK – New York, NY.

Baker JE (1987). Reducing bias and inefficiency in the selection algorithm, in: (Grefenstette, 1987a), S. 14–21.

Baldwin JM (1896). A new factor in evolution, *The American Naturalist*, 30, S. 441–451.

Baluja S (1994). Population-based incremental learning: A method for integrating genetic search based function optimization and competitive learning, Technischer Bericht CMU-CS-94-163, Carnegie Mellon University, Pittsburgh, PA.

Banzhaf W & Reeves C (Hrsg.) (1999). *Foundations of Genetic Algorithms 5*, Morgan Kaufmann, San Francisco, CA.

Bean JC & Hadj-Alouane AB (1992). A dual genetic algorithm for bounded integer programs, Technischer Bericht 92-53, Department of Industrial and Operations Engineering, University of Michigan, Ann Arbor, MI.

Belew RK & Booker LB (Hrsg.) (1991). *Proc. of the Fourth Int. Conf. on Genetic Algorithms*, Morgan Kaufmann, San Mateo, CA.

Beyer HG (1994). Towards a theory of evolution strategies: Results from the n-dependent (μ, λ) and the multi-recombinant $(\mu/\mu, \lambda)$ theory, Technischer Bericht SYS-5/94, Systems Analysis Research Group, University of Dortmund, Dortmund, Germany.

— (1997). An alternative explanation for the manner in which genetic algorithms operate, *BioSystems*, 41, S. 1–15.

— (1998). Mutate large, but inherit small! On the analysis of rescaled mutations in $(1, \lambda)$-ES with noisy fitness data, in: (Eiben et al., 1998), S. 109–118.

Bischoff EE & Ratcliff MSW (1995). Issues in the development of approaches to container loading, *Omega*, 23, S. 377–390.

Blickle T & Thiele L (1995). A mathematical analysis of tournament selection, in: (Eshelman, 1995), S. 9–16.

— (1997). A comparison of selection schemes used in evolutionary algorithms, *Evolutionary Computation*, 4(4), S. 361–394.

Bortfeldt A & Gehring H (1998a). Ein hybrider genetischer Algorithmus für das Containerbeladeproblem, Technischer Bericht 259, FernUniversität Hagen, Hagen, Diskussionsbeiträge des Fachbereichs Wirtschaftswissenschaft.

— (1998b). Ein Tabu Search-Verfahren für Containerbeladeprobleme mit schwach heterogenem Kistenvorrat, *OR Spektrum*, 20, S. 237–250.

Box GEP (1957). Evolutionary operation: A method for increasing industrial productivity, *Applied Statistics*, 6(2), S. 81–101.

Branke J (1998). Creating robust solutions by means of evolutionary algorithms, in: (Eiben et al., 1998), S. 119–128.

— (1999). Evolutionary algorithms for dynamic optimization problems: A survey, Technischer Bericht 387, Institute AIFB, University of Karlsruhe, Karlsruhe, Germany.

Bremermann HJ (1962). Optimization through evolution and recombination, in: MC Yovitis &

GT Jacobi (Hrsg.), *Self-Organizing Systems*, S. 93–106, Spartan, Washington, D.C.

Bremermann HJ, Rogson M & Salaff S (1966). Global properties of evolution processes, in: HH Pattee, EA Edlsack, L Fein & AB Callahan (Hrsg.), *Natural Automata and Useful Simulations*, S. 3–41, Spartan Books, Washington, D.C.

Brest J, Bošković B, Greiner S, Žumer V & Maučec MS (2007). Performance comparison of self-adaptive and adaptive differential evolution algorithms, *Soft Computing*, 11(7), S. 617–629.

Brindle A (1981). *Genetic algorithms for function optimization*, Doktorarbeit, University of Alberta, Department of Computer Science, Edmonton, Kanada.

Brown DE, Huntley CL & Spillane AR (1989). A parallel genetic heuristic for the quadratic assignment problem, in: (Schaffer, 1989), S. 406–415.

Burke EK, Elliman DG & Weare RF (1995). A hybrid genetic algorithm for highly constrained timetabling problems, in: (Eshelman, 1995), S. 605–610.

Cantú-Paz E (1999). A summary of research on parallel genetic algorithms, Technischer Bericht 95007, Department of General Engineering, University of Illinois at Urbana-Champaign, Urbana, IL.

Caruana RA & Schaffer JD (1988). Representation and hidden bias: Gray versus binary coding in genetic algorithms, in: J Leard (Hrsg.), *Proc. of the 5th Int. Conf. on Machine Learning*, S. 153–161, Morgan Kaufmann, San Mateo, CA.

Cedeño W & Vemuri VR (1997). On the use of niching for dynamic landscapes, in: *Int. Conf. on Evolutionary Computation*, S. 361–366, IEEE Press, Piscataway, NJ.

Chellapilla K & Fogel DB (2000). Anaconda defeats hoyle 6-0: A case study competing an evolved checkers program against commercially available software, in: (Zalzala, 2000), S. 857–863.

Chen HWY (2010). A hybrid genetic algorithm for 3d bin packing problems, in: K Li, Z Tang, R Li, AK Nagar & R Thamburaj (Hrsg.), *Proc. of the Fifth Int. Conf. on Bio-Inspired Computing: Theories and Applications*, S. 703–707, IEEE Press, Piscataway, NJ.

Chieniawski SE (1993). *An Investigation of the Ability of Genetic Algorithms to Generate the Tradeoff Curve of a Multi-objective Groundwater Monitoring Problem*, Masterarbeit, University of Illinois, Urbana, IL.

Chung C & Reynolds RG (1997). Function optimization using evolutionary programming with self-adaptive cultural algorithms, in: X Yao, JH Kim & T Furuhashi (Hrsg.), *Simulated Evolution and Learning: First Asia-Pacific Conf. (SEAL'96)*, S. 17–26, Springer, Berlin.

Claus V (1991). Complexity measures on permutations, in: J Buchmann, H Ganzinger & W Paul (Hrsg.), *Informatik: Festschrift zum 60. Geburtstag von Günter Hotz*, S. 81–94, Teubner Verlag, Stuttgart.

Cobb GW (2002). *Introduction to Design and Analysis of Experiments*, Key College, Emeryville, CA.

Cobb HG (1990). An investigation into the use of hypermutation as an adaptive operator in genetic algorithms having continuous, time-dependent nonstationary environments, Technischer Bericht 6760 (NLR Memorandum), Navy Center for Applied Research in Artificial Intelligence, Washington, D.C.

Cobb HG & Grefenstette JJ (1993). Genetic algorithms for tracking changing environments, in: (Forrest, 1993), S. 523–530.

Coello CAC (1999). An updated survey of evolutionary multiobjective optimization techniques: State of the art and future trends, in: (Angeline, 1999), S. 3–13.

Cohen PR (1995). *Empirical Methods for Artificial Intelligence*, MIT Press, Cambridge, MA.

Cormen TH, Leiserson CE, Rivest RL & Stein C (2004). *Algorithmen – Eine Einführung*, Oldenbourg, München.

Corne D, Dorigo M & Glover F (Hrsg.) (1999). *New Ideas in Optimization*, McGraw-Hill, London.

Cotta C & Troya JM (1998). Genetic forma recombination in permutation flowshop problems, *Evolutionary Computation*, 6(1), S. 25–44.

— (2001). Analyzing directed acyclic graph recombination, in: B Reusch (Hrsg.), *Computational Intelligence: Theory and Applications*, S. 739–748, Springer, Berlin.

Cramer NL (1985). A representation for the adaptive generation of simple sequential programs, in: (Grefenstette, 1985), S. 183–187.

Crick FHC, Barnett L, Brenner S & Watts-Tobin RJ (1961). General nature of the genetic code for proteins, *Nature*, 192, S. 1227–1232.

Crisan C & Mühlenbein H (1998). The breeder genetic algorithm for frequency assignment, in: (Eiben et al., 1998), S. 897–906.

Culberson JC (1998). On the futility of blind search: An algorithmic view of "No free lunch", *Evolutionary Computation*, 6(2), S. 109–127.

Cuvier G (1812). *Recherches sur les Ossements Fossiles des Quadrupèdes*, Detreville, Paris.

— (1825). *Essay on the Theory of the Earth*, Blackwood, Edinburgh, 3. Auflage.

Dakin RJ (1965). A tree-search algorithm for mixed integer programming problems, *Computer Journal*, 8(3), S. 250–255.

Dantzig G (1951a). Application of the simplex method to a transportation problem, in: (Koopmans, 1951), S. 359–373.

— (1951b). Maximization of a linear function of variables subject to linear inequalities, in: (Koopmans, 1951), S. 339–347.

— (1963). *Linear Programming and Extensions*, Princeton University Press, Princeton, NJ.

Darwin C (1859). *On the Origin of Species*, John Murray, London.

Davidor Y, Schwefel HP & Männer R (Hrsg.) (1994). *Parallel Problem Solving from Nature – PPSN III*, Springer, Berlin.

Davis L (1985). Applying adaptive algorithms to epistatic domains, in: A Joshi (Hrsg.), *Proc. of the 9th Int. Joint Conf. on Artificial Intelligence*, S. 162–164, Morgan Kaufmann, Los Angeles, CA.

Davis L (Hrsg.) (1987). *Genetic Algorithms in Simulated Annealing*, Morgan Kaufmann, Los Altos, CA.

Davis L (1989). Adapting operator probabilities in genetic algorithms, in: (Schaffer, 1989), S. 61–69.

— (1991a). A genetic algorithms tutorial, in: (Davis, 1991b), S. 1–101.

Davis L (Hrsg.) (1991b). *Handbook of Genetic Algorithms*, Van Nostrand Reinhold, New York, NY.

Davis LD, De Jong K, Vose MD & Whitley LD (Hrsg.) (1999). *Evolutionary Algorithms*, Springer, New York, NY.

De Jong KA (1975). *An Analysis of the Behavior of a Class of Genetic Adaptive Systems*, Doktorarbeit, University of Michigan, Ann Arbor, MI.

— (2000). Evolving in a changing world, in: Z Ras & A Skowron (Hrsg.), *Foundation of Intelligent Systems*, S. 513–519, Springer, Berlin.

De Jong KA, Spears WM & Gordon DF (1995). Using Markov chains to analyze GAFOs, in: (Whitley & Vose, 1995), S. 115–137.

de Vries H (1901/03). *Die Mutationstheorie: Versuche und Beobachtungen über die Entstehung von Arten im Pflanzenreich*, Veit, Leipzig.

Deb K (2001). *Multi-Objective Optimization Using Evolutionary Algorithms*, Wiley & Sons, Chichester, UK.

Deb K & Agrawal S (1999). Understanding interactions among genetic algorithm parameters, in: (Banzhaf & Reeves, 1999), S. 265–286.

Deb K & Goldberg DE (1989). An investigation of niche and species formation in genetic function optimization, in: (Schaffer, 1989), S. 42–50.

— (1993). Analyzing deception in trap functions, in: LD Whitley (Hrsg.), *Foundations of Genetic Algorithms 2*, S. 93–108, Morgan Kaufmann, San Mateo, CA.

Dorigo M & Di Caro G (1999). The ant colony optimization meta-heuristic, in: (Corne et al., 1999), S. 11–32.

Dorigo M, Maniezzo V & Colorni A (1991). The ant system: An autocatalytic optimizing process, Technischer Bericht 91-016 Revised, Politecnico di Milano, Milano, Italy.

— (1996). Ant system: Optimization by a colony of cooperating agents, *IEEE Trans. on Systems, Man, and Cybernetics – Part B*, 26(1), S. 29–41.

Droste S, Jansen T & Wegener I (2001). Optimization with randomized search heuristics – the (A)NFL theorem, realistic scenarios, and difficult functions, *Journal of Theoretical Computer Science*, 287(1), S. 131–144.

Dueck G (1993). New optimization heuristics: The great deluge algorithm and the record-to-record travel, *Journal of Computational Physics*, 104, S. 86–92.

Dueck G & Scheuer T (1990). Threshold accepting: A general purpose optimization algorithm appearing superior to simulated annealing, *Journal of Computational Physics*, 90, S. 161–175.

Eastman WL (1958). *Linear Programming with Pattern Constraints*, Doktorarbeit, Harvard University, Cambridge, MA.

Eberhart RC & Shi Y (1998). Comparison between genetic algorithms and particle swarm optimization, in: (Porto et al., 1998), S. 611–616.

Ehrlich PR & Raven PH (1964). Butterflies and plants: A study in coevolution, *Evolution*, 18, S.

586–608.

Eiben AE, Aarts EHL & Van Hee KM (1991). Global convergence of genetic algorithms: A Markov chain analysis, in: (Schwefel & Männer, 1991), S. 4–12.

Eiben AE, Bäck T, Schoenauer M & Schwefel HP (Hrsg.) (1998). *Parallel Problem Solving from Nature – PPSN V*, Springer, Berlin.

Eiben AE & Schippers CA (1998). On evolutionary exploration and exploitation, *Fundamenta Informaticae*, 35, S. 35–50.

Eigen M (1971). Selforganization of matter and the evolution of biological macromolecules, *Die Naturwissenschaften*, 58(10), S. 465–523.

— (1980). Das Urgen, *Nova Acta Leopoldina*, 52(243), S. 1–40.

Eigen M & Schuster P (1982). Stages of emerging life – five principles of early organization, *Journal of Molecular Evolution*, 19, S. 47–61.

English TM (1996). Evaluation of evolutionary and genetic optimizers: No free lunch, in: (Fogel et al., 1996), S. 163–169.

— (1999). Some information theoretic results on evolutionary optimization, in: (Angeline, 1999), S. 788–795.

Eshelman LJ (Hrsg.) (1995). *Proc. of the Sixth Int. Conf. on Genetic Algorithms*, Morgan Kaufmann, San Francisco, CA.

Fischer TF (2004). *Entwicklung einer Entwurfsmethodik für Evolutionäre Algorithmen*, Diplomarbeit, Universität Stuttgart, Fakultät Informatik, Elektrotechnik und Informationstechnik, Stuttgart.

Fitzpatrick JM & Grefenstette JJ (1988). Genetic algorithms in noisy environments, *Machine Learning*, 3, S. 101–120.

Floudas CA & Pardalos PM (1990). *A Collection of Test Problems for Constrained Global Optimization Algorithms*, Springer, Berlin.

Fogarty TC & Huang R (1991). Implementing the genetic algorithm on transputer based parallel processing systems, in: (Schwefel & Männer, 1991), S. 145–149.

Fogel DB (1988). An evolutionary approach to travelling salesman problem, *Biological Cybernetics*, 6(2), S. 139–144.

— (1995). *Evolutionary Computation: Toward a New Philosophy of Machine Intelligence*, IEEE Press, New York, NY.

Fogel DB (Hrsg.) (1998a). *Evolutionary Computation: The Fossil Record*, IEEE Press, Piscataway, NJ.

— (1998b). *IEEE Int. Conf. on Evolutionary Computation*, IEEE Press, Piscataway, NJ.

Fogel DB (1999). An overview of evolutionary programming, in: (Davis et al., 1999), S. 89–109.

Fogel DB & Atmar JW (1990). Comparing genetic operators with Gaussian mutations in simulated evolutionary processes using linear systems, *Biological Cybernetics*, 63(2), S. 111–114.

Fogel DB & Chellapilla K (1998). Revisiting evolutionary programming, in: SK Rogers, DB Fogel, JC Bezdek & B Bosacchi (Hrsg.), *Applications and Science of Computational Intelligence*, S. 2–11, SPIE, Bellingham, WA.

Fogel DB, Fogel LJ & Atmar JW (1991). Meta-evolutionary programming, in: RR Chen (Hrsg.), *Proc. of the 25th Asilomar Conf. on Signals, Systems, and Computers*, S. 540–545, Maple Press, Pacific Grove, CA.

Fogel DB & Ghozeil A (1996). Using fitness distributions to design more efficient evolutionary computations, in: *Proc. of 1996 IEEE Conf. on Evolutionary Computation*, S. 11–19, IEEE Press, New York, NY.

Fogel LJ, Angeline PJ & Bäck T (Hrsg.) (1996). *Evolutionary Programming V: Proc. of the Fifth Annual Conf. on Evolutionary Programming*, MIT Press, Cambridge, MA.

Fogel LJ, Owens AJ & Walsh MJ (1965). Artificial intelligence through a simulation of evolution, in: M Maxfield, A Callahan & LJ Fogel (Hrsg.), *Biophysics and Cybernetic Systems: Proc. of the 2nd Cybernetic Sciences Symposium*, S. 131–155, Spartan Books, Washington, D.C.

— (1966). *Artificial Intelligence Through Simulated Evolution*, Wiley & Sons, New York, NY.

Fonseca CM & Fleming PJ (1993). Genetic algorithms for multiobjective optimization: Formulation, discussion and generalization, in: (Forrest, 1993), S. 416–423.

— (1997). Multiobjective optimization, in: (Bäck et al., 1997), S. C4.5:1–9.

Forrest S (Hrsg.) (1993). *Proc. of the Fifth Int. Conf. on Genetic Algorithms*, Morgan Kaufmann, San Mateo, CA.

Franklin B & Bergerman M (2000). Cultural algorithms: Concepts and experiments, in: (Zalzala, 2000), S. 1245–1251.

Friedberg RM (1958). A learning machine: Part I, *IBM Journal of Research and Development*, 2(1), S. 2–13.

Friedberg RM, Dunham B & North JH (1959). A learning machine: Part II, *IBM Journal of Research and Development*, 3(3), S. 282–287.

Friedman GJ (1956). *Selective Feedback Computers for Engineering Synthesis and Nervous System Analogy*, Masterarbeit, University of California, Los Angeles, CA.

Funes P & Pollack JB (1997). Computer evolution of buildable objects, in: P Husbands & I Harvey (Hrsg.), *Fourth European Conf. on Artificial Life*, S. 358–367, MIT Press, Cambridge, MA.

— (1999). Computer evolution of buildable objects, in: PJ Bentley (Hrsg.), *Evolutionary Design by Computers*, S. 387–403, Morgan Kaufmann, San Francisco, CA.

Funes PJ (2007). Buildable evolution, *SIGEVOlution*, 2(3), S. 6–19.

Futuyma D (1998). *Evolutionary Biology*, Sinauer Associates, Sunderland, MA.

Gaertner D & Clark KL (2005). On optimal parameters for ant colony optimization algorithms, in: HR Arabnia & R Joshua (Hrsg.), *Proc. of the 2005 Int. Conf. on Artificial Intelligence*, S. 83–89, CSREA Press, Las Vegas, NV.

Galota M, Glasser C, Reith S & Vollmer H (2000). A polynomial-time approximation scheme for base station positioning in UMTS networks, in: E Amaldi, A Capone & F Malucelli (Hrsg.), *Proc. 5th Discrete Algorithms and Methods for Mobile Computing and Communications*, S. 52–59, ACM Press, New York, NY.

Garey MR & Johnson DS (1979). *Computers and Intractability: A Guide to the Theory of NP-*

Completeness, Freeman, San Mateo, CA.

Gehring H & Bortfeldt A (1997). A genetic algorithm for solving the container loading problem, *Int. Trans. in Operational Research*, 4(5/6), S. 401–418.

Gero JS & Kazakov VA (1998). Evolving design genes in space layout planning problems, *Artificial Intelligence in Engineering*, 12(3), S. 163–176.

Glover F (1977). Heuristics for integer programming using surrogate constraints, *Decision Sciences*, 8(1), S. 156–166.

— (1986). Future paths for integer programming and links to artificial intelligence, *Computers and Operations Research*, 13, S. 533–549.

— (1990). Tabu search: A tutorial, *Interfaces*, 20(4), S. 74–94.

— (1998). A template for scatter search and path relinking, in: JK Hao, E Lutton, E Ronald, M Schoenauer & D Snyers (Hrsg.), *Artificial Evolution*, S. 13–54, Springer, Berlin.

Glover F, Laguna M & Martí R (2000). Fundamentals of scatter search and path relinking, *Control and Cybernetics*, 29(3), S. 653–684.

Goldberg DE (1983). *Computer-Aided Gas Pipeline Operation using Genetic Algorithm and Rule Learning*, Doktorarbeit, University of Michigan, Ann Arbor, MI.

— (1989). *Genetic Algorithms in Search, Optimization, and Machine Learning*, Addison-Wesley, Reading, MA.

Goldberg DE, Deb K & Clark JH (1992). Genetic algorithms, noise, and the sizing of populations, *Complex Systems*, 6, S. 333–362.

Goldberg DE & Lingle, Jr R (1985). Alleles, loci, and the traveling salesman problem, in: (Grefenstette, 1985), S. 154–159.

Goldberg DE & Richardson J (1987). Genetic algorithms with sharing for multimodal function optimization, in: (Grefenstette, 1987a), S. 41–49.

Goldberg DE & Smith RE (1987). Nonstationary function optimization using genetic algorithms with dominance and diploidy, in: (Grefenstette, 1987a), S. 59–68.

Gorges-Schleuter M (1989). ASPARAGOS an asynchronous parallel genetic optimization strategy, in: (Schaffer, 1989), S. 422–427.

Grant V (1991). *The Evolutionary Process: A Critical Study of Evolutionary Theory*, Columbia University Press, New York, NY.

Grefenstette J (1981). Parallel adaptive algorithms for function optimization, Technischer Bericht CS-81-19, Vanderbilt University, Nashville, TN.

— (1986). Optimization of control parameters for genetic algorithms, *IEEE Trans. on Systems, Man, and Cybernetics*, SMC-16(1), S. 122–128.

Grefenstette JJ (Hrsg.) (1985). *Proc. of the First Int. Conf. on Genetic Algorithms and their Applications*, Lawrence Erlbaum Associates, Hillsdale, NJ.

— (1987a). *Genetic Algorithms and Their Applications: Proc. of the Second Int. Conf. on Genetic Algorithms*, Lawrence Erlbaum Associates, Hillsdale, NJ.

Grefenstette JJ (1987b). Incorporating problem specific knowledge into genetic algorithms, in: (Davis, 1987), S. 42–60.

— (1999). Evolvability in dynamic fitness landscapes: A genetic algorithm approach, in: (Angeline, 1999), S. 2031–2038.

Grefenstette JJ & Baker JE (1989). How genetic algorithms work: A critical look at implicit parallelism, in: (Schaffer, 1989), S. 20–27.

Grefenstette JJ, Gopal R, Rosmaita B & Van Gucht D (1985). Genetic algorithms for the traveling salesman problem, in: (Grefenstette, 1985), S. 160–168.

Gupta R & Kalvenes J (1999). Hierarchical cellular network design with channel allocation, in: S Sarkar & S Narasimhan (Hrsg.), *Proc. of the Ninth Annual Workshop on Information Technologies & Systems*, S. 155–160, XXX, Charlotte, NC.

Hammel U & Bäck T (1994). Evolution strategies on noisy functions: How to improve convergence, in: (Davidor et al., 1994), S. 159–168.

Hanke-Burgeois M (2006). *Grundlagen der Numerischen Mathematik und des wissenschaftlichen Rechnens*, Teubner, Wiesbaden, 2. Auflage.

Hansen N & Ostermeier A (2001). Completely derandomized self-adaptation in evolution strategies, *Evolutionary Computation*, 9(2), S. 159–195.

Hardy GH (1908). Mendelian proportions in a mixed population, *Science*, 28, S. 49–50.

Herdy M (1991). Application of the Evolutionsstrategie to discrete optimization problems, in: (Schwefel & Männer, 1991), S. 188–192.

Herrera F, Lozano M & Molina D (2006). Continuous scatter search: An analysis of the integration of some combination methods and improvement strategies, *European Journal of Operational Research*, 169(2), S. 450–476.

Hertz A & de Werra D (1987). Using tabu search techniques for graph coloring, *Computing*, 39, S. 345–351.

Hillis WD (1992). Co-evolving parasites improve simulated evolution as an optimization procedure, in: CG Langton, C Taylor, JD Farmer & S Rasmussen (Hrsg.), *Artificial Life II*, S. 313–324, Addison-Wesley, Redwood City, CA.

Hinterding R & Michalewicz Z (1998). Your brains and my beauty: Parent matching for constrained optimisation, in: (Fogel, 1998b), S. 810–815.

Hinton GE & Nowlan SJ (1987). How learning can guide evolution, *Complex Systems*, 1, S. 495–502.

Holland JH (1969). A new kind of turnpike theorem, *Bulletin of the American Mathematical Society*, 75(6), S. 1311–1317.

— (1973). Genetic algorithms and the optimal allocation of trials, *SIAM Journal on Computing*, 2(2), S. 88–105.

— (1975). *Adaptation in Natural and Artifical Systems*, University of Michigan Press, Ann Arbor, MI.

— (1976). Adaptation, in: RF Rosen (Hrsg.), *Progress in Theoretical Biology IV*, S. 263–293, Academic Press, New York, NY.

— (1992). *Adaptation in Natural and Artifical Systems*, MIT Press, Cambridge, MA.

Holland JH & Reitman JS (1978). Cognitive systems based on adaptive algorithms, in: DA Waterman & F Hayes-Roth (Hrsg.), *Pattern-Directed Inference Systems*, S. 313–329, Academic Press, New York, NY.

Hordijk W (1997). A measure of landscapes, *Evolutionary Computation*, 4(4), S. 335–360.

Horn J (1997). Multicriterion decision making, in: (Bäck et al., 1997), S. F1.9:1–15.

Horn J & Nafpliotis N (1993). Multiobjective optimization using the niched pareto genetic algorithm, Technischer Bericht IlliGAL 93005, Illinois Genetic Algorithms Laboratory, University of Illinois at Urbana-Champaign, Urbana, IL.

Hurst J, Bull L & Melhuish C (2002). TCS learning classifier system controller on a real robot, in: (Merelo Guervós et al., 2002), S. 588–597.

Ikonen I, Biles WE, Kumar A, Wissel JC & Ragade RK (1997). A genetic algorithm for packing three-dimensional non-convex objects having cavities and holes, in: (Bäck, 1997), S. 591–598.

Janikow CZ & Michalewicz Z (1991). An experimental comparison of binary and floating point representations in genetic algorithms, in: (Belew & Booker, 1991), S. 31–36.

Jin Y (2002). Fitness approximation in evolutionary computation – a survey, in: WB Langdon, E Cantú-Paz, KE Mathias, R Roy, D Davis, R Poli, K Balakrishnan, V Honavar, G Rudolph, J Wegener, L Bull, MA Potter, AC Schultz, JF Miller, EK Burke & N Jonoska (Hrsg.), *Proc. Genetic Evolutionary Computation Conf. (GECCO)*, S. 1180–1187, Morgan Kaufmann, San Mateo, CA.

Jin Y & Branke J (2005). Evolutionary optimization in uncertain environments – a survey, *IEEE Trans. on Evolutionary Computation*, 9(3), S. 303–317.

Jin Y & Sendhoff B (2003). Trade-off between performance and robustness: An evolutionary multiobjective approach, in: CM Fonseca, PJ Fleming, E Zitzler, K Deb & L Thiele (Hrsg.), *Evolutionary Multi-Criterion Optimization, Second Int. Conf. EMO 2003*, S. 237–251, Springer, Berlin.

Jones T (1995). *Evolutionary Algorithms, Fitness Landscapes and Search*, Doktorarbeit, The University of New Mexico, Albuquerque, NM.

Karabulut K & İnceoğlu MM (2005). A hybrid genetic algorithm for packing in 3d with deepest bottom left with fill method, in: *Advances in Information Systems*, S. 441–450, Springer, Berlin.

Kazarlis S & Petridis V (1998). Varying fitness functions in genetic algorithms: Studying the rate of increase of the dynamic penalty terms, in: (Eiben et al., 1998), S. 211–220.

Keith MJ & Martin MC (1994). Genetic programming in C++: Implementation issues, in: (Kinnear, 1994), S. 285–310.

Kennedy J & Eberhart RC (1995). Particle swarm optimization, in: *Proc. of the IEEE Int. Conf. on Neural Networks*, S. 1942–1948, IEEE Press, Piscataway, NJ.

— (1999). The particle swarm: Social adaptation in information-processing systems, in: (Corne et al., 1999), S. 379–387.

Kinnear KE (Hrsg.) (1994). *Advances in Genetic Programming*, MIT Press, Cambridge, MA.

Kirkpatrick S, Gelatt Jr CD & Vecchi MP (1983). Optimization by simulated annealing, *Science*, 220(4598), S. 671–680.

Knowles J & Corne D (1999). The Pareto archived evolution strategy: A new baseline algorithm for Pareto multiobjective optimisation, in: (Angeline, 1999), S. 98–105.

Koopmans T (Hrsg.) (1951). *Activity Analysis of Production and Allocation*, Wiley & Sons, New York, NY.

Koza JR (1989). Hierarchical genetic algorithms operating on populations of computer programs, in: NS Sridharan (Hrsg.), *Proc. of the 11th Joint Conf. on Genetic Algorithms*, S. 786–774, Morgan Kaufmann, San Francisco, CA.

— (1992). *Genetic Programming: On the Programming of Computers by Means of Natural Selection*, MIT Press, Cambridge, MA.

— (1994). *Genetic Programming II: Automatic Discovery of Reusable Programms*, MIT Press, Cambridge, MA.

Kull U (Hrsg.) (1977). *Evolution*, J. B. Metzlersche Verlagsbuchhandlung, Stuttgart.

Kutschera U (2001). *Evolutionsbiologie. Eine allgemeine Einführung*, Parey, Berlin.

Lamarck JB (1809). *Philosophie Zoologique*, Dentu, Paris.

Land AH & Doig AG (1960). An automated method for solving discrete programming problems, *Econometrica*, 28, S. 497–520.

Lawler EL & Wood DE (1966). Branch-and-bound methods: A survey, *Operations Research*, 14(4), S. 699–719.

Lehn J & Wegmann H (2006). *Einführung in die Statistik*, Teubner, 5. Auflage.

Levenberg K (1944). A method for the solution of certain problems in least squares, *Quarterly Applied Mathematics*, 2, S. 164–168.

Levenick JR (1990). Holland's schema theorem disproved?, *Journal of Experimental & Theoretical Artificial Intelligence*, 2(2), S. 179–183.

Lewin B (1998). *Molekularbiologie der Gene*, Spektrum Akademischer Verlag, Heidelberg.

Lewis J, Hart E & Ritchie G (1998). A comparison of dominance mechanisms and simple mutation on non-stationary problems, in: (Eiben et al., 1998), S. 139–148.

Liles W & De Jong KA (1999). The usefulness of tag bits in changing environments, in: (Angeline, 1999), S. 2054–2060.

Lin S & Kernighan BW (1973). An effective heuristic algorithm for the traveling salesman problem, *Operations Research*, 21, S. 498–516.

Lubberts A & Miikkulainen R (2001). Co-evolving a Go-playing neural network, in: *Coevolution: Turning Adaptive Algorithms upon Themselves. Birds-of-a-Feather Workshop*, S. 14–19, Gecco 2001, San Francisco, CA.

Margulis L (1971). Symbiosis and evolution, *Scientific American*, 225, S. 48–57.

Marquardt DW (1963). An algorithm for least-squares estimation of nonlinear parameters, *SIAM Journal of Applied Mathematics*, 11, S. 431–441.

Martello S, Pisinger D & Vigo D (2000). The three-dimensional bin packing problem, *Operations Research*, 48(2), S. 256–267.

Mathar R & Schmeink M (2002). Integrated optimal cell site selection and frequency allocation for cellular radio networks, *Telecommunication Systems*, 21(2–4), S. 339–347.

Mattiussi C, Waibel M & Floreano D (2004). Measures of diversity for populations and distances between individuals with highly reorganizable genomes, *Evolutionary Computation*, 12(4), S. 495–515.

Mehlhorn K & Näher S (1999). *The LEDA Platform of Combinatorial and Geometric Computing*, Cambridge University Press, Cambridge, MA.

Mendel G (1866). Versuche über Pflanzen-Hybriden, *Verhandlungen des naturforschenden Vereines in Brünn, Abhandlungen*, 4, S. 3–47.

Menger K (1932). Das Botenproblem, in: K Menger (Hrsg.), *Ergebnisse eines mathematischen Kolloquiums 2*, S. 11–12, Teubner, Leipzig.

Merelo Guervós JJ, Adamidis P, Beyer HG, Fernández-Villacañas JL & Schwefel HP (Hrsg.) (2002). *Parallel Problem Solving from Nature – PPSN VII*, Springer, Berlin.

Merz P (2000). *Memetic Algorithms for Combinatorial Optimization Problems: Fitness Landscapes and Effective Search Strategies*, Doktorarbeit, Universität Siegen, Siegen.

Michalewicz Z (1992). *Genetic Algorithms + Data Structures = Evolution Programs*, Springer, Berlin.

— (1995). A survey of constraint handling techniques in evolutionary computation methods, in: JR McDonnell, RG Reynolds & DB Fogel (Hrsg.), *Evolutionary Programming IV*, S. 135–155, MIT Press, Cambridge, MA.

— (1997). Repair algorithms, in: (Bäck et al., 1997), S. C5.4:1–5.

Michalewicz Z, Nazhiyath G & Michalewicz M (1996). A note on usefulness of geometrical crossover for numerical optimization problems, in: (Fogel et al., 1996), S. 305–311.

Michalewicz Z & Schoenauer M (1996). Evolutionary algorithms for constrained parameter optimization problems, *Evolutionary Computation*, 4(1), S. 1–32.

Miller BL (1997). *Noise, Sampling, and Efficient Genetic Algorithms*, Doktorarbeit, University of Illinois at Urbana-Champaign, Urbana, IL, IlliGAL Report No. 97001.

Mitchell M, Forrest S & Holland JH (1992). The royal road for genetic algorithms: Fitness landscapes and GA performance, in: FJ Varela & P Bourgine (Hrsg.), *Proc. of the First European Conf. on Artificial Life*, S. 245–254, MIT Press, Cambridge, MA.

Mitchell M, Holland JH & Forrest S (1994). When will a genetic algorithm outperform hill climbing?, in: J Cowa, G Tesauro & J Alspector (Hrsg.), *Advances in Neural Information Processing Systems*, Morgan Kauffman, San Francisco, CA.

Mitterer A (2000). *Optimierung vielparametriger Systeme in der Antriebsentwicklung, Statistische Versuchsplanung und Künstliche Neuronale Netze in der Steuergeräteauslegung zur Motorabstimmung*, Doktorarbeit, Technische Universität München, München.

Mitterer A, Fleischhauer T, Zuber-Goos F & Weicker K (1999). Modellgestützte Kennfeldoptimierung an Verbrennungsmotoren, in: *Meß- und Versuchstechnik im Automobilbau*, S. 21–36, VDI Verlag, Düsseldorf.

Mitterer A & Zuber-Goos F (2000). Modellgestützte Kennfeldoptimierung – ein neuer Ansatz zur Steigerung der Effizienz in der Steuergeräteapplikation, *Automobiltechnische Zeitschrift*, 102(3).

Moller AF (1993). A scaled conjugate gradient algorithm for fast supervised learning, *Neural*

Networks, 6, S. 525–533.

Morgan CL (1896). On modification and variation, *Science*, 4, S. 733–740.

Mori N, Kita H & Nishikawa Y (1996). Adaptation to a changing environment by means of the thermodynamical genetic algorithm, in: (Voigt et al., 1996), S. 513–522.

Moscato P (1989). On evolution, search, optimization, genetic algorithms and martial arts: Towards memetic algorithms, Technischer Bericht C3P 826, Caltech Concurrent Computation Program, California Institute of Technology, Pasadena, CA.

Motoki T (2002). Calculating the expected loss of diversity of selection schemes, *Evolutionary Computation*, 10(4), S. 397–422.

Mühlenbein H (1989). Parallel genetic algorithms, population genetics and combinatorial optimization, in: (Schaffer, 1989), S. 416–421.

— (1992). How genetic algorithms really work: I. Mutation and hillclimbing, in: R Männer & B Manderick (Hrsg.), *Parallel Problem Solving from Nature 2*, S. 15–25, Elsevier Science, Amsterdam.

Mühlenbein H & Paaß G (1996). From recombination of genes to the estimation of distributions: I. Binary parameters, in: (Voigt et al., 1996), S. 178–187.

Mühlenbein H & Schlierkamp-Voosen D (1993). Predictive models for the breeder genetic algorithm: I. Continuous parameter optimization, *Evolutionary Computation*, 1(1), S. 25–49.

Naudts B & Kallel L (2000). A comparison of predictive measures of problem difficulty in evolutionary algorithms, *IEEE Trans. on Evolutionary Computation*, 4(1), S. 1–15.

Nebel P (2010). *Stauraumoptimierung mittels evolutionärer Algorithmen*, Diplomarbeit, HTWK Leipzig, Leipzig.

Nebel P, Richter G & Weicker K (2012). Multi-container loading with non-convex 3d shapes using a GA/TS hybrid, in: *GECCO '12, Proceedings of the 14th Annual Conference on Genetic and Evolutionary Computation*, S. 1143–1150, ACM, New York, NY, USA.

Ng K & Wong KC (1995). A new diploid scheme and dominance change mechanism for non-stationary function optimization, in: (Eshelman, 1995), S. 159–166.

Nirenberg M & Leder P (1964). RNA codewords and protein synthesis: The effect of trinucleotides upon the binding of sRNA to ribosomes, *Science*, 145, S. 1399–1407.

Nissen V & Propach J (1998). On the robustness of population-based versus point-based optimization in the presence of noise, *IEEE Transactions on Evolutionary Computation*, 2(3), S. 107–119.

Nix AE & Vose MD (1992). Modeling genetic algorithms with Markov chains, *Annals of Mathematics and Artificial Intelligence*, 5, S. 79–88.

Nordin P & Banzhaf W (1995). Evolving Turing-complete programs for a register machine with self-modifying code, in: (Eshelman, 1995), S. 318–325.

Osborn HF (1896). Ontogenic and phylogenic variation, *Science*, 4, S. 786–789.

Ostermeier A, Gawelczyk A & Hansen N (1995). A derandomized approach to self-adaptation of evolution strategies, *Evolutionary Computation*, 2(4), S. 369–380.

Ottmann T & Widmayer P (2002). *Algorithmen und Datenstrukturen*, Spektrum Akademischer

Verlag, Heidelberg, 4. Auflage.

Paredis J (1994). Co-evolutionary constraint satisfaction, in: (Davidor et al., 1994), S. 46–55.

— (1997). Coevolving cellular automata: Be aware of the red queen!, in: (Bäck, 1997), S. 393–400.

Pareto V (1896). *Cours D'Economie Politique*, F. Rouge, Lausanne.

Parreño F, Alvarez-Valdés R, Tamarit JM & Oliveira JF (2008). A maximal-space algorithm for the container loading problem, *INFORMS Journal on Computing*, 20(3), S. 412–422.

Pelikan M, Goldberg DE & Cantú-Paz E (1999). BOA: The Bayesian optimization algorithm, in: W Banzhaf, J Daida, AE Eiben, MH Garzon, V Honavar, M Jakiela & RE Smith (Hrsg.), *Proc. of the Genetic and Evolutionary Computation Conf. GECCO-99*, S. 525–532, Morgan Kaufmann, San Francisco, CA.

Pohlheim H (2000). *Evolutionäre Algorithmen: Verfahren, Operatoren und Hinweise*, Springer, Berlin.

Poli R (2000). A macroscopic exact schema theorem and a redefinition of effective fitness for GP with one-point crossover, Technischer Bericht CSRP-00-1, University of Birmingham, Birmingham, UK.

Poli R & McPhee NF (2001). Exact schema theorems for GP with one-point and standard crossover operating on linear structures and their application to the study of the evolution of size, in: J Miller, M Tomassini, PL Lanzi, C Ryan, AGB Tettamanzi & WB Langdon (Hrsg.), *Genetic Programming: 4th European Conf.*, S. 126–142, Springer, Berlin.

Pollack JB & Blair AD (1998). Co-evolution in the successful learning of Backgammon strategy, *Machine Learning*, 32(3), S. 225–240.

Porto VW, Saravanan N, Waagen D & Eiben AE (Hrsg.) (1998). *Evolutionary Programming VII*, Springer, Berlin.

Potter MA & De Jong KA (1994). A cooperative coevolutionary approach to function optimization, in: (Davidor et al., 1994), S. 249–257.

— (2000). Cooperative coevolution: An architecture for evolving coadapted subcomponents, *Evolutionary Computation*, 8(1), S. 1–29.

Press WH, Teukolsky SA, Vetterling WT & Flannery BP (1988–92). *Numerical Recipes in C*, Cambridge University Press, Cambridge, MA.

Price K (1996). Differential evolution: A fast and simple numerical optimizer, in: (Smith et al., 1996), S. 524–527.

Price K & Storn R (1997). Differential evolution, *Dr. Dobb's Journal*, April 1997, S. 18–24.

Punch WF, Goodman ED, Pei M, Chia-Shun L, Hovland P & Enbody R (1993). Further research on feature selection and classification using genetic algorithms, in: (Forrest, 1993), S. 557–564.

Radcliffe NJ (1991a). Equivalence class analysis of genetic algorithms, *Complex Systems*, 5, S. 183–205.

— (1991b). Forma analysis and random respectful recombination, in: (Belew & Booker, 1991), S. 222–229.

Radcliffe NJ & Surry PD (1995). Fitness variance of formae and performance prediction, in: (Whitley & Vose, 1995), S. 51–72.

Rana S & Whitley LD (1999). Search, binary representations and counting optima, in: (Davis et al., 1999), S. 177–189.

Ratle A (1998). Accelerating the convergence of evolutionary algorithms by fitness landscape approximation, in: (Eiben et al., 1998), S. 87–96.

Rawlins GJ (Hrsg.) (1991). *Foundations of Genetic Algorithms*, Morgan Kaufmann, San Mateo, CA.

Rechenberg I (1964). Kybernetische Lösungsansteuerung einer experimentellen Forschungsaufgabe, presented at the Annual Conference of the WGLR at Berlin in September 1964.

— (1973). *Evolutionsstrategie: Optimierung technischer Systeme nach Prinzipien der biologischen Evolution*, frommann-holzbog, Stuttgart.

— (1994). *Evolutionsstrategie '94*, frommann-holzbog, Stuttgart.

Regis RG & Shoemaker CA (2004). Local function aproximation in evolutionary algorithms for the optimization of costly functions, *IEEE Trans. on Evolutionary Computation*, 8(5), S. 490–504.

Reynolds RG (1994). An introduction to cultural algorithms, in: AV Sebald & LJ Fogel (Hrsg.), *Proc. of the Third Annual Conf. on Evolutionary Programming*, S. 131–139, World Scientific Press, Singapore.

— (1999). Cultural algorithms: Theory and applications, in: (Corne et al., 1999), S. 367–377.

Richardson JT, Palmer MR, Liepins GE & Hilliard M (1989). Some guidelines for genetic algorithms with penalty functions, in: (Schaffer, 1989), S. 191–197.

Riedmiller M & Braun H (1993). A direct adaptive method for faster backpropagation learning: The RPROP algorithm, in: *IEEE Int. Conf. on Neural Networks*, S. 586–591, IEEE Press, Piscataway, NJ.

Robertson GG (1987). Parallel implementation of genetic algorithms in a classifier system, in: (Grefenstette, 1987a), S. 140–147.

Robinson JB (1949). On the Hamiltonian game (a traveling-salesman problem), Technischer Bericht RM-303, RAND Corporation, Santa Monica, CA.

Rosenkrantz DJ, Stearns RE & Lewis PM (1977). An analysis of several heuristics for the traveling salesman problem, *SIAM Journal on Computing*, 6, S. 563–581.

Rothlauf F (2002). Binary representations of integers and the performance of selectorecombinative genetic algorithms, in: (Merelo Guervós et al., 2002), S. 99–108.

Rowe J, Whitley D, Barbulescu L & Watson JP (2004). Properties of Gray and binary representations, *Evolutionary Computation*, 12(1), S. 47–76.

Rudolph G (1997). *Convergence Properties of Evolutionary Algorithms*, Kovač, Hamburg.

— (1998). Finite Markov chain results in evolutionary computation: A tour d'horizon, *Fundamenta Informaticae*, 35, S. 67–89.

Ryan C, Collins JJ & O'Neill M (1998). Grammatical evolution: Evolving programs for an arbitrary language, in: W Banzhaf, R Poli, M Schoenauer & TC Fogarty (Hrsg.), *First European*

Workshop on Genetic Programming 1998, S. 83–95, Springer, Berlin.

Sarma J & De Jong K (1997). Generation gap methods, in: (Bäck et al., 1997), S. C2.7:1–5.

Schaffer JD (1985). Multiple objective optimization with vector evaluated genetic algorithms, in: (Grefenstette, 1985), S. 93–100.

Schaffer JD (Hrsg.) (1989). *Proc. of the Third Int. Conf. on Genetic Algorithms*, Morgan Kaufmann, San Mateo, CA.

Schoenauer M, Deb K, Rudolph G, Yao X, Lutton E, Merelo JJ & Schwefel HP (Hrsg.) (2000). *Parallel Problem Solving from Nature – PPSN VI*, Springer, Berlin.

Schumacher C, Vose MD & Whitley LD (2001). The no free lunch and problem description length, in: L Spector & ED Goodman (Hrsg.), *GECCO 2001: Proc. of the Genetic and Evolutionary Computation Conf.*, S. 565–570, Morgan Kaufmann, San Francisco, CA.

Schwartz RM & Dayhoff MO (1978). Origins of prokaryotes, eukariotes, mitochondria, and chloroplasts, *Science*, 199, S. 395–403.

Schwefel HP (1975). *Evolutionsstrategie und numerische Optimierung*, Doktorarbeit, Technische Universität Berlin, Berlin.

— (1977). *Numerische Optimierung von Computer-Modellen mittels der Evolutionsstrategie*, Birkhäuser, Basel, Stuttgart.

— (1995). *Evolution and Optimum Seeking*, Wiley & Sons, New York, NY.

Schwefel HP & Männer R (Hrsg.) (1991). *Parallel Problem Solving from Nature – Proc. 1st Workshop PPSN I*, Springer, Berlin.

Sharpe OJ (2000). *Towards a Rational Methodology for Using Evolutionary Search Algorithms*, Doktorarbeit, University of Sussex, Sussex, UK.

Shi Y & Eberhart RC (1998). Parameter selection in particle swarm optimization, in: (Porto et al., 1998), S. 591–600.

— (1999). Empirical study of particle swarm optimization, in: (Angeline, 1999), S. 1945–1950.

Simpson AR, Dandy GC & Murphy LJ (1994). Genetic algorithms compared to other techniques for pipe optimization, *Journal of Water Resources Planning and Management*, 120(4), S. 423–443.

Smith JE & Vavak F (1999). Replacement strategies in steady state genetic algorithms: Static environments, in: (Banzhaf & Reeves, 1999), S. 219–233.

Smith JM (1989). *Evolutionary Genetics*, Oxford University Press, New York, NY.

Smith M, Lee M, Keller J & Yen J (Hrsg.) (1996). *1996 Biennial Conf. of the North American Fuzzy Information Processing Society*, IEEE Press, Piscataway, NJ.

Smith SF (1980). *A Learning System Based on Genetic Adaptive Algorithms*, Doktorarbeit, University of Pittsburgh, Pittsburgh, PA.

Srinivas N & Deb K (1995). Multiobjective optimization using nondominated sorting in genetic algorithms, *Evolutionary Computation*, 2(3), S. 221–248.

St Hilaire G (1822). *Philosophie Anatomique des Monstruosité, des Varietes et des Vices de Conformation; ou Traite de Teratologie*, Bailliere, Paris.

Stagge P (1998). Averaging efficiently in the presence of noise, in: (Eiben et al., 1998), S. 188–

197.

Starkweather T, Whitley D & Mathias K (1991). Optimization using distributed genetic algorithms, in: (Schwefel & Männer, 1991), S. 176–185.

Stephens CR & Waelbroeck H (1997). Effective degrees of freedom in genetic algorithms and the block hypothesis, in: (Bäck, 1997), S. 34–40.

Storch V, Welsch U & Wink M (2001). *Evolutionsbiologie*, Springer, Berlin.

Storn R (1996). On the usage of differential evolution for function optimization, in: (Smith et al., 1996), S. 519–523.

— (1999). System design by constraint adaptation and differential evolution, *IEEE Trans. on Evolutionary Computation*, 3(1), S. 22–34.

Storn R & Price K (1995). Differential evolution – a simple and efficient adaptive scheme for global optimization over continuous spaces, Technischer Bericht TR-95-012, International Computer Science Institute, Berkeley, CA.

Studley M (2006). Learning classifier systems for multi-objective robot control, Technischer Bericht UWELCSG06-005, University of the West of England, Bristol, UK.

Sugihara K (1997). A case study on tuning of genetic algorithms by using performance evaluation based on experimental design, Technischer Bericht ICS-TR-97-01, University of Hawaii at Manoa, Department of Information and Computer Sciences, Honolulu, HI.

Surry PD (1998). *A Prescriptive Formalism for Constructing Domain-specific Evolutionary Algorithms*, Doktorarbeit, University of Edinburgh, Edinburgh, UK.

Syswerda G (1989). Uniform crossover in genetic algorithms, in: (Schaffer, 1989), S. 2–9.

— (1991a). Schedule optimization using genetic algorithms, in: (Davis, 1991b), S. 332–349.

— (1991b). A study of reproduction in generational and steady-state genetic algorithms, in: (Rawlins, 1991), S. 94–101.

Syswerda G & Palmucci J (1991). The application of genetic algorithms to resource scheduling, in: (Belew & Booker, 1991), S. 502–508.

Szabo G, Weicker N & Widmayer P (2002). Base station transmitter placement with frequency assignment: An evolutionary approach (extended abstract), in: D Corne, G Fogel, W Hart, J Knowles, N Krasnogor, R Roy, J Smith & A Tiwari (Hrsg.), *Advances in Nature-Inspired Computation: The PPSN VII Workshops*, S. 47–48, PEDAL (Parallel, Emergent & Distributed Architectures Lab), University of Reading, Reading, UK.

Tackett WA (1994). *Recombination, Selection, and the Genetic Construction of Computer Programs*, Doktorarbeit, University of Southern California, Los Angeles, CA.

Tanese R (1987). Parallel genetic algorithm for a hypercube, in: (Grefenstette, 1987a), S. 177–183.

Teller A (1996). Evolving programmers: The co-evolution of intelligent recombination operators, in: PJ Angeline & KE Kinnear (Hrsg.), *Advances in Genetic Programming II*, S. 45–68, MIT Press, Cambridge, MA.

Teller A & Veloso M (1996). PADO: A new learning architecture for object recognition, in: K Ikeuchi & M Veloso (Hrsg.), *Symbolic Visual Learning*, S. 81–116, Oxford University

Press, Oxford, UK.

Tomassini M (1999). Parallel and distributed evolutionary algorithms: A review, in: K Miettinen, M Mäkelä, P Neittaanmäki & J Periaux (Hrsg.), *Evolutionary Algorithms in Engineering and Computer Science*, S. 113–133, Wiley & Sons, Chichester, UK.

Törn A & Zilinskas A (1989). *Global Optimization*, Springer, Berlin.

Trelea IC (2003). The particle swarm optimization algorithm: Convergence analysis and parameter selection, *Information Processing Letters*, 85(6), S. 317–325.

Tutschku K, Leskien T & Tran-Gia P (1997). Traffic estimation and characterization for the design of mobile communication networks, Technischer Bericht 171, University of Würzburg Institute of Computer Science Research Report Series, Würzburg.

Ursem RK (1999). Multinational evolutionary algorithms, in: (Angeline, 1999), S. 1633–1640.

Vaas R (1994). *Der genetische Code*, Wissenschaftliche Verlagsgesellschaft, Hirzel, Stuttgart, auch als Supplement 4 in der Naturwissenschaftlichen Rundschau Bd. 47, Nr. 11 (1994) erschienen.

Vasquez M & Hao JK (2001). A heuristic approach for antenna positioning in cellular networks, *Journal of Heuristics*, 7, S. 443–472.

Vavak F, Fogarty TC & Jukes K (1996). A genetic algorithm with variable range of local search for tracking changing environments, in: (Voigt et al., 1996), S. 376–385.

Voigt HM, Ebeling W & Rechenberg I (Hrsg.) (1996). *Parallel Problem Solving from Nature – PPSN IV*, Springer, Berlin.

von Linné C (1740). *Systema Naturae: Sive Regna Tria Naturae Systematice Proposita per Classes, Ordines, Genera et Species*, Gebauer, Halle.

Waßmann M (2012). *Physik-Simulation und Evolution von LEGO-Strukturen*, Masterarbeit, HTWK Leipzig, Leipzig.

Watson J & Crick F (1953). Molecular structure of nucleic acids, *Nature*, 171, S. 737–738.

Watson RA & Pollack JB (2000). Symbiotic combination as an alternative to sexual recombination in genetic algorithms, in: (Schoenauer et al., 2000), S. 425–434.

Waßmann M & Weicker K (2012a). Buildable objects revisited, in: C Coello, V Cutello, K Deb, S Forrest, G Nicosia & M Pavone (Hrsg.), *Parallel Problem Solving from Nature – PPSN XII*, S. 255–265, Springer, Berlin Heidelberg.

— (2012b). Maximum flow networks for stability analysis of lego structures, in: L Epstein & P Ferragina (Hrsg.), *Algorithms – ESA 2012*, S. 813–824, Springer, Berlin Heidelberg.

Weicker K (2000). An analysis of dynamic severity and population size, in: (Schoenauer et al., 2000), S. 159–168.

— (2003). *Evolutionary Algorithms and Dynamic Optimization Problems*, Der andere Verlag, Osnabrück, Germany.

— (2005). Analysis of local operators applied to discrete tracking problems, *Soft Computing*, 9(11), S. 778–792.

— (2010). A binary encoding supporting both mutation and recombination, in: R Schaefer, C Cotta, J Kołodziej & G Rudolph (Hrsg.), *Parallel Problem Solving from Nature – PPSN XI, Part*

I, S. 134–143, Springer, Berlin.

Weicker K, Mitterer A, Fleischhauer T, Zuber-Goos F & Zell A (2000). Einsatz von Softcomputing-Techniken zur Kennfeldoptimierung elektronischer Motorsteuergeräte, *at – Automatisierungstechnik*, 48(11), S. 529–538.

Weicker K & Weicker N (1999). Locality vs. randomness – dependence of operator quality on the search state, in: (Banzhaf & Reeves, 1999), S. 147–163.

— (2003). Basic principles for understanding evolutionary algorithms, *Fundamenta Informaticae*, 55(3-4), S. 387–403.

Weicker N (2001). *Qualitative No Free Lunch Aussagen für Evolutionäre Algorithmen*, Cuvillier, Göttingen.

Weicker N, Szabo G, Weicker K & Widmayer P (2003). Evolutionary multiobjective optimization for base station transmitter placement with frequency assignment, *IEEE Trans. on Evolutionary Computation*, 7(2), S. 189–203.

Weinberg W (1908). Über den Nachweis der Vererbung beim Menschen, *Jahreshefte des Vereins für vaterländische Naturkunde in Württemberg*, 64, S. 368–382.

Weinberger E (1990). Correlated and uncorrelated fitness landscapes and how to tell the difference, *Biological Cybernetics*, 63(5), S. 325–336.

Whitley D (1989). The GENITOR algorithm and selection pressure: Why rank-based allocation, in: (Schaffer, 1989), S. 116–121.

Whitley DL, Starkweather T & Fuquay D (1989). Scheduling problems and travelling salesman: The genetic edge recombination operator, in: (Schaffer, 1989), S. 133–140.

Whitley LD & Vose MD (Hrsg.) (1995). *Foundations of Genetic Algorithms 3*, Morgan Kaufmann, San Francisco, CA.

Wiegand RP, Liles WC & De Jong KA (2003). Modeling variation in cooperative coevolution using evolutionary game theory, in: KA De Jong, R Poli & JE Rowe (Hrsg.), *Foundations of Genetic Algorithms 7*, S. 203–220, Morgan Kaufmann, San Francisco, CA.

Wienke D, Lucasius, Jr CB, Ehrlich M & Kateman G (1993). Multicriteria target vector optimization of analytical procedures using a genetic algorithm. Part 2. Polyoptimization of the photometric calibration graph of dry glucose sensors for quantitative clinical analysis, *Analytica Chimica Acta*, 271, S. 253–268.

Wieser W (Hrsg.) (1994). *Die Evolution der Evolutionstheorie*, Spektrum Akademischer Verlag, Heidelberg.

Wilson SW (1994). ZCS: A zeroth level classifier system, *Evolutionary Computation*, 2(1), S. 1–18.

— (1995). Classifier fitness based on accuracy, *Evolutionary Computation*, 3(2), S. 149–175.

Wolpert DH & Macready WG (1995). No free lunch theorems for search, Technischer Bericht SFI-TR-95-02-010, Santa Fe Institute, Santa Fe, NM.

— (1997). No free lunch theorems for optimization, *IEEE Trans. on Evolutionary Computation*, 1(1), S. 67–82.

Wright AH (1991). Genetic algorithms for real parameter optimization, in: (Rawlins, 1991), S.

205–218.

Yu T & Bentley P (1998). Methods to evolve legal phenotypes, in: (Eiben et al., 1998), S. 280–291.

Zalzala A (Hrsg.) (2000). *Proc. of the 2000 Congress on Evolutionary Computation*, IEEE Press, Piscataway, NJ.

Zhou X & Nishizeki T (2001). Efficient algorithms for weighted colorings of series-parallel graphs, in: P Eades & T Takaoka (Hrsg.), *Algorithms and Computation, 12th International Symposium, ISAAC 2001*, S. 514–524, Springer, Berlin.

Zitzler E, Deb K & Thiele L (2000). Comparison of multiobjective evolutionary algorithms: Empirical results, *Evolutionary Computation*, 8(2), S. 173–195.

Zitzler E, Laumanns M & Thiele L (2001). SPEA2: Improving the strength Pareto evolutionary algorithm for multiobjective optimization, in: KC Giannakoglou, DT Tsahalis, J Périaux, KD Papailiou & T Fogarty (Hrsg.), *Evolutionary Methods for Design Optimisation and Control with Applications to Industrial Problems*, S. 95–100, International Center for Numerical Methods in Engineering (CMINE), Barcelona, Spain.

Bildnachweis

Bilder 6.2 und 6.3

Reprinted from »Foundations of Genetic Algorithms 6«, Karsten Weicker, Nicole Weicker, »Burden and Benefits of Redundancy«, pp. 313–333, ©2001, with permission from Elsevier.

Bilder 6.12, 6.13, 6.17und 6.18

Reprinted by permission from the »Proceedings of the 14th annual conference on Genetic and evolutionary computation (GECCO '12)«, Terence Soule (Ed.), »Multi-container loading with non-convex 3D shapes using a GA/TS hybrid«, Philipp Nebel, Gunther Richter, and Karsten Weicker, pp. 1143-1150, ©2012 ACM.

Bilder 6.19, 6.20, 6.22, 6.23 und 6.24

Reprinted from »IEEE Transactions on Evolutionary Computing«, Vol. 7(2), Nicole Weicker, Gabor Szabo, Karsten Weicker, Peter Widmayer, »Evolutionary Multiobjective Optimization for Base Station Transmitter Placement with Frequency Assignment«, pp. 189–203, ©2003 IEEE.

Bilder 6.25, 6.26, 6.27, 6.28

Ursprünglich erschienen in »at – Automatisierungstechnik«, Vol. 48(11), Karsten Weicker, Alexander Mitterer, Thomas Fleischhauer, Frank Zuber-Goos, Andreas Zell, »Einsatz von Softcomputing-Techniken zur Kennfeldoptimierung elektronischer Motorsteuergeräte«, pp. 529–538, 2000.

Bilder 6.35, 6.36, 6.37, 6.38, 6.39, 6.40, 6.41, 6.42

Reprinted from »Parallel Problem Solving from Nature – PPSN XII« (LNCS 7492), Martin Waßmann, Karsten Weicker, »Buildable Objects Revisited«, pp. 255–265, ©2012, Heidelberg Berlin, Springer.

Liste der Algorithmen

Symbolverzeichnis

Das Symbolverzeichnis enthält alle im Buch verwendeten Symbole. Neben einer kurzen Erläuterung der Symbolbedeutung wird meist in Klammern die Seitennummer angegeben, auf der nähere Erklärungen zu finden sind.

$[A.G]_\sim$	Äquivalenzklasse definiert durch Individuum A und Äquivalenzrelation $\sim$ (S. 95)		tem
$II \cdot II$	Norm/Länge eines Vektors	ϕ	Dichtefunktion der Normalverteilung, sprich: phi (S. 60)
$I \cdot I$	Betrag	π	als Konstante: Kreiskonstante, sprich: pi
$\langle \cdot \rangle$	Tupel zur Darstellung von Populationen (S. 24)	π	als bijektive Funktion: Permutation aus $\mathscr{S}_n$
$*$	Platzhalter in Schemata	σ	Standardabweichung, sprich: sigma
$\perp$	fest definiertes »Nicht«-Element für die Zusatzinformationen (S. 36)	τ	Faktor zur Einstellung eines Optimierungsverfahrens, sprich: tau
$\forall$	Allquantor aus der Prädikatenlogik	Ξ	ein Zustand des Pseudozufallszahlengenerators, sprich: Xi (S. 37)
$\exists$	Existenzquantor aus der Prädikatenlogik	ξ	ein Zustand des Pseudozufallszahlengenerators, sprich: xi (S. 37)
∇	Nabla-Operator (mehrdimensionale Ableitung)	$\oplus$	exklusives Oder
∂	partielle Ableitung	Ω	phänotypischer Suchraum, sprich: Omega (S. 20)
$\emptyset$	leere Menge	$;$	Komma zur Trennung reellwertiger Zahlen (S. 36)
$\mathbf{0}$	Nullvektor	$\bowtie$	Verträglichkeit von Formae
$\succ$	Vergleichsrelation bzgl. der Gütewerte (S. 21)	$\sim_{Merk}$	Äquivalenzrelation von Formae (S. 95)
$\succeq$	besser oder gleich bzgl. der Gütewerte	$\sim_{Pos}$	Äquivalenzrelation der Schemata (S. 95)
$>_{dom}$	Pareto-Dominanz zweier Individuen (S. 204)	A	ein Individuum (S. 24)
$\#$	Anzahl der Elemente in einer Menge	$\mathscr{A}$	Menge aller Optimierungsalgorithmen (S. 117)
Δ	eine Forma (S. 96)	Adj	Menge der benachbarten (adjazenten) Punkte (S. 29)
Σ	Alphabet eines endlichen Automaten, sprich: Sigma (S. 140)	$A.F$	Gütewert eines Individuums A (S. 36)
Σ^*	Menge der beliebig langen Worte über dem Alphabet Σ	$A.G$	Genotyp eines Individuums A (S. 36)
		$A^{(i)}$	i-tes Individuum einer Population (S. 24)
Θ	Schwellwerte in der Beschreibung von Algorithmen	$A.S$	Zusatzinformationen bzw. Strategieparameter eines Individuums A (S. 36)
Υ	Zustand in Abkühlungsvorgängen (S. 157)	B	ein Individuum (S. 24)
α	Faktor zur Einstellung eines Optimierungsverfahrens, sprich: alpha	$\mathbb{B}$	Menge mit Binärinformation $\{0,1\}$
β	Parameter in der Beschreibung der Algorithmen, sprich: beta	$\mathscr{BS}$	Überzeugungsraum in den kulturellen Algorithmen
δ	Übergangsfunktion eines endlichen Automaten, sprich: delta (S. 140)	C	ein Individuum (S. 24)
$\delta(H)$	definierende Länge eines Schemas H (S. 88)	Cov	Kovarianz zweier Zufallsvariablen
ε	kleiner positiver Wert als Parameter zur Beschreibung von Algorithmen, sprich: epsilon	d	ein Abstandsmaß
		D	ein Individuum
η	Parameter in Algorithmen, sprich: eta	dec	eine Dekodierungsfunktion (S. 35)
γ	Ausgabefunktion eines endlichen Automaten, sprich: gamma (S. 140)	dec_{gray}	Gray-Kodierung (S. 57)
γ	Gewichtsfunktion in einem Graphen, sprich: gamma (S. 21)	dec_{stdbin}	standardbinäre Kodierung (S. 54)
λ	Anzahl der erzeugten Kinder pro Generation, sprich: lambda (S. 39)	d_{ham}	Hamming-Abstand (S. 56)
		$Divers$	ein Diversitätsmaß (S. 63)
μ	Anzahl der Individuen in der Elternpopulation, sprich: mu (S. 39)	E	Kantenmenge eines Graphen
		$Erw[\cdot]$	Erwartungswert einer Zufallsgröße
ν	Statusmeldung in einem klassifizierenden Sys-	$\exp$	Exponentialfunktion

f	Bewertungsfunktion (S. 20)
F	induzierte Bewertungsfunktion (S. 35)
$\mathscr{F}$	Menge aller Bewertungsfunktionen (S. 117)
$\overline{F}$	durchschnittliche Güte einer Population
$\overline{F}_{sel}$	durchschnittliche Güte einer Population nach der Selektion (S. 71)
$\overline{F}_H$	durchschnittliche Güte der Vertreter von Schema H in einer Population (S. 89)
G	Bezeichnung für einen Graphen
$\mathscr{G}$	genotypischer Suchraum (S. 34)
$\mathscr{G}^+$	Menge der beliebig langen Tupel über der Grundmenge eines Genotyps $\mathscr{G}$ (S. 50)
H	ein Schema (S. 88)
$H_{Merk}(A.G)$	Durch ein Merkmal und ein Individuum definiertes Schema (S. 97)
id	identische Funktion
$\mathscr{I}(H)$	durch ein Schema H beschriebene Menge von Individuen (S. 88)
IS	eine Indexselektion zur Definition des Selektionsoperators (S. 38)
ℓ	Dimensionalität des genotypischen Suchraums (S. 37)
lap	Überlappungsgrad einer Selektion
lim	mathematischer Grenzwert
M	Wertebereich einer Komponente des Genotyps (S. 37)
$\mathscr{M}$	Menge an Merkmalen zur Definition von Formae (S. 95)
max	Maximum einer Menge
min	Minimum einer Menge
M^ℓ	genotypischer Raum fester Länge
mod	Modulo-Operator (Rest der Division)
M^*	genotypischer Raum variabler Länge
Mut	ein Mutationsoperator (S. 37)
$\mathbb{N}$	Menge der natürlichen Zahlen
$\mathscr{N}(\cdot,\cdot)$	Normalverteilung
$\mathbb{N}_0$	Menge der natürlichen Zahlen einschlieSSlich 0
$\mathbb{N}_0$	Menge der natürlichen Zahlen einschließlich der 0
$\mathscr{O}(\cdot)$	obere asymptotische Schranke für das Wachstum einer Funktion
og	obere Bereichsgrenze
$o(H)$	Ordnung eines Schemas H (S. 88)
P	eine Population (S. 24)
$\mathscr{P}(\cdot)$	Potenzmenge, d.h. Menge aller Teilmengen
$p_{A.G}$	Häufigkeit eines Individuums A in einer Population (S. 101)
p_H	Häufigkeit von Vertretern des Schemas H in einer Population (S. 89)
p_m	Mutationswahrscheinlichkeit
$Pr[\cdot]$	Auswahlwahrscheinlichkeit
$P(t)$	Population in der t-ten Generation
p_x	Rekombinationswahrscheinlichkeit
q	Anzahl der Turniere in der Turnierselektion
Q	Zustandsmenge eines endlichen Automaten (S. 140)
q_i	Zustand eines endlichen Automaten (S. 140)
$QuAlg(\cdot)$	MaSS zur Beurteilung eines Algorithmuses
r	Anzahl der Eingabeindividuen für Rekombination und Selektion
$\mathbb{R}$	Menge der reellwertigen Zahlen
$\mathbb{R}^+$	Menge der positiven reellwertigen Zahlen
Rek	ein Rekombinationsoperator (S. 37)
s	Anzahl der Ausgabeindividuen für Rekombination und Selektion
Sel	ein Selektionsoperator (S. 38)
$\mathscr{S}_n$	Raum aller Permutationen der Zahlen $1,\dots,n$
t	Nummer der Generation
$Temp_i$	Temperaturwert zur Steuerung der Übernahme von schlechteren Individuen in lokalen Suchalgorithmen
u	gewählte Zufallszahl
$U(\cdot)$	Gleichverteilung (für Zufallszahlen)
ug	untere Bereichsgrenze
V	Knotenmenge eines Graphen
$Var[\cdot]$	Varianz einer Zufallsgröße
v_i	ein Knoten aus einer Knotenmenge V
$\mathscr{X}$	Menge der globalen Optima (S. 21)
$\mathscr{Z}$	Raum der Belegungen für die Strategieparameter (S. 36)

Stichwortverzeichnis

Printed in the United States
By Bookmasters